液压系统故障智能诊断与监测

黄志坚 编著

電子工業出版社
Publishing House of Electronics Industry
北京 · BEIJING

内容简介

人工智能技术已应用于液压系统故障的便携式仪器诊断、试验台测试诊断、在线监测与远程诊断。智能诊断与监测技术的应用大大提高了设备故障诊断的精度、实时性、效率，保证了设备的安全、平稳、高效运行。发展故障在线监测与智能诊断技术，进而建立基于网络的用户维修服务系统是主流发展方向。现代设备诊断与监测技术以系统论、控制论、信息论、可靠性理论、失效理论等为理论基础。液压故障在线监测与智能诊断系统涉及多个技术分支，包括信号采集与分析、设备故障诊断与监测、人工智能、数据传输与通信、数字媒体等。本书结合大量实例，深入细致地介绍了液压故障智能诊断与在线监测新技术。本书共6章，第1章是概论，第2、3章分别介绍基于人工智能的液压系统故障现场便携式仪器诊断、试验台测试诊断，第4章介绍人工智能理论与方法在液压故障诊断中的应用，第5、6章分别介绍液压系统在线监测和远程监测与诊断。

本书的主要读者对象是液压故障诊断与监测系统研究开发人员，液压系统设计、制造、使用和维修人员，大专院校相关专业教师、研究生及本、专科学生。

图书在版编目(CIP)数据

液压系统故障智能诊断与监测/黄志坚编著. —北京：电子工业出版社，2013.3
ISBN 978-7-121-19716-1
Ⅰ.①液… Ⅱ.①黄… Ⅲ.①液压系统-故障诊断 ②液压系统-故障监测 Ⅳ.①TH137
中国版本图书馆CIP数据核字（2013）第040671号

策划编辑：郭穗娟
责任编辑：桑　昀
印　　刷：北京七彩京通数码快印有限公司
装　　订：北京七彩京通数码快印有限公司
出版发行：电子工业出版社
　　　　　北京市海淀区万寿路173信箱　邮编：100036
开　　本：787×1092　1/16　印张：19.5　字数：502.4千字
印　　次：2023年9月第2次印刷
定　　价：58.00元

凡所购买电子工业出版社图书有缺损问题，请向购买书店调换。若书店售缺，请与本社发行部联系，联系及邮购电话：（010）88254888。

质量投诉请发邮件至zlts@phei.com.cn，盗版侵权举报请发邮件至dbqq@phei.com.cn。

本书咨询联系方式：（010）88254502，guosj@phei.com.cn。

前言

液压传动与控制技术在国民经济与国防各部门的应用日益广泛，液压设备在装备体系中占据十分重要的位置。液压系统是结构复杂且精密度高的机、电、液综合系统，液压故障具有故障点隐蔽、因果关系复杂、易受随机性因素影响、失效分布较分散等特点。液压故障诊断已经成为一门热门学科并得到迅速发展。

智能诊断技术在知识层次上实现了辩证逻辑与数理逻辑的集成、符号逻辑与数值处理的统一、推理过程与算法过程的统一、知识库与数据库的交互等，为构建智能化的液压故障诊断系统提供了坚实的基础。

目前，人工智能技术已应用于液压系统故障的便携式仪器诊断、试验台测试诊断、在线监测与远程诊断。智能诊断与监测技术的应用大大提高了设备故障诊断的精度、实时性、效率，保证了设备的安全、平稳、高效运行。发展故障在线监测与智能诊断技术，进而建立基于网络的用户维修服务系统是主流发展方向。

现代设备诊断与监测技术以系统论、控制论、信息论、可靠性理论、失效理论等为理论基础。液压故障在线监测与智能诊断系统涉及多个技术分支，包括信号采集与分析、设备故障诊断与监测、人工智能、数据传输与通信、数字媒体、虚拟现实技术等。本书结合大量实例，深入细致地介绍了液压故障智能诊断与在线监测新技术。本书共 6 章，第 1 章是概论，第 2、3 章分别介绍基于人工智能的液压系统故障现场便携式仪器诊断、试验台测试诊断，第 4 章介绍人工智能理论与方法在液压故障诊断中的应用，第 5、6 章分别介绍液压系统在线监测和远程监测与诊断。

本书的主要读者对象是液压故障诊断与监测系统研究开发人员，液压系统设计、制造、使用和维修人员，大专院校相关专业教师、研究生及本、专科学生。

深圳雷诺智能技术有限公司黄新辉高工对本书的出版给予了帮助，研究生章宏义、侯小华、肖浪参加了相关工作，在此致以诚挚的谢意。

编著者

目录

1.1 液压系统的工作原理与组成

液压技术已在各类机械中广泛应用，并且出现了大量的全液压机械。形势的发展对液压系统在控制精度、响应快速性、工作可靠性、能耗和经济性、环境友好性、舒适安全性、配置组合柔性和故障监控等多方面有更高的要求。现代微电子及计算机技术、传感器技术、故障监控与诊断技术已取得显著进展，这些因素有力地推动了液压元件的技术创新与产品更新换代。

1.1.1 液压系统的工作原理

液压系统是一种动力传递与控制装置，人们可利用它实现机械能一液压能一机械能的转换。

第一个转换是通过液压泵实现的。液压泵旋转的内部空腔在与油管连通时逐渐增大，形成吸油腔，将油液吸入；在与压油口连通时逐渐缩小，形成压油腔，将油排入系统。

第二个转换是通过执行元件（液压缸或液压马达）实现的。压力油依帕斯卡原理推动执行元件的运动部分，驱动负载运动。

各类控制阀则用于限制、调节、分配与引导液压源的压力、流量与流动方向。

液压传动系统是以液压油为工作介质来实现各种机械传动和控制的。其压力和流量是液压系统的两个重要参数，液压系统的工作压力取决于负载，液压缸的运动速度取决于流量。

1.1.2 液压系统的组成

液压系统主要由以下 4 个部分组成。

① 能源装置，即把机械能转换成液压能的装置。最常见的形式就是液压泵，它为液压系统提供压力油。

② 执行装置，即把油液的液压能转换成机械能的装置。它可以是做直线运动的液压缸，也可以是做回转运动的液压马达。

③ 控制调节装置，即对系统中油液压力、流量、流动方向进行控制或调节的装置，如溢流阀、节流阀、换向阀、截止阀等。这些元件的不同组合形成了不同功能的液压系统。

④ 辅助装置，即上述三部分以外的其他装置，如接头、油箱、滤油器、油管、蓄能器、冷却器等，它们对保证系统正常工作也有重要作用。

1. 液压泵和液压马达

液压泵把发动机输出的机械能转换成压力能，通过油液输入液压系统中；而液压马达则

把通过油液输入的压力能转换成机械能，使工作部件做圆周运动。

1）液压泵的分类及应用

液压泵按其结构形式可以分为齿轮泵、叶片泵和柱塞泵。

齿轮泵主要用于系统压力在25MPa以下的中、低压力的液压系统。齿轮泵的优点是结构简单，尺寸小，质量轻，价格低廉，工作可靠，对油液污染不敏感，易维护。它的缺点是一些部件承受不平衡的径向力，磨损严重，泄漏大，工作压力的提高受到限制；此外流量脉动大，因而压力脉动和噪声都比较大。齿轮泵的旋转方向分为左旋和右旋，连接方式分为平键连接和花键连接，可根据不同用途进行选择。

图1－1　VMQ型叶片泵

叶片泵额定压力中等，高的达25MPa以上。叶片泵的流量脉动小，噪声较小，大多数用在固定设备上，如机床、组合机床、部分塑料注射机和自制设备等。如图1－1所示为VMQ型叶片泵。

柱塞泵主要用于高压力的液压系统。优点是效率高，输出压力大并能够调节，可实现双路供油以增大系统压力；缺点是结构复杂，制造困难，价格较高，对油的质量要求较高，维护困难。

2）液压马达的分类及应用

液压马达由液体压力推动马达做功，其作用与液压泵相反，轴向柱塞泵、齿轮泵、叶片泵等常用的液压泵都可以当作液压马达使用。

液压马达按转速和输出功率分为低速大扭矩液压马达和高速液压马达。低速大扭矩液压马达排量大、转矩大，多数情况下能直接拖动重型负载。

如图1－2与图1－3所示为MCR20C型低速大扭矩液压马达。其结构紧凑、坚固，低速运行平稳，噪声小。它采用密封的圆锥滚柱轴承，输出轴可承受较大的径向力，轴密封可承受10bar压力（$1bar=10^5Pa$）。它可选择停车制动器（片式制动器），可切换至自由轮、半排量，适用于开式与闭式回路。

图1－2　MCR20C型低速大扭矩液压马达外形

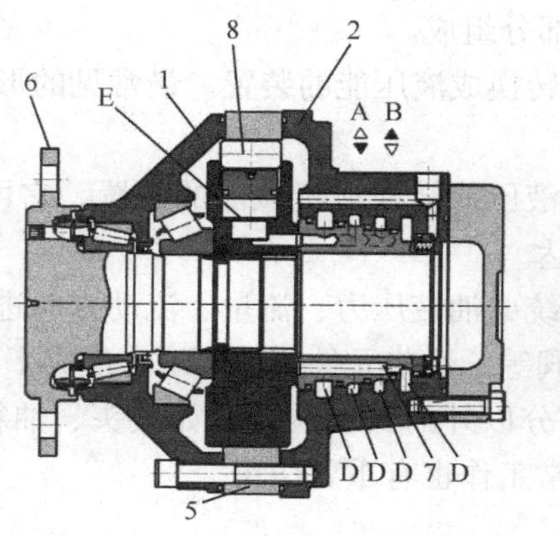

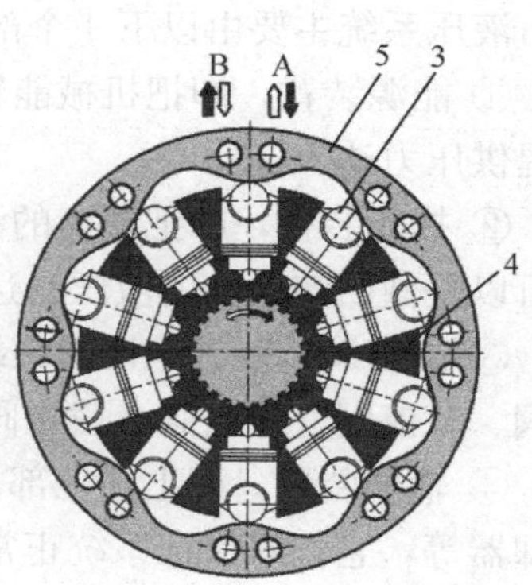

1，2—壳体；3—活塞；4—转子；5—定子；6—输出轴；7—配流轴；8—滚柱

图1－3　MCR20C型低速大扭矩液压马达结构

2. 液压阀

液压阀用来控制或调节液压系统中油液的流动方向、压力或流量，以满足机械工作性能要求。液压阀的类型比较多，按其用途可以分为方向控制阀，如单向阀、换向阀；压力控制阀，如溢流阀、减压阀、顺序阀等；流量控制阀，如节流阀、调速阀等。

1）方向控制阀

方向控制阀通过控制阀口的通或断来控制液流的方向，从而使液压执行机构按规定顺序实现方向切换。单向阀的作用是使油液只能沿一个方向流动，不能反向流动，在液压系统中用于保压、锁紧和排除油路干扰等。对单向阀的性能要求主要有：液流正向通过时压力损失要小，而反向截止时应具有良好的密封性，以免泄漏；动作灵敏，工作时无撞击和噪声。常见的有普通单向阀和液控单向阀。

换向阀利用阀芯相对于阀体的运动使油路接通、关断或变换油流的方向，从而使液压执行元件启动、停止和变换运动的方向。对换向阀性能的基本要求如下。

① 动作标准、可靠。在换向信号的作用下，阀芯的驱动力要足以克服各种阻力，使阀芯准确地动作到规定位置；而在换向信号消除时，阀芯的复位力又能克服各种阻力，使它能自动回到初始位置。

② 液流通过换向阀时压力损失要小，而且在各封闭油口间缝隙的泄漏量不得超过规定要求，以提高系统的效率及避免产生误动作。

③ 动作灵敏且平稳。阀芯在接收或消除换向信号时动作迅速，过渡时间短，且不发生冲击和噪声。

④ 具有要求的滑阀机能和过渡机能。

如图1-4所示为电磁换向阀。

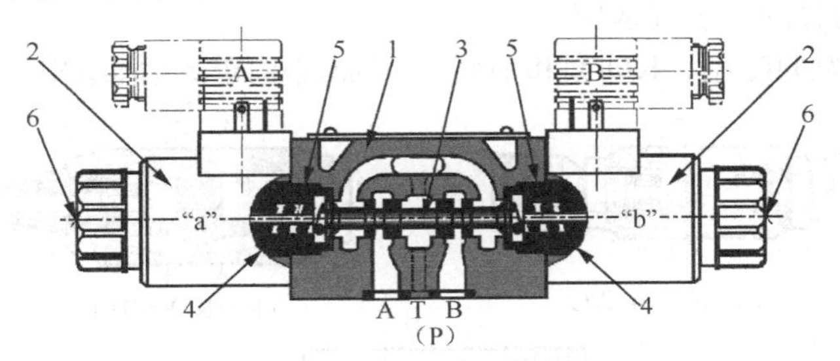

1—阀体；2—电磁铁；3—阀芯；4—弹簧；5—推杆；6—手轮

图1-4 电磁换向阀

2）压力控制阀

压力控制阀是利用阀芯上的液压作用力和弹簧力保持平衡进行工作的。在实际的液压系统中根据工作需要的不同，对压力控制的要求是各不相同的。有的需要限制液压系统的最高压力，如安全阀；有的需要保持液压系统中某处压力恒定，如溢流阀、减压阀等定压阀；还有的压力阀则利用压力作为信号控制其动作，如顺序阀等。

如图1-5所示为DB型与DBW型溢流阀断面结构。

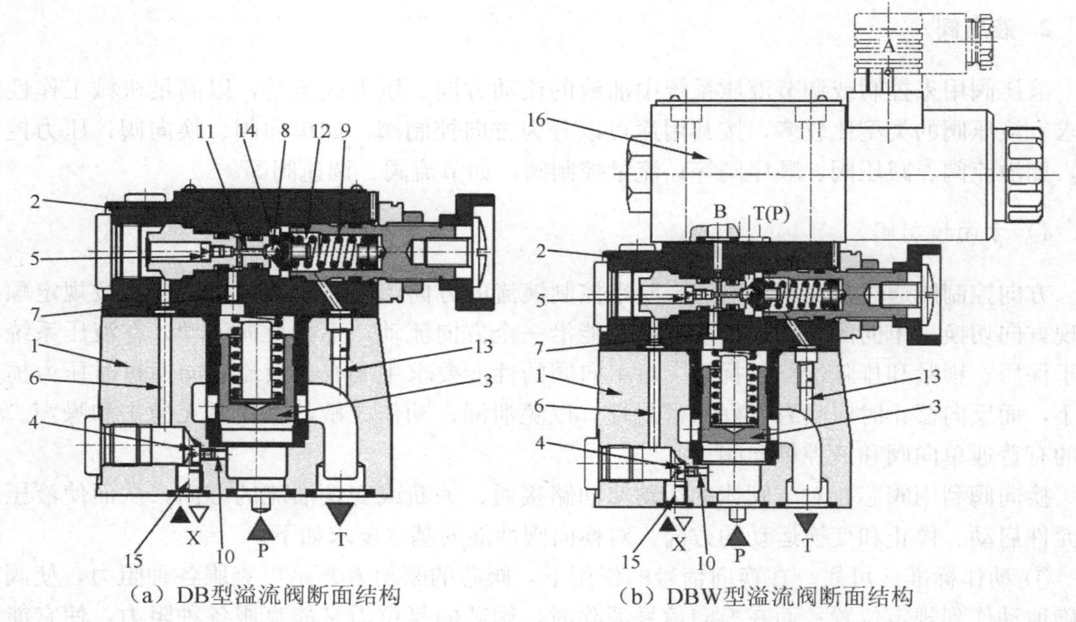

（a）DB型溢流阀断面结构　（b）DBW型溢流阀断面结构

1—主阀体；2—先导阀；3—主阀芯；4，5，11—节流孔（其中5主要用于产生压降）；6，7，10，13，14—通道；8—球阀；9—弹簧；12—弹簧腔；15—油口；16—电磁阀

图1-5　DB型与DBW型溢流阀

3）流量控制阀

液压系统中执行元件的运动速度，由输入执行元件的油液流量决定。流量控制阀就是依靠改变节流口局部阻力的大小来控制流量的液压阀。节流口处的过流面积越小，油液流过的阻力就越大，因而通过的油液就越少。

如图1-6所示为HQ型、KQ型和JPQ型叠加式单向节流阀结构。

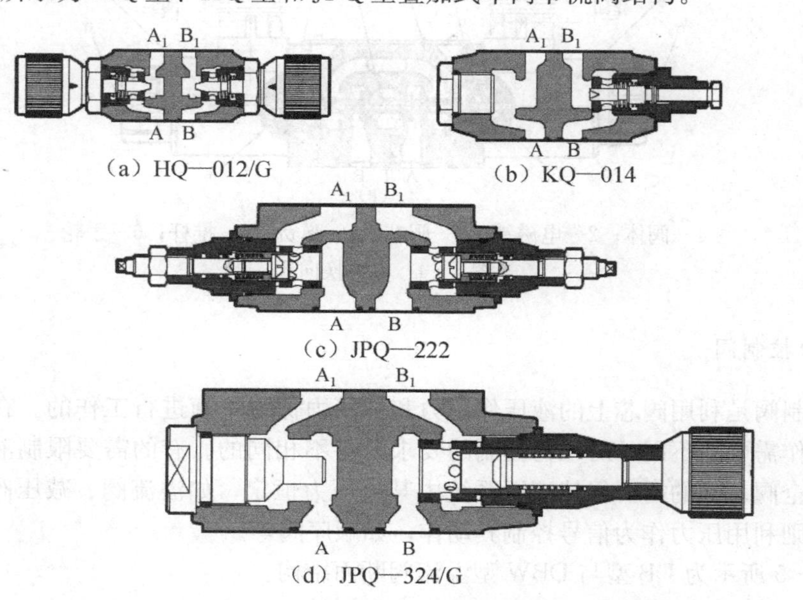

（a）HQ—012/G　（b）KQ—014

（c）JPQ—222

（d）JPQ—324/G

图1-6　HQ型、KQ型和JPQ型叠加式单向节流阀结构

3. 液压缸

液压缸是液压系统中的执行元件，它是一种把液体的压力能转换成机械能以实现往复运动的能量转换装置。液压缸以简单可靠的结构在很大的推力范围内高效地实现直线运动，从而显著地扩大了液压传动的应用范围。

如图 1-7 所示为两级伸缩双作用油缸结构。一级缸径和杆径分别∅200、∅190，二级缸径和杆径分别为∅160、∅150。

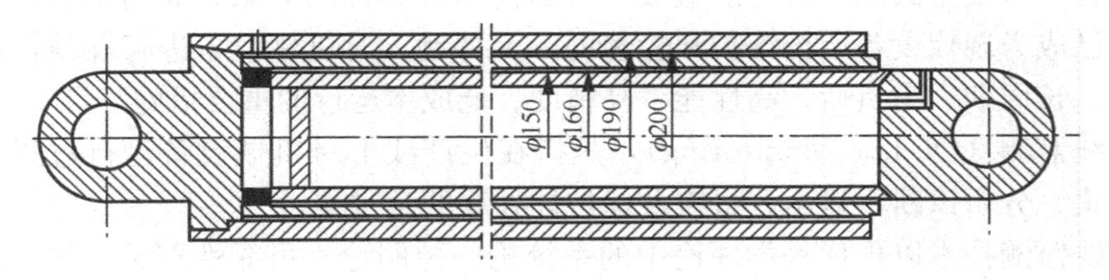

图 1-7 两级伸缩双作用油缸结构

1.2 液压故障智能诊断与在线监测

液压系统的稳定性与可靠性已成为一个十分突出的问题。除了对液压系统进行可靠性设计外，液压系统故障监测和诊断技术越来越受到人们的重视，成为液压技术发展的一个重要方向。

1.2.1 液压故障智能诊断

智能诊断是人工智能（Artificial Intelligence，AI）技术在设备故障诊断领域中的应用，它是计算机技术和故障诊断技术相互结合与发展进步的结果。智能诊断的特点是模拟人脑的机能，有效地获取、传递、处理、再生和利用故障信息，成功地识别和预测诊断对象的状态。在液压技术领域，智能诊断的对象主要是构成与控制机理复杂的液压系统、连续运行的液压系统、高精度与高可靠性的液压系统等，其故障的多样性和突发性、成因的复杂性、危害的严重性等使得仅靠人工诊断难以及时顺利地完成相关工作。液压泵与伺服阀等关键元件因其重要性和复杂的故障机理，也是智能诊断的主要对象。

在当前科技条件下，液压故障智能诊断具有以下优越性。

① 能根据现有的和可测得的液压件有关参数与症状得出故障原因（找出症状可能原因中的真正原因并指出其存在可能性的大小）、故障性质、严重程度，解释故障机理。

② 做到定性分析与定量分析相结合。

③ 能指出液压件故障对应的特征信息。

④ 能根据历史数据及液压件现状预测其磨损劣化趋势与使用寿命。

⑤ 具有友好的人机界面，能与诊断人员顺利进行信息交流。

⑥ 具有良好的知识获取与自学习能力，便于维护和扩充，并能根据诊断误差自动修改诊断模型。

总而言之，智能诊断可在故障诊断过程中起提示、引导、参考、咨询、解释、纠正错误、数据统计、资料整理等作用。

1.2.2 液压设备在线监测

随着现代化大生产的不断发展和科学技术的不断进步，为了最大限度地提高生产效率和产品质量，作为主要生产工具的机械设备正朝着大型、高速、精密、连续运转以及结构复杂的方向发展。这样，在满足生产要求的同时，设备发生故障的潜在可能性和方式也在相应增加；并且设备一旦发生故障，就可能造成严重的甚至灾难性的后果。如何确保机械设备的安全正常运行已成为现代设备运行维护和管理的一大课题。对机械设备进行在线监测是保障其安全、稳定、长周期、满负荷、高性能、高精度、低成本运行的重要措施。

所谓在线监测（On-line Monitoring），是指在生产线上对机械设备运行过程及状态所进行的信号采集、分析诊断、显示、报警及保护性处理的全过程。

设备在线监测技术以现代科学理论中的系统论、控制论、可靠性理论、失效理论、信息论等为理论基础，以包括传感器在内的仪表设备、计算机、人工智能为技术手段，并综合考虑各对象的特殊规律及客观要求，因此它具有现代科技系统先进性、应用性、复杂性和综合性的特征。

目前，在线监测技术发展的主要趋势如下。

① 整个系统向高可靠性、智能化、开放性以及与设备融为一体的方向发展，从单纯监测、分析、诊断向主动控制的方向发展。

② 采集器向高精度、高速度、高集成度以及多通道方向发展。

③ 采样方式从等时采样向等角度同步整周期采样发展，以获取包括相位在内的多种信息；采集的数据从只有稳态数据发展到包括瞬态数据在内的多种数据。

④ 通道数量从单通道向多通道发展，信号类型从单一类型向多种类型（包括转速、振动、位移、温度、压力、流量、速度、开关量以及加速度等）发展。

⑤ 数据的传输从串行口和并行口通信向网络通信发展。

⑥ 监测系统向对用户友好的方向发展，显示直观化，操作方便化，采用多媒体技术实现大屏幕动态立体显示。

⑦ 分析系统向多功能方向发展，不仅能分析单组数据，还可分析开、停机等多组数据。

⑧ 诊断系统向智能化诊断多种故障的方向发展，由在线采集和离线诊断向在线采集和实时诊断发展。

⑨ 数据存储向大容量方向发展，存储方式向通用大型数据库方向发展。

⑩ 诊断与监测的方式向基于 Internet/Intranet 的远程诊断与监测的方向发展。远程诊断与监测还包括基于无线网络的系统。

思考题

1-1 液压故障诊断与监测涉及哪些技术领域？

1-2 液压故障智能诊断有哪些优点？

1-3 什么是液压系统在线监测技术的发展方向？

第2章 采用便携式仪器诊断液压系统故障

2.1 概　　述

比较简单实用的液压故障诊断方法是采用便携式仪器对液压系统进行参数测量诊断。

2.1.1 采用便携式仪器诊断液压系统故障的意义

液压系统故障现场诊断困难，且因现场条件的特殊性而具有其自身的一些特点。

① 要求快速诊断。这是指当生产现场设备出现故障时，要在很少拆装的情况下快速准确地诊断并排除故障。

② 生产现场受技术条件的限制，无法像在实验室那样方便地使用各种复杂的仪器进行检查，最好只用单台便携式仪器就能进行准确的检查和诊断。

③ 现场人员受知识的限制，很难借助逻辑推理和神经网络等方法进行故障诊断，而只能采用操作简便、准确明了的实用诊断方法。现有的故障诊断方法很多，但都有一个共同的缺点，就是诊断结果准确性不高，最终往往还是需要借助仪器来检验。现场快速诊断仪器正是为了解决这一问题而发展起来并投入使用的。

液压系统的状态监测及故障诊断对检测仪器的主要要求：能在不拆卸液压系统或尽可能少拆卸的情况下采取有效的测试方法，迅速、简便地检查液压系统的性能，准确地判断与发现故障。

2.1.2 参数测量诊断法的基本原理

一个液压系统工作是否正常，取决于两个主要工作参数即压力和流量是否处于正常的工作状态，以及系统温度、泵组功率等重要辅助参数是否正常。

液压设备在一定的工况下，每一部位都有一定的稳态值。任何液压系统工作正常时，其工作参数值应在工况值附近；若液压系统的工作参数值与设备正常工况值不符，出现了异常变化，就说明液压系统的某个元件或某些元件出现了故障。进行液压系统状态监测和故障诊断，最关键的就是参数的可靠获取。只要测得液压系统检测点的工作参数，如温度、压力、流量、泄漏量及功率等，将其与系统工作正常值相比较，即可判断系统工作是否正常、是否发生了故障以及故障的所在部位。

2.1.3 参数测量诊断法的应用

液压系统故障检测回路如图2-1所示，检测仪由测试系统与数据处理系统组成。为了减少拆装的工作量，并在尽可能接近液压系统实际工况的条件下测试，检测回路通常与被检测系统并联。对于简单的液压系统，可直接测出液压系统的一些主要参数，如液压系统的压力、流量、温度等。这种检测方法检测快，误差小，检测设备简单，便于在生产现场推广。对于复杂精密的液压设备，还可利用检测仪的各种传感器，将测试所得的参数，如压力、流量、温度等非电物理量，先转换成电量，然后利用数据处理系统做放大、转换和显示等处理，这样被测参数可用电信号代表并显示，再通过与系统工作正常值相比较，即可判断系统工作是否正常。这种测试对于液压系统的状态监测及诊断十分有效，整个液压系统及其部件均可通过这种测试来检查性能参数。

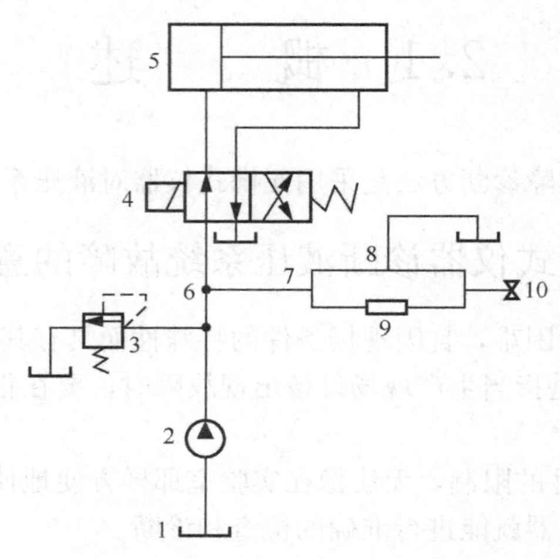

1—油箱；2—油泵；3—溢流阀；4—换向阀；5—油缸；6—T形接头；
7—进油口；8—出油口；9—检测仪；10—加载阀

图 2-1　液压系统故障检测回路

利用系统分析法，判断出液压系统故障所涉及的范围的大致位置，再采用检测仪检测，把系统故障范围缩到最小，即可很快确定故障所在。参数测量无须停机，不但可诊断已有故障，而且可进行在线监测和预报潜在故障。这种预报和诊断是定量的，大大提高了诊断速度和准确性。

液压系统正常工作时，系统参数都在设计和设定值附近；当参数超出正常范围后，可以认为故障已经发生或将要发生。参数测量诊断法是定性分析与定量分析相结合的故障诊断方法，应注重参数的变化与故障的关系，合理确定故障评判参数标准（正常值、劣化方向、故障阈值）。连接仪表时要注意防止液压油的污染。

利用液压检测仪，可以对整个液压系统及其部件的性能进行检查。为了准确无误地判定故障部位，可以分回路或分段进行测试。

2.2　采用便携式仪器诊断液压系统故障实例

2.2.1　多测点便携式液压系统分析仪的开发及应用

多测点便携式液压系统分析仪是新一代的数据采集与处理装置，采用有源传感器技术，可在现场同时进行多测点、多参数的测试，并依靠基于 LabVIEW 软件开发的测试软件进行实时数据采集和处理，为后续的液压系统性能分析和故障诊断提供依据。

1. 液压系统分析仪的组成

液压系统分析仪主要由有源传感器、辅助传感器、传感器接口模块、数据采集卡（DAQ700）、电源、笔记本电脑、传输电缆等组成，如图 2－2 所示。

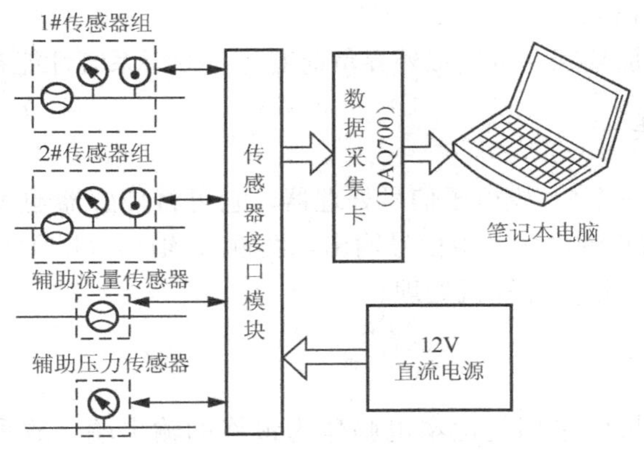

图 2－2　液压系统分析仪原理

1）有源传感器

液压系统分析仪采用美国 HEDLAND 公司生产的有源传感器，包括两个有源传感器组（图 2－3）、一个辅助压力传感器和一个辅助流量传感器，可同时采集液压系统的 8 个参数信号。实际应用中可根据液压系统检测的需要选择接入传感器的数量。

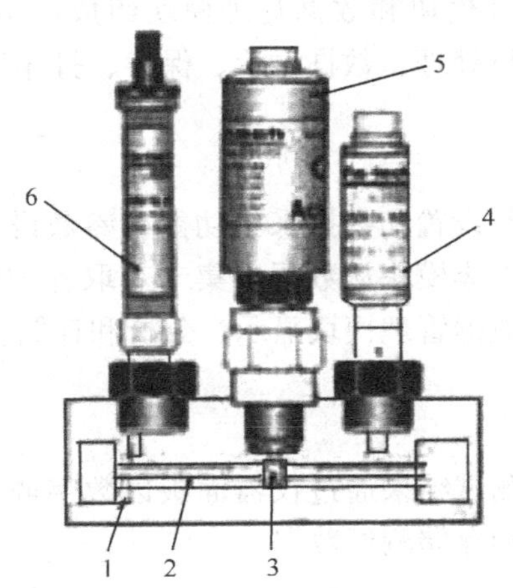

1—挡环；2—转子支撑；3—涡轮转子；4—有源温度传感器及信号调理器；
5—有源流量传感器及信号调理器；6—有源压力传感器及信号调理器

图 2－3　有源传感器组

每个有源传感器除了传感元件外，内部还集成了信号调理电路（包括信号放大器、V/I 变换器及两个相同的精密基准恒流源）。该调理电路可将传感器的原始电压输入信号变换为 4～20mA 的电流输出信号，便于信号的远距离传输且具有较强的抗干扰性能。流量传感器采用涡轮转子作为传感元件，其输出线性度好，顺流精度为满量程的 1%～4%，可重复精度为

0.2%～4%，压降小（小于0.2MPa），抗污染。流量传感器的量程为1.5～750L/min，可根据需要选择。

压力传感器采用有机硅聚合物应变电阻，产生的噪声级较低且信号输出好。金属膜片和有机硅聚合物电桥几乎不受冲击、振动及安装位置的影响。压力传感器的量程为0～41.4MPa。温度传感器采用铂电阻，电阻温度系数的离散度很小，精度高，灵敏度好。温度传感器的量程为－20～150℃。

传感器组还可加装加载阀，可模拟外界负荷变化，便于系统性能参数检测和故障诊断。

2）传感器接口模块

传感器接口模块是一个模/模电子信号处理器，它可将传感器输入的4～20mA的模拟电流信号转换为0～5V的直流电压模拟信号输出，经输入/输出（I/O）电缆传送到DAQ700数据采集卡进行模数转换后送入计算机处理。

3）数据采集卡

便携式液压系统分析仪采用笔记本电脑作为最终的输出端，故采用PCMCIA数据采集卡。这里选用NI公司生产的DAQ700型12位数据采集卡，拥有16个单端或8个差动模拟通道输入，其最高采样速率为100kS/s。另外还有两个16位的8MHz定时/计数器和一个16位的数字I/O线。

2. 系统分析软件

液压系统分析软件基于LabVIEW软件并在Windows XP环境下开发而成，由数据采集模块、数据显示模块、数据处理模块和数据管理模块组成，主要完成人机对话、数据采集、滤波消噪、复杂计算、数据分析处理、数据显示、保存、打印等功能。

1）数据采集模块

数据采集模块具有测量参数设置和数据采集功能。参数设置可由用户按测试要求选择不同的测量单位和传感器。数据采集模块从数据采集卡获取各个传感器传来的原始数据，供数据显示模块、数据处理模块和数据管理模块显示、分析和存储。

2）数据显示模块

数据显示模块主要完成将测试结果通过仪器面板以数字或曲线的形式显示，以方便测试者观察和分析测试情况，记录和存储测试数据。

3）数据处理模块

数据处理模块完成对测量数据的平滑和滤波处理，频域、时域等相关分析，以及根据测量的数据进行液压系统的故障诊断。

4）数据管理模块

数据管理模块一般完成对测试设备、测试信息、测试结果等数据的管理，利用数据库可以更有效地管理各种数据，以便随时进行数据的读取、存储和打印。

系统分析软件的逻辑框图如图 2-4 所示。

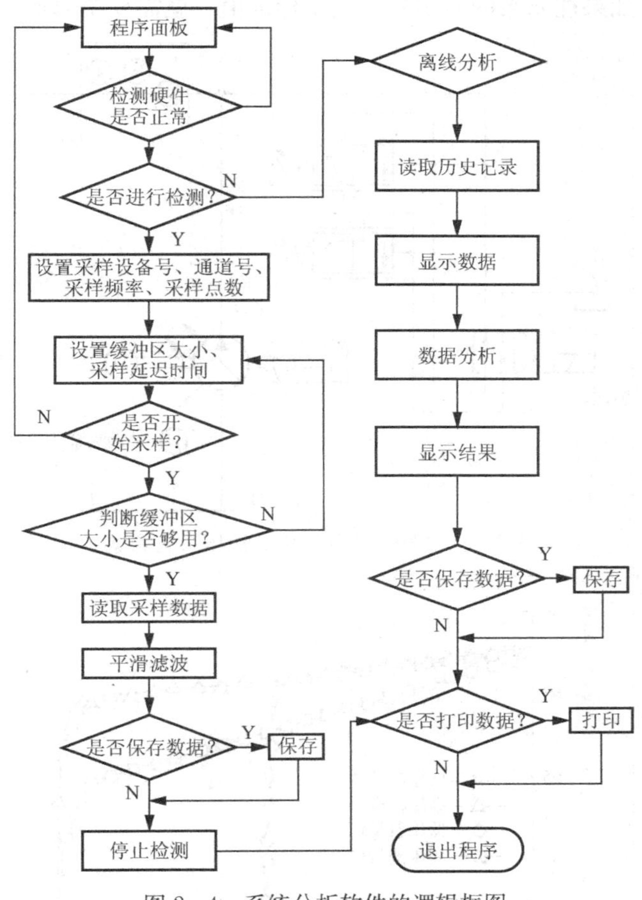

图 2-4　系统分析软件的逻辑框图

3. 应用

液压系统分析仪对液压系统的检测一般有两种连接方式：串接和 T 接。串接是将传感器串联到液压回路中直接进行检测；T 接是将液压系统分析仪作为液压系统的一个旁路，通过旁路参数的变化来检测液压系统的性能。

TH6350 加工中心液压泵采用双级压力控制变量柱塞泵，低压可调至 4MPa，高压可调至 7MPa。低压用于分度转台抬起、下落及夹紧，机械手更换刀具的动作，刀具的松开与夹紧，主轴速度高低挡的变换动作等；高压用于主轴箱的平衡。

一般根据所测液压系统的需要来选择接入传感器的数量和量程。如图 2-5 所示，将液压系统分析仪接入 TH6350 加工中心的液压系统，传感器组串接在双级压力控制变量柱塞泵的出油口，用于测量油泵出口的压力、流量和温度；辅助流量传感器串接在油泵的泄油口，用于测量油泵的泄漏量。在测试之前，首先启动加工中心，当液压油温度达到 50℃±3℃时开始测试，保持油泵的转速为 1800r/min，然后控制各执行元件的动作，其中电磁换向阀用于实现油泵高低压的转换。测试结果如图 2-6 所示。

由测试所得曲线可以看出，在柱塞泵输出的低压和高压段，随着输出压力的增加，柱塞泵的输出流量相对标准值呈现明显下降的趋势，表明柱塞泵内部泄漏增加，柱塞副之间已经有一定程度的磨损。如果柱塞泵的容积效率低于标准值，就需要维修或更换。

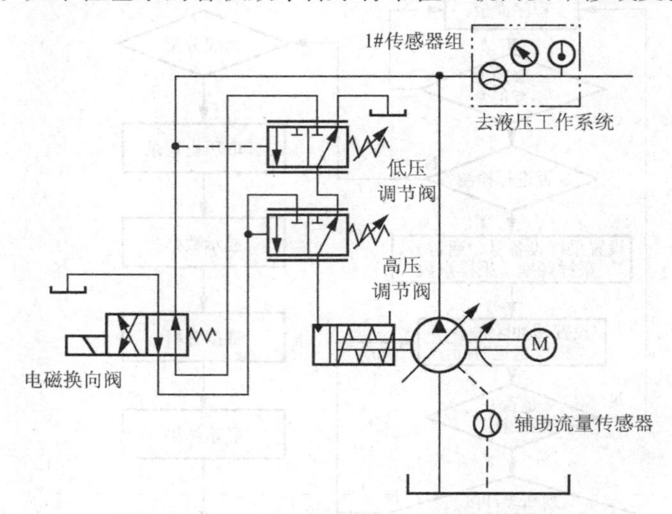

图 2-5　TH6350 加工中心液压系统测试

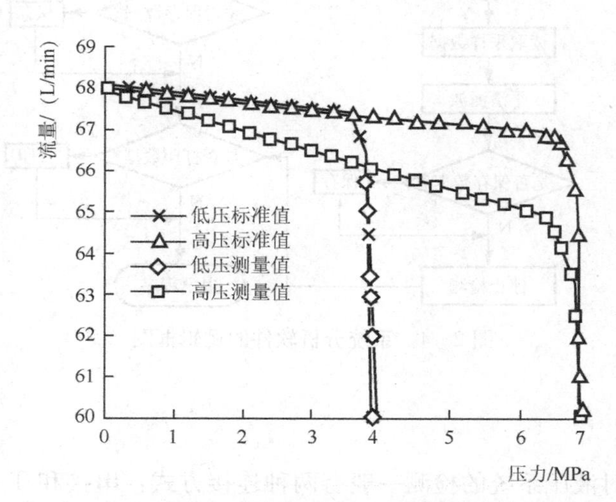

图 2-6　双级压力控制变量柱塞泵输出特性曲线

2.2.2　应用便携液压测试仪快速诊断折弯机液压系统故障

本节采用美国 HEDLAND 公司生产的 Flo-tech 系列 PFM8 型数字液压测试仪，在线采集液压系统的压力、流量、温度、功率，并对系统进行加载、参数测量和故障诊断。

1. 折弯机液压系统

如图 2-7 所示为 WB67Y—100/3200 型折弯机液压系统原理图。电动机 3 带动液压泵 2 输出高压油，经三位四通电磁换向阀 6 控制主液压缸 12 运动，实现工件的折弯。系统的工作压力由溢流阀 1 调定，单向顺序阀 14、8 分别控制主液压缸 12 左右腔的进油，液控单向阀 13、9 分别控制主液压缸 12 左右腔的回油，单向节流阀 7 控制主液压缸 12 的回油速度。系统最高工作压力为 25MPa。

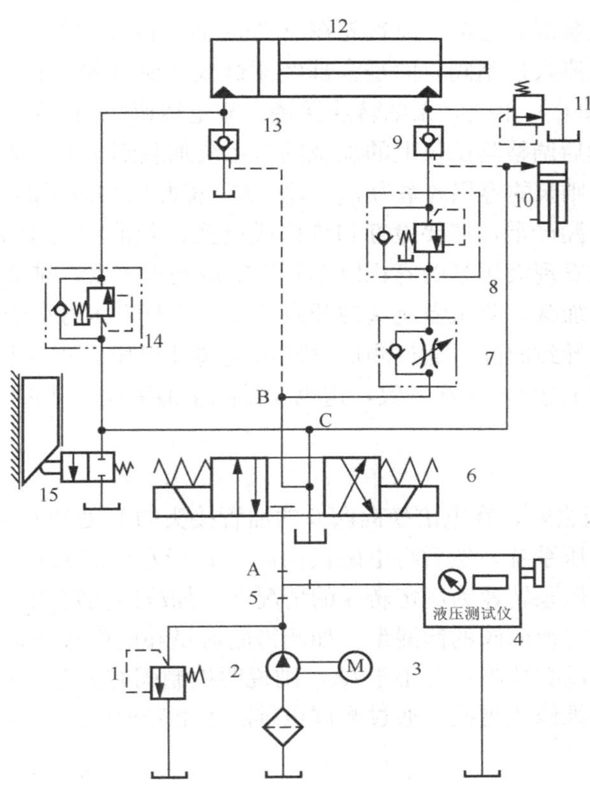

1，11—溢流阀；2—液压泵；3—电动机；4—液压测试仪；5—T 形接头；6—电磁换向阀；7—单向节流阀；8，14—单向顺序阀；9，13—液控单向阀；10—副液压缸；12—主液压缸；15—行程伺服阀

图 2-7　WB67Y—100/3200 型折弯机液压系统原理

2. 故障现象

压力表指示值偏低，折弯机不能折弯较厚的工件。通过观察分析和测试排除了外部泄漏和电气部分的原因，最终确定为折弯机液压系统故障。

3. 故障诊断

经过对折弯机液压系统原理的分析得出，系统管路、油泵、控制阀、液压缸均有可能存在故障。传统的诊断方法是通过对系统管路的检查，油泵、控制阀和油缸的更换和调整来确定故障的原因。这种诊断方法工作量大，周期长。本试验方法可以方便迅速地诊断故障，大大提高工作效率。

如图 2-7 所示，将液压测试仪接入折弯机的液压系统，整个诊断过程包含以下三个基本部分。

① 液压泵试验，用于判断液压泵和溢流阀的故障情况。

② 控制阀试验，用于判断控制阀的故障情况。

③ 液压缸试验，用于判断液压缸的故障情况。

1）液压泵试验

如图 2-7 所示，在液压泵的出口处安装 T 形接头 5，液压测试仪 4 安装在 T 形接头 5 与

油箱之间。在进行液压泵试验之前，应首先在A处的油管接头内装上密封挡板，这样从液压泵输出的液压油就不能流入控制阀，而是全部经测试仪回到油箱。在进行液压泵试验时，必须保持油温t（$t=65\pm3$℃）不变，泵的转速保持在额定转速970r/min，加载阀全开，测得此时泵的基准流量Q_n；然后调整测试仪上的加载阀对系统加载到1（溢流阀，设定压力的1/2），测得泵的实际流量Q_s，则泵的容积效率为$\eta_{vs}=Q_s/Q_n$。将此值与该泵的规定值相比，若前者小于后者，则可认为泵内漏严重，需要检查和维修或更换；若前者大于或等于后者，则可认为泵状况良好。通过测试发现液压泵的容积效率和规定值基本一致，排除了液压泵的原因。

继续对液压泵进行加载，测试溢流阀的开启压力，若开启压力小于规定值（25MPa），则可能是溢流阀提前开启导致故障。通过测试发现溢流阀开启压力正常且在溢流阀1开启前流过液压测试仪的流量和上述Q_s基本一致，这也就排除了溢流阀1泄漏的可能。

2）控制阀试验

将A处的密封挡板去除，在电磁换向阀6的油管接头的B处和C处装上密封挡板，使液压油不能进入后面的液压系统。然后将电磁换向阀6置于左位或右位，用于判断换向阀泄漏情况。具体做法是在液压泵转速为额定转速的情况下，加载阀调定压力为p，油温为t，通过测得的系统流量便可确定换向阀的泄漏量。如测得的流量和前面液压泵试验的流量Q_s基本一致，则说明电磁换向阀没有故障；若小于Q_s，则说明控制阀有泄漏，根据泄漏量的大小来确定电磁换向阀是否需要维修或更换。通过测试也排除了电磁换向阀的原因。

3）液压缸试验

撤除B、C处的密封挡板，使电磁换向阀处在右位，调节液压测试仪加载阀手轮进行加载。当加载到压力值$p=7.5$MPa时压力值不再上升，同时观察测试仪的流量发现，其值大约只有Q_s的1/2，据此可判定主液压缸进油回路中有泄漏。通过分析液压系统原理图可以判定故障应该在单向顺序阀14、液控单向阀13、主液压缸12和行程伺服阀15上。通过拆检发现14、13、15的回油口均不泄漏，据此可以判定故障应该为主液压缸12内部泄漏所致。将主液压缸卸下分解检查发现为密封圈损坏所致，更换密封圈后试机，折弯机工作正常。

2.2.3 便携式有源液压测试仪及其应用

1. 便携式有源液压测试仪

便携式有源液压测试仪通过自身的压力、流量等参数的变化，显示被测试液压系统或液压元件性能参数变化数据，并可依据标准的数据，分析出液压系统性能状况或液压元件的质量情况。该测试仪的工作原理如图2-8所示，电磁铁动作顺序参见表2-1。

表2-1 电磁铁动作顺序表

功能 电磁铁	启动测试仪	调定标定压力	调定标定流量	测试被测系统
1YA	—	+	+	+
2YA	—	+	+	+
3YA	—	—	—	+
4YA	—	—	+	+

注："+"表示通电，"—"表示断电。

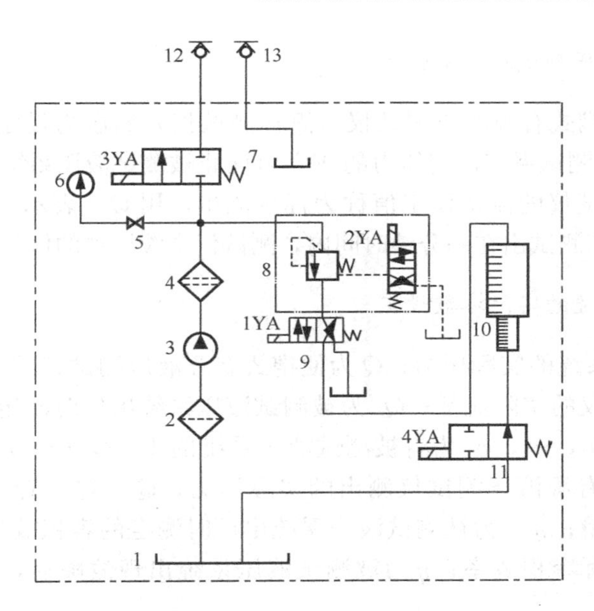

1—液压油箱；2—粗滤芯；3—液压泵；4—精滤芯；5—压力表开关；6—压力表（压力传感器）；
7，9，11—电磁换向阀；8—电磁溢流阀；10—计量量筒；12，13—快速接头

图 2-8　便携式有源液压测试仪工作原理

该测试仪由液压泵、电磁溢流阀、电磁换向阀、计量量筒、快速接头和高压软管等部件组成。由表 2-1 可知，电磁铁 1YA、2YA 通电时，调定标定压力；1YA、2YA、4YA 通电时，调定标定流量；1YA、2YA、3YA、4YA 都通电时，测试被测液压系统或液压元件的压力和流量参数变化情况。

2. 静态测试

静态测试就是当被测试液压系统的液压泵停止工作，各液压元件处于静止状态时，将便携式有源液压测试仪与被测试液压系统对接，通过显示被测试液压系统的压力和流量变化情况来进行性能测试的一种方法。

静态测试示意图如图 2-9 所示。

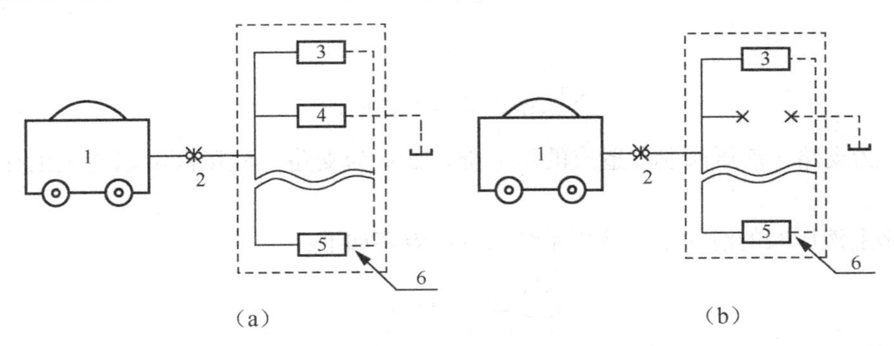

1—便携式有源液压测试仪；2—快速接头；3—被测试液压系统 1 号元件；4—被测试液压系统 2 号元件；
5—被测试液压系统 n 号元件；6—被测试液压系统；×—切除

图 2-9　静态测试示意图

1）便携式有源液压测试仪参数设定

① 压力设定：便携式有源液压测试仪（简称测试仪）的压力设定值称为标定压力，用p_{max}表示，其大小为被测试系统额定压力的90%（防止被测试液压系统的溢流阀开启）。

② 流量设定：测试仪的流量设定值称为标定流量，用Q_{max}表示，即在测试仪标定压力下，用秒表和计量量筒测试出在一分钟时间内，测试仪中液压油的体积。

2）被测试液压系统的实际参数设定

p为被测试液压系统的实际压力；Q为便携式有源液压测试仪接入被测试液压系统后，便携式有源液压测试仪的实际流量；Q_{no}为被测试液压系统出厂时测定的便携式有源液压测试仪实际流量；p_1，p_2，…，p_n为将被测试液压系统的1，2，…，n号液压元件用对应的堵板更换后，便携式有源液压测试仪测出的实际压力；Q_1，Q_2，Q_3，…，Q_n为便携式有源液压测试仪实际流量；η_{vmax}为被测试液压系统出厂时测定的容积效率；η_{vmin}为被测试液压系统正常使用时的实际容积效率；η为被测试液压系统出现故障后，液压阀未切除时测定的容积效率。

3）静态测试计算

测试仪与被测液压系统对接后的总压力降和切除单个支路液压元件后的总压力降如下：

$$\sum_{i=1}^{n} \Delta p_i = p_{max} - p \tag{2-1}$$

$$\Delta p_i = p_{max} - p_i \tag{2-2}$$

式中，$\sum_{i=1}^{n} \Delta p_i$为对接后测试仪的总压力降；$\Delta p_i$为支路$i$切断后，测试仪显示的总压力降；$i=1$，2，…，$n$为支路数。

单个支路液压阀泄漏造成的压力降（也就是切除液压元件后系统压力升高值）如下：

$$\Delta p_a = \sum_{i=1}^{n} \Delta p_i - \Delta p_1 \tag{2-3}$$

$$\Delta p_b = \sum_{i=1}^{n} \Delta p_i - \Delta p_2 \tag{2-4}$$

$$\vdots$$

$$\sum_{i=1}^{n} \Delta p_i = \Delta p_a + \Delta p_b + \cdots \tag{2-5}$$

式中，Δp_a为支路1液压阀泄漏造成的压力降；Δp_b为支路2液压阀泄漏造成的压力降，依此类推。

各支路上液压阀的泄漏量和液压系统的容积效率如下：

$$\sum_{i=1}^{n} \Delta Q_i = Q_{max} - Q \tag{2-6}$$

$$\Delta Q_i = Q_{max} - Q_i \tag{2-7}$$

式中，$\sum_{i=1}^{n} \Delta Q_i$为被测试液压系统的总泄漏量；$\Delta Q_i$为支路$i$切断后，便携式有源液压测试仪标定流量和实际流量的差值，此值为切除支路i后测试仪显示的总泄漏量。

各支路上液压阀的泄漏量如下：

$$\Delta Q_a = \sum_{i=1}^{n} \Delta Q_i - \Delta Q_1 \tag{2-8}$$

$$\Delta Q_b = \sum_{i=1}^{n} \Delta Q_i - \Delta Q_2 \tag{2-9}$$

式中，ΔQ_a、ΔQ_b 分别为支路 1 液压元件的泄漏量和支路 2 液压元件的泄漏量，依此类推，则

$$\sum_{i=1}^{n} \Delta Q_i = \Delta Q_a + \Delta Q_b + \cdots \tag{2-10}$$

被测试系统的容积效率 η_{vmax} 和 η_v 如下：

$$\eta_{vmax} = \frac{Q_{no}}{Q_{max}} \tag{2-11}$$

$$\eta_v = \frac{Q}{Q_{max}} \tag{2-12}$$

式中，η_{vmax} 为液压设备出厂时测定的容积效率，在此无法给出。

3. 应用

1）20 吨锻造机械手功能结构和液压工作原理

该机械手和 20 吨锻造液压压力机结合，完成小于或等于 20 吨的锻件的锻造任务。该机械手由机械结构、液压系统、电控系统三部分组成，液压系统的额定工作压力为 25MPa，液压泵额定流量为 232L/min，工作原理图如图 2-10 所示。

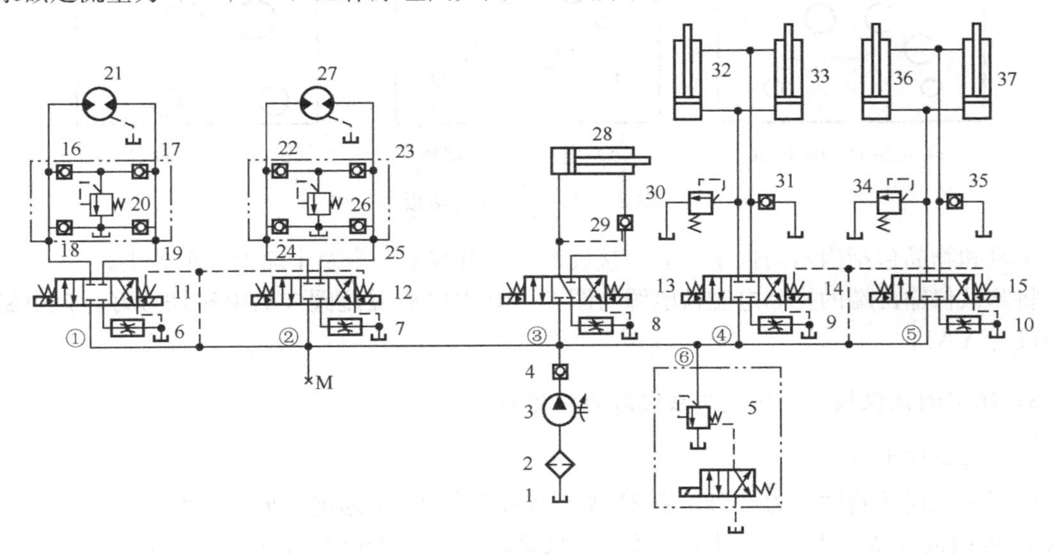

1—油箱；2—过滤器；3—高压齿轮泵；4，16～19，22～25，31，35—单向阀；5—电磁溢流阀；6～10—节流阀；11，12，14，15—电液换向阀；13—电磁换向阀；20，26，30，34—溢流阀；21—行走马达；27—旋转马达；28—松卡液压缸；29—液控单向阀；32，33—平行升降液压缸；36，37—倾斜液压缸

图 2-10　20 吨锻造机械手液压工作原理

2）测试前的准备

（1）测试仪标定压力的调定。

按照20吨锻造机械手液压系统额定工作压力的90％（在整个测试过程中，被测的液压系统的主溢流阀是不允许打开的，否则测试结果会产生很大误差），即25×90％＝22.5MPa，调定测试仪的标定压力。

将图2－8测试仪的电磁溢流阀8的调压手柄逆时针旋松，打开压力表开关5，启动测试仪。按下测试仪的调试按钮，使2YA通电，顺时针调节电磁溢流阀8的调压手柄，当压力表的指数在22.5MPa时，停止调节，并锁好锁紧螺母。该压力值为测试仪的标定压力p_{max}。

（2）测试仪标定流量的调定。

测试仪保持标定压力5min后，按下流量标定按钮使测试仪的1YA、2YA、4YA通电，测试仪的液压油流到计量量筒10，结合秒表测出1min内流入的液压油的体积，该数值为测试仪在标定压力下在标定流量Q_{max}。

（3）管道连接。

用合适长度的高压软管，将图2－8中的快速接头12与图2－10中的主压力测试口M连接。

（4）准备备件、工具和物品。

准备测试用堵板。电磁换向阀堵板如图2－11（a）所示。电液换向阀堵板如图2－11（b）所示。电磁溢流阀堵板如图2－11（c）所示。在图2－11中，大孔表示盲孔，小孔表示通孔。

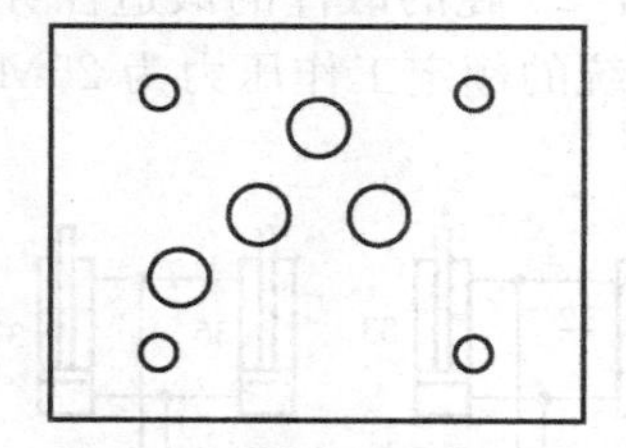

（a）电磁换向阀堵板

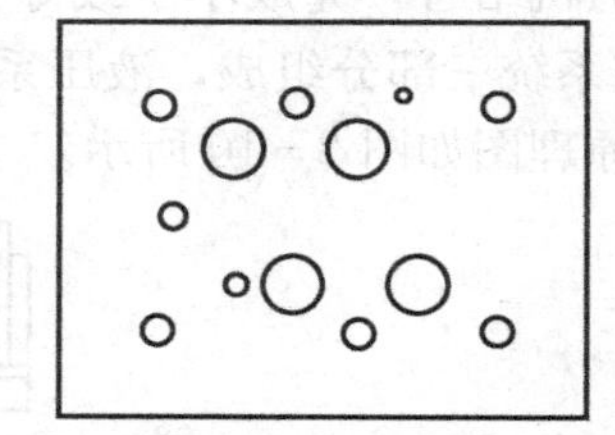

（b）电液换向阀堵板

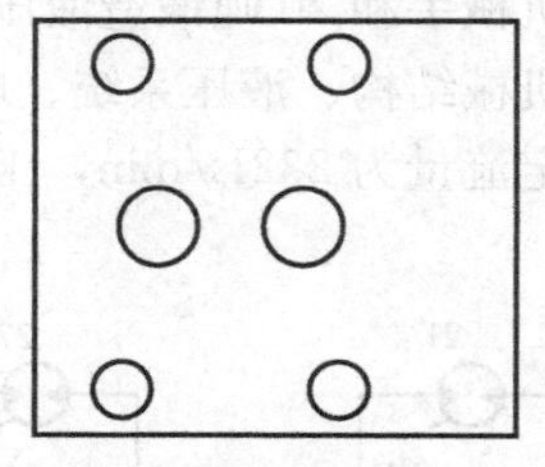

（c）电磁溢流阀堵板

图2－11　液压元件堵板

工具和物品包括内六角扳手一套、接废油的2升容器一个及干净卫生纸若干。

将测试仪输出端的控制电磁铁电源与图2－10中电磁溢流阀5的电磁铁接好，该电磁铁标号设为YA1。

3）测定测试仪接入被测液压系统后的实际参数

（1）实际压力p。

按下测试仪的测试压力按钮，使2YA、3YA和YA1都通电。此时，测试仪的压力油已进入20吨锻造机械手液压系统中，观察测试仪接入后的压力并记录，将压力p填入表2－2中。

（2）实际流量Q。

按下测试仪的测试流量按钮，使1YA、2YA、3YA、4YA、YA1通电，测试1min，记录计量量筒10中油液的体积，该体积为测试仪测得的实际流量Q，将其填入表2－2中。

（3）支路①切除后测试仪的实际参数。

关闭测试仪并完成以下工作。

将图 2－10 中支路①的电液换向阀，用图 2－11（b）所示的电液换向阀堵板更换，不得漏油。

启动测试仪，分别按下测试压力和测试流量按钮，记录下此时测试仪显示的压力 p_1 和测试仪的计量量筒在一分钟内收集的油液的体积（即流量 Q_1），将测得的数据填入表 2－2 中。

采用同样的方法，对②～⑤四个支路进行测试，将测试结果填入表 2－2 中。

（4）支路⑥切除后测试仪的实际参数。

关闭测试仪并完成以下工作。

将图 2－10 中支路⑥的电磁溢流阀用图 2－11（c）所示的堵板更换，不得漏油。

启动测试仪，分别按下测试压力和测试流量按钮，记录下此时的压力 p_6 和测试仪在一分钟内测得的油液体积（即 Q_6），将测得的数据填入表 2－2 中。

表 2－2　20 吨锻造机械手液压系统测试参数

项目 \ 参数	p_{max}/p (MPa)	$p_{max}-p$ (MPa)	Δp (MPa)	Q_{max}/Q (L/min)	总泄漏/阀泄漏 (L/min)	备注
出厂参数	—	—	—	—	—	20 吨锻造机械手出厂测试
测试仪参数	22.5	—	—	3.5	—	
被测系统参数	15	7.5	0	1.6	1.9	
支路①切除	16.5	6	1.5	1.9	0.3	11 阀
支路②切除	17	5.5	2	2.05	0.45	12 阀
支路③切除	15.1	7.4	0.1	1.64	0.04	13 阀
支路④切除	15.55	6.95	0.55	1.7	0.1	14 阀
支路⑤切除	15.45	7.04	0.45	1.81	0.21	15 阀
支路⑥切除	17.9	4.6	2.9	2.4	0.8	5 阀

注：各支路切除测试结束，将拆下的元件组装好。

4）测试参数处理

利用式（2－1）至式（2－3）计算出接入被测液压系统后总的压力降为 7.5MPa。切断单个支路后的总压力降如下：切断支路①为 6MPa，切断支路②为 5.5MPa，切断支路③为 7.4MPa，切断支路④为 6.95MPa；切断支路⑤为 7.04MPa，切断支路⑥为 4.6MPa。切除液压阀后的压力升高值如下：支路①为 1.5MPa，支路②为 2MPa，支路③为 0.1MPa，支路④为 0.55MPa，支路⑤为 0.45MPa，支路⑥为2.9MPa。将以上数据填入表 2－2 中。

利用式（2－6）至式（2－8）计算出接入被测液压系统后的总泄漏量为 1.9L/min。切断单个支路后总泄漏量如下：切除支路①为 1.6L/min，切除支路②为 1.45L/min，切除支路③为 1.86L/min，切除支路④为 1.8L/min，切除支路⑤为 1.69L/min，切除支路⑥为 1.1L/min。各阀的泄漏量如下：11 阀 0.3L/min，12 阀 0.45L/min，13 阀 0.04L/min，14 阀 0.1L/min，15 阀 0.21L/min，5 阀 0.8L/min。将需要的数据填入表 2－2 中。

应用式（2－12）计算出总效率为 0.457，20 吨锻造机械手出厂测试结果无法给出，但可以利用测试仪对无故障时的系统进行测试得出。

5）测试结果分析

绘制液压阀性能曲线如图 2－12 所示。

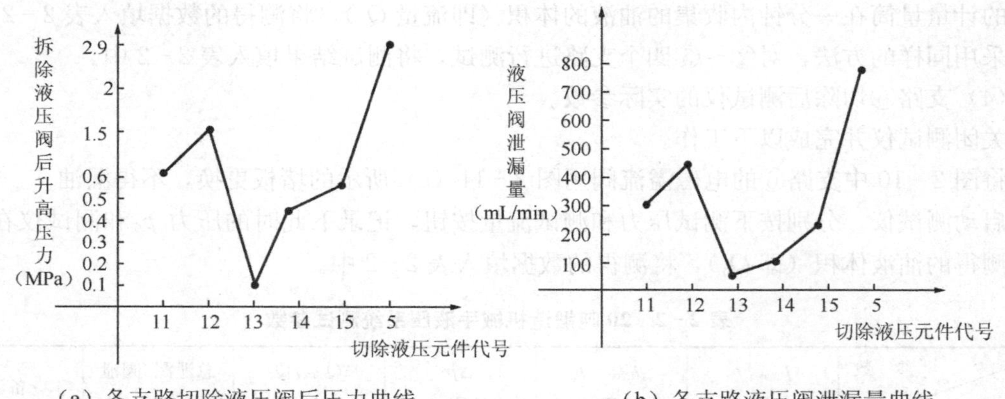

（a）各支路切除液压阀后压力曲线　　（b）各支路液压阀泄漏量曲线

图 2－12　液压阀性能曲线

分析图 2－12 可得：电磁溢流阀 5 的泄漏比较严重，需要修复或更换；其次为电液换向阀 12。

备件由先到后的次序：5、12、11、15、14、13。通过以上测试分析可知：该被测试的液压系统的电磁先导溢流阀的漏油很严重，需要更换或修复；电液换向阀 12、11 需要准备备件，在设备空闲时间更换。

2.2.4　综采面液压支架故障检测

液压支架在综合机械化生产中占有十分重要的地位，而液压支架普遍存在液压系统故障和支架构件损坏的问题。支架构件损坏极少发生且易为人们直观发现。流体的连续性和压力传递的均布性使支架液压系统故障具有一定复杂性和隐蔽性，难以被人们用通常的视觉、触觉、听觉手段发现，支架故障高发，进而引发更多的支架—围岩事故，严重制约综采面的高效生产。因此，开展综采面液压支架故障诊断技术研究工作已成为促进综采面安全高效生产的重要途径。

1. 支架故障类型及原因分析

支架液压系统主要由立柱、千斤顶、液压阀（多路换向阀、单向阀、安全阀等）及其他液压辅助元件组成，通过液压阀控制支架液压系统的动力执行元件（立柱和各种千斤顶）来完成各种动作，如支架的升、降、推、移等。液压支架是综采面支架—围岩保障系统的重要组成部分，其存在故障必然会引起支架—围岩系统事故的增加，甚至引发工作面不同程度的片冒事故，使综采队维护时间增长和工作强度加大，严重影响工作面的安全生产。液压支架常见故障按液压元件可分为立柱故障、千斤顶故障和液压阀故障，如图 2－13 所示。

液压支架出现故障会导致支架失效，使其支护能力难以充分发挥。造成液压支架故障的主要原因有以下几类。

① 液压支架的使用年限。液压设备的故障与使用时间可以用故障率规律曲线表示，如图 2－14 所示。它分为 3 个区段：A 区段为早期液压故障期，其故障主要是由于设计、制造、检验测试、安装调试的失误使液压系统和液压元件产生缺陷而引起的，称为早发性液压故障；

B 区段为有效寿命故障期，该区段故障多为液压系统元件随机发生的故障，又称随机故障期；C 区段为耗损故障期，其故障是由液压系统和液压元件自然耗损（如磨损、腐蚀、疲劳、老化等）而引起的，为渐发性故障。

② 液压支架的运行管理。液压支架工作环境中存在大量粉尘，虽然在立柱、千斤顶等液压元件的导向套上装有防尘圈及密封件等，由于操作不当、密封件更换不及时等原因，支架液压系统也难免被尘埃和污物所污染，被污染的油液将加速液压元件的划伤和磨损，最终导致液压元件损伤严重，产生泄漏故障。

③ 液压元件的维修。由于支架液压系统的工作介质乳化液配比不合格或破乳等原因，乳化液将失去其防锈性能和润滑性能，从而加速液压元件的损坏。维修保养不当造成液压元件损坏的原因还有：损坏元件更换不及时造成的过度磨损以及长时间使用引起元件的老化、损伤，维修时更换的密封圈质量不好，光面配合公差不严密，阀片上有砂眼，维修中密封圈放置位置不合适等。

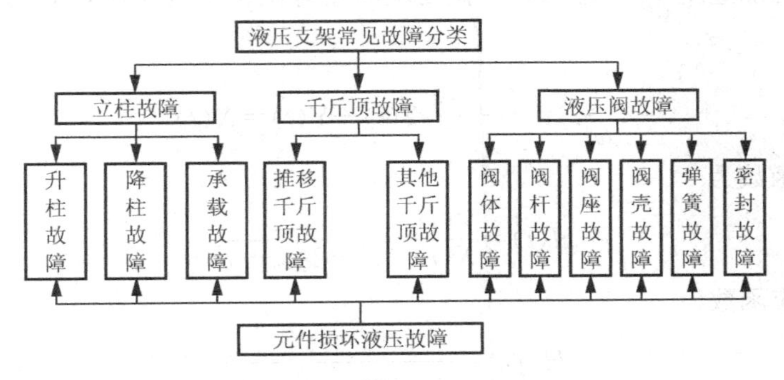

图 2－13　液压支架常见故障分类

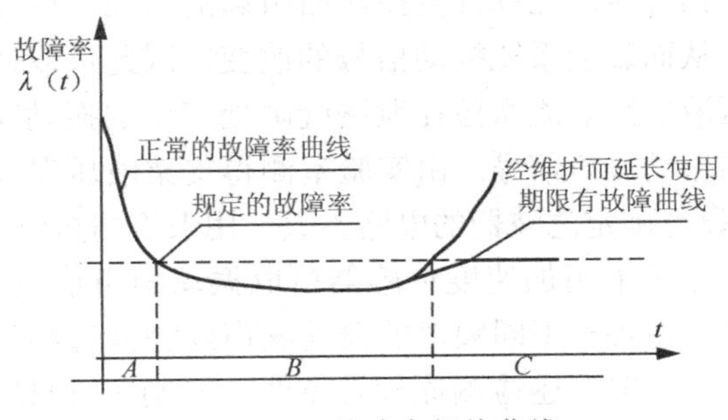

图 2－14　故障率规律曲线

2. 液压支架故障诊断原理及检测方法

尽管造成液压支架故障的原因很多，但超过 90％的故障都是由液压元件损坏引起的液压系统故障，监测液压系统故障的状态参数有许多种，如振动噪声、压力、流量等。而支架液压系统故障主要表现为由于密封失效或破坏而引起的泄漏故障。当液压系统发生泄漏时，由于系统内外压差很大，会引起液体高速流动和高压射流，从而在泄漏处产生频带较宽的振动噪声信号。因此，在支架液压故障诊断中把振动噪声信号作为诊断的特征参数，可以有效提高泄漏故障诊断的准确率。在振动噪声检测中，可以测量的振动参数有位移、速度和加速度。假设在外力的作用下，系统输出的位移为 y 的振动块的运动方程可表示为

$$m\frac{\mathrm{d}^2y}{\mathrm{d}t^2}+c\frac{\mathrm{d}y}{\mathrm{d}t}+ky-x=0 \tag{2-13}$$

式中，m 为振动块的质量；c，k 为系统参数。

式（2-13）是描述振动块对壳体的相对运动的微分方程，将其简化后可得

$$\left(\sqrt{\frac{m}{k}}\right)^2\frac{\mathrm{d}^2y}{\mathrm{d}t^2}+\frac{2c}{2\sqrt{km}}\sqrt{\frac{m}{k}}\frac{\mathrm{d}y}{\mathrm{d}t}+y-\frac{1}{k}x=0 \tag{2-14}$$

引入系统的运动特性参数，式（2-14）可写为

$$\frac{1}{\omega^2}\frac{\mathrm{d}^2y}{\mathrm{d}t^2}+\frac{2\xi}{\omega_n^2}\sqrt{\frac{m}{k}}\frac{\mathrm{d}y}{\mathrm{d}t}+y=x \tag{2-15}$$

式中，ω_n 为系统的固有频率，$\omega_n=\sqrt{\frac{m}{k}}$；$\xi$ 为系统的阻尼比，$\xi=\frac{c}{2\sqrt{km}}$。

以待测物体的加速度$\frac{\mathrm{d}^2y}{\mathrm{d}t^2}$为输入，以振动块的相对位移 y 为响应，对式（2-15）取拉普拉斯变换有

$$\frac{1}{\omega_n^2}s^2Y(t)+\frac{2\xi}{\omega_n}sY(t)+Y(t)=X(t) \tag{2-16}$$

系统的传递函数为

$$H(t)=\frac{Y(t)}{X(t)}=\frac{\omega_n^2}{t^2+2\xi\omega_n+\omega_n^2} \tag{2-17}$$

则系统的频率响应函数为

$$H(\mathrm{j}\omega)=\frac{1}{1-\left(\frac{\omega}{\omega_n}\right)^2+2\mathrm{j}\xi\frac{\omega}{\omega_n}} \tag{2-18}$$

由于阀、立柱、千斤顶等液压元件发生损坏而引起的泄漏（内部泄漏和外部泄漏）将导致液压系统状态的改变，从而影响系统振动信号的改变，因此可以通过采用高灵敏度的压电加速度传感器来拾取高压液体因射流摩擦在泄漏缝隙处产生的振动噪声信号，或者高速流体喷射到对面零件上引起的振动噪声信号。由实验室测得支架液压泄漏故障的故障信号频带范围为 3～19kHz，据此可设计确定滤波器的电路参数，用来检测高压液体的泄漏。

基于上述检测原理，通过采用加速度传感器拾取振动噪声信号，经电荷放大器放大后，送线性通道和带通滤波器，将各种不同频率的振动噪声经滤波选频后由液晶显示器显示，其检测原理如图 2-15 所示。根据上述检测原理及方法，研制了 YHX 型矿用隔爆本安型泄漏故障检测仪，如图 2-16 所示。

泄漏故障诊断的原则为有泄漏故障，则有高频振动噪声信号产生；无泄漏故障，则无高频振动噪声信号产生。经实验室测试和现场实际检测验证，综采支架液压系统泄漏故障诊断判据可归纳为表 2-3。

表 2-3　液压系统泄漏故障诊断判据表

故 障 类 别	泄漏噪声信号当量强度值 Z
无泄漏故障	$Z\leqslant 25$
轻微泄漏故障	$25<Z\leqslant 500$
中等泄漏故障	$500<Z\leqslant 1000$
严重泄漏故障	$1000<Z$

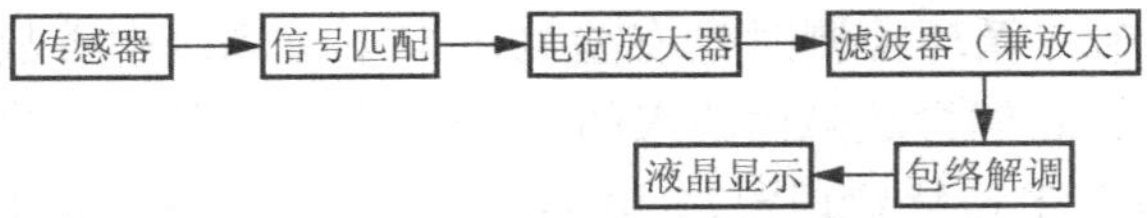

传感器 → 信号匹配 → 电荷放大器 → 滤波器（兼放大） → 包络解调 → 液晶显示

图 2 - 15　液压泄漏检测仪器原理框图

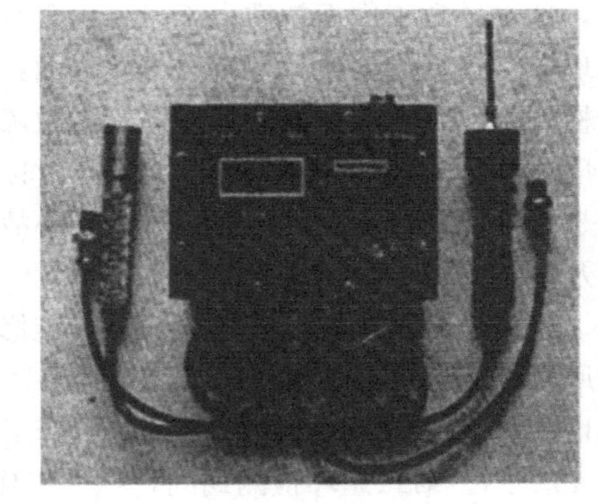

图 2 - 16　YHX 型矿用隔爆本安型泄漏故障检测仪

3. 现场故障诊断及其分析

某综采面在第一循环的现场诊断中，96 组液压支架共检测出有故障的支架 61 个，故障率为 64%；整个工作面共查出故障 84 处。从液压系统发生故障的元件来看，立柱和千斤顶故障 3 处，操纵阀故障 10 处，单向阀故障 64 处，其他元件等损坏 7 处，液压元件故障数量及其在总故障中的比例参见表 2 - 4。

表 2 - 4　液压元件故障数量及其比例

故障程度	立柱和千斤顶		操　纵　阀		单　向　阀		其 他 元 件	
	故障数	比例（%）	故障数	比例（%）	故障数	比例（%）	故障数	比例（%）
轻微故障	2	2.4	2	2.4	10	11.9	1	1.2
中等故障	1	1.2	5	6.0	34	40.5	4	4.8
严重故障	0	0.0	3	3.6	20	23.8	2	2.4

从支架液压故障的表现形式来看，“外”部泄漏故障有 23 处，占总故障的 27.4%，“内”部串液故障为 61 处，占总故障的 72.6%。其中，严重串液故障为 20 处，占故障总数的 23.8%；中等串液故障为 32 处，占故障总数的 38.1%；轻微串液故障为 9 处，占故障总数的 10.7%。严重泄漏故障为 8 处，占故障总数的 9.5%；中等泄漏故障为 9 处，占故障总数的 10.7%；轻微泄漏故障为 6 处，占故障总数的 7.1%。各类故障所占百分比如图 2 - 17 所示。

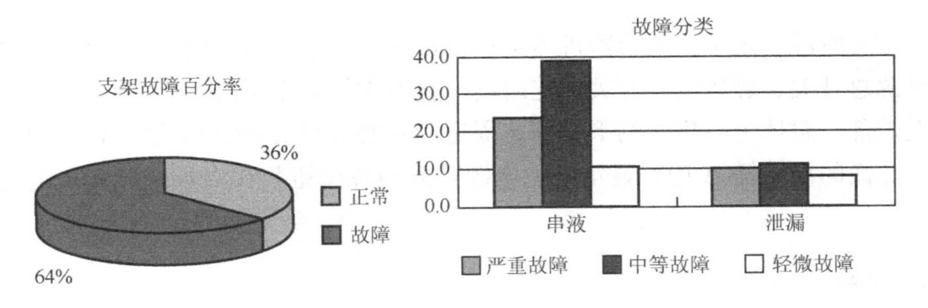

图 2 - 17　支架液压故障类型比例

在被检测的支架中，故障最多、最严重的地方发生在支架立柱的单向安全阀和片阀阀组中，许多阀组已经发生严重泄漏故障，造成支架单柱工作，使工作阻力不足甚至丧失支撑作

用，这也导致工作面初撑力不足，出现煤体片帮和冒顶。经调研分析发现，某煤矿液压支架出现较多故障的主要原因有以下几方面：一是现场原来采用的是"看"、"听"、"摸"等简易的检测手段，检测时只能发现宏观的故障，而且在现场复杂条件下检测效率很低；二是本身有质量缺陷、装配不合理、更换不及时以及设备工作环境不佳等因素导致液压元件损伤严重；三是现场检修班人员没有充分认识到小故障演变成大事故的危害性，对许多检测到的故障没有及时维修。

经过第一循环的现场诊断并及时维修，在一个月后的第二循环检测中综采面支架故障率由原来的64%下降到23%，下降了41%。在第二循环检测时没有检测出严重故障；中等故障也由原来的41处下降为18处，下降了56.1%；轻微故障由原来的15处下降为8处，下降了46.7%。第二循环检测期间，综采工作面没有出现片冒现象。实践结果表明，综采面液压支架故障检测效果明显。

2.2.5　液压缸回缩量智能测量器及其在起重运输液压系统中的应用

1. 概述

多数起重运输设备为液压机械，而液压缸是液压机械的重要组成部分，液压缸回缩量作为重要的安全技术指标，是安全技术检验的重要内容。为了确保此类机械设备的安全运行，国家质检总局发布的《厂内机动车辆监督检验规程》附录中规定：货叉将最大载荷升到离地面2m高度位置，关闭液压分配器，发动机停止运转，静止5min后做好标记，再过10min，货叉下滑量（即液压缸回缩量）不得超过100mm。《起重机械监督检验规程》附录中也规定：流动式起重机在最大额定起重量时，发动机熄火15min，新出厂或大修后的液压缸回缩量不得超过2mm，在用的起重机液压缸回缩量不得超过6mm，并把液压缸回缩量作为单一否决项。由此可见液压缸回缩量检测工作的重要性。然而，测量液压缸活塞杆回缩量的传统方法是宏观目测、手工画线、直尺或百分表测量读数、人工判断计时，不但误差大，工效低，操作和读数很不方便，很难达到上述规程的要求，而且操作者人身安全难以保证。

液压缸回缩量智能测量器为液压起重运输机械设备提供了一种专用测量仪器。

2. 结构组成

1）机体结构

如图2-18所示，该智能测量器机体结构由机壳、提手、固定旋钮、位移传感器、磁体、显示屏、电源总开关、磁体电源开关、定时键、查询键、清零/复位键和确定键组成。提手装在机壳的上端部，磁体装在机壳的下端部，固定旋钮装在机壳侧面的滑动槽B中，位移传感器装在机壳底面的滑动槽A中，显示屏、电源开关和各按钮装在面板上，其余电气元件装在机壳内部。

2）控制电路

如图2-19所示，控制电路由位移传感器、位移变送器、PLC模拟量输入模块、单片机(MCU)、液晶显示器、磁体、电池、电源开关K1和K2以及面板按键K3～K6组成。位移传感器与位移变送器连接，位移变送器与PLC模拟量输入模块连接，模拟量输入模块通过数据总线与单片机（MCU）的接口连接。显示屏、电源开关 K1 和面板按键 K3～K6 与单片机的接口连接，磁体通过电源开关 K2 与电池 E 连接。

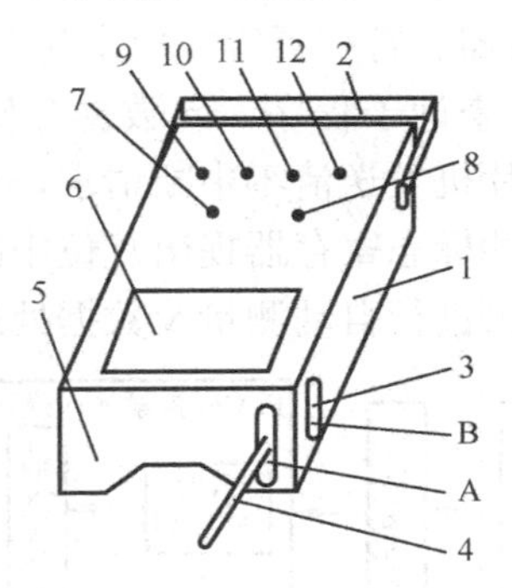

1—机壳；2—提手；3—固定旋钮；4—位移传感器；5—磁体；6—显示屏；7—电源总开关；8—磁体电源开关；9—定时键；10—查询键；11—清零/复位键；12—确定键；A，B—滑动槽

图 2－18　机体结构示意图

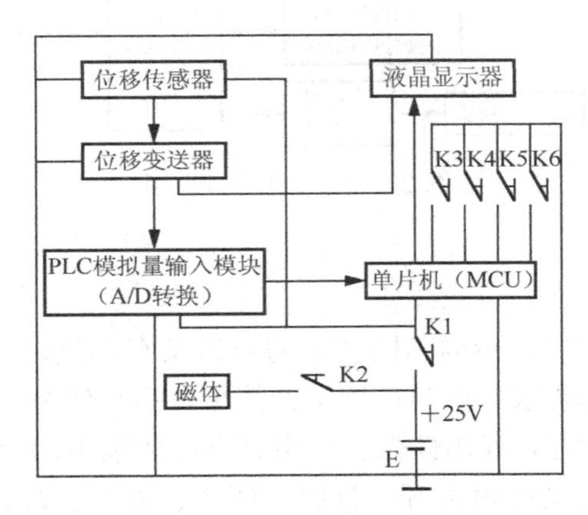

图 2－19　控制电路

3. 使用操作

如图 2－18 和图 2－19 所示，先按下电源开关 K1，给测量器供电。再将磁体下部的梯形槽口置于液压缸活塞杆上，其位置靠近缸体与活塞杆出口处。位移传感器可在滑动槽 A 中移动，固定旋钮可在滑动槽 B 中移动，以此来调节位移传感器的位置，使其外端触头与相对固定不动的缸体端面接触。然后按下电源开关 K2，使磁体产生磁吸力，将该测量器牢靠吸附到被测活塞杆上。若显示屏读数为零，则先按清零键 K5，再按确定键 K6，测量器开始自动计时和测量，到达设定时间自动锁定液压缸回缩量数据，并报警读取数据，完成一次测量。重新测量时按复位键 K5。该测量器能自动存储 10 组以上的数据，并具有查询功能，不必每测量一台设备当场读数，可以一批设备测量完毕，统一读数并记录下来，然后全部清零。

4. 工作原理

如图 2－19 和图 2－20 所示，位移传感器把液压缸回缩量转换成电压信号，再由位移变送器转换成 0～5V 或 4～20mA 的标准电模拟量，送至 PLC 模拟量输入模块。经其中的 A/D 转换器转换成单片机（MCU）能识别的数字信号，并输入缓冲器，信号经数据总线进入单片

机。单片机具有 CPU、内存、定时器/计数器、并/串行接口、清零及复位等功能。单片机利用数据总线与控制信号及液晶显示器接口或 I/O 设备控制液晶显示模块 T6963C。按下定时键 K3，由单片机中的定时器/计数器、寄存器等完成定时及时间设定。按下查询键 K4，向单片机发出中断请求，由单片机中的查询子程序，向数据存储器和液晶控制器发出命令，显示查询数据。按下清零键 K5，向单片机发送清零中断请求，单片机通过命令控制符完成清零操作。按下复位键 K5，向单片机内的标志寄存器提出复位中断请求，实现复位功能。按下确定键 K6，单片机开始对液压缸回缩量进行自动测量及数据处理，完成测量工作。

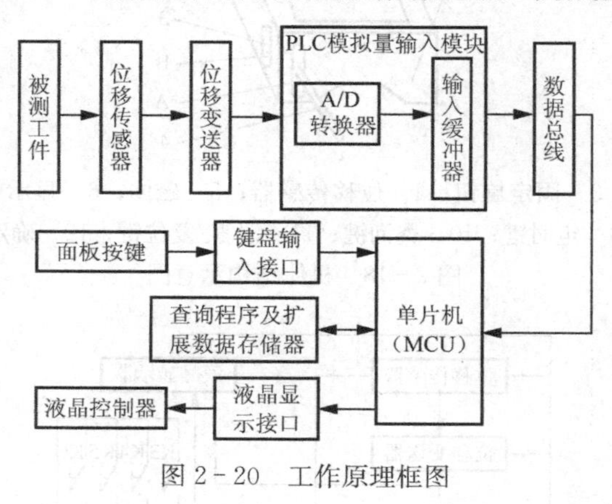

图 2-20　工作原理框图

5. 应用

该测量器已在某油田应用，检测不同类型的液压叉车和流动式液压起重设备数百台次，实践证明其已达到设计指标要求。该测量器结构简单，小巧便携，操作方便，测量准确，读数直观，工效较高，安全性好，通用性强。应用时靠磁体吸力固定到液压缸活塞杆上，只要按下少数几个按键，操作人员即可离开，计时、测量、显示、数据存储、处理等自动完成。测量准确度由原来的 81%提高到 98%以上，工效提高 3 倍。它既可消除液压机械设备事故隐患，又能确保操作者的安全。

2.2.6　用三合一测试仪检测液压挖掘机主泵比例阀

利用三合一电子/电气测试仪，可以很方便地检测和诊断挖掘机比例阀的故障。

1. 比例阀的特点

比例阀（图 2-21）在结构和性能上是介于普通电磁开关阀与电液伺服阀之间的一种电控液压阀。它对液压油清洁度的要求不像电液伺服阀那样苛刻，而且价格要低得多；与变气隙的开关型直流电磁铁不同，比例阀中电磁铁的气隙是恒定的，因此比例阀输出的压力可随输入电流成正比地变化。

由于比例阀相对伺服阀在性价比上有优势，国内外液压挖掘机上大多采用比例阀作为主泵的控制元件，如小松挖掘机上的 EPC—PC 阀和 DEPC—LS 阀、卡特机的 EPR 阀、日立机的 SD 阀、现代机的 EPPR 阀等。当比例阀的输入电流过大或过小，或者比例阀磨损或卡滞时，都可能引起挖掘机动作迟缓，或发动机失速甚至熄火等现象。

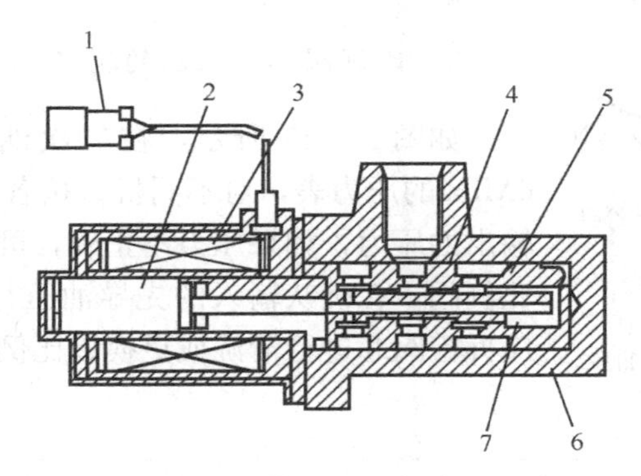

1—电气插件；2—磁铁芯；3—电磁线圈；4—阀套；5—阀芯；6—阀体；7—弹簧

图 2-21　EPC—PC 比例阀结构

2. 检测方法

比例阀在出厂前已经过严格的质量检验，包括静态特性测试（输入电流一压力特性试验、内泄漏试验、负载特性试验）和动态特性测试（频率响应试验、瞬间响应试验）。现场做故障诊断时则是在机上做在线检测，包括比例阀电磁线圈电阻的测定、输入电流的测定及输出的二次油压的测定。

1）电磁线圈电阻的测定

关闭点火开关，脱开主泵比例阀与泵控制器输出接口之间的插头 CN（图 2-22），测定两线之间的电阻值和地线与机体之间的电阻值，从而判断比例阀电磁线圈有无短路、断路或搭铁。

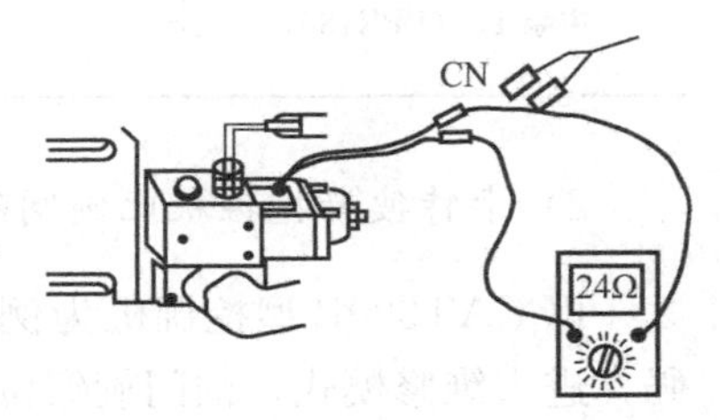

图 2-22　测定比例阀电阻

2）比例阀输入电流的测定

断开比例阀的一根导线，串入万用电表，按不同机型各自的测试条件测定输入电流，如图 2-23 所示。用直流钳形表进行测试时相当简便，无须拔开插头 CN，也无须断开导线（图 2-24）。

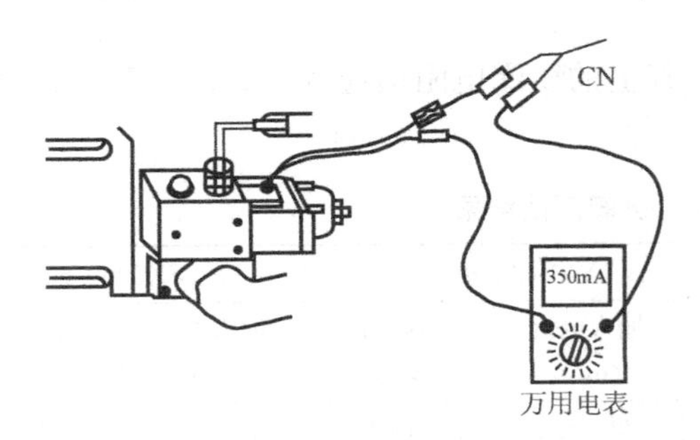

图 2-23　用万用电表测定比例阀电流

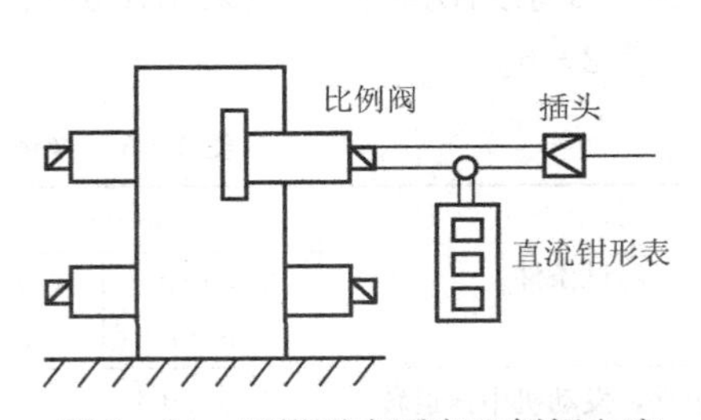

图 2-24　用钳形表测定比例阀电流

在不同的动力模式或不同的发动机转速下，根据泵控制器输出至比例阀的直流电流信号正确与否，就能判断出比例阀之前的电子控制部分是否有故障。

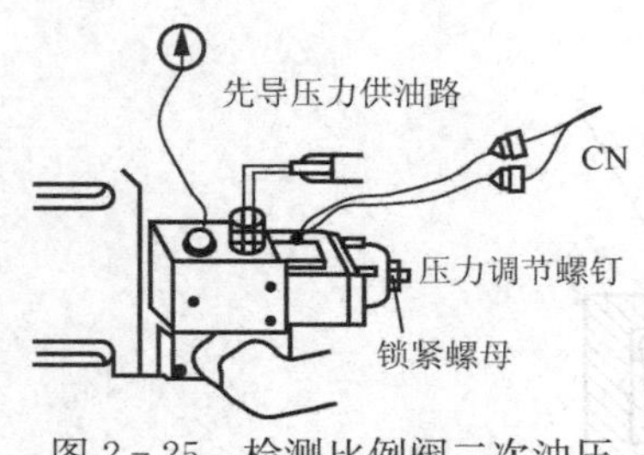

图 2-25　检测比例阀二次油压

3）比例阀二次油压的测定

如图 2-25 所示，在二次油压的测点上接好量程为 6MPa 的压力表，对不同机型按各自的测试条件检测比例阀输出的压力，如果压力不正确，可进行调节。对于不可调的比例阀，在确认输入的先导油压与比例阀的电流正常之后，应拆检阀芯进行清洗或更换该比例阀。

3. 检测实例

1）利勃海尔挖掘机比例阀的测试

以 R984 型挖掘机的主泵调试为例，测试结果参见表 2-5。

表 2-5　利勃海尔挖掘机比例阀测试结果

	发动机转速（r/min）	输入电流（mA）	二次油压（kPa）
主泵 P1（BPR260）	1800	345±10	1000±100
主泵 P2（BPR260）	1650	＜210	＜400
主泵 P3（BPR186）	1800	600±15	1600±100
	1650	＜300	＜700

2）卡特彼勒挖掘机比例阀的测试

以 CAT320B 型挖掘机为例，在进行 EPR 比例阀的扫描测试时，须通过监控板输入密码，进入维修模式，油门旋钮位于“10”处，操作手柄全置中位；在 EPR 比例阀输出端（二次油压测点）接入量程为 6MPa 的压力表，将钳形电流表套入 EPR 阀导线；发动机熄火，但启动开关接通。

在 20s 扫描周期内，当电流由 200mA 增到 1750mA 时，若二次油压由 490kPa 提高到 3450kPa，则 EPR 阀正常。

3）神钢挖掘机比例阀的测试

以 SK—6 系列挖掘机的主泵用比例阀为例，其上的线圈电阻值应为（17.5±1）Ω，测试结果参见表 2-6。

表 2-6　神钢挖掘机比例阀测试结果

测试条件	SK200—6		SK230—6		SK320—6	
	输入电流（mA）	二次油压（kPa）	输入电流（mA）	二次油压（kPa）	输入电流（mA）	二次油压（kPa）
操纵杆中立，发动机中速运转	700±70	2646±260	720±72	2744±270	700±70	2646±260
操纵杆中立，发动机高速运转	750±75	2940±290	770±77	3038±300	770±77	3136±310
发动机高速运转 测 P1 泵（右侧履带空转） 测 P2 泵（左侧履带空转）	350±35	588±60	350±35	588±60	350±35	588±60

4）小松挖掘机比例阀的测试

以小松 PC200—6 型和 PC220—6 型挖掘机为例，若线圈的电阻为 7～14Ω，则地线与机体之间的电阻在 1MΩ 以上为正常。

启动开关通电，发动机置于最大油门位置，操作手柄中立，若输入电流在（320±80）mA，则为正常。

5）大宇挖掘机比例阀的测试

以大宇 DH220IJC—Ⅲ型挖掘机为例，比例阀测试结果参见表 2－7。

表 2－7　大宇挖掘机比例阀测试结果

动力模式	作业模式	输入电流（mA）	二次油压（kPa）
H（Ⅰ速）	挖掘	400±40	147±15
	装车	600±60	284±28
S（Ⅱ速）	平整	0	0

6）现代挖掘机比例阀的测试

以现代 R290—3 型挖掘机为例，进行 EPPR 阀测试，启动发动机，在规定的动力模式与发动机的转速下操作铲斗控制手柄，测试结果参见表 2－8。

表 2－8　现代挖掘机比例阀测试结果

动力模式	发动机转速（r/min）	输入电流（mA）	二次油压（kPa）
H	2050±50	240±24	392±39
S	2050±50	290±29	784±78
L	1850±50	450±45	1960±19
F	1550±50	600±60	3234±32

2.2.7　推土机提铲冲击现象测试及解决

1. 故障现象

某公司的 TQ200 型推土机在进行样机试制时出现铲刀提升时有振动的现象，具体表现为：将铲刀快速放到地面后再快速提升，铲刀上升到一定高度后突然抖动一下，然后平稳运动；将铲刀慢速下放再提升，上述现象仍然存在，但抖动稍轻。该推土机工作装置液压系统原理图如图 2－26 所示。

在该系统中，为提高工作效率，在铲刀升降液压缸上装有快降阀 6，其工作原理如下：铲刀快速下降时有杆腔油流量增大，经快降阀节流孔时在 b、a 两侧产生压差；当作用在阀芯右侧的液压力大于弹簧力时，阀芯推至左端，有杆腔的一部分液压油流向无杆腔，加速铲刀下落。

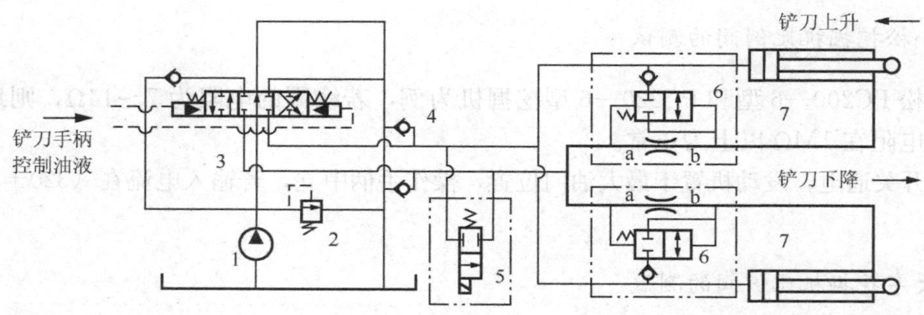

1—工作泵；2—安全阀；3—液控换向阀；4—补油单向阀；5—浮动阀；6—快降阀；7—铲刀升降液压缸

图 2-26　工作装置液压系统原理

2. 故障检测及分析

经仔细分析故障原因，怀疑造成铲刀抖动的原因在于铲刀升降液压缸有异常。为查清此问题，采用 PARKER SCM—300 手持测量仪和三星笔记本电脑各一台对系统进行检测。SCM—300 手持测量仪用来测量压力、流量等参数，笔记本电脑用于数据的转移存储以及处理分析。

由于故障现象与铲刀下降速度和发动机油门大小有关，故在不同的情况下对系统进行检测。

1）测试方法一

发动机转速设定为 1500r/min，将铲刀快速放到地面，然后快速提铲，反复试验 3 次，测量铲刀升降液压缸无杆腔的流量和压力，记录曲线如图 2-27 所示。

由图 2-27 可知，铲刀提升时，铲刀升降液压缸活塞上移，无杆腔流量开始上升，但无杆腔回油压力（背压）为零。在提升起始点 0.5s 后，流量上升到 70L/min，瞬时下降到 30L/min，此时压力（背压）仍为零；此后流量瞬间上升到 116L/min，压力也快速上升到 1.6MPa，接下来流量和压力均平稳。重复试验 3 次，每次的数据几乎一致。

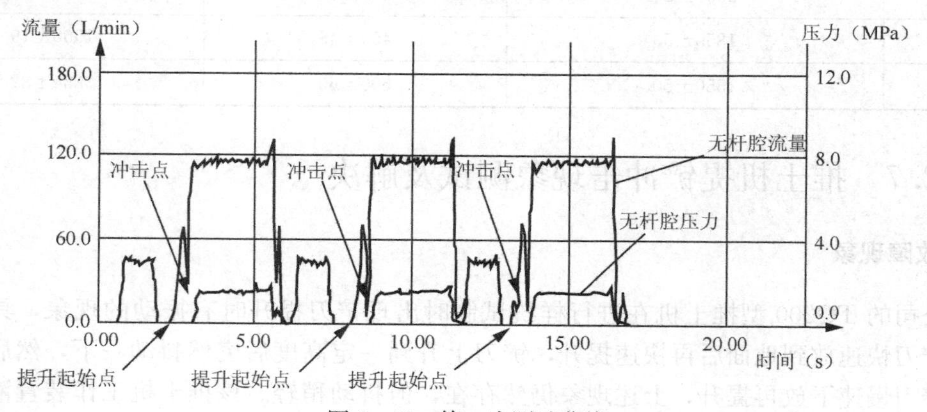

图 2-27　第一次测试曲线

当液控换向阀阀芯全开时，由于铲刀在重力作用下下降速度过快，仍会造成提升液压缸无杆腔缺油以致形成负压，油中空气析出。铲刀提升时，进入无杆腔的油包括三部分：一部分为工作液压泵来油，一部分为有杆腔通过快降阀进入无杆腔的油，一部分为补油单向阀来油。在图 2-27 中，提铲初期，流量从零到 70L/min 时，无杆腔回油压力（背压）为零，这种情况属异常现象，因为活塞运动速度恒定（工作泵至有杆腔流量恒定），在正常情况下，无杆腔回油流量（背压）也应恒定，同时管路必定存在压力损失，绝不可能是零。一个合理的解释为：流量计测出来的不是无杆腔的真实流量，而是一种空气和油的混合物流量，实际液压流量为零。

铲刀提升时，由于活塞上移，无杆腔与多路阀之间的管路容积不断减小，油液渐渐充满油道，空气受压缩。当压力大于空气分离压时（0.5s 后），无杆腔内的空气瞬时被压入液压油中，产生气蚀，液压缸即产生振动现象，之后液压缸即进入正常运动状态。

2）测试方法二

发动机转速为 2300r/min 时，将铲刀快速放到地面上，然后快速提铲，反复试验 3 次。测量铲刀升降液压缸无杆腔的流量和压力，记录曲线如图 2－28 所示。

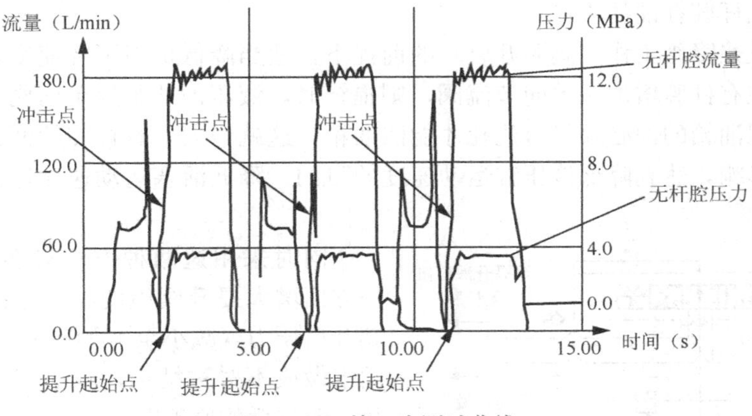

图 2－28　第二次测试曲线

图 2－28 中的流量和压力曲线与图 2－27 相似。发动机转速增高，泵流量增大，液压缸活塞杆运动速度提高，无杆腔的回油流量和回油背压随之增加。液压缸提升起始点与冲击点之间的间隔由原来的 0.5s 缩短为 0.25s。这是由于泵转速增加后，一方面落铲时进入无杆腔的油液增加（铲刀下落时间相等），无杆腔真空度减小；另一方面提铲速度加快，弥补真空的时间就要缩短。

3）测试方法三

发动机转速设为 2300r/min，将铲刀快速放到地面后继续动作，直到液压缸将机头撑起来，然后快速提铲，重复试两次。测量铲刀升降液压缸无杆腔的流量和压力，记录曲线如图 2－29 所示。

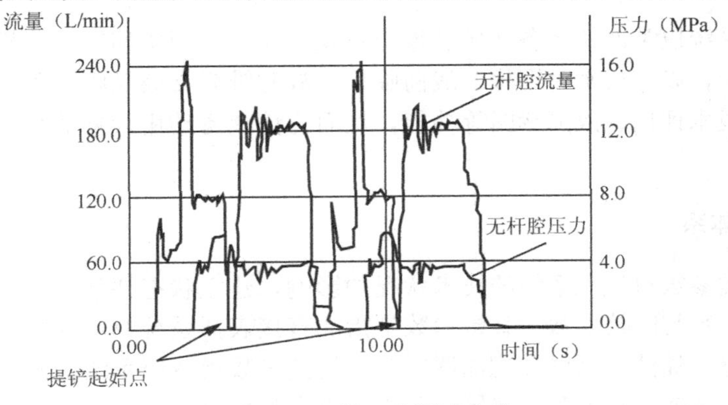

图 2－29　第三次测试曲线

由图 2－29 可见，从提铲起始点开始，无杆腔回油流量和背压均上升，中间无突变点，整个提铲过程中也没有冲击。这是因为铲刀快速落地后，接着就把机头支撑起来，液压油充满无杆腔，没有真空现象，所以在提铲过程中没有冲击。

至此，试验曲线证实了推断：提铲冲击是由于升降液压缸无杆腔气蚀引起的，同时缺油的多少决定了冲击的大小和发生的时间。

3. 解决办法

解决铲刀升降液压缸气蚀问题的关键在于解决无杆腔的真空度问题，途径有以下两个。

（1）增大铲刀下降时无杆腔的流量。增大补油单向阀通径，尽量减小其开启压力，增大铲刀下降时向无杆腔补油的流量。

（2）在保证快降阀工作（阀芯开启）的前提下，适当降低铲刀下降速度，延长无杆腔补油时间。如可在有杆腔增加一单向节流阀，则提铲时，液压油从泵经单向阀至有杆腔；落铲时，从有杆腔回油箱的油必须经节流孔才能回油箱，这就增大了有杆腔的回油阻力以减小铲刀自重的重力影响，达到降低液压缸运动速度的目的。降低活塞运动速度还有利于提高密封件的使用寿命。

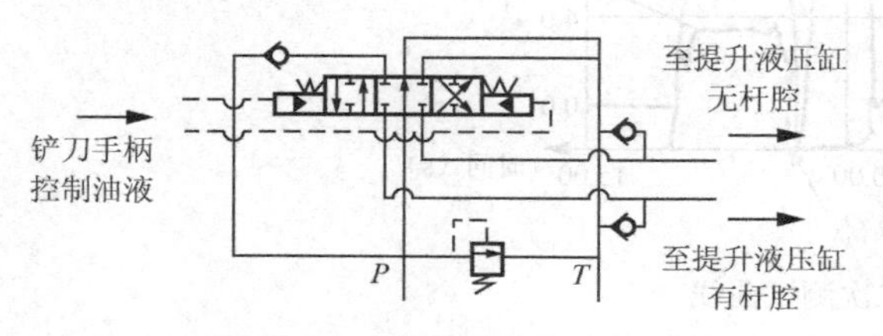

图 2－30　改进后的多路阀原理

同时采用这两种方法对多路阀进行改进：一方面增大提升阀组的补油单向阀通径，减小其开启压力（减小至 15MPa）；另一方面将提升阀组做成不对称结构，减小有杆腔回油节流通径。改进后的原理图如图 2－30 所示。

改进后的多路阀经装机试验，提铲冲击问题得以解决。

2.2.8　装备液压系统在不解体状态下的检测与故障诊断

液压系统在装甲新装备中的应用越来越广，液压系统对整车性能的影响也越来越大。液压系统往往处于动力传输控制的核心地位，一旦发生故障会造成整车瘫痪。随着装备机—电—液一体化发展的趋势和传感器、计算机技术的发展，实施对装备液压系统在不解体状态下的检测和故障诊断日显迫切和重要。

1. 功能

检测与诊断系统以某两栖装备液压装置为对象，在广泛调研和统计分析该装备常见故障及其机理的基础上，以完成平时巡检、战前临检、战时维修支援保障任务为需求，实现液压系统状态检测与技术评估、故障诊断等功能，从而为该装备动用计划的制订、维修保障提供辅助决策依据。

2. 检测参数体系

通过研究各类参数对液压系统的技术状况的影响，建立状态评估参数体系。根据参数性质，可分为直接参数与间接参数。直接参数是指能直接表征系统及元件性能的参数，包括压力、流量、泄漏量、油液污染度和滤油器压差；间接参数指液压系统检测时必需的一些条件参数，包括发动机转速、油温和水温等，利用此类参数信息可计算出实时的检测标准，如元件泄漏量、流量等。

1）直接参数

（1）压力：系统压力综合反映了系统及系统内元件的工作状态，通过对液压泵进/出油口、重要管道内及执行机构进出油口的压力（或压力差）的监测，可以对系统失压、压力不可调、压力波动与不稳等与压力相关的故障进行监视。

（2）流量、泄漏量：系统内流量的变化可以反映系统容积效率的变化，而容积效率的变化又反映了系统内元件的磨损与泄漏情况，可以通过监测重要元件流量变化状况达到对系统、元件的容积效率及元件磨损状况的监视目的。

（3）油液污染度：对油液的监测分析是预测和诊断液压系统故障的重要条件。

（4）滤油器堵塞状况：滤油器压差反映了滤油器堵塞的状况，可通过观察监视仪表上的报警装置，判断各滤油器的堵塞情况。

2）间接参数（条件）参数

（1）发动机转速：转速影响泵的输出流量，所以根据转速计算液压泵输出流量标准值。

（2）油温：油温影响液压油的黏度，黏度的变化影响泄漏量，故用于计算元件的泄漏量。

3. 总体方案

基于系统功能和检测参数体系，确定了检测与诊断系统的总体方案，如图 2－31 所示。方案采用 IBM 笔记本电脑、USB 数据采集卡、适配器、车载传感器、不解体检测仪器，以实现对检测与诊断系统的整体功能任务的合理规划。

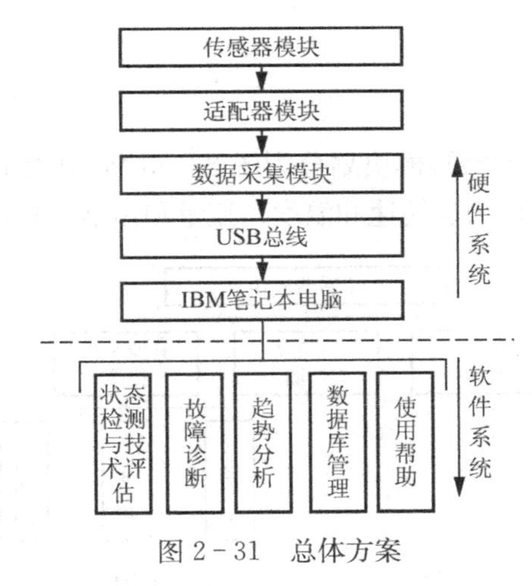

图 2－31　总体方案

4. 硬件系统

1）总体结构

检测与诊断系统硬件结构如图 2－32 所示，包括以下功能模块。

（1）主机模块：完成技术状况检测评估与故障诊断等任务之间的协调工作，并实施总体的监控和管理，为系统供电和提供操作界面。

（2）传感器模块：将液压系统各种参数（如转速、温度、流量、压力）转化为电压模拟量，以方便数据采集模块采集。

（3）适配器模块：在保证车辆正常运行和车载仪表正常工作的前提下，通过信号调理、并接等方式，实现传感器模块与数据采集模块的电气连接。

（4）数据采集模块：完成传感器模块提供的各种电压模拟量数据的采集、存储。

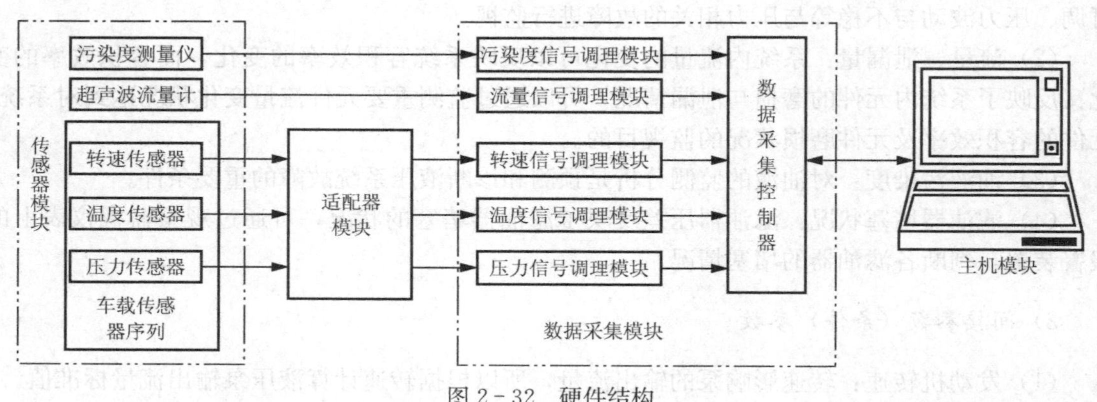

图 2－32　硬件结构

2）主机模块

根据功能要求，选用 IBM R61 型笔记本电脑作为本系统的主机设备，其双核 1.8GHz 的 CPU 和 1GB 的内存提供强大的数据处理和分析能力，能实现各种复杂任务的并行执行和调度；80GB 硬盘提供了足够的数据库扩展空间；自带电池可提供 4h 的续航能力，基本满足野外试验的要求。

3）传感器模块

根据检测参数信息来源，传感器模块划分为图 2－33 所示的结构。图中，其他参数指车载传感器提供的参数信息，包括压力、转速和温度；流量和污染度参数为检测仪器提供的信息。

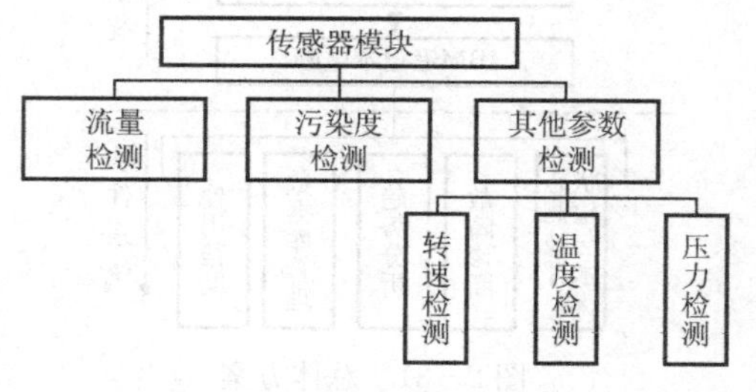

图 2－33　传感器模块结构

（1）流量（泄漏量）检测。

遵循不解体的原则即不破坏原有系统结构，应用先进的超声波测试设备实现流量（泄漏量）参数的准确获取。超声波流量计技术指标如下：流速测量范围为 0.01～25.00m/s，配管外径为 6～50mm，精度为±1%，输出信号为 0～10V，RS－232 接口。

（2）污染度检测。

基于 PM4000 污染度传感器，开发了液压油快速检测仪，实现了现场快速油液污染度检测。技术指标如下：检测通道为4μm、6μm、14μm、21μm，检测标准为ISO 4406，检测精度为0.5 ISO等级，输出为RS-232。

(3) 其他参数检测。

由于车载信息系统提供这些参数信息，因此本系统通过连接适配器的方式获取车载传感器的信号，详见适配器模块。

4) 适配器模块

适配器主要用于实现传感器与数据采集卡之间的电气匹配。由于所有传感器检测信号均为电压信号，通过转接模块，可将转接航插组传输的传感器信号并联到数据采集模块，这种设计能够保证车载仪表（含信息终端）与检测诊断系统并行工作。按照检测参数体系，在分析车载传感器系统的基础上，将有用传感器按所属航插的不同，分为3组：传感器组X、传感器组Y和传感器组Z。适配器设计的详细结构原理如图2-34所示。

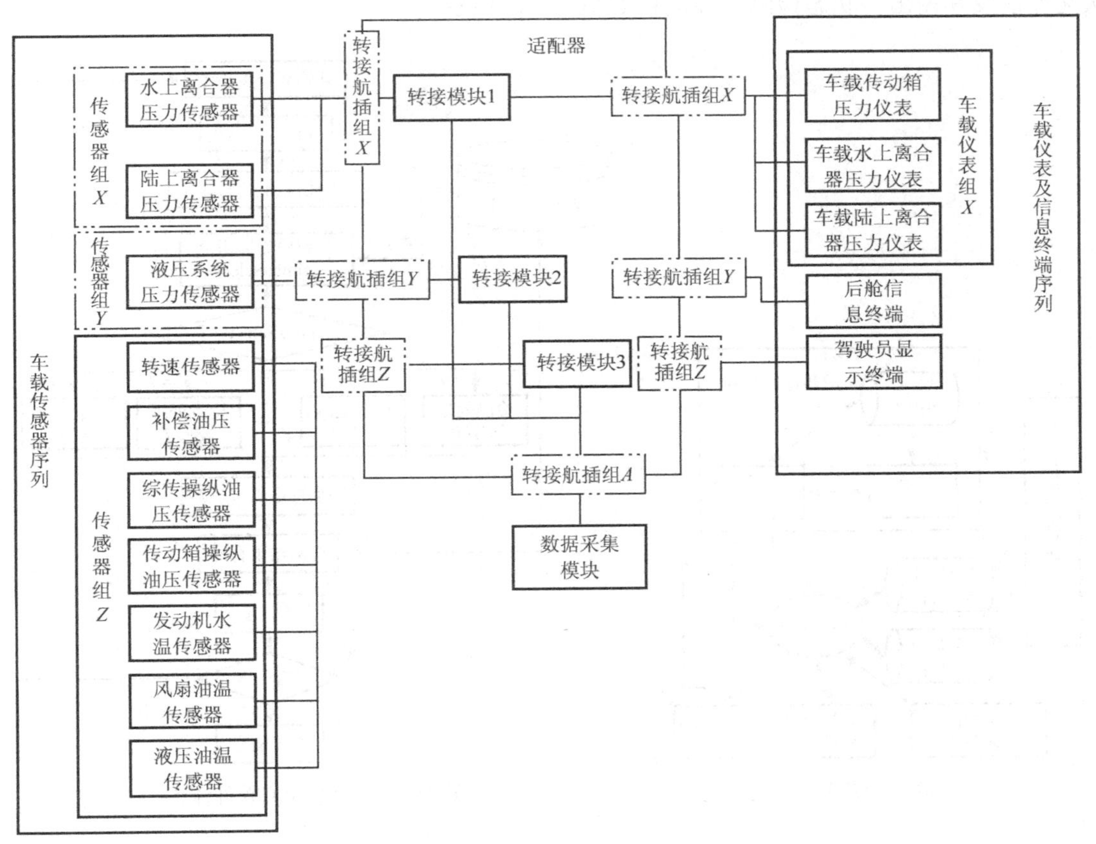

图2-34　适配器结构原理

5) 数据采集模块

综合考虑通道个数、通道精度、采样频率及与主机连接方式等因素，选用基于USB总线连接方式的USB—6210采集卡，其驱动与Lab Windows/CVI的DAQMX函数库完全兼容，极大地方便了软件的设计。

5. 软件系统

1）总体结构

软件系统采用模块化结构，包括状态检测评估模块、故障诊断模块、趋势分析模块、数据库管理模块、使用帮助模块和数据库等，如图 2－35 所示。状态检测评估模块用于进行检测控制和评估；故障诊断模块可根据用户输入或选择故障征兆，进行故障诊断，给出诊断结论和维修建议等；趋势分析模块提供对技术状况检测结果数据的分析，并给出结果，实现装备液压系统的历史分析和故障预测；数据库管理模块用于评估标准数据库和检测结果数据库，以及专家知识库的管理和维护；使用帮助模块提供检测与故障诊断系统的使用帮助。

2）状态检测评估模块

该模块主要实现液压系统的检测方案动态配置、检测流程控制、数据采集及存储、技术状况评估及其输出。状态检测软件流程如图 2－36 所示。

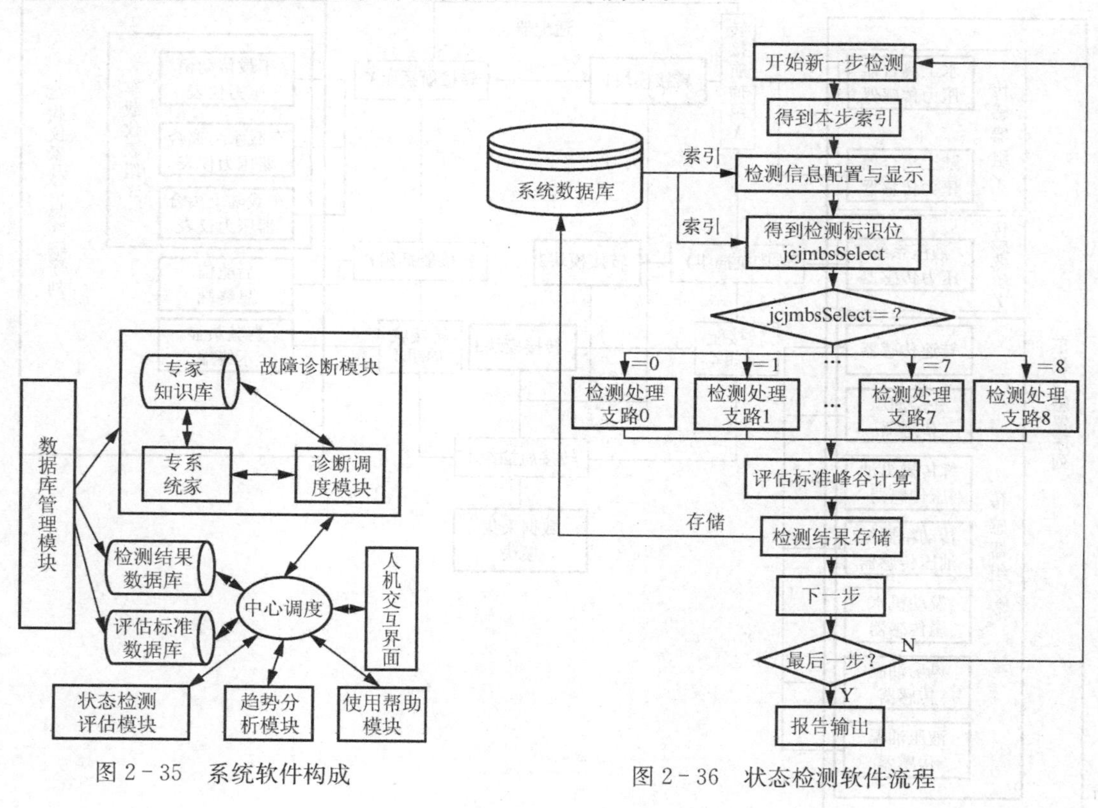

图 2－35　系统软件构成

图 2－36　状态检测软件流程

3）故障诊断模块

故障诊断模块主要实现该车液压系统故障定位，用于根据系统提示输入故障征兆。故障诊断模块按照预先存储的专家诊断流程，引导完成故障元件的定位并给出维修建议，其程序流程如图 2－37 所示。

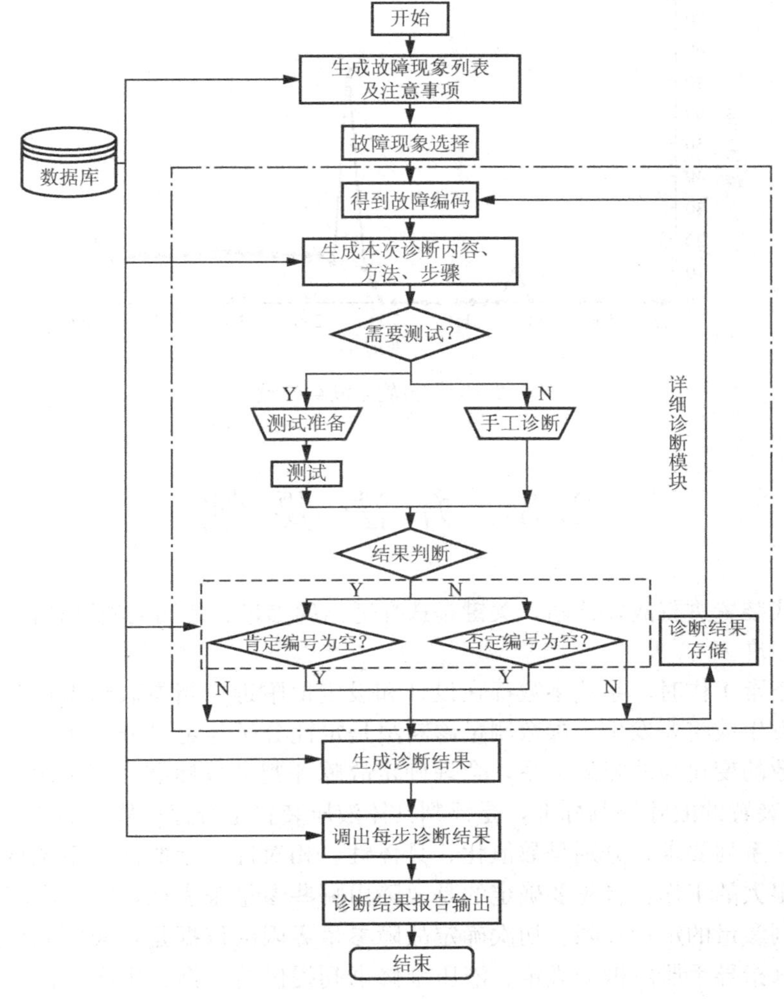

图 2 - 37　故障诊断程序流程

6. 实验

以该装备齿轮泵流量技术状况检测为例，介绍液压系统技术状况检测过程。

① 齿轮泵参数：泵额定转速 $n=3080\text{r/min}$，泵理论排量 $q=10\text{mL/r}$，容积效率≥75%，额定压力 $p=13\text{MPa}$，40℃时运动黏度 $v=8\times10^{-6}\text{m}^2/\text{s}$。

② 检测条件及标准：发动机转速 1800r/min，液压油温 15℃，压力 13MPa。检测系统能够自动采集上述条件参数，并根据程序计算出此检测条件下的流量标准值，得出系统满载流量应大于或等于 15.43L/min。

采用超声波流量计进行流量不解体测试，测试结果如图 2 - 38 所示。系统满载流量有效值始终大于使用标准 15.43L/min，故系统满载流量（泵容积效率）合格。

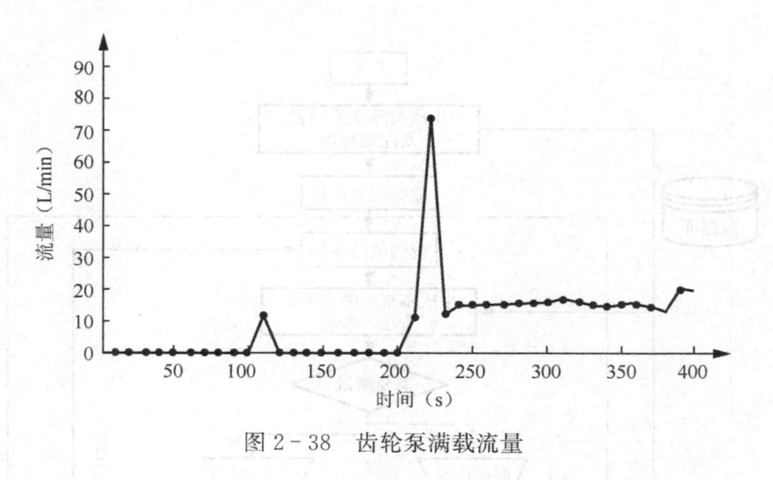

图 2-38　齿轮泵满载流量

2.3　方法要领

采用便携式装置进行故障诊断，关键是选择适当的参量、适当的测试仪器、适当的测点，确定故障评判标准。

液压系统正常工作时，系统参数都在设计和设定值附近；当参数超出正常范围后，可以认为故障已经发生或将要发生。参数测量诊断法是定性分析与定量分析相结合的故障诊断方法，应注重参数的变化与故障的关系，合理确定故障评判参数标准（正常值、劣化方向、故障阈值）。液压装置的故障评判标准，是评判具体液压装置是否存在故障的依据。液压装置故障判别标准有一系列要求，分别是数值化、具体性、相对性、近似性、系统性、适用性。确定是一项难度很大的工作：首先要确定的是故障由哪些参量来表征，其主次轻重怎样；其次要确定故障评判参量的定量界限。初次确定故障参量界限的依据是：液压元件制造标准、液压设备使用维修指导手册所做的规定、液压维修书刊提供的数据、生产工艺允许的有关设备性能参量的变化量、现场技术人员积累的经验数据等。有时候，所需的数据可能一时难以获得，可借鉴类似液压装置的数据并根据不同情况做适当的修正与折算，故障评判参数要在应用中不断地修正，使其更加精确。

利用液压测试仪，可以对整个液压系统及其部件的性能进行检查。为了准确无误地判定故障部位，可以分回路或分段进行测试。

在分回路测试，特别是分段测试时，一定要注意溢流阀是否已接入测试回路中。如果溢流阀未接入测试回路，则要控制测试压力，绝对不能超过系统设计的安全压力，否则有可能造成人员伤害和设备损坏。连接仪表时要注意防止液压油的污染。

思考题

2-1　采用便携式仪器诊断液压故障有哪些便利？

2-2　采用便携式仪器诊断液压故障时主要检测哪些参数？

2-3　便携式诊断仪怎样与智能诊断技术结合起来使用？

2-4　采用便携式仪器诊断液压故障应注意哪些问题？

第3章 液压元件计算机辅助测试

3.1 概述

液压计算机辅助测试（Computer Aided Test，CAT），涉及液压、自动控制、微型计算机、测试技术、数字信号处理、人工智能、可靠性等学科。液压CAT是利用计算机建立一套数据采集和数字控制系统，与试验台连接起来，由计算机对各试验参数，如压力、温度、流量、转速、扭矩等进行数据采集、量化和处理并输出测试结果。

在试验测试过程中，计算机还可根据数字反馈或人工输入要求，对测试过程进行控制，达到计算机密切跟踪和控制试验台及试件状态的目的，从而以高速、高精度完成对液压元件的性能测试。液压CAT的发展离不开计算机丰富的软、硬件资源。随着计算机技术的突飞猛进，液压CAT也正向着高速、高效、智能化、多功能化、多样化发展。

液压CAT系统包括硬件和软件。

3.1.1 液压CAT系统的硬件

液压CAT系统的硬件主要完成数据采集和通信的任务，包括计算机主机、传感器及信号调理装置、I/O接口、计算机外围设备。

现有液压CAT系统的主机以PC为主。PC的CPU速度不断提高，采用流水线、RISC结构、Cache等先进技术，极大地提高了测试系统的数值处理能力。

传感器的类型有很多，如测量温度的传感器有热电偶、热敏电阻等，测量机械位移的有电感位移传感器、光栅位移传感器等。此外，又不断涌现出新的传感器，如光纤传感器具有灵敏度高、响应快、动态范围大、防电磁场干扰、超高压绝缘、无源性、材料资源丰富、成本低等优点。现已实现的传感信息量有力、温度、位移、旋转、加速度、液位、扭矩、应变等。超声波技术、红外线技术也应用在液位和流量的测量中。目前，传感技术向集成化、多功能化、智能化发展。现在已经能够把敏感元件与信号处理部分以及电源制作在同一基片上，从而使检测及信号处理一体化。

数据采集的关键在于将传感器输出的电信号送入计算机，连接计算机与传感器的桥梁就是I/O接口。输入接口包括模拟量输入和数字量输入，计算机的输出接口包括模拟量输出、定时/计数器输出及数字量输出。随着A/D和D/A转换技术、放大器、抗混淆滤波器和信号波形处理技术的不断改进，插入式数据采集卡（DAQ）采样速率达到1Gb/s，精度高达24位，通道数高达64个，并能任意结合数字I/O、模拟输出和计数器/定时器通道。

与数据采集技术相联系的是计算机总线技术。测试领域过去一般采用工业标准（ISA）总线。它是一种8位或16位非同步数据总线，工作频率为8MHz，数据传输速率在8位时为

1Mb/s，16 位时为 2Mb/s。随着计算机技术的发展，ISA 总线的计算能力和通信能力的差异日益显现。基于 ISA 的数据采集卡和其他设备等待处理时间，然后发出中断，等待响应。在一个 ISA 总线 I/O 周期，12MHz 时只有几个等待状态，而在 Pentium 处理器的 200MHz 时则需要 100～200 个等待状态，这在处理速度上大大降低了整个系统的性能，在多任务的操作环境下显然是不合适的。外围设备接口（PCI）总线是一种同步的独立于 CPU 的 32 位或 64 位局部总线，最高工作频率为 33MHz，数据传输速率为 312Mb/s。PCI 总线支持无限读写突发方式，PCI 总线上的外围设备可与 CPU 并行工作，从而提高了整体性能。PCI 总线还为 PC 平台带来了真正的即插即用功能。以 PCI 总线为基础的数据采集系统，大大提高了数据采集率。此外，在通用仪器（GPIB）总线之后诞生的 VXI 仪器总线、PXI 总线，在液压 CAT 系统中也得到了日益广泛的应用。

3.1.2 液压 CAT 系统的软件

传统的液压 CAT 多采用 Windows NT 操作系统。图形用户界面（GUI）大大改善了测试系统的运行界面，其多任务和多线程能力大大增强了数据采集卡的性能。尤其是多线程可将用户界面显示与数据采集分配在不同线程上，降低数据采集与用户界面显示间的干扰，使每个线程能独立地以最快速度运行，充分提高系统的测试速度。通过按时间占用的多对线程进行优先级划分，可提高系统响应能力。

传统的液压 CAT 采用汇编语言，或汇编语言与高级语言（Basic、C 语言）混合编程。要编制出一个图文并茂、界面友好的测控软件，要花费相当的人力和时间，并且对编程人员技术水平要求较高。目前，已采用 Visual C++（VC++）、Visual B（VB）、Delphi 等可视化编程语言进行编程，大大缩短了测控软件的开发时间。很多数据采集卡厂商也不失时机地推出了其产品在 VB、VC 下的免费驱动程序，把复杂的硬件编程细节隐藏起来，为用户提供一个便于理解的接口，使得数据采集和控制工作更加容易。

图形编程语言环境，如 LabVIEW、Lab Windows/CVI、DASYLab、VEE 等的出现，使测控技术迈向了一个新时代。以 LabVIEW 为例，它把复杂、烦琐的语言编程简化成用菜单或图标揭示的方法选择功能（图形），并用线条把条件功能连接起来。与传统的编程方式相比，LabVIEW 可节省 80%的程序开发时间，而运行速度却不受影响。

应用软件的发展推动了虚拟仪器的诞生和发展。虚拟仪器（Virtual Instrument）是指通过应用程序将通用计算机与功能化模块硬件结合起来，用户可以通过友好的图形界面来操作计算机，就像在操作自己定义、设计的一台仪器一样，从而完成对被测试量的采集、分析、判断、显示、数据存储等。将虚拟仪器应用在液压 CAT 中，可节省信号源、示波器、信号分析仪等测试设备，大大降低了实验成本。

计算机软硬件技术、通信技术、网络技术的发展，测试技术和计算机技术的深层次结合，推动了计算机辅助测试技术的不断进步。液压 CAT 的发展将遵循跟着通用计算机走、跟着通用软件走和跟着网络标准走的指导思想。“软件就是仪器”这一思想将得到进一步的体现和落实。虚拟仪器必将在液压 CAT 中得到进一步的应用和普及，数据采集、测试、过程控制、信息传输与通信等现代信息技术汇聚在一起，将使软件化仪器得到更广泛的使用。通过计算机网络连接，液压 CAT 将不在局限于孤立的或局部的测试系统，而成为信息采集、传输、处理、利用的大系统中的一环，联网测试将发挥出巨大作用。

3.2　液压泵 CAT 技术

液压泵试验台主要用于液压泵的性能测试，用来测定液压泵在试验过程中压力、流量、转矩、转速等参数的量值及其变化、液压泵的特性曲线、过程变化规律等。液压泵 CAT 在提高测试精度、测试速度、测试的重复性和可靠性方面，以及在节省人力和能源方面提供了保证。

3.2.1　齿轮泵 CAT 系统

1. 液压泵试验原理

液压泵试验原理如图 3-1 所示。图中被试泵 3 是内啮合齿轮泵。系统的加载过程是由溢流阀实现的，其中比例溢流阀 15.1 与先导式溢流阀 15.2 能实现自动和手动两种加载。电磁换向阀 16 和插装阀 17 组合，主要作用是快速卸载。

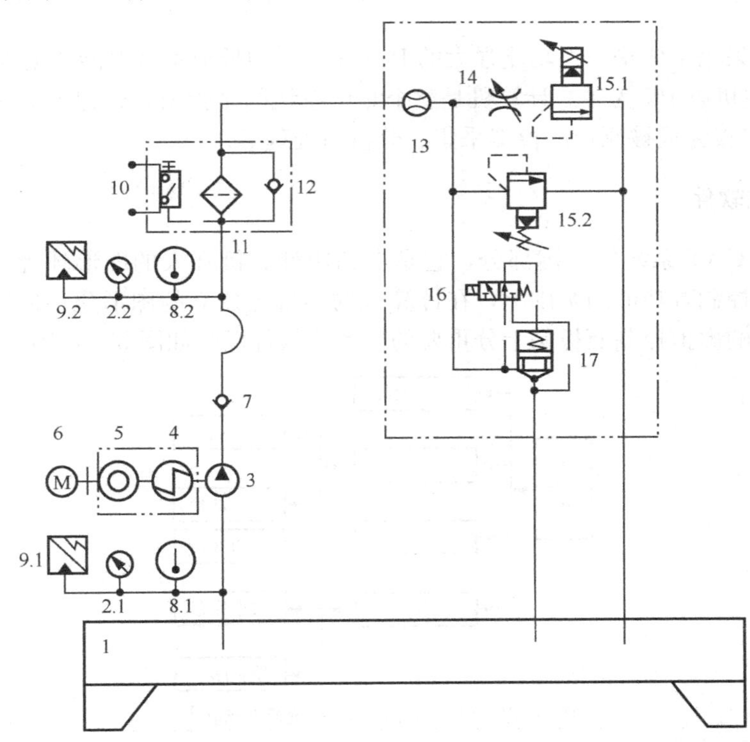

1—油箱；2.1，2.2—压力表；3—被试泵；4，5—转矩、转速仪；6—电动机；7—单向阀；8.1，8.2—温度计；9.1，9.2—压力传感器；10，11，12—高压滤油器；13—流量计；14—截止式节流阀；15.1—比例溢流阀；15.2—先导式溢流阀；16—电磁换向阀；17—插装阀

图 3-1　液压泵试验原理图

2. 测试系统硬件

测控系统采用可靠性高、功能灵活、性价比高的插入式数据采集卡。液压 CAT 的硬件系统主要完成数据采集的任务，包括计算机主机、传感器及信号调制装置、I/O 接口、计算

机外围设备。试验台硬件结构图如图 3 - 2 所示。被测试液压泵的各种待测物理信号通过传感器转换为电信号，由数据采集卡的 A/D 通道转换成数字信号输送给计算机，由计算机记录、处理，并由计算机记录和保存液压泵工作状态的变化曲线。

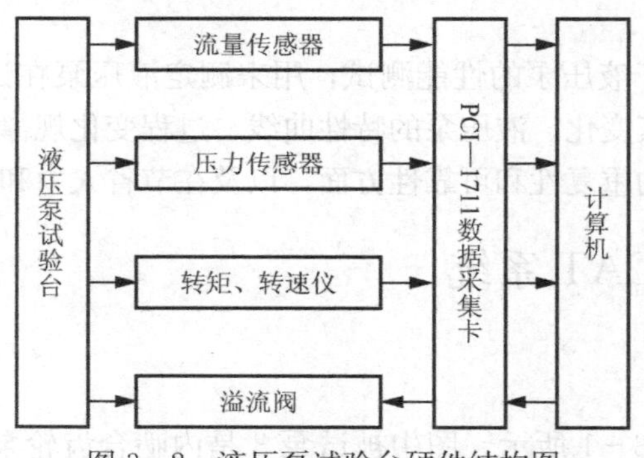

图 3 - 2　液压泵试验台硬件结构图

传感器的选择除考虑传感器的结构、精度等因素外，还应考虑其对高温、油液黏度的适应性等因素。

数据采集卡采用了研华公司功能强大的 PCI—1711 型低成本多功能数据采集卡。

CAT 系统主机以 PC 为主。计算机是整个测试系统的主控机，通过友好的人机界面，负责控制 A/D 接口板完成被测量的模拟采集、分析与处理等。

3. 测试系统软件

软件系统是 CAT 系统的关键部分，它是在利用计算机强大的图形环境、数据采集与处理、硬件端口的控制等功能的基础上，在计算机的屏幕上建立的图形化控制面板。一个可视性强、操作方便的虚拟控制面板是十分重要的。系统软件框图如图 3 - 3 所示。

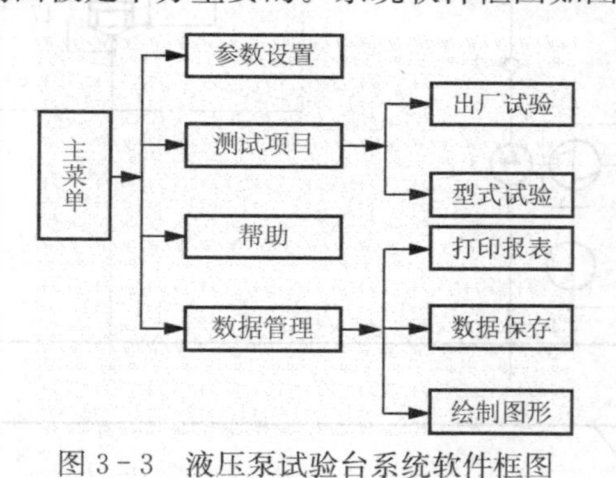

图 3 - 3　液压泵试验台系统软件框图

1）软件开发平台

计算机辅助测试软件采用中文 Windows XP 为操作平台，以 LabVIEW 8.2 为编程环境，操作简单方便，可实现测试数据的计算机自动处理，最后打印出试验报表。LabVIEW 是由美国 National Instruments（NI）公司推出的一种图形化虚拟仪器集成开发环境。

2）应用软件

使用 LabVIEW 软件编程可以很好地利用图形控件直接将输入数据以图形形式显示，并且 LabVIEW 提供了大量的信号处理函数和高级信号分析工具，可直接对输入信号进行分析和处理。另外，研华公司为其数据采集控制卡开发了 LabVIEW 驱动程序，该驱动提供了一个调用 DLL 驱动程序的接口。在 LabVIEW 中，驱动函数以子虚拟接口（VI）的形式给出。通过对这些子 VI 的调用，用户可以方便地访问底层寄存器，直接对板卡进行 I/O 操作。

4. 测试的试验项目

测试系统以齿轮泵为对象，根据国家标准规定进行试验测试。测试精度要求：型式试验不得低于 B 级测量准确度，出厂试验不得低于 C 级测量准确度。在试验之前，首先要进行气密性检查和跑合试验。具体进行的试验有空载排量试验、效率试验、超速试验、低速试验、冲击试验、超载试验等。

5. 人机界面

测试软件实现了人机交互功能，界面友好，操作简单。作为一种图形程序设计语言，LabVIEW 内部集成了大量的生成用户图形界面的模板，包含了组成一个仪器所需的主要部件。LabVIEW 的最大特点是采用全图形化编程，在计算机屏幕上利用其内含的功能库和开发工具库产生一个软面板，用来为测试系统提供输入值并接受其输出值。用 LabVIEW 8.2 开发的测试系统，具有图形、仪表、数据同时显示的功能，数据可通过子 VI 以 Excel 格式输出，便于做进一步分析和处理。整个系统开发的周期短，实用性较好。

3.2.2　智能控制方法应用于液压泵测试

本节提出液压泵性能测试的计算机智能控制方法的设想，加载部分采用具有国内外先进水平的步进式溢流阀加载，以提高系统的控制精度、稳定性和计算机集成化程度。

1. 测试系统组成及原理

液压泵试验台的液压系统是根据液压泵 JB/T 17042—93 规定的试验项目设计的，系统原理如图 3-4 所示。

液压系统测试的工作原理如下。

1）液压泵静态性能测试

试验时先按照计算机的中文图标或菜单提示进行参数设置。设置结束，方可进行液压泵静态性能测试。由计算机控制步进电动机自动调节比例溢流阀 17 阀口的开度，自动加载以改变液压泵的工作压力；在比例溢流阀 17 前加比例节流阀 16，可以阻止溢流阀产生的压力冲击对液压泵、传感器及其仪表的影响，起保护作用；系统的油温由加热器 4 和冷却器 22 来控制。

2）液压泵动态性能测试

静态性能测试后由计算机控制换向阀的切换，此时液压油只能通过节流阀 19 流出，使液压泵的工作压力瞬时升高，这相当于给液压泵输出了一个阶跃压力信号；液压泵阶跃响应过程的试验数据由计算机自动采集。试验完成后，试验者可利用系统中提供的分析软件对试验数据和曲线进行分析，显示并打印试验曲线和结果。

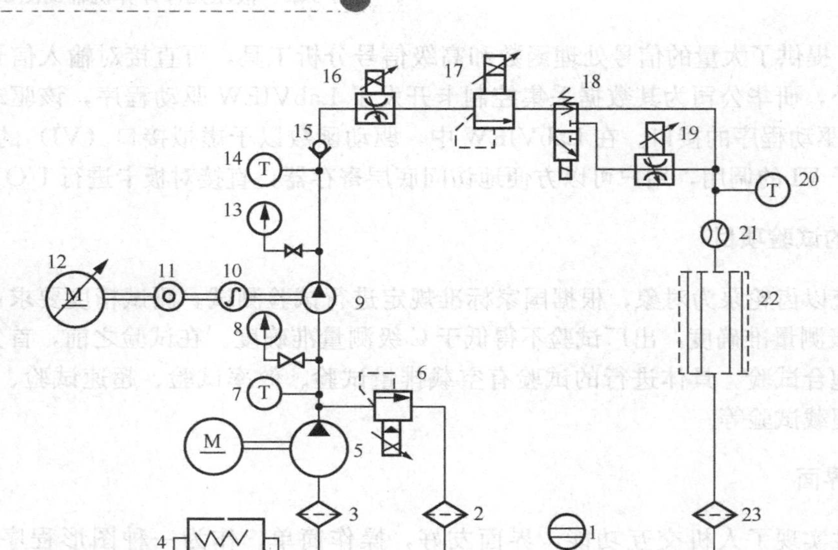

1—液位计；2，3，23—过滤器；4—加热器；5—补油泵；6—安全阀；7，14，20—温度传感器；8，13—压力传感器；9—被试泵；10—转矩传感器；11—转速传感器；12—交流变频电动机；15—单向阀；16，19—比例节流阀；17—比例溢流阀；18—电磁换向阀；21—流量传感器；22—冷却器

图 3-4　系统原理图

计算机智能控制系统主要包括两个部分，一部分为液压试验台，即在原试验台上增加了压力传感器 8、13，流量传感器 21，温度传感器 7、14、20，扭矩传感器 10 和转速传感器 11；另一部分为计算机测控系统，主要包括 PC、A/D 转换卡、I/O 卡、控制器和动态应变仪。其中，控制器有两个作用，一是将流量和转速传感器的信号进行电平转换和波形整形并输出给 I/O 卡，用于测量流量和转速；二是接收计算机的控制信号，并对信号进行功率放大，控制电磁换向阀换向或控制步进电动机进行液压泵自动加载。压力和扭矩传感器的信号经过动态应变仪放大后输出给 A/D 转换卡并由计算机进行数据采集。智能控制系统框图如图 3-5 所示。

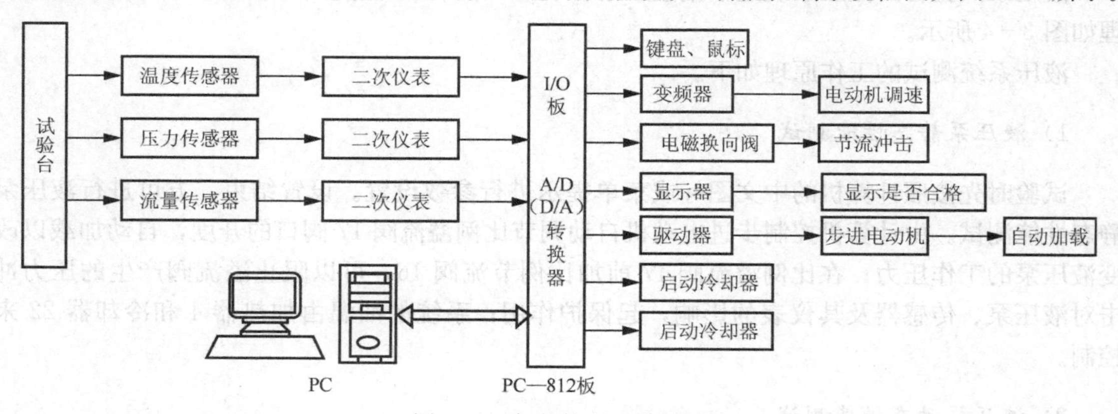

图 3-5　智能控制系统框图

2. 拖动及调速系统

液压泵性能测试装置的拖动系统是液压泵性能测试系统的动力源，其占地大、投资高、能耗大。因此合理的选择是液压泵性能测试装置研制成功的关键之一。对于小功率的液压泵

性能测试装置，其动力源的选择较为简单。液压泵性能试验台不仅要适合低压泵，同样要适合中、高压泵。国内目前中、大型液压泵性能测试装置的拖动系统多为晶闸管直流调速系统（其控制原理如图 3－6 所示），占地大，维护困难，投资高，使用极为不便。而大功率的二次调节系统（定压网络液压马达调节系统）因噪声大、系统复杂及投资高而在国内未得到广泛应用，但在利用原有液压泵源的技术改造中是一个可选择的方案。在反复比较了投资、占地面积、噪声控制、维护保养等诸因素后，决定采用交流变频调速技术。

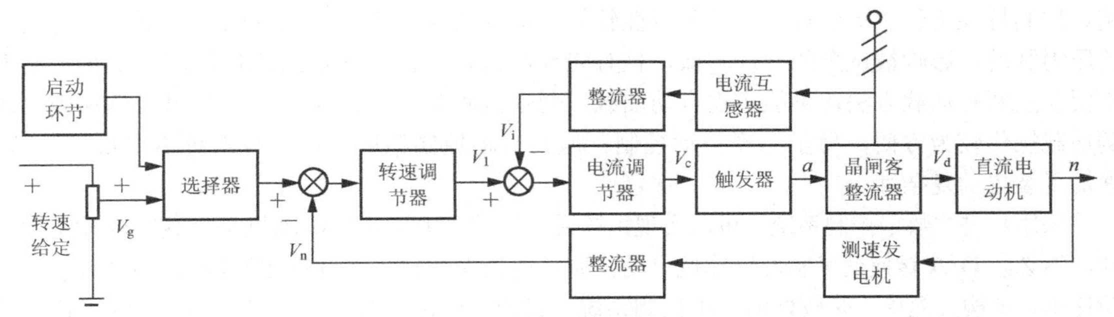

图 3－6　直流调速系统控制原理图

交流变频系统的关键部分是变频装置。由于大功率变频器的价格极其昂贵，不同生产厂家的价格、性能及应用场合也不同，所以合理的选择显得尤为重要。这里以大功率变频器（参考值：132kW）为例说明。例如，ABB 公司的 ACS607—0170—3ACS 600 系列变频器，采用直接转矩控制（DTC）技术，具有很宽的功率范围、优良的速度控制和转矩控制特性，能够满足绝大多数的工业现场应用，但价格非常昂贵（约为 18 万元）；西门子的 EC01—132K/3 型变频器，可应用于纺织机械、打包机或工业洗涤机械，价格约为 8.5 万元；日本富士 FRN132P11S—4CX 型号的大功率变频器，可用于风机、泵，以及搬运、传送设备等一般工业场合，价格较为合理（约为 6 万元）。综合考虑了应用场合和性价比，大功率拖动系统的控制系统选用了日本富士交流变频控制器（FRN132P11S—4CX），其变频器工作稳定，占地面积小，噪声低，低速特性佳，操作方便，其投资与同功率直流晶闸管调速系统相当。变频器带有与计算机通信的接口，易于实现自动控制，操作极为方便。对于小功率拖动系统的控制系统选择较为简单，价格也较为低廉。动力源可采用国内常规的交流电动机，价格实惠。

变频系统结构原理如图 3－7 所示。

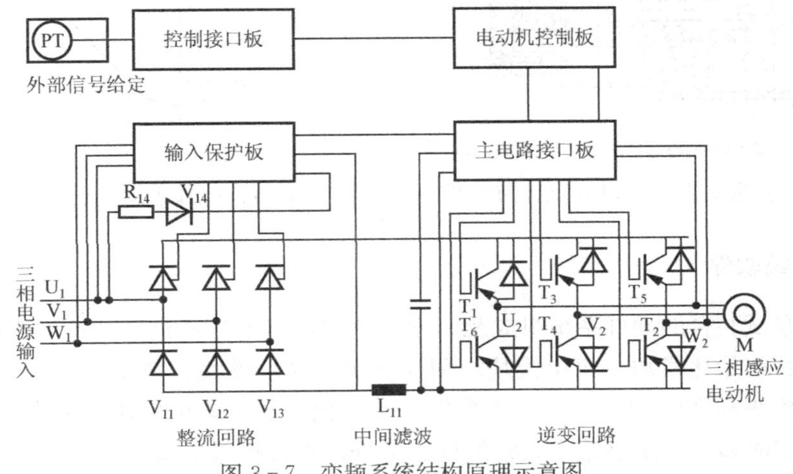

图 3－7　变频系统结构原理示意图

主回路由整流回路、中间滤波电路和逆变回路三部分组成。控制回路由控制接口板、主电路接口板、电动机控制板和输入保护板组成。

3. 加载部分

比较常用的液压泵性能测试装置的加载系统有节流加载和溢流加载。节流加载所需元件少，结构简单，其流量全部由加载阀的出口输出，无泄漏量要处理，但节流口易受温度的影响，控制特性不佳。溢流加载的控制特性较好，但溢流阀在高压大功率的状况下易产生较大的压力脉动，影响被试泵的脉动测试，且有先导溢流量，该泄漏量给流量的测量带来了诸多不便。这两种加载方法均不能实现自动加载，而这两种加载方式又都可派生出比例加载。比例加载操作较为方便，易于实现自动控制；但其自动控制精度不高，且系统需要反馈装置，增加了装置的复杂性。

采用步进式数字控制系统，可以实现系统无级调节。由于步进电动机是靠数字脉冲来驱动的，不必经D/A转换就可实现计算机自动控制，所以误差很小，开环控制即可达到精度要求，功耗小，结构又简单，是较好的一种控制系统。目前，国内外有关研究机构与研究人员已经开始关注这一点，同时把数字控制系统应用于各种液压系统中，如液压挖掘机、数字换向阀和步进液压缸。把数字控制系统应用于液压泵性能试验系统的智能加载装置，可发挥其应有的作用。

采用的步进式数字溢流阀的结构如图3-8所示。步进电动机1带动偏心轮2转动，使顶杆3做往复直线运动，从而使调压弹簧的压缩量改变，也就调整了溢流压力，实现了步进式自动加载。该步进式溢流阀的步位压力特性如图3-9所示，当$N>N_1$时，可近似和输入脉冲N成正比，线性度很好。

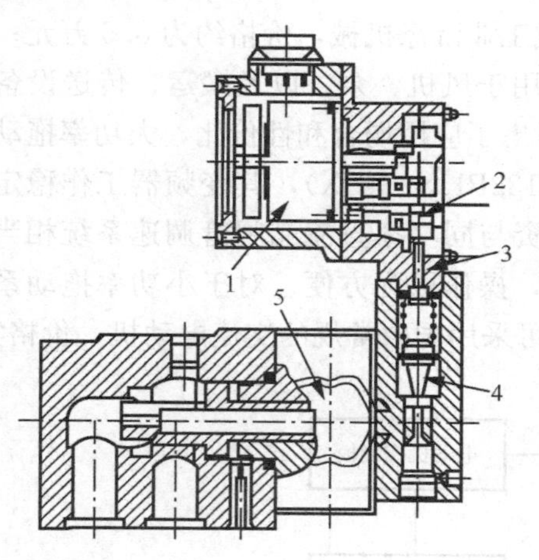

1—步进电动机；2—偏心轮；3—顶杆；4—锥阀；5—手轮

图3-8　步进式数字溢流阀的结构示意图

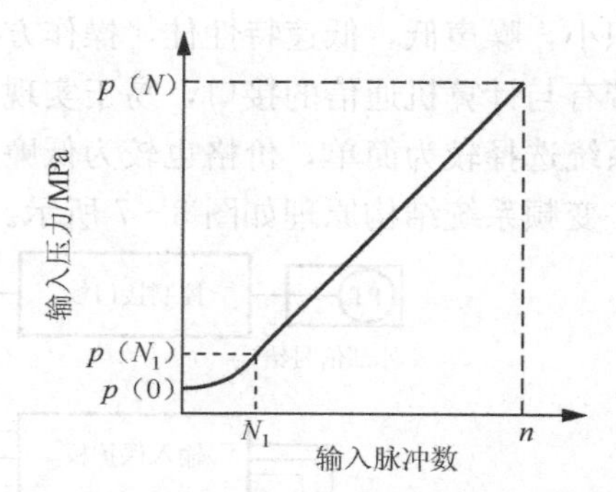

图3-9　步进式溢流阀的步位压力特性

4. 测试系统软件

根据液压泵试验台的硬件系统组成及其测试原理，整个计算机自动控制系统软件由以下几个模块组成：初始化模块、菜单模块、测控和实时显示模块、数据采集及处理软件模块、执行元件驱动模块和文件管理模块。系统软件初始化后，由菜单模块将其余模块联系起来。其中，测控和实时显示模块是整个系统的核心部分，它包括键盘输入操作、A/D采样、数据处理、D/A 输出、曲线显示以及控制执行元件驱动信号等内容。主程序框图如图 3－10 所示，其中静态性能测试程序框图如图 3－11 所示。

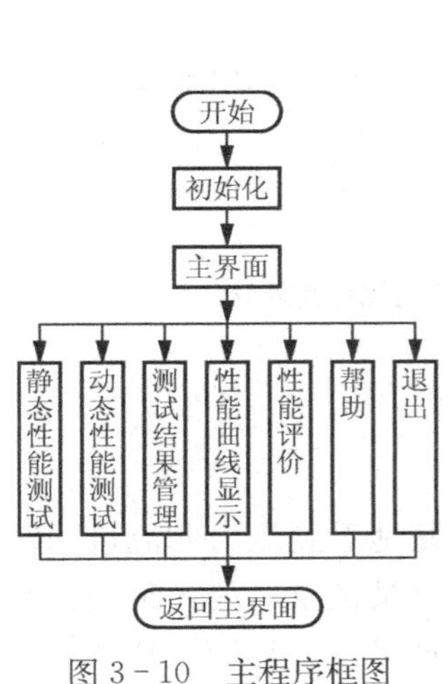

图 3－10　主程序框图

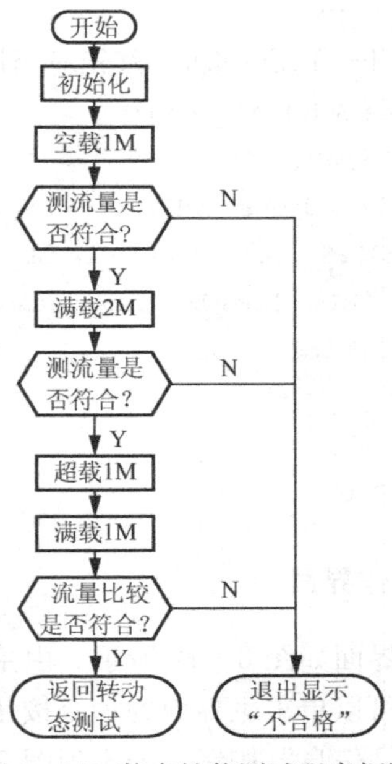

图 3－11　静态性能测试程序框图

代码的编写可以采用 VC++、Delphi 和 VB 等高级语言。VC++编程可提高采集速度，不必用动态链接库函数来采集数据，但在操作界面和管理数据方面编程效率较 VB 低。

考虑到系统需要对所测得的数据及时进行比较处理，而且操作界面较为简单，方便工人操作，代码采用 Visual Basic 语言编写，动态链接库采用 C 语言和汇编语言来编写。根据预计的信号（Boolean1）进行加载（对步进电动机驱动器的控制），开始部分代码如下：

```
Private Sub Boolean1 Click()
Dim do data As Byte
Do data= Boolean1.Value                 ‘取数字量
W812PG DO DO low BYTE,do data           ‘给定步进电动机的脉冲
……
End Sub
```

测流量信号与处理部分代码如下：

```
Dim temp(1 To 100) As String
  Dim value ( 0 ) As Double             ‘用于画曲线
  Dim i , Scount As Long                ‘用于画曲线的计数控制
  For i= 1 To 100
  Sch = 0
  W _812PG_CLR_IRQ
  W_812PG_ AD_Set _ Channel Sch
  ers= W_ 812PG_AD_ Aquire( Sad_ data)
  If err <  > ERR_ NoError Then
```

```
MsgHox"PCL- 12PG Error Number;"+ Str( err)
    Else
      ……                                                    '标度变换子程序
```

在使用 PCL—12PG 板时，首先应当进行硬件初始化：

```
Private Sub Form_Load()
'812PG 初始化
PCL BaseAddress= &H220
If W_ 812PG_ Initial(CARD_1,PCL_ BaseAd- dress ) < > ERR_NoError Then
MsgBox"PCL$ 12PG Initialization Error!"
Unload Form1
End If
……                                                    '其他控件初始化
  End Sub
```

5. 交互操作界面

系统的主界面如图 3－12 所示。由主界面可以清楚地看到压力和流量随时间的实时动态显示，试验者可以单击主界面的命令按钮以获得产品（被试泵）的各种测试性能和数据。例如，单击“产品信息”按钮，即出现图 3－13 所示的产品信息界面。从产品信息界面，试验者可以容易地得到产品的基本信息及质量等级。

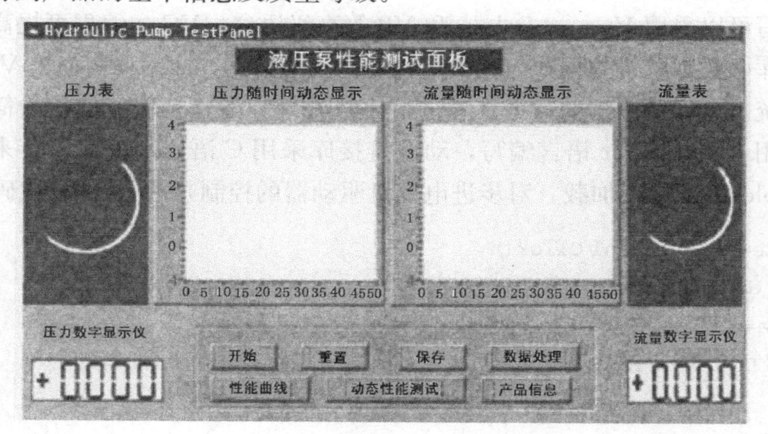

图 3－12　主界面

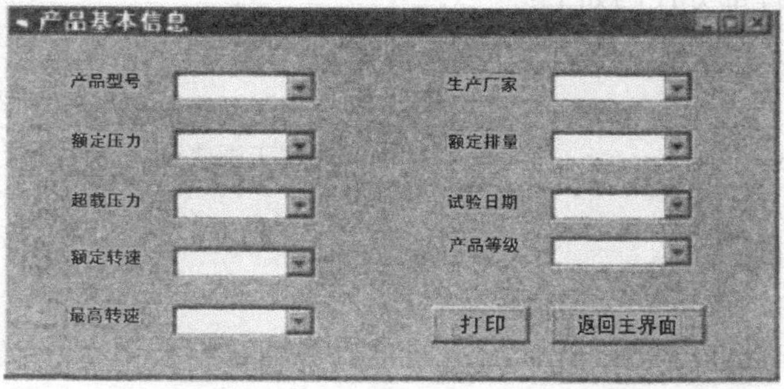

图 3－13　产品信息界面

3.2.3　基于 CAT 技术的轴向柱塞泵性能测试系统

某型号液压泵 CAT 性能测试系统基于机、电、液一体化计算机智能控制的思想，计算机集成化程度高，控制精度高，系统稳定性好，测量结果准确，操作简便、安全。

1. 液压系统

该液压泵 CAT 性能测试系统的测试对象为某双联轴向柱塞泵，其排量为（112+112）mL/r，额定转速为 2360r/min，额定压力为 34.3MPa。

根据行业标准 JB/T 7043—2006《液压轴向柱塞泵》对液压泵测试项目和测试系统条件的规定，结合被测液压泵自身的特点，设计该液压泵性能测试系统的液压系统原理如图 3－14 所示。

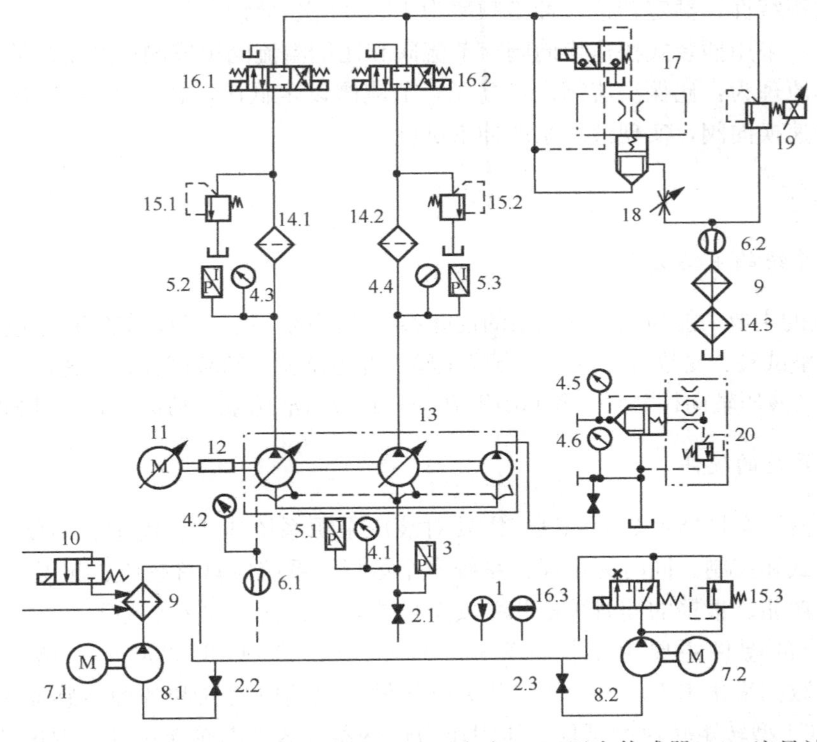

1—液位液温计；2—截止阀；3—温度传感器；4—压力表；5—压力传感器；6—流量计；7—交流异步电动机；8—叶片泵；9—水冷却器；10—电磁水阀；11—交流变频电动机；12—转矩转速测试仪；13—被试液压泵；14—过滤器；15—溢流阀；16—电磁换向阀；17—插装式换向阀；18—节流阀；19—比例溢流阀；20—插装溢流阀

图 3－14　液压系统原理

1）拖动及调速系统

液压泵性能测试装置的拖动系统是液压泵性能测试系统的动力源。此处采用交流变频调速技术。变频电动机和变频器分别选用 ABB 公司的 QABP335M250KW2PB3 和 ACS800—07—0400。交流变频器工作稳定，占地面积小，噪声低，低速特性佳；并且变频器带有与计算机通信的接口，易于实现自动控制，操作极为方便。

2）超载试验系统

由于该液压泵的额定压力为 34.3MPa，单泵的额定流量为 264.3L/min，超载试验时又要求系统的压力为液压泵额定压力的 1.25 倍，即 42.875MPa，此压力等级已超出绝大部分液压组件的额定压力，因此决定单独设计一路油路，进行液压泵超载试验。由于普通的溢流阀无法同时满足该液压泵对压力和流量的要求，因此该油路采用插装式以满足高压大流量的要求。

3）阶跃加载试验系统

该液压泵为恒功率加负流量控制，由于负流量控制只在低压小流量下起作用，因此冲击试验只考虑恒功率特性。液压泵测试标准中对恒功率变量泵冲击试验的规定条件为：40%额定功率的恒功率特性，额定转速，冲击频率为 10～30 次/分钟。

经过计算，采用插装式快速换向阀、节流阀和比例溢流阀组成测试系统的阶跃加载单元。加载试验工作原理为：比例溢流阀设定高压，节流阀设定低压，按照 10～30 次/分钟的频率切换插装式快速换向阀，实现液压泵的冲击试验。

2. CAT 系统

1）CAT 系统的主要功能

CAT 系统的主要功能为完成液压泵的性能参数的测试采集。具体试验项目包括：排量验证试验、容积效率试验、变数特性试验、自吸试验、冲击试验、超载试验、超速试验等（参考 JB/T 7043—2006《液压轴向柱塞泵》和 GB/T 7936—1987《液压泵、马达空载排量测定方法》）。

2）CAT 系统的硬件

为了实现液压泵性能参数的测试，需要对液压泵源系统压力、流量、温度、转矩、转速等参数进行测试和控制。同时为了保证系统安全运行，系统应具有超压、超温、滤油器污染、低液位等报警功能。报警的同时采取相关安全措施，如卸荷、关闭泵源等。

CAT 系统的硬件主要由工控计算机、PLC（S7—200CPU226CN）、调理接线端子板 AI—IV16A、数据采集卡 PCI—6229、开关电磁铁、比例电磁铁和各种传感器组成。主要传感器包括：JSC4 型转矩转速测试仪、压阻压力传感器、透平涡轮流量计、温度传感器、液位控制继电器、过滤器发讯器等。总体结构如图 3-15 所示。

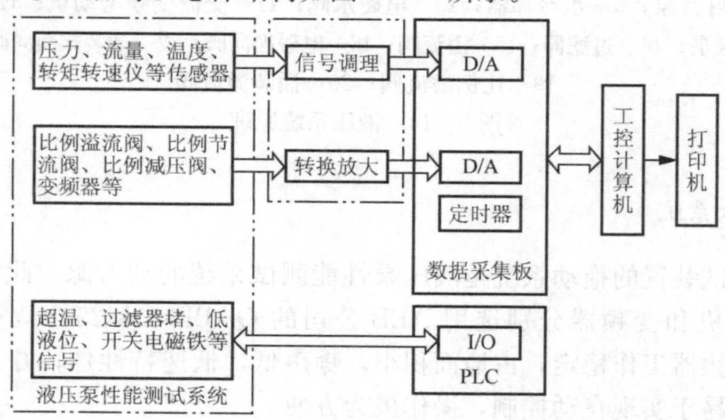

图 3-15　CAT 系统结构

3）CAT 系统的软件

液压泵 CAT 性能测试系统中软件部分的主要任务包括系统自动控制，测量参量实时显示，系统诊断报警，试验数据的采集、分析处理及存储打印等。

（1）软件开发工具的选择。

系统测控软件用美国 NI 公司的 LabVIEW 开发完成，此开发系统是一种基于 C 语言的可视化（图形化）开发平台，通过选择功能图标并联机，即可实现多种仪表的检测功能。

（2）系统测试流程及操作面板。

根据液压泵测试标准的规定，液压泵的性能测试包括很多试验项目，不同的试验项目对系统的油温、压力和流量等参数有不同的要求，因此在进行各试验项目前必须首先设定其参数，然后单击“开始采集”按钮，直到指示完成灯亮起，完成该试验项目的测试。具体的测试流程如图 3－16 所示。

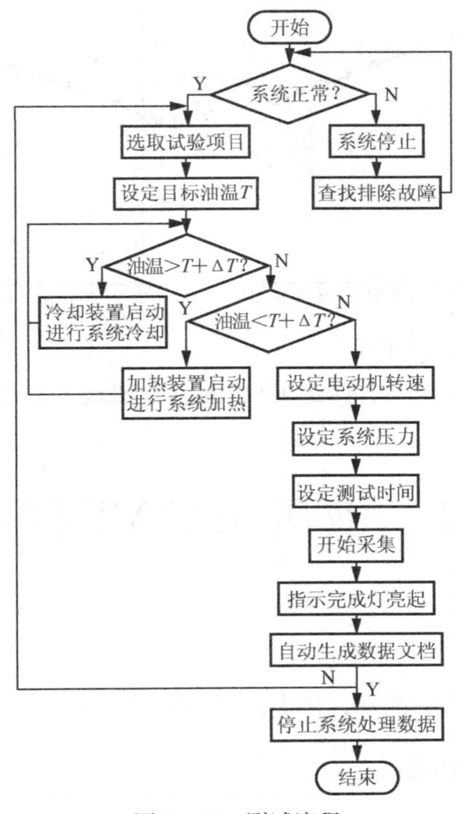

图 3－16　测试流程

虚拟仪器操作面板是测控系统与用户交流信息的桥梁，通过面板上的按钮、开关以及显示窗口可以很方便地实时观察系统的运行情况。

该操作面板主要包括试验项目选择、试验参数设置、开始和停止等控制按钮，以及压力、流量、转速和转矩等参数实时显示等。试验开始前，输入试验者及指导者等有关信息；试验过程中，可以直观观察测试过程中各主要参数的变化，计算分析结果，并可以随时通过“停止运行”按钮中断试验过程；指示完成灯亮起，表示该试验项目完成，系统自动生成 TXT 文件存储在指定目录下；试验数据采集完毕后可在线处理试验数据，生成试验曲线，并可存储或打印输出试验曲线。

3. 试验结果

该液压泵的压力—流量特性曲线和效率曲线如图 3－17 所示。从图中可以看出，随着系统压力的升高，被试泵的输出流量和容积效率逐渐下降。而泵的总效率开始随着压力的升高很快上升，到达最大值后，又逐步下降。总效率的这种变化是由机械效率的变化导致的。液压泵在低压运转时，机械摩擦损失在总损失中所占的比重较大，其机械效率很低。随着工作压力的提高，机械效率很快提高。在达到某一值后，机械效率大致保持不变，从而表现出总效率曲线几乎和容积效率曲线平行下降的变化规律。这与液压系统的基础理论是吻合的，由此证明了该液压泵性能测试系统的设计是合理的。

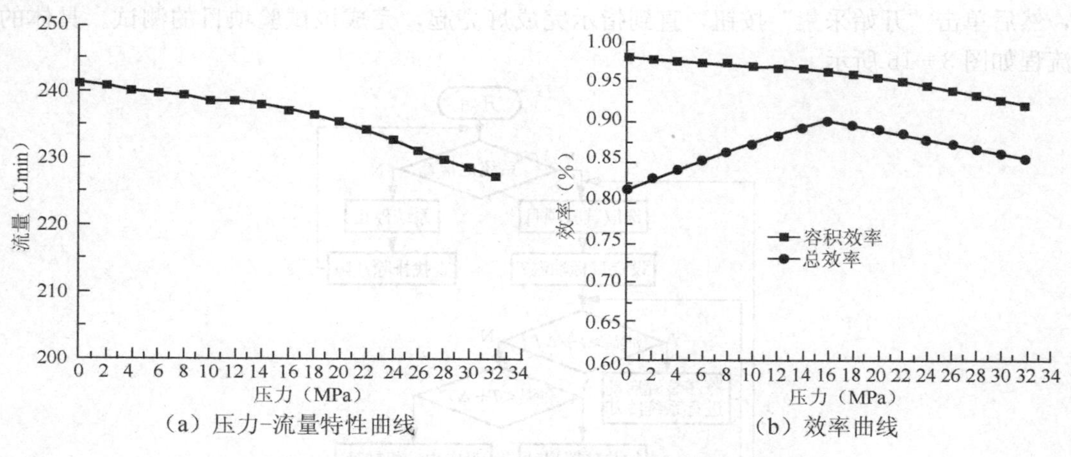

（a）压力-流量特性曲线　　（b）效率曲线

图 3－17　被测泵的压力—流量特性曲线和效率曲线

3.3　液压阀 CAT 技术

3.3.1　概述

计算机辅助测试以其高效、准确、易于存储和分析的特点广泛应用于液压阀测试。

1. 计算机辅助测试系统的组成

如图 3－18 所示，计算机辅助测试系统主要由信号采集、信号调理、I/O 接口、数据采样处理、结果输出五大部分组成。

1）信号采集

在液压阀计算机辅助测试系统中测试量主要有压力、流量、温度、操纵力、位移（挡位）等。信号采集装置就是各种测试量所对应的传感器，如压力传感器和流量传感器。传感器可将各种被测量信号转换成电信号。在液压阀测试中压力传感器可采用压电式压力传感器，流量传感器可采用容积式流量传感器，这两种传感器具有线性量程宽、线性度好、灵敏度较高的特点。温度的测量可以采用热电偶或热敏电阻。操纵力的测量可以采用专用的测力传感器，也可以采用弹性元件、应变片和电桥构成的测力系统。后者比较复杂，但是比前者成本低，精确度和可靠性也比较高。由于在液压阀测试中位移量主要用于确定挡位，所以采用接近开关代替位移传感器，用接近开关发出的信号确定挡位。

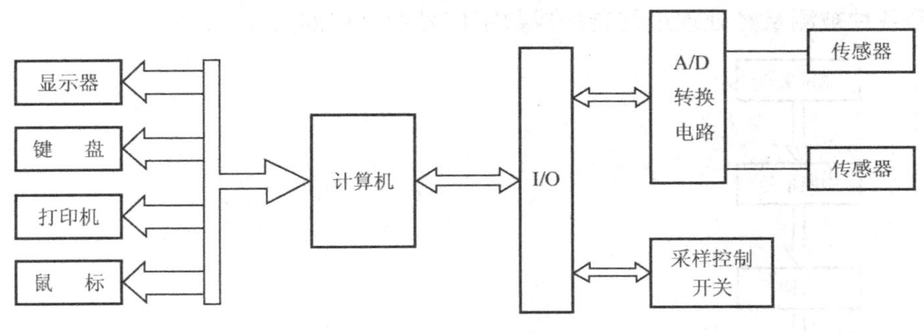

图 3－18 系统组成

2）信号调理

信号放大电路和 A/D 转换电路组成信号调理部分。从传感器输出的电信号是计算机不能识别的模拟量。信号放大电路调整传感器输出的模拟信号的幅值，使之与 A/D 转换电路匹配。如果传感器的输出电压与 A/D 转换电路匹配，信号放大电路则可以省略，这样能避免由放大电路带来的不必要的误差，如噪声信号、非线性误差以及漂移误差等，所以要尽量选择与 A/D 转换电路匹配的传感器。A/D 转换电路将模拟信号进行离散化处理，转变成计算机可识别的数字信号。

3）I/O 接口

I/O 接口是 A/D 转换电路与 CPU 的联系电路，采样控制开关通过它向 CPU 发出中断请求，CPU 则通过它读取数字信号。

4）数据采样处理和结果输出

微型计算机作为数据采样处理设备是液压阀计算机辅助测试系统的核心，它负责对 A/D 转换电路输出的数字信号进行采样、存储和处理，测试分析结果可以用显示器或打印机输出。

2. 测试系统工作过程

在液压阀测试软件中，测试采样、数据处理、打印输出等各功能模块制作为子程序供主程序调用，如图 3－19 所示。由于采用模块化程序，使用时可以根据不同产品的需要调用所需的子程序，从而使测试系统适应液压阀多品种小批量生产的特点。

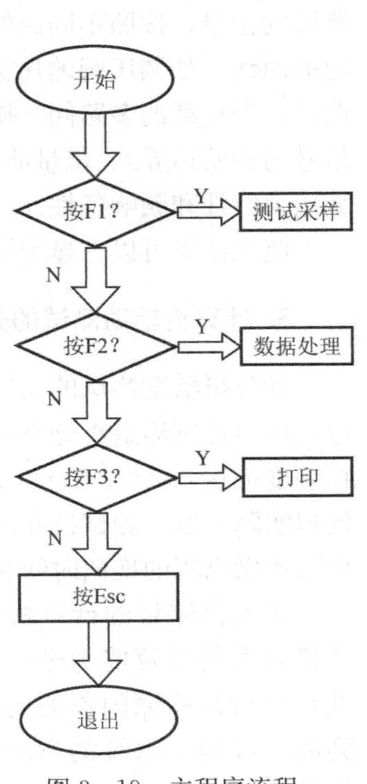

图 3－19 主程序流程

1）测试采样

测试采样子程序采用中断方式，当 CPU 接到采样控制开关发出的中断请求信号时，自动运行测试采样子程序，如图 3－20

所示。

在采样过程中，CPU采用巡回查询的方式读取各数据通道的数据。这样处理会造成各数据的读取不同步，由于采样频率远高于各原始数据的频率，所以不会造成很大的误差，或者说不会造成误差。更重要的是，这样I/O接口电路可以做到最简单。在采样过程中压力、流量、温度等各种被测量经处理最终转换成数字信号的过程如图3-21所示。

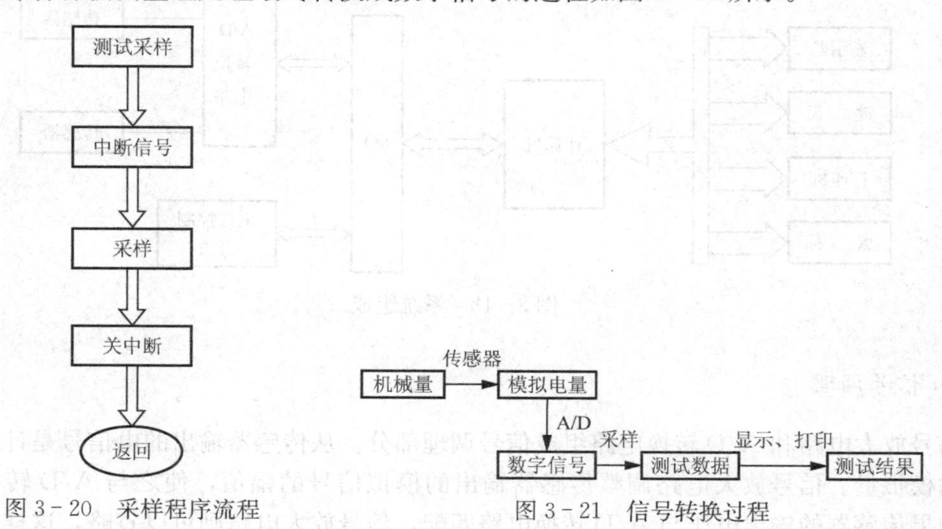

图3-20 采样程序流程　　图3-21 信号转换过程

2）数据处理和结果输出

利用一个以时间为参变量、生成两未定义变量的函数关系的功能模块，可以根据对时域范围的记录，按照不同阀的需要得到任意两变量或两变量运算结果之间的函数关系，绘出相应的曲线，如调压阀的压力—流量曲线，换向阀的温度—泄漏量（进口流量减去出口流量）曲线，带负载的多路阀、操纵阀的零初始状态响应压力曲线（以时间为坐标轴，以挡位开关信号为初始边界）、流量曲线、压力—流量曲线。如果有必要，还可以给定边界条件，分析频域压力特性和频响特性。

测试结果可以在显示器上显示，也可以打印，甚至可以通过Internet远程共享。

3. 计算机辅助测试的先进性

计算机辅助测试的先进性，首先表现在其准确性和数据管理的方便性上。目前使用的压电式压力传感器最小分辨率可达10^{-4} MPa，容积式流量传感器最小分辨力可达毫升每秒级，精确度可达0.2%；其次由于计算机采样频率高，测试结果能如实地反映液压阀的动态特性，模拟实际工况，测试换向阀带负载零初始状态阶跃响应，利用这种手段可以准确地测试装载机变速操纵阀的换向时间和换向冲击力。

超大存储量的计算机硬盘使保存和建立试验数据库、查阅及总结变得非常方便。计算机强大的计算能力还可以根据给定边界条件针对试验数据分析频域压力特性和频响特性，这对消除原因不明的压力振摆有着重要的意义，而这些都是传统测试方法所无法做到的。准确、系统的产品测试是产品质量的保证，也为产品改进和新产品开发提供了可信的参照。

3.3.2　伺服阀试验台计算机辅助测试系统

电液伺服阀是测控系统中常用的控制元件，液压伺服系统在冶金、工程机械、化工等行业中广泛应用。伺服阀在使用一段时间后，由于环境、磨损、老化等因素，不可避免地会发生故障而需要维修。维修之后的伺服阀，其各种特性是否能达到规定的要求，必须通过一定的动、静态特性检测方法检测，才能得出结论。因此，许多大型企业都根据自己的需要建有独立的伺服阀试验台。

1. 液压测试系统及测试方法

试验台可以完成伺服阀的动、静态特性测试：静态特性测试的内容包括空载流量特性、压力增益特性、流量—压力特性、泄漏特性；动态特性主要是伺服阀频率特性的测试。以上特性的测试结果需要以图形的形式绘制出来。图 3-22 是测试系统原理图。

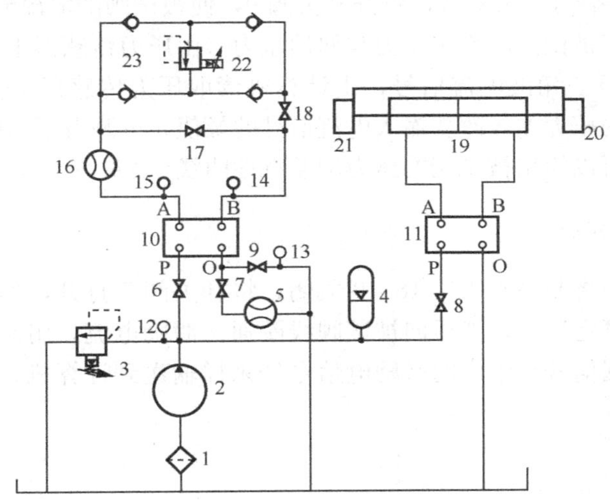

1—过滤器；2—液压泵；3—溢流阀；4—蓄能器；5，16—涡轮流量计；6～9，17，18—开关阀；10—静态测试阀位；11—动态测试阀位；12～15—压力传感器；19—动态缸；20—速度传感器；21—位移传感器；22—比例溢流阀；23—单向阀组

图 3-22　电液伺服阀动、静态测试液压系统原理图

测试时根据测试项目，分别将被试阀安装在动、静态测试阀板上。在做静态测试时，将开关阀 8 关闭，将开关阀 6 打开；在做动态测试时，则将开关阀 8 打开，将开关阀 6 关闭。

1）空载流量特性测试方法

测试空载流量特性时，其操作如下：先将开关阀 18、7 关闭，打开开关阀 17、9，使被试电液伺服阀的两输出口 A、B 之间压差 $\Delta p_L=0$。然后向被试阀通入频率为 0.01Hz 的三角波电流信号，电流信号的大小按照以下规律变化：由 0 变到 $+i_{max}$，再由 $+i_{max}$ 变到 0，再到 $-i_{max}$，然后再回到 0。由涡轮流量计 16 检测电流变化过程中的流量，并将测得的流量值和输入的相应电流值送到计算机中去，由计算机画出流量随电流变化的曲线，即为被试阀的空载流量特性曲线 $\pm q=f(\pm i)_{\Delta p_L}=0$。并可以根据测得的数据计算出阀的流量增益、对称性、零漂和滞环等重要性能。

2）负载流量特性测试方法

测试负载流量特性的操作如下：先打开开关阀 18、9，关闭开关阀 17、7，使测试时 A、B 两口的油液通过单向阀组 23 和比例溢流阀 22。用比例溢流阀（最低可调节压力<0.5MPa）可以改变测试时的负载压力，用涡轮流量计 16 可以测量各种负载工况下的流量。测试时，先调节溢流阀 3，使系统的压力为被试电液伺服阀的额定压力，再向被试阀线圈输入频率为 0.1Hz 的三角波电流信号，然后通过控制比例溢流阀 22 使负载压力从零按一定增量逐渐变化到额定压力，测量每一增量下的流量，输入到计算机中。再改变输入电流的幅值（频率不变），重复以上过程，可测得多组曲线，即为电液伺服阀的负载流量特性曲线 $\pm q=f(\pm\Delta p_L)_i=C_{out}$。

3）压力特性测试方法

测试时先关闭开关阀 17、18、7，打开开关阀 9，使被试阀的输出流量为零，然后调节溢流阀 3 使系统压力等于被试阀的额定压力与回油压力（由压力传感器 13 测得）之和。然后向被试阀线圈通入 0.1Hz 三角波电流信号，由计算机读取压力传感器 14、15 的值，即可测出伺服阀两输出口之间的压力差。改变输入电流信号的幅值，可测得不同电流幅值下的压差值。根据电流值和压差值可以绘出被试阀的压力增益特性曲线 $\pm\Delta p_L=f(\pm i)_{\Delta q}=0$。

4）泄漏特性测试方法

测试泄漏特性时先将开关阀 17、18、9 关闭，将开关阀 7 打开，然后调节溢流阀 3 使系统压力达到被试阀的额定压力，然后向被试阀线圈通入激励电流，用流量传感器 5 测量泄漏流量的大小，并将泄漏信号和给定的激励电信号经采样输送到计算机，由测试系统绘出泄漏特性曲线 q_r（$\pm i$）。

5）动态特性测试

根据国标，电流伺服阀的动态特性测试主要是指其幅频特性曲线−3dB 时的幅频宽和相频特性曲线−90°时的相频宽。测试时需要用 10 个不同频率的正弦信号作为被试阀线圈的激励信号，然后依次测量其输出的流量信号，并滤除流量信号中与激励信号频率不同的成分后作为被试伺服阀的响应信号。这两个信号经采样分别输入计算机，由系统测试软件求出激励信号的自功率谱 $G_{xx}(f)$ 和激励信号与响应信号的互功率谱 $G_{xy}(f)$，由此可得频率响应 $H(f)=G_{xx}(f)/G_{xy}(f)$。

进行动态特性测试时先将开关阀 6 关闭，将开关阀 8 打开，由独立的信号发生器产生扫频正弦信号，经放大之后，输入伺服放大器，使动态缸产生运动，根据安装在动态缸上的速度传感器，可以求出被试伺服阀的输出流量，而安装在另一端的位移传感器可用于防止动态缸偏离中心位置。

2. 测试系统电路结构

测试系统在静态特性试验中需要采集的信号包括：被试伺服阀线圈的电流信号、进油口 P 的压力、负载口 A 和 B 的压力信号、泄漏口 O 的压力信号、负载口 A 和 B 之间的流量信号、泄漏口 O 的流量信号。动态特性测试时需要采集的信号有：被试阀线圈的电流信号、速度传感器 20 输出的电压信号。测试系统输出的控制信号包括比例溢流阀的压力设定值、信号发生器产生的被试阀线圈激励信号。

以上信号中的被试阀伺服放大信号为电流信号，其他信号为电压信号。由于传感器检测的这些信号通常包含有噪声或经过了调制，在输入测试计算机之前，都需要经过相应的处理，然后才经过 A/D 转换成数字信号，供计算机做进一步使用。测试中采用独立的数字信号发生器，该信号发生器由 16 位单片机作为核心，可以产生频率为 0～800Hz 的三角波、正弦波、方波、线性扫频正弦波等多种波信号，供伺服阀测试所用。信号发生器通过 RS－232 与主计算机通信，测试时由主计算机将生成波形的类型、波形的幅值和频率等参数告知信号发生器；信号发生器生成规定的波形之后，输入被试阀的伺服放大器中。在动态特性测试中，同时将生成的波形数据传送给主机，供计算动态特性使用。测试系统的电路结构如图 3－23 所示。

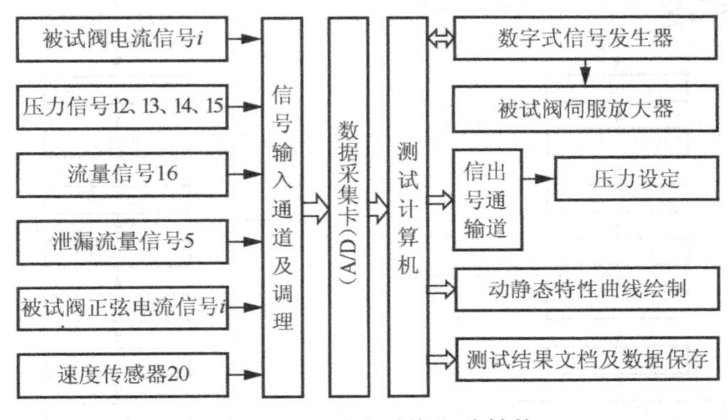

图 3－23　测试系统电路结构

3. 测试系统软件

软件系统的主要功能是完成测试数据的处理和测试曲线的绘制，因此从功能上划分，可分为信号处理模块、数据通信模块、界面管理模块和负责测试文档处理及数据保存的辅助功能模块。这些模块又分别包含多个子模块，子模块再调用基本的函数库函数，完成各自的功能。

信号处理模块是测试系统最重要的模块，其子模块包括数字滤波、曲线拟合及插值、频响计算、误差补偿等。数字滤波可以采用的算法有中值滤波、相关滤波、限幅滤波等方法，可以根据现场干扰情况选择合适的滤波方法。曲线拟合采用常用的最小二乘法原则，使拟合后的曲线点的误差平方和最小。频响计算主要包括自相关计算和互相关计算，采用快速傅里叶变换和反变换实现快速相关算法。

数据通信模块的功能包括读写 I/O 数据缓冲区、数字信号发生器相互通信子模块。在测试之前，由操作人员根据测试项目，将需要采集的压力、流量信号的通道号，信号发生器的波形参数输入系统。系统将调用缓冲区建立函数和通信函数建立各通道的数据缓冲区，并向信号发生器输出参数，同时启动 D/A 和 A/D 转换，各通道采用中断方式向缓冲区写入数据。CPU 每隔 1s 读取各缓冲区数据，在对数据进行处理后调用界面管理模块刷新输出界面。界面管理模块主要负责动、静态特性曲线的绘制，由各特性曲线子模块调用 Plot( ) 函数完成。辅助功能模块包括测试数据的格式化输出到文件，以及测试文档和数据的打印。

整个测试系统采用微软公司的 VC6.0 开发，其总体操作流程如图 3-24 所示。

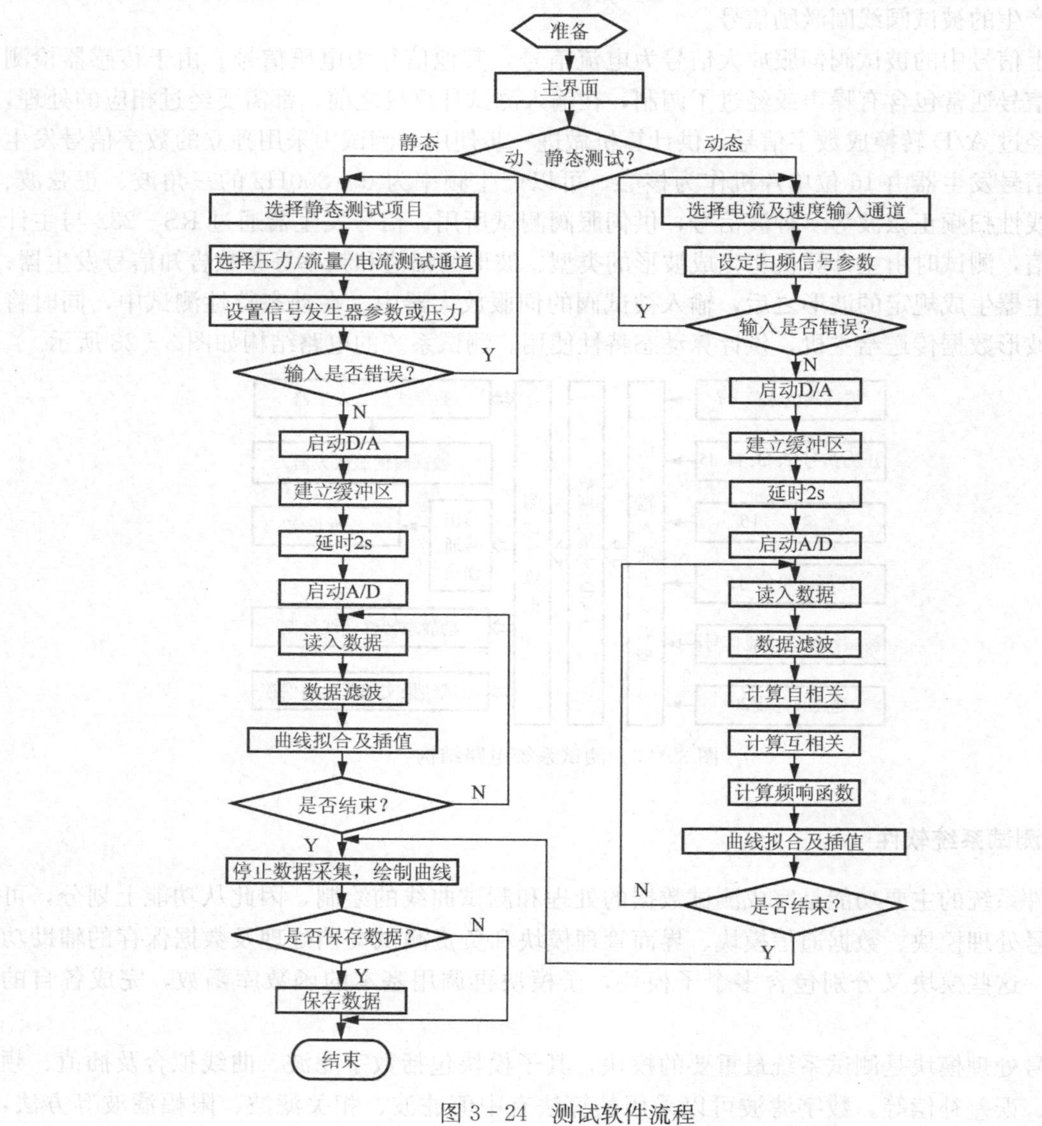

图 3-24　测试软件流程

4. 测试举例

表 3-1 是 MOOG 公司生产的 MOD—D072—386 伺服阀经维修后的检测生成的试验报告，报告中列出了伺服阀的主要试验项目结果和标准规定的值。

表 3-1　电液伺服阀试验报告

(2008)　　伺检字　　第（0001）号

产品名称	电液伺服阀	型号规格	MOD—D072—386
		元件编号	S/N213
额定流量	60L/min	额定压力	21MPa
额定输入	±12.5mA	送检单位	××热电厂
检验依据	GB 20233—1988	检修单位	××液压中心

续表

试验日期		2008/05/13		接线方式	A+，B−加 18mA 偏置；C+，D−信号		
试验结果							
测试项目		测量单位及位置		规定值	检修后实测值	结论	备注
01	线圈阻抗	Ω	A、B间	200±8	199	正常	
		Ω	C、D间	200±8	199	正常	
02	绝缘	MΩ		>50	50	正常	
03	额定流量	L/min		±10%	57.6	正常	
04	压力增益	%		>30	38	正常	

3.3.3　电调制液压流量控制阀 CAT 系统

电调制液压流量控制阀是指随连续变化的电输入信号而提供成比例的流量控制的阀，主要有伺服阀和比例方向流量阀两大类。电液伺服/比例阀是在电液伺服系统中将控制电信号转换成液压功率信号的关键元件，阀的性能直接影响液压控制系统的品质，并且电液伺服/比例阀本身也是一个机、电、液相结合的复杂控制系统，电液伺服阀的静态特性测试和动态特性测试是验证或获取其数学模型及特性参数的主要手段。在电液伺服/比例阀的制造、使用、维修等各阶段均需要对阀进行测试，以便了解其特性。

一种电调制液压四通方向流量阀的计算机辅助测试系统，与传统的计算机辅助测试系统相比，不仅具有友好的人机界面，而且大大提高了测试系统的性能，增强了系统的扩展性与灵活性。

1. 测试系统

测试系统主要由传感器及其二次仪表、伺服/比例放大器、信号调理器、计算机采集系统等几部分组成。其中，传感器主要包括压力传感器、温度传感器、流量传感器、速度传感器、位移传感器；仪表主要包括数字压力仪表、数字温度仪表、数字流量仪表；伺服/比例放大器根据被试阀选择；计算机采集系统主要包括计算机、数据采集卡、打印机等。测试系统构成原理如图 3-25 所示。在工作过程中，计算机通过 GPIB 总线控制信号发生器产生信号波形，并将信号输出至阀的放大器，驱动阀工作；再将阀的状态信号（如阀电流、阀芯位移、动态油缸速度等）输送至信号调理器；压力传感器、温度传感器、流量传感器等传感器的信号经相应的数字仪表进行显示、调理，数字仪表输出的模拟电压信号输送至信号调理器；信号调理器的输出连接到数据采集系统 DAQ 的相应通道；各被检测量通过 A/D 转换为数字量输入计算机，最后经软件处理得到测试结果，从而构成了一个完备的电液伺服/比例阀测试装置。

2. 静态性能试验

根据 GB/T 15623.1—2003《液压传动电调制液压控制阀第 1 部分：四通方向流量控制阀试验方法》的规定，确定的静态性能试验回路如图 3-26 所示。

1）恒定阀压降下输出流量—输入信号特性试验

图 3-26 中，关闭截止阀 b、c，其余均打开。调节油源压力到规定压力。设置信号发生器输出三角波，幅值为额定阀放大器的额定输入或规定值。三角波信号的频率应足够低，以

保证流量传感器、被试阀的动态影响可以忽略不计，通常取不大于0.05Hz。在信号连续循环变化的同时，连续地记录一个完整信号周期内的流量Q与阀电流i的值，并绘制其关系曲线。图3-27为输出流量—输入信号特性试验结果。

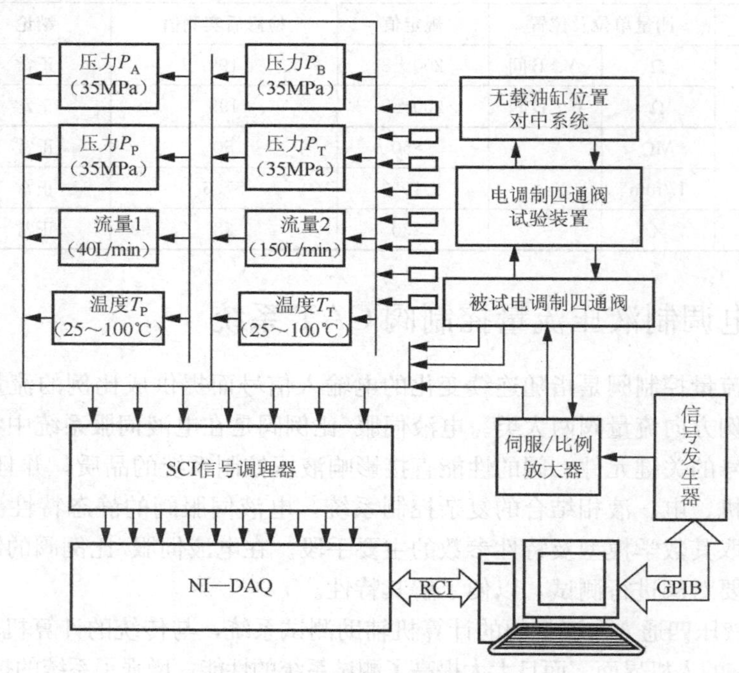

图3-25　测试系统构成原理

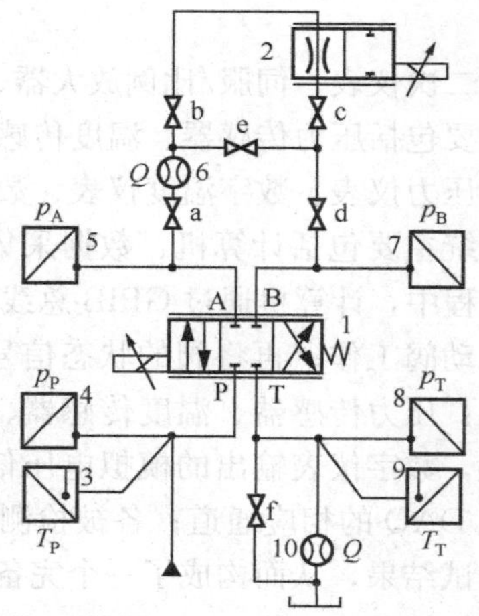

1—被试四通伺服/比例阀；2—比例加载阀；3，9—温度传感器；
4，5，7，8—压力传感器；6，10—流量传感器

图3-26　静态性能试验回路

2）压力增益—输入信号特性及内泄漏特性试验

图3-26中，关闭所有截止阀，调节油源压力到规定压力，设置信号发生器输出三角波，幅值为额定阀放大器的额定输入或规定值。三角波信号的频率应足够低，以保证压力传感器、被试阀的动态影响可以忽略不计，通常取不大于0.05Hz。在信号连续循环变化的

同时，连续地记录一个完整信号周期内的 $|P_A-P_B|$ 与阀电流 i 的值，以及内泄漏量与阀电流 i 的值，并绘制其关系曲线。图 3 - 27 为输出流量—输入信号特性试验结果，图 3 - 28 为压力增益—输入信号特性及内泄漏特性试验结果。

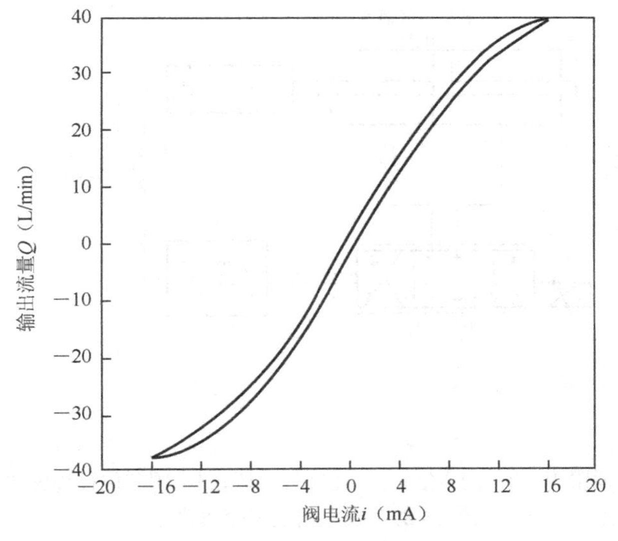

图 3 - 27　输出流量—输入信号特性试验结果

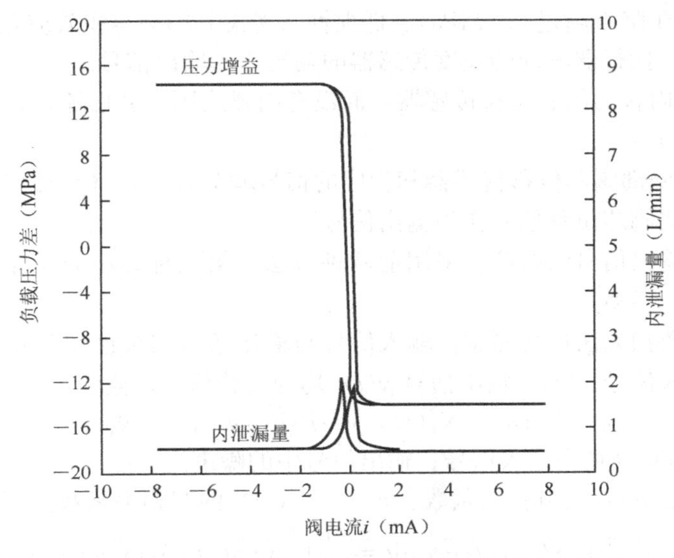

图 3 - 28　压力增益—输入信号特性及内泄漏特性试验结果

四通方向流量阀的静态试验，除了上述三个主要试验项目外，还有耐压试验、输出流量—负载压差特性试验、输出流量—阀压降特性试验等项目，但作为阀的日常检修，上述三个项目基本可以反映阀在静态工况下的性能。所以，其他项目的试验在此不一一列举，但利用本试验及检测系统可完成所有试验项目。

3. 动态性能试验

动态性能试验主要包括频率响应和阶跃响应，如图 3 - 29 所示为频率响应试验回路。频率响应测试是在一定的供油压力下，在输入信号频率为5Hz或相位滞后为90°时频率的5%两者中取小值，然后在衰减到15dB以上的频宽范围内，绘制出输入信号与输出信号的幅值比和相位滞后曲线。

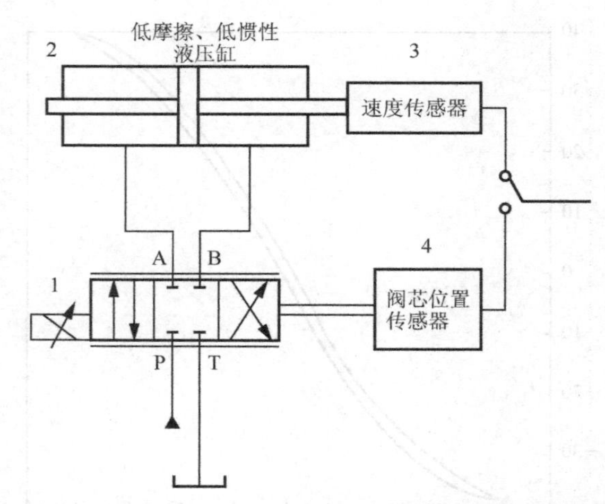

1—伺服阀；2—液压缸；3—速度传感器；4—阀芯位移传感器

图 3-29　频率响应试验回路

输出信号的检测方法主要有以下三种。

① 用低摩擦（压降不超过0.3MPa）、低惯性（考虑其困油容积效应在内的频带宽应大于最高试验频率3倍）执行器驱动的速度传感器的输出作为输出信号。

② 如果阀带有内置的阀芯位移传感器，而没有内置式压力补偿流量控制器，则可把阀芯位移信号作为输出信号。

③ 在阀上安装外部阀芯位移传感器和相应的信号调节装置。只要外加的传感器不影响阀的频率响应，即可将阀芯位移信号作为输出信号。

实际测试中，输出信号的检测多采用前两种方法。第三种方法需要加装传感器，特别是对于阀的检修测试，不易实施。

本系统选择对数扫频法进行测试，输入信号与输出信号的幅值比和相位滞后采用频率相关分析法。如果输入信号 $x(t)$、输出信号 $y(t)$ 均为正弦信号，假设：

$$x=A\sin\omega t+N_x(t),\quad y=B\sin(\omega t+\varphi)+N_y(t) \tag{3-1}$$

式中，$N_x(t)$、$N_y(t)$ 分别为输入信号、输出信号中的噪声。

根据相关理论，$x(t)$ 的自相关函数、$x(t)$ 和 $y(t)$ 的互相关函数如下：

$$\hat{R}_{xx}=\frac{1}{T}\int_0^T x(t)x(t+x)\mathrm{d}t=\frac{1}{T}\int_0^T A\sin(\omega t)A\sin w(t+\tau)\mathrm{d}t \tag{3-2}$$

$$\begin{aligned}R_{xy}(\tau)&=\frac{1}{T}\int_0^T x(t)y(t+\tau)\mathrm{d}t\\&=\frac{1}{T}\int_0^T[A\sin\omega t+N_x(t)][B\sin(\omega(t+\tau)+\varphi)+N_y(t+\tau)]\mathrm{d}t\end{aligned} \tag{3-3}$$

由于噪声和信号不相关，且噪声之间也不相关，由式（3-2）和式（3-3）积分后得

$$\hat{R}_{xx}(\tau)=\frac{A^2}{2}\cos\omega\tau \tag{3-4}$$

$$R_{xy}(0)=\frac{AB}{2}\cos\varphi \tag{3-5}$$

由式（3-5）得相位差为

$$\varphi = \arccos \frac{2R_{xy}(0)}{AB} \tag{3-6}$$

A、B 值可以通过 $x(t)$、$y(t)$ 的自相关求得，即

$$\begin{cases} A = \sqrt{2\hat{R}_{xx}(0)} \\ B = \sqrt{2\hat{R}_{yy}(0)} \end{cases}$$

信号发生器产生的定幅值正弦信号 $x_t(t) = A\sin\omega t$ 对阀进行激励，阀芯速度/动态油缸的速度 $y = B\sin(\omega t + \varphi)$，经 A/D 采集后转换为数字量，分别进行数字量的自相关、互相关运算。相应的离散计算公式如下：

$$R_{xy}(0) = \frac{1}{n}\sum_{i=0}^{n-1} x(i)y(i)$$

$$R_{xx}(0) = \frac{1}{n}\sum_{i=0}^{n-1} x^2(i)$$

$$R_{yy}(0) = \frac{1}{n}\sum_{i=0}^{n-1} y^2(i)$$

$$\varphi = \arccos\left[\frac{R_{xy}(0)}{\sqrt{R_{xx}(0)R_{yy}(0)}}\right]$$

式中，n 为采样点数；i 为第 i 个采样点；$x(i)$、$y(i)$ 分别为信号在第 i 个采样点的值。

在对数扫频过程中，根据不同的频率，经过互相关运算及后续处理求得各频率成分的幅值和相位，从而得到以频率为横坐标、幅值和相位为纵坐标的幅频图和相频图。图 3-30 为频率响应特性试验结果。

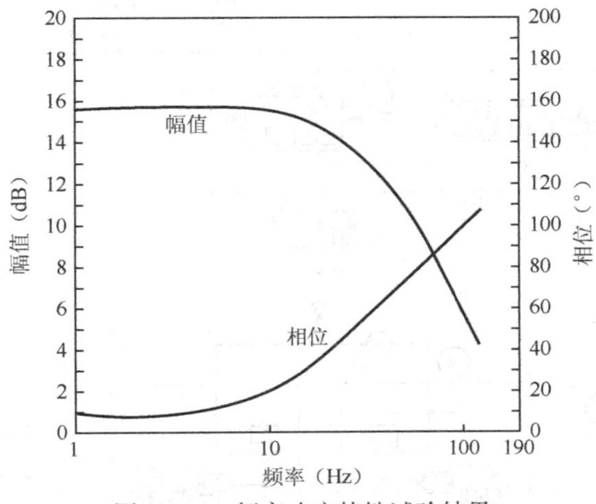

图 3-30 频率响应特性试验结果

3.3.4 大流量电液比例插装阀测试试验台

电液比例插装阀具有流量大、响应快、耐高压、寿命长等特点，满足快速、平稳、高精度的技术要求。因此，电液比例插装阀作为关键液压元件，其性能直接影响整个系统的可靠性。研发高品质的电液比例插装阀并进行全面、准确的试验测试，具有重要意义。

1. 测试项目

1）稳态控制特性测试

（1）流量—压差特性：这是电液比例插装阀在实际应用中最受关注的性能之一，反映了电液比例插装阀的通流能力。

（2）滞环特性：该特性由滞环指标 H_x 表示，是指元件内存在的磁滞、静摩擦、弹性滞环等因素对元件稳态控制特性的影响程度，反映了电液比例插装阀的控制精度。

2）动态控制特性测试

（1）流量突变时的抗干扰能力：该项目是在输入信号一定（被试阀的开口一定）的情况下，测试在输入流量阶跃变化时，被试阀主阀芯位移的稳定性。

（2）阶跃响应特性：该特性反映了其快速响应能力。在设计的试验台中，对被试阀在低压情况和高压情况下的阶跃特性均做了准确的测试。

2. 液压试验台

为了更有针对性地完成上述测试项目，电液比例插装阀的液压测试试验台分为低压大流量试验系统和高压试验系统。其中，高压试验系统包括高压小流量和瞬态高压大流量两部分。

1）低压大流量试验系统

该试验系统主要可以进行流量—压差特性的试验，系统原理图如图 3-31 所示。该液压

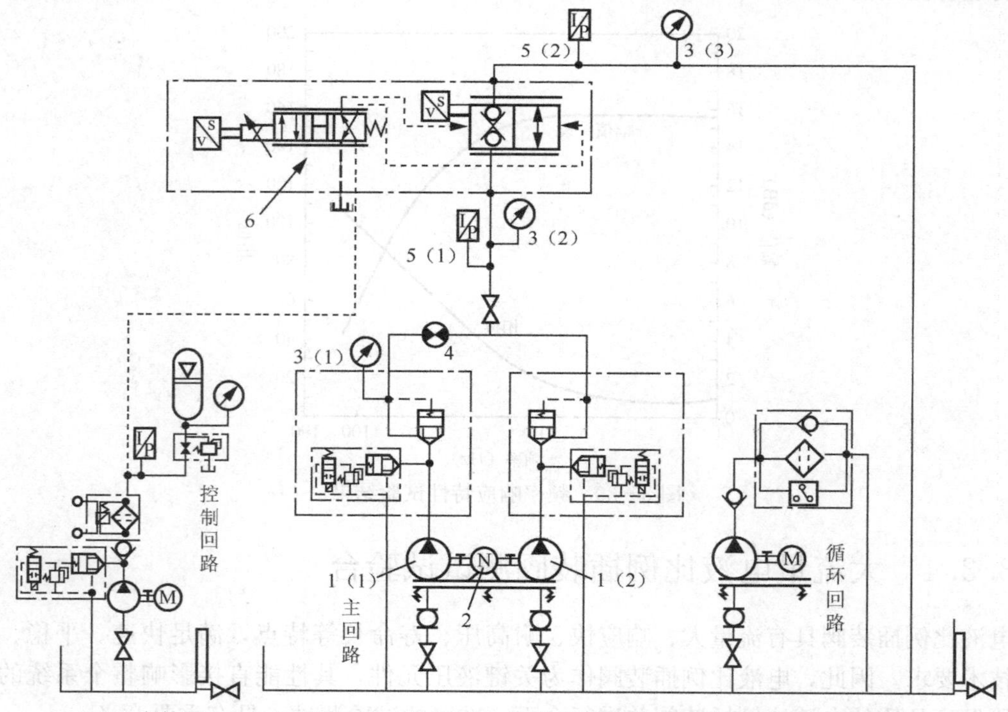

1—齿轮泵；2—电动机；3—压力表；4—流量计；5—压力传感器；6—被试阀

图 3-31　低压大流量试验系统原理图

系统由主回路、循环过滤回路和控制回路组成。主回路由 6 台双轴电动机驱动 12 台定量齿轮泵提供油源，在工作压力为 2MPa 的情况下，能够提供 3600L/min 的流量。控制回路为先导阀提供压力油。被试阀前和阀后均设置了压力表和压力传感器，用于检测压力。

在进行流量—压差特性测试时，给定被测阀一定的输入信号，即令其主阀开口固定不变，改变泵的输入流量，由于设置了 12 台泵，所以能够保证 12 组不同的流量输入，记录在不同流量情况下被试阀前后压差，这样便可以得到 12 组数据，从而可以得到被试阀在全开情况下的流量-压差的特性曲线。除了流量—压差特性的测试，该试验系统还能对被试阀的静态滞环特性、抗流量干扰能力和低压时的动态响应特性进行测试。

2）高压试验系统

该试验系统主要进行被试阀的阶跃响应试验，系统原理如图 3 - 32 所示。该液压系统主要由主回路、蓄能器组和控制回路组成。高压小流量系统主回路由两台 PVG—10 比例变量泵提供油源，最大稳态流量为 300L/min，最大压力为 31.5MPa。瞬态高压大流量系统由 4 个容积为 100L 的气囊式蓄能器串联而成，能提供瞬态的高压大流量，功耗低，又能验证被试阀的动态性能。控制回路为先导阀提供压力油。

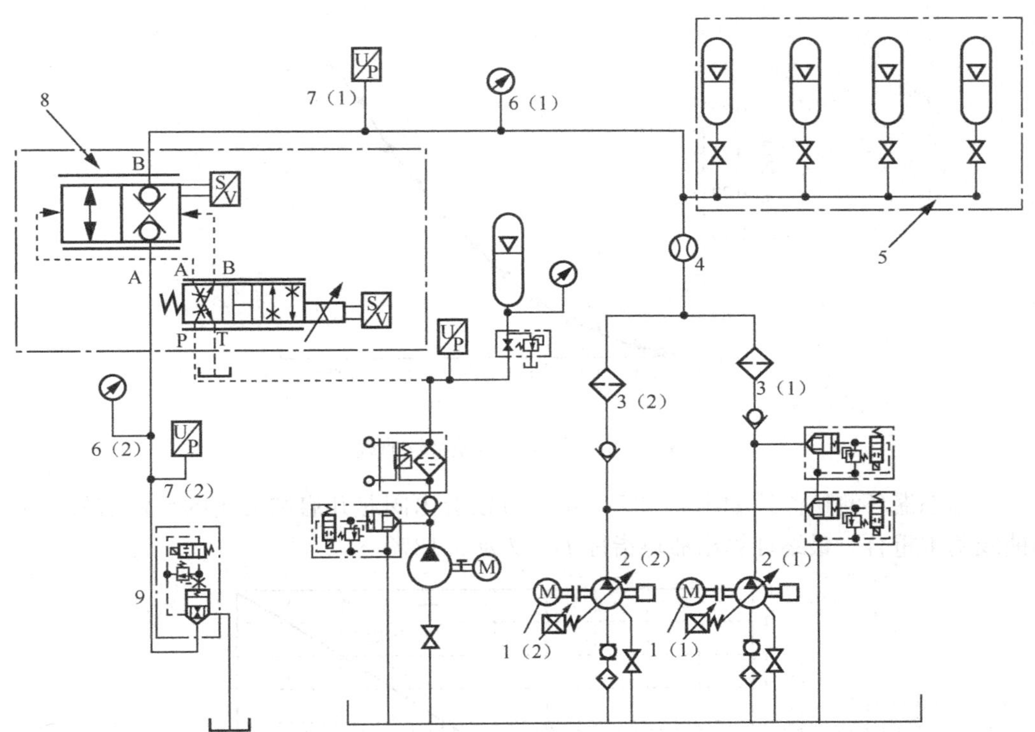

1—电动机；2—比例变量泵；3—过滤器；4—流量计；5—蓄能器组；6—压力传感器；7—压力表；8—被试阀；9—背压阀

图 3 - 32　高压瞬态大流量试验系统原理

在进行阶跃响应特性测试时，首先将阀输入信号设为关闭状态。比例变量泵开启向蓄能器充液，当蓄能器充满液，压力达到设定值后，给被试阀以阶跃信号，这时蓄能器和比例变量泵一起向被试阀供液。数据采集系统记录被试阀前后压力变化和阀芯位移情况，可以得到主阀芯的阶跃响应曲线。

在不使用蓄能器组的情况下，该试验系统还可以进行高压小流量情况下的动态响应特性测试，并且可以对小流量范围内的流量-压差特性进行补充试验。

3）测试系统

该试验系统的测试系统框图如图 3－33 所示，主要由测试试验台、传感器、控制放大板、数据采集与显示 4 个部分组成。传感器包括两个位移传感器和两个压力传感器。控制放大板是测试系统的控制单元，主要对输入信号进行处理放大，最终控制被测元件主阀芯的位移。数据采集卡采用研华 4711A，是一块 12 位多功能 USB 数据采集卡，可进行数字信号和模拟信号的输入和输出，采样速率高达 150kS/s。利用虚拟仪器软件 LabVIEW 实现数据记录和图像输出。

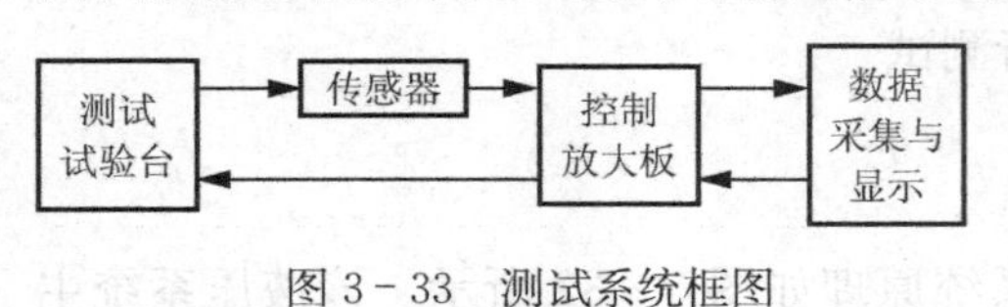

图 3－33　测试系统框图

3. 测试结果

（1）被试阀具有良好的通油能力。在被试阀主阀全开，阀前后压差为 0.35MPa 的情况下，流量能达到 3000L/min，测试曲线如图 3－34 所示。

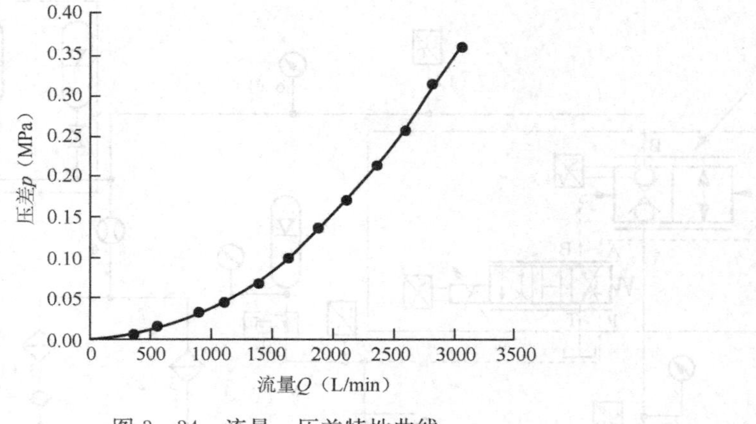

图 3－34　流量—压差特性曲线

（2）静态滞环测试曲线如图 3－35 所示，可以看出阀芯开启和关闭的反馈信号与输入信号的曲线基本重合，最终计算出滞环指标 H_x 仅为 0.13%。

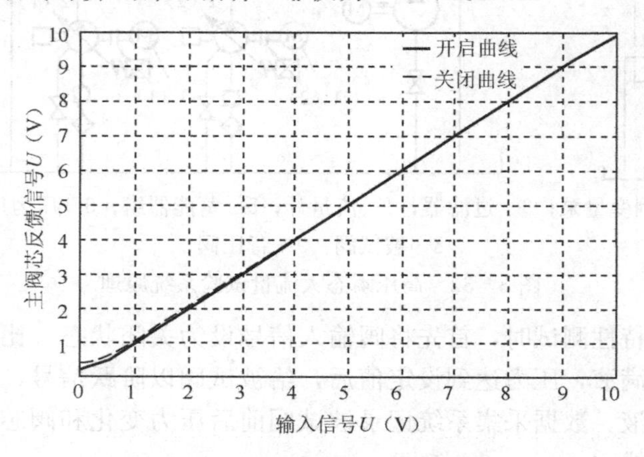

图 3－35　静态滞环测试曲线

(3) 抗流量干扰测试结果如图3-36所示。当输入流量由1200~3600L/min阶跃变化时，被测试进口压力也呈阶跃变化，但其位移基本不受影响，有较强的抗干扰能力。

(4) 在系统压力为15MPa左右，输入阶跃信号值为0.3~9.5V的情况下，阶跃响应曲线如图3-37所示。

从图3-37中可以看出，阶跃上升时间和下降时间以10%~90%计算，响应时间在30~40ms之间。

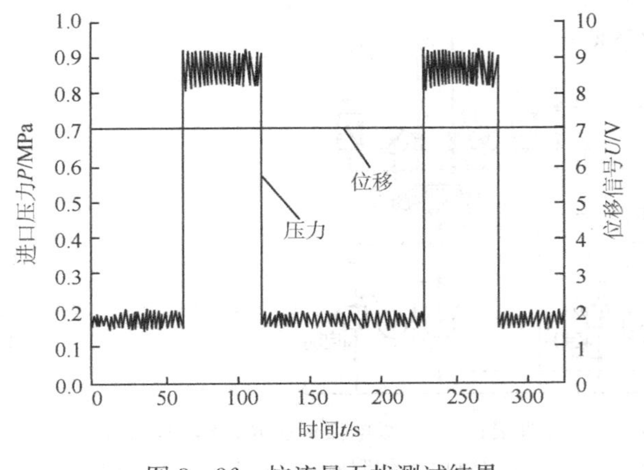

图3-36 抗流量干扰测试结果

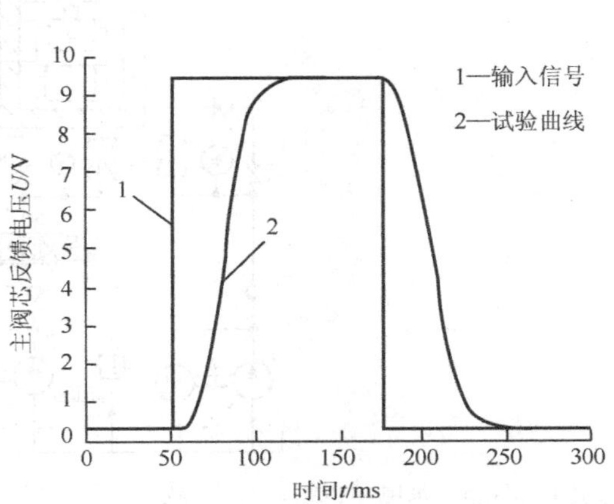

图3-37 阶跃响应曲线

3.4 液压缸CAT技术

3.4.1 伺服缸计算机辅助测试

大直径伺服液压缸在冶金行业中的使用越来越广泛，作为大型工业设备中液压系统的执行元件，其性能直接影响着系统的可靠性，影响生产设备的正常运行。为了降低生产设备的故障率、节约维护成本，有必要对伺服缸进行离线检测。伺服缸试验台系统充分利用计算机的硬件资源、数据采集功能及虚拟仪器技术，通过CAT软件来完成数据的采集与分析处理、仪器界面显示等功能。

1. 测试系统基本构成与工作原理

1) 概述

该测试系统采用比例压力控制技术，结合现代传感器、微电子以及计算机辅助测试技术，能对缸径在1000mm以下的各类伺服缸进行检验。

试验项目包括全行程内外泄漏、启动压力特性、摩擦力特性、动态特性以及耐压试验等。

系统主要由3台泵组、二级电液伺服阀及由其构成的力伺服控制系统、三级电反馈电液伺服阀及由其构成的位置伺服控制系统、加载缸、摩擦力测试缸及被试缸等构成，其液压系统原理图如图3-38 (a) 所示。

建立一套数据采集和数字控制系统，与液压试验台连接起来，由计算机系统给出控制信

号来控制液压系统中的伺服阀，进一步控制执行元件（液压缸）。同时，对各试验过程中的各种参数，如压力、位移、流量等参数进行实时数据采集、量化和处理，并输出测试结果，以测试报告的形式打印出来，便于检测人员进行分析。伺服缸测试系统结构如图 3-38（b）所示。

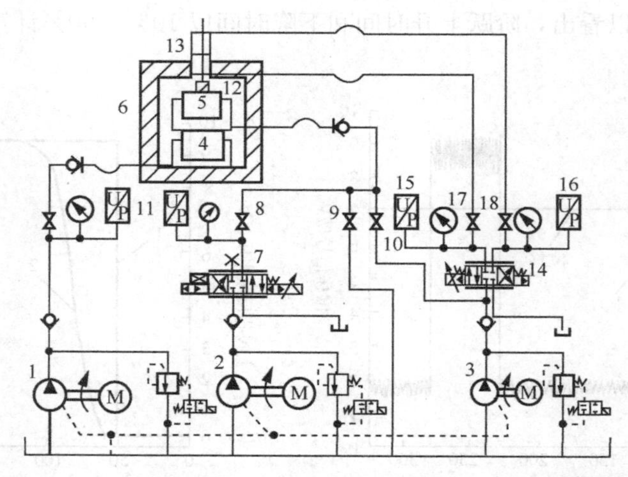

1，2，3—泵电动机组；4—加载缸；5—被试缸；6—安装机架；7—三级电液伺服阀；8，9，10，17，18—高压球阀；11，12—传感器；13—摩擦力测试缸；14—二级电液伺服阀；15，16—压力变送器

（a）液压系统原理图

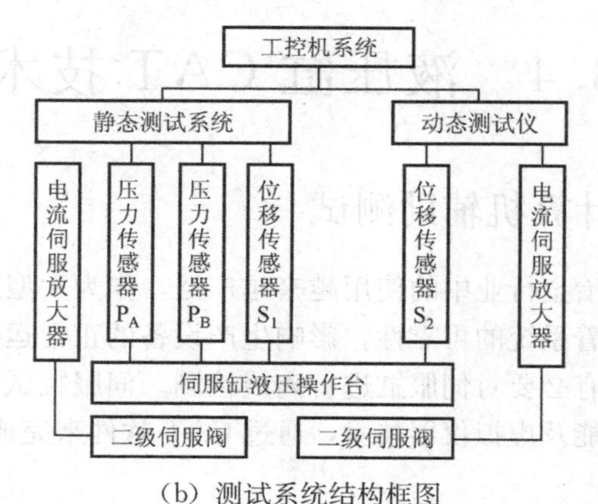

（b）测试系统结构框图

图 3-38　伺服缸测试原理及系统结构

2）摩擦力测试

测摩擦力时所用到的液压元件有被试缸 5、摩擦力测试缸 13、二级电液伺服阀 14、三级电液伺服阀 7、压力变送器 15 和 16、位移传感器（行程为 4～10mm）、高压球阀 17 和 18 等，加载缸放在试验机架底部不工作，相当于一个大垫块。

将被试缸 5 放置于动态加载缸 4 上，并将被试缸 5 的压油口与单独泄油口相接。其测试方法是由摩擦力缸向被试缸加载，使被试缸向下或向上运动，由位移传感器检测位移，由两个压力变送器测出摩擦力缸的负载压差，然后由计算机进行计算处理，获得精确的被试伺服油缸的静摩擦力及动摩擦力，或者由传感器 12 测出。

这种用一小伺服油缸作为加载缸，对被试伺服油缸进行缓慢加载（能上拉或下压）的摩擦力测试方法，比之普通油缸的启动摩擦力测试方法，测试精度要高得多。在加载过程中，采用了力闭环伺服控制系统，它由力传感器、前置放大器、电液伺服阀等元件构成，实现对被试柱塞油缸精确的力给定，保证摩擦力测试的顺利完成。

3）动态测试

动态测试的工作过程如下：动态加载缸4工作腔由泵电动机组1通恒压油，提供被试缸柱塞回程力；被试缸5放置于动态加载缸上，其柱塞顶在闭式安装机架6横梁上，被试缸5的压力油由泵电动机组2提供，并由三级电液伺服阀7、位移变送器、压力传感器11等元件构成的位置伺服系统控制被试油缸的动作。试验时，由CAT软件产生0.01～20Hz扫频正弦信号，信号幅值可根据被试缸的不同而输入不同的值，其变化范围为0.01～0.1V，幅值的上限设置为0.17V是为了防止信号幅值超过系统“速度限”而产生畸变的正弦波响应。此扫频正弦信号通过伺服放大器驱动三级电液伺服阀，从而使被试缸做相应运动。由CAT系统采集被试缸柱塞的位移信号，对数据进行分析，即可得到被试缸的频率特性，绘制波德图。

在测试过程中，因伺服缸活塞升起时可能出现歪斜，为消除因歪斜而产生的检测误差，在伺服缸的两侧对称装两只位移传感器，取位移信号的平均值进行控制。同时，用位移传感器的信号作为反馈信号，构成低增益的位置伺服系统，保证伺服缸的活塞杆或柱塞处于中位附近，以免撞缸。

2. 系统的软件

系统采用VC++在可视化编程环境下进行编程，大大缩短了测控软件的开发时间。利用数据采集卡PCI9118DG在VC环境下提供的驱动，较快地实现数据的高速采集与处理；同时运用图形编程语言LabVIEW把复杂、烦琐的语言编程简化成菜单或图标，使测试软件更加形象化。

3. 测试系统技术特点

该测试系统满足中大型伺服缸的试验要求，使用效果较好，主要表现在：CAT系统通用性好，其硬件的可替换性较强；软件的编写是基于图形化的界面进行的，其操作较为直观；采用计算机辅助测试技术。摩擦力测试联合使用摩擦力测试缸和压力传感器，改变了传统的测试方法，提高了摩擦力测试精度；该液压系统模拟轧机的实际工况，提高了测试结果的准确性。

3.4.2　基于WinCC的液压缸CAT系统

利用西门子公司的组态软件WinCC 5.1和可编程控制器S7—300配合组建液压缸试验台的测控系统，应用效果较好。对于动态指标要求不高的液压CAT系统，都可采用上述模式，这有利于缩短研发周期，提高可靠性和可维护性。

1. 液压缸试验台液压系统

图3-39是按照液压缸测试国家标准GB/T 1562—1995设计的试验台液压系统原理图。该系统能完成试运行、全行程、内泄漏、外泄漏、启动压力特性、耐压试验、耐久性试验等各出厂检验项目的测试。

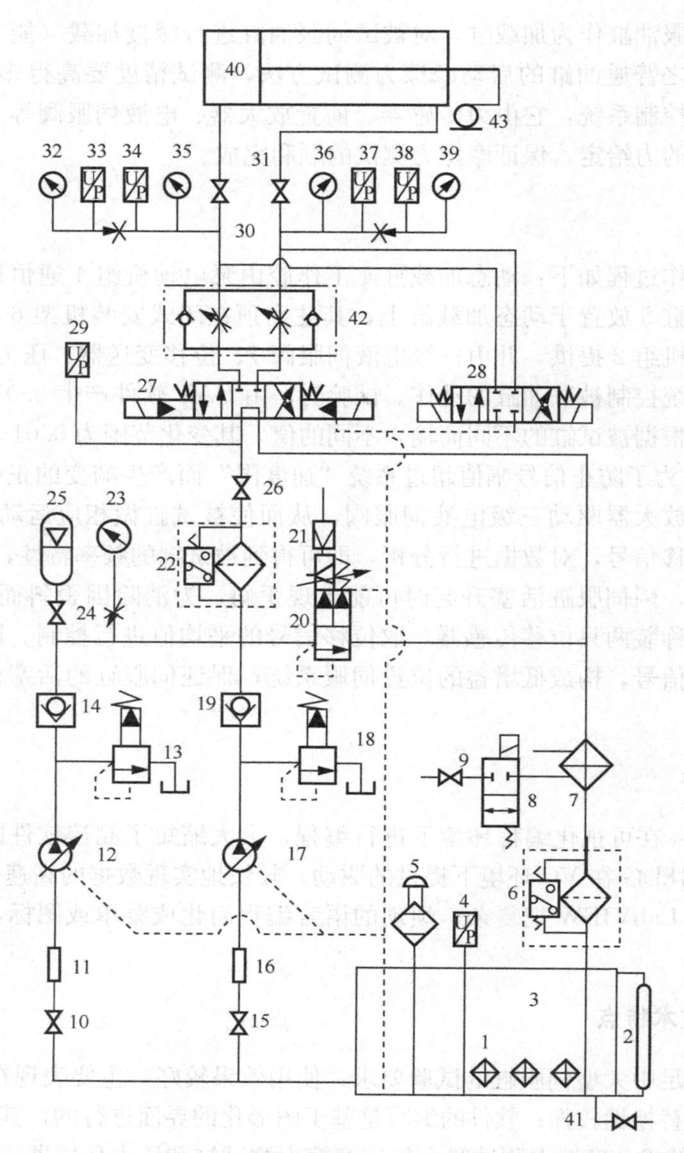

1—加热器；2—油位计；3—油箱；4—温度传感器；5—空气过滤器；6—落地式双筒过滤器；7—冷却器；8—冷却水阀；9，10，15，24，26，30，31，41—截止阀；11，16—连接件；12，17—手动变量液压泵；13，18—溢流阀；14，19—单向阀；20—比例溢流阀；21—比例放大器；22，32，35，36，39—压力表；23—过滤器；25—蓄能器；27—M型电液换向阀；28—电磁换向阀；29，33，34，37，38—压力传感器；40—液压缸；42—双单向节流阀；43—位移传感器

图 3-39　液压缸试验台液压系统原理图

该系统采用手动变量液压泵 12 和 17 供油，当测试小缸时，只要启动一台变量泵，并将变量泵的流量调整到与被试缸所需流量相适应；当测试大缸时，采用双泵联合供油，提供最大流量 200L/min。溢流阀 13 和 18 安装在两台液压泵出口，作为安全阀使用。系统工作压力由比例溢流阀 20 进行精确控制，最高可达 31.5MPa，比例压力控制便于计算机自动测试液压缸启动压力特性曲线。电液换向阀 27 中位设计成 M 型，主要用于液压泵空载启动及工作中卸荷，左右两位用于实现被试液压缸运动方向的变换。电磁换向阀 28 用于更换被试液压缸

时，卸除 A、B 腔中的残余高压。双单向节流阀 42 用于实现被试缸精确的流量调整。为了避免被试液压缸内大量残液污染系统，降低过滤器更换频度，在总回油路上设置了一个落地式双筒过滤器 6。为保障系统油温符合标准要求，设置有冷却水阀 8、冷却器 7、加热器 1 和温度传感器 4。系统还设置了压力传感器 5 只：压力传感器 29 用来检测泵出口压力；压力传感器 34 和 37 用来检测被试液压缸 A、B 腔压力，可做耐压试验用；压力传感器 33 和 38 属低压、高精度类型，用来检测被试液压缸 A、B 腔启动压力，可提高测试精度。恒力收绳位移传感器 43 用于液压缸全行程自动检测。

2. 液压缸试验台测控系统

1）测控系统硬件组成

常规液压缸试验台由控制面板、操作台、继电接触器控制柜或可编程控制器（PLC）、传感器、计算机、数据采集卡和高级语言开发的测试程序等构成测控系统。而基于组态软件 WinCC 5.1 的测控系统取消了控制面板、操作台、继电接触器控制柜、数据采集卡、测试程序，直接用组态软件和可编程控制器、传感器组成，具有友好的人机接口和较高的稳定性。测控系统硬件组成框图如图 3－40 所示，所有传感器的模拟量信号全部进入可编程控制器（PLC）的 AI 模块；开关量监测信号进入 PLC 的 DI 模块；模拟控制信号由 PLC 的 AO 模块输出；开关量控制信号由 PLC 的 DO 模块输出；PLC 与计算机通过 MPI 接口模块进行数据交换，实现对试验台的各参数进行检测、控制和报警。检测人员可通过由组态软件 WinCC 5.1 开发的人机接口（HMI）对测试系统进行干预。

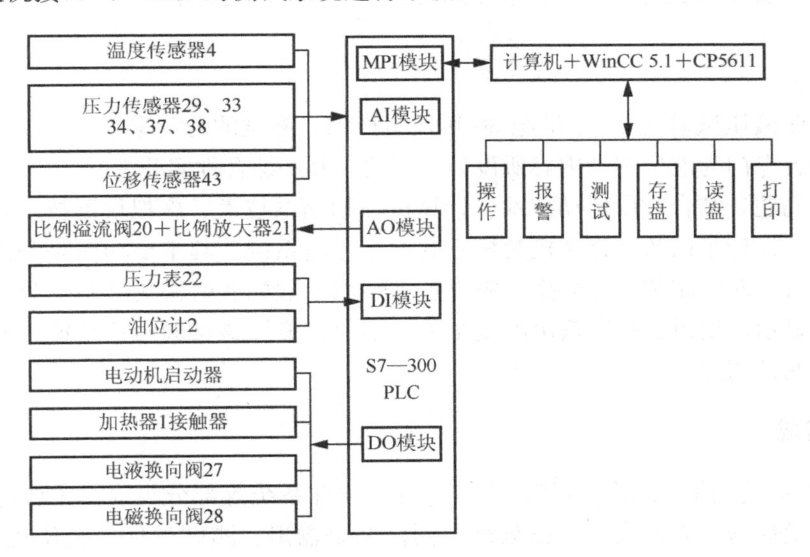

图 3－40　测控系统硬件组成框图

2）测控系统软件

软件开发分为 PLC 程序和计算机程序两部分。PLC 程序采用模块化梯形图的形式进行编写，每个子功能模块（FB）完成某一特定的测控功能，所有的 FB 由组织块（OBI）统一调用，PLC 采集到的现场数据存放在数据块（DB10）中的相应位置，接收到的指令数据也保存

在DB10中的相应位置。DB10是PLC与现场及计算机进行数据交换的中转站，其数据根据实际情况不停刷新。计算机程序是利用组态软件WinCC 5.1进行开发的，它分为显示区域、控制区域、报警区域、绘图区域、操作区域等几个部分。显示区域主要用来实时显示系统各运行参数；控制区域是对系统状态进行操作的窗口，测试人员可用鼠标对电动机、阀、加热、冷却、压力等进行手动控制；报警区域用来对系统各运行参数进行安全监测，一旦发现异常，马上启动声光报警系统，同时屏幕上显示提示语言；绘图区域可实时测绘液压缸启动压力曲线及各运行参数的趋势图。操作区域是测试人员对试验进程及数据进行控制处理的窗口。软件系统通过西门子公司的接口卡CP5611与PLC的DB10进行实时数据交换，对HMI进行实时刷新。

组态软件WinCC 5.1已经将很多常用功能做成了ActiveX控件，在程序开发时可以直接利用这些控件，快速搭建测试软件系统，避免了自己编写代码的繁重劳动，提高了可靠性，同时也节约了时间，缩短了开发周期。

基于WinCC的液压缸CAT系统测试精度达到B级，系统操作简便、工作可靠。

3.5 液压综合测试CAT技术

液压综合试验台采用CAT技术对泵、马达、阀、缸等多种液压元件进行测试。

3.5.1 教学实验用液压综合试验台CAT系统

1. 概述

某QCS003液压试验台是20世纪80年代生产的，测试的劳动强度大，精度低，实验速度低。此试验台专门为液压传动内容所设计，不便于开展综合性实验教学。

针对上述问题，结合液压传动技术、计算机辅助测试技术、虚拟仪器技术，对试验台进行了相应改造，设计了以数字计算机为核心的控制监测系统。其主要功能是利用计算机对液压测试系统进行实时控制和工况转换，完成各种性能参数的实时采集和数据处理，并以图表和曲线的形式显示、记录、打印输出测试结果，不但扩充了该试验台的功能，而且大大提高了测试效率和测试精度。

2. 系统组成

液压CAT系统由液压控制回路、测控系统、软件系统等部分组成。主要完成测试回路的构建、被测量数据采集、实验数据处理、测试结果输出、测试过程的上位机监控等功能。在测控软件的支持下，可实现不同实验工况条件下的液压回路自动建立和自动切换。

1）*液压控制回路组成*

在满足原有实验测试项目的前提下，对原有试验设备的液压回路进行了相应改造，增加了压力、流量、转速扭矩传感器等检测单元和电磁比例溢流阀等控制单元，图3-41为改造后的液压控制回路，这个回路可满足多种不同项目的测试要求。

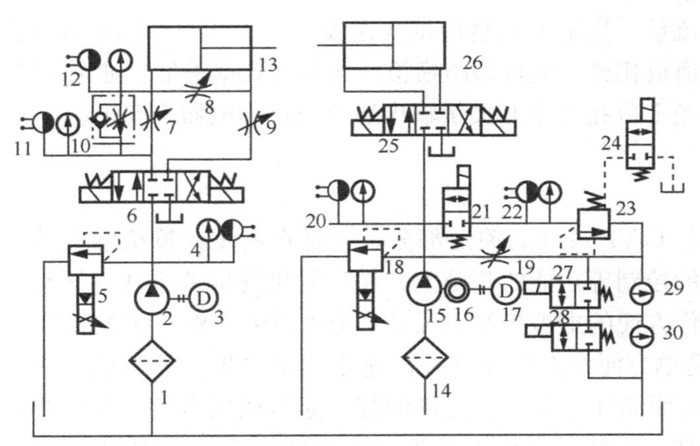

1，14—滤油器；2，15—液压泵；3，17—电动机；4，11，12，20，22—力传感器；5，18—电磁比例溢流阀；6，25—三位四通电磁换向阀；7～9，19—节流阀；10—单向调速阀；13，26—液压缸；16—转速扭矩传感器；21，24，27，28—二位二通电磁换向阀；23—被试溢流阀；29，30—流量传感器

图3-41 液压控制回路

该回路的特点是利用电磁阀等单元，接收微机系统指令，实现微型计算机对被测试对象转速、扭矩、压力、流量等参数的闭环控制和状态切换。数据采集系统通过压力、流量、扭矩、转速等传感器实时采集液压系统的各种性能参数。

2）测控系统组成

由于测控系统要实现不同实验工况的自动建立、转换和参数检测，因此测控系统主要由微机系统、带变送器的相应各类传感器、通用型多功能A/D和D/A接口板、继电器端子板、运放电器等单元组成，如图3-42所示。

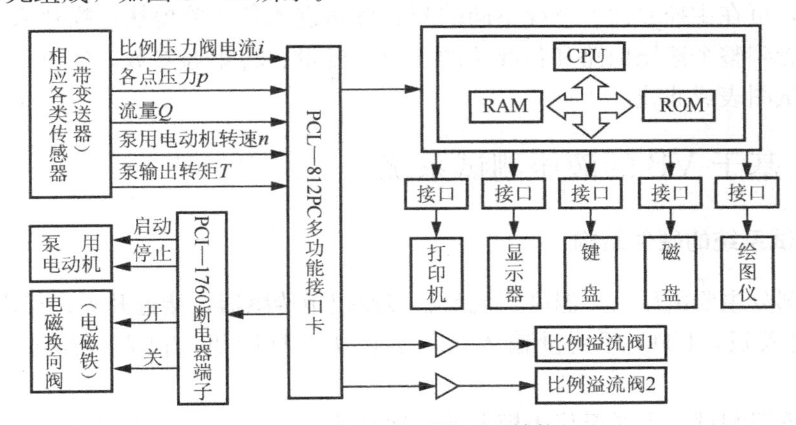

图3-42 硬件系统原理结构

计算机采用P586/166型工控机，并配以HP—DJ20型喷墨打印机及绘图仪。所选的通用型多功能接口卡型号为PCL—812PG，其A/D、D/A转换精度为12位，具有16路模拟量输入、2路模拟量输出和开关量输入和输出各16路。板卡带有3路16位计数器、定时器，其中的两路与2MHz时钟相连，另一路由用户自定义。中断级别由开关在IRQ2～IRQ7之间选定，具有DMA通路，使数据直接传送给上位机内存；继电器端子板型号为PCI—1760，工作电压及电流分别为交流电220V和4A。

压力、转速、流量、扭矩传感器均带变送器，可输出 0～10V 标准信号，可直接与 I/O 接口卡模拟量输入通道相连，通过多路模拟开关进行数据采集。油泵电动机的启/停、电磁阀的工作状态切换则经 I/O 接口卡开关量输出通道通过继电器来实现。

3. 软件系统

软件系统设计是 CAT 系统的关键部分，它是在利用计算机强大的图形环境、数据采集与处理、硬件端口的控制等功能的基础上，在计算机的屏幕上建立图形化的控制面板。设计一个可视性强、操作方便的虚拟控制面板是十分重要的。整个测控软件采用 VC、VB 语言混合编写。VB 具有简单方便的编程环境和快速创建用户界面的功能，适用于创建虚拟空白面板。由于 VB 不支持面向硬件端口的直接编程，通过调用由 VC 开发的动态链接库来实现软件对硬件端口的操作。系统软件也可以通过流行的虚拟仪器软件如 LabVIEW for Windows、组态王等非常方便地构建。

本 CAT 系统可在 Windows 2000/NT 操作平台上运行，具有友好的人机交互界面。整个 CAT 系统软件由以下几个模块组成：初始化模块、菜单模块、使用说明模块、图形显示模块、辅助教学模块、测控和实时显示模块、文件管理模块。测控软件的基本功能如下。

① 对液压系统参量压力、流量等实行闭环控制。
② 测试项目、内容、试验方法和试验结果满足《液压实验教学大纲》要求。
③ 可进行特性参数计算、特性曲线拟合、试验数据结果对比和误差分析。
④ 可对传感器进行联机标定和非线性校正。
⑤ 具有屏幕显示、打印、绘图、数据文件管理等多种输出方式。
⑥ 具有语音解说和背景音乐播放功能。

测控系统软件除了具有完成液压元件性能测试等功能外，还具有很好的 CAT 教学功能。在实验过程中，可在主控界面上选择不同的测试按钮进入各实验模块。操作者可以在计算机屏幕上实时地看到整个液压回路和各部位的压力、流量、转矩等参数，还可以马上看到经过处理的性能测试图表或曲线。

3.5.2 基于 VB 的液压测试系统

1. 液压测试系统的硬件结构

系统硬件部分主要由压力、温度、流量、转速扭矩传感器，接近开关，相应的二次仪表，A/D 模拟量输入板，PTO 开关量输入板，工控机，打印机，仪表柜组成。硬件结构如图 3－43 所示。

相应的传感器测试，先送至仪表柜上的二次仪表，二次仪表对传感器信号进行放大、滤波转换后，进行数字显示，并通过相应的接口电路传输给计算机，由测试软件进行数据处理，如显示、存储、打印等。该系统二次仪表的输出信号有三种形式：一种是模拟量，如压力、温度信号；一种是数字量，如转速、转矩、功率信号；一种是 BCD 码，如流量和接近开关信号。这三种信号分别通过 A/D 模拟量输入板、RS－232 口和 PTO 开关量输入板等接口电路送至工控机，由工控机进行处理。

系统硬件主要完成数据采集和通信任务，包括计算机、传感器及信号调理装置、I/O 接口等。

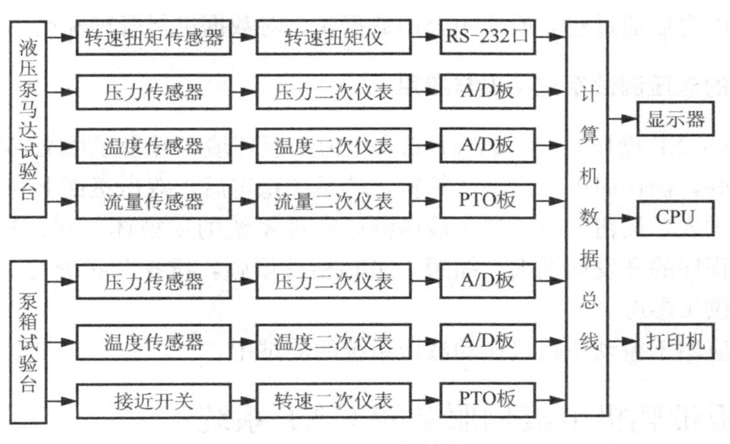

图 3－43　硬件结构

2. 液压测试系统功能结构

液压测试系统包括数据采集模块、数据显示模块、数据处理模块和数据管理模块等。系统功能结构如图 3－44 所示。

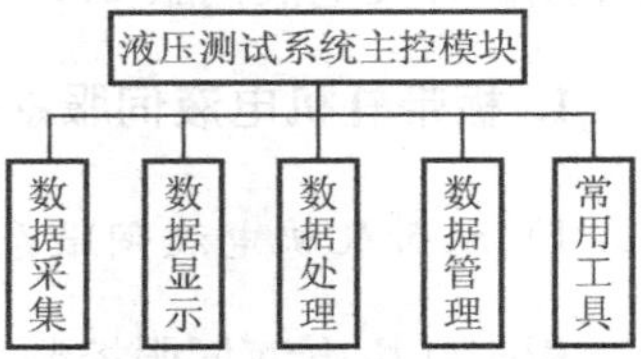

液压测试系统主控模块

数据采集　数据显示　数据处理　数据管理　常用工具

图 3－44　系统功能结构

1）数据采集模块

由于 VB 不能直接访问数据采集卡，因此 VB 也不能直接用数据采集卡进行数据采集。VB 要进行数据采集，就需要调用数据采集卡的动态链接库（DLL）中的 API 函数。DLL 是共享函数库的可执行文件。它提供了一种方法，使进程可以调用不属于其可执行代码的函数。该 DLL 包含一个或多个已被编译、链接并与使用它们的进程分开存储的函数。

VB 在使用这些函数之前需要对其进行声明。声明是在 VB 的标准模块中进行的。在安装数据采集卡驱动程序时动态链接库被同时安装在 Windows 的 System 目录下。API 函数声明后，VB 就可以像调用自己的函数那样来调用它了。

2）数据处理模块

数据处理是从原始数据中产生信息的过程。一个任务是对采集到的原始数据进行处理，删除某些非信息量，它们可能是噪声、干扰和一些非必要的成分，经过处理后可以提取反映事物特征的信息量；另一个任务是将加工处理后的数据恢复为原来的物理量形式。

3）数据显示模块

经处理后得到有用信息数据，要经过适当分配进行输出，通过多种方式显示、打印、描绘出来，转换成形象和直观的形式，便于人们观察分析。数据显示模块是虚拟仪器软面板的重要组成部分。

4）数据管理模块

根据数据采集的任务，需要将大量原始数据在数据处理之前做暂时存储或进行原始记录。多数场合下，是将模拟信号数字化后存入存储器或磁盘中。计算机可以直接进行管理存储和记录工作，也可以之后通过建立或使用公用数据库，对数据进行管理和调用。

3. 基于 VB 的液压测试系统实现与应用

采用 Windows XP 操作系统，以 VB 6.0 作为编程环境，开发了中文 Windows 版本的测试软件，界面友好，操作简单。启动计算机，待系统稳定后，双击桌面上的“液压测试系统”图标，再单击“进入”按钮，自动进入液压测试软件系统的主窗体。硬、软件的模块化、标准化设计，使得程序的开发周期大大缩短，可移植性增强，维护和扩充更为方便，也为其他试验台的设计提供了参考。

该系统已经应用于振动压路机振动液压系统的测试中。

3.5.3 板带轧机电液伺服装置 CAT 系统

应用于板带轧机的电液伺服控制系统，对热轧与冷轧的生产能力与产品质量起到十分关键的作用。开发电液伺服 CAT 系统，目的是满足现场对液压系统状态监控和故障诊断的需求。

1. 板带轧机电液伺服系统

1）板带轧机电液伺服系统原理

板带轧机电液伺服控制系统的基本原理是通过测厚仪、位移传感器、压力传感器和张力计等对相应参数的连续测量，动态反馈、连续调整液压压下缸位移、压力以及张力或轧制速度等，控制板带材的厚差。此外，油膜厚度变化补偿、轧辊偏心补偿、前馈控制、物流控制及速度张力优化等功能使板厚精度得到进一步的提高。其中，液压自动厚度控制（Automatic Gauge Control，AGC）系统是核心设备，因此板带轧机电液伺服系统又可称为液压 AGC 系统。如图 3-45 所示是轧机液压 AGC 系统原理示意。

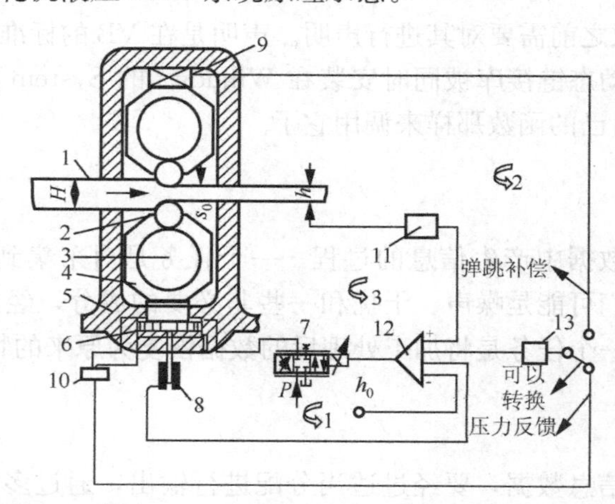

1—板坯料；2—轧辊；3—轴承；4—轴承座；5—机架；6—液压缸；7—伺服阀；8—位移传感器；9—测压头；10—压力传感器；11—测厚仪；12—伺服放大器；13—刚度调节器

图 3-45　轧机液压 AGC 系统原理示意

2）液压 AGC 系统

液压 AGC 系统的功能组成可分为液压控制系统部分和液压能源部分。

（1）液压控制系统部分。

控制系统中由电液伺服阀控制压下油缸，实现轧机辊缝或轧制压力的设定与控制。为了提高控制系统的响应性能，一般采用电液伺服阀控制油缸的一腔（工作腔），另一腔（背压腔）则由能源部分提供一个恒定压力。从控制功能出发，一个完整的液压 AGC 系统由若干个厚度自动控制系统组成，其中最主要的控制环有以下几个。

① 压下缸位置闭环，随轧制条件变化及时准确地控制压下缸位移。

② 轧制压力闭环，通过控制轧制压力来达到控制厚度的目的。

③ 测厚仪监控闭环，消除轧辊磨损、热膨胀及设定值误差等的影响。

（2）液压能源部分。

液压 AGC 系统中，液压能源的功能是为液压控制系统提供压力稳定的、清洁的工作介质，为电液伺服阀提供稳定的阀前压力，保证电液伺服系统的控制性能，同时也为压下油缸的背压腔提供压力稳定的工作介质。液压 AGC 系统的能源一般采用恒压变量泵—蓄能器—安全阀式的结构形式，另外有保证系统工作介质的清洁度、温度等的辅助部件。

3）液压 AGC 系统参数指标

（1）有量纲特征参数。

液压 AGC 系统特征参数主要包括压力、流量、温度、泄漏量、污染度、执行元件的运行速度、位置、输出力（力矩）、振动和噪声等，都属于有量纲特征参数。液压 AGC 系统本身和工况复杂，使得动态信号成分复杂，为典型的非平稳信号，这对故障特征参数的有效提取造成了极大的挑战。这就要求传感器信号特征能够迅速反映系统状态的变化，并对系统工作条件参数的幅值和频率变化不敏感，但对故障足够敏感。

（2）无量纲化指标。

根据以上分析，特征参数的计算还要考虑递推计算和无量纲化问题。下面是用统计方法得出的无量纲化指标。

① 均值和方差。

② n 步差分：

$$(\Delta x_n(N)=|x(N)-x(N-n)|$$

③ 峰值指标：

$$C=x_{\max}/x_{\min}$$

④ 脉冲指标：

$$I=x_{\max}/|\overline{x}|$$

⑤ 裕度指标：

$$L=x_{\max}/x_{\mathrm{r}}$$

⑥ 峭度指标：

$$K=\beta/x_{\min}^4$$

这些特征参数为诊断液压 AGC 系统故障奠定了坚实的基础。上述统计公式中 $x_{\max}$，$x_{\min}$，$|\overline{x}|$，x_{r}，β 分别为信号 $x(i)(i=1, 2, \cdots, N)$（离散数据）的最大值、均方根值、均值、方根幅值和峭度。它们的计算公式分别如下：

$$x_{\max}=\max\{x(i)\}, \quad i=1, 2, \cdots, N$$

$$x_{\min}=\sqrt{\frac{1}{N}\sum_{i=1}^{N}x^{2}(i)}$$

$$|\overline{x}|=\frac{1}{N}\sum_{i=1}^{N}|x(i)|$$

$$x_{\mathrm{r}}=\left[\frac{1}{N}\sum_{i=1}^{N}\sqrt{|x(I)|}\right]^{2}$$

$$\beta=\frac{1}{N}\sum_{i=1}^{N}x^{4}(i)$$

液压 AGC 系统是一个机电液耦合的复杂控制系统，其故障特征参数往往包含在机电液信号中，对于不同的信号，如振动加速度传感器信息、电动机电流信号、流体压力信号等，可选择不同的故障特征参数进行分析。

（3）控制系统的动、静态性能参数和指标。

① 静态性能参数：电液伺服系统的关键部件是电液伺服阀，因此系统的静态性能参数主要包括流量增益、非线性度、滞环、分辨率、零偏、零漂、压力灵敏度和内泄漏特性等。

② 时域动态性能指标：最大超调量 M_{p} 或 $\sigma_{\mathrm{p}}\%$，$\sigma_{\mathrm{p}}\%=(C(t_{\mathrm{p}})-C(\infty))/C(\infty)\times100\%$；上升时间 t_{r}；峰值时间 t_{p}；调整时间 t_{s}。

③ 频域性能指标：截止频率 ω_{b} 与带宽；谐振峰值 M_{r} 和谐振频率 ω_{r}；剪切率；增益裕量 K_{g}；相位裕量 γ。

控制系统的时频动态性能指标分别反映了系统的稳定性、准确性和快速性，测试分析这些指标是本 CAT 系统研究开发的重要内容。

2. CAT 系统开发

1）系统技术要求

电液伺服性能 CAT 系统是为了检测电液伺服系统性能而开发设计的，它主要针对钢铁业板带轧机电液伺服控制系统的状态检测及故障诊断。通过开发基于 VI 的电液伺服系统性能测试技术，优化电液伺服系统控制参数。系统软件应包括对象处理部分、对象数据测试部分、对象数据处理部分和报表生成部分。对象数据测试部分基于 PXI 及 CDAQ 架构进行设计，包括信号采集、信号切换、信号产生等。对象处理部分包括根据测试对象进行可选方法的测试，并且可以根据测试对象通道数量不同配置相应的 PXI、CDAQ 通道。数据处理部分对数据测试部分采得的波形结果进行特征值采集，将需要的结果提取出来。报表生成部分将针对面向对象所得的试验结果以 Word 报表方式显示出来。以上软件系统开发过程将利用 NI 公司的 LabVIEW 虚拟仪器开发系统平台来实现。

2）CAT 系统硬件

CAT 系统应用 VI 技术通过计算机的软硬件去模拟和扩展传统仪器的功能，由用户自己根据测试要求灵活地定制测试功能，完成信号的采集、存储、运算、分析、输出及对外设的控制。采用的信号采集平台有：PXIe 数据采集平台、SCXI 信号调理平台和 CDAQ 便携式数据采集平台。

（1）PXIe 数据采集平台。

采用最新的 PXIe 技术，PXIe 技术在原有 PXI 技术的基础上进一步提高了总线的传输速率，达到了每插槽 1Gb/s 的专用带宽和超过 3Gb/s 的系统带宽，使系统高效运行。

(2) SCXI 信号调理平台。

SCXI 是一种高性能、多通道的信号调理和矩阵开关平台，与 M 系列、S 系列和模块化仪器设备兼容。一套 SCXI 系统内装有多个信号调理模块，可以对传感器信号或者高电压信号做信号处理。具备 USB 数据采集模块，在同步性能要求不高的情况下，还可以直接作为数据采集系统使用。

(3) CDAQ 便携式数据采集平台。

NI Compact DAQ 将数据记录仪与模块化组态融为一体，是具备传感器支持的可配置便携式测试仪器。本系统配置了两块 16 位精度的同步数据采集卡，能够方便地在现场环境下随时随地进行测量。

除了 3 个采集平台外，配置的硬件模块还包括槽静音机箱、PXIe 控制器、信号隔离模块和示波器模块等。

3) CAT 系统软件

(1) 软件数据库。

CAT 系统的软件，采取的策略是首先设计软件数据库功能结构，然后再设计软件系统整体架构。根据系统的参数设置、数据采集、数据处理分析等基本功能模块，逐级分解软件系统的数据库功能，形成满足系统功能、融入电液伺服系统性能参数指标的数据库架构。图 3-46 是软件数据库功能结构图。

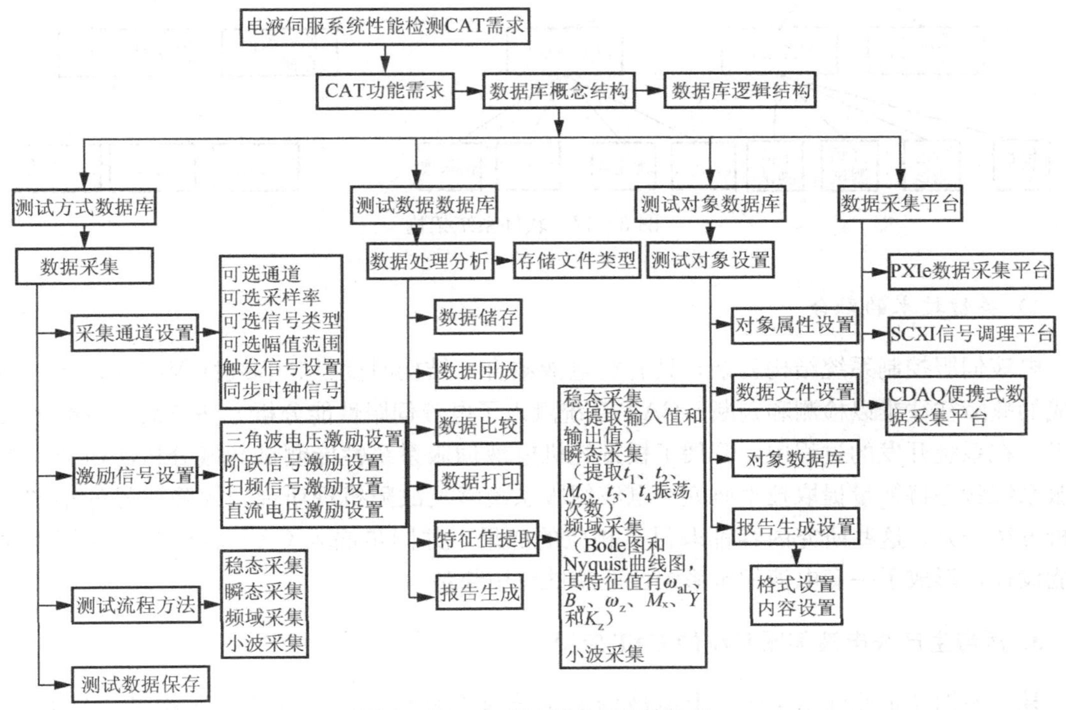

图 3-46　软件数据库功能结构图

(2) 软件系统架构。

软件系统由 NI 公司的 LabVIEW 编程软件编写，按功能分成采集模块、测试流程模块、

信号处理模块和数据文件处理模块，在主程序软件操作时根据用户面板操作调用各自相应的函数，完成最终的测试。对于模块化的架构，做到功能不重叠，接口互相独立，满足软件数据库功能架构。每个模块作为一个 lvbb 文件，在这个 lvbb 文件中包括了其模块对应的功能性 VI、供模块内数据交互的私有变量、供模块间调用的共有变量，满足软件设计数据库功能，提高系统的安全性。软件系统架构如图 3－47 所示。此外，还进行了人机界面设计、可靠性分析、容错性设计等。容错性设计对故障处理原则与方法做了很好的规范。

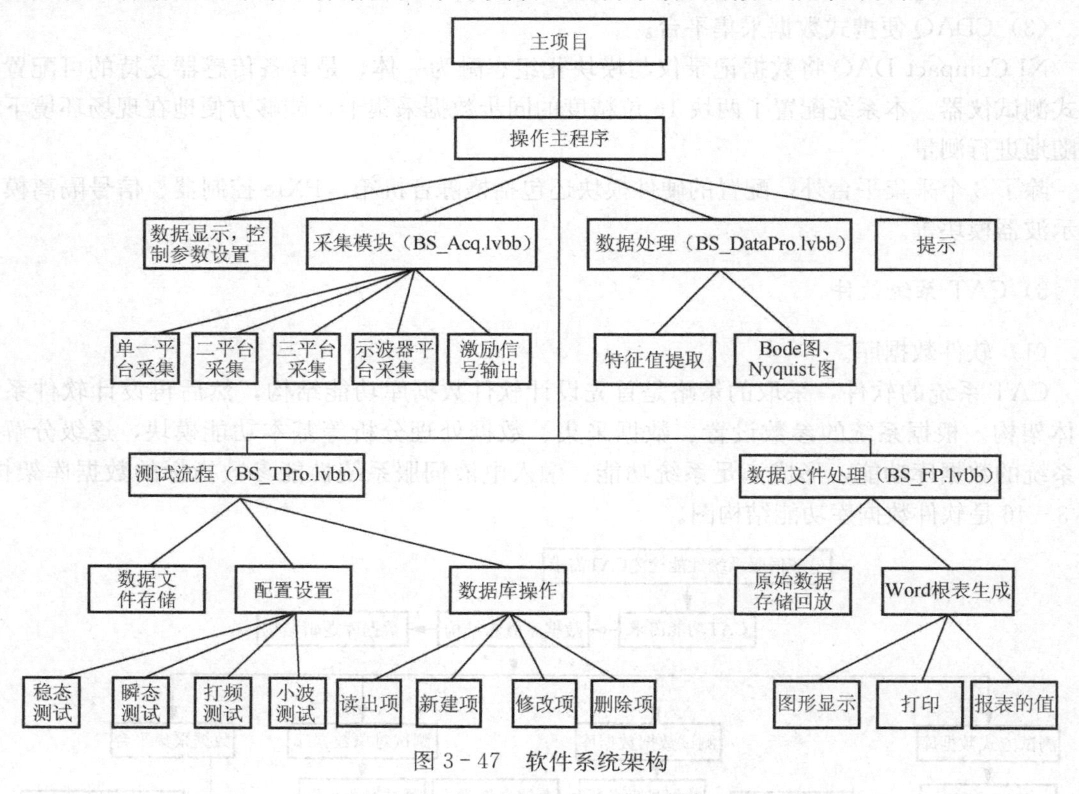

图 3－47　软件系统架构

4）关键技术的融合

电液伺服控制系统结构复杂，具有机电液耦合，结构时变性、非线性等特性，系统性能造成的故障往往难以检测和判断。CAT 系统融入了电液伺服性能分析方法与故障诊断的关键技术。在系统开发的过程中，开展了板带轧机电液伺服系统性能测试频域分析法研究、电液伺服系统状态特征量提取技术研究、电液伺服系统常见故障机理研究、故障信号的小波变换分析方法研究。这些研究内容都取得了相应的成果，并同步嵌入 CAT 软件测试应用程序的功能设计，形成了一套电液伺服系统性能测试专用装备。

3. 板带生产线电液伺服系统的 CAT 应用

某大型钢铁企业轧钢生产线上电液伺服系统有上百套，其中自动厚度控制（AGC）、自动宽度控制（AWC）、EPC 纠偏液压系统代表了当前最先进、最复杂的电液伺服控制技术。开发基于虚拟仪器的 CAT 系统主要用于电液伺服系统状态把控和电液伺服系统性能优化。下面是冷轧卷取机对边控制系统（EPC）的 CAT 应用实例。

某冷轧厂板带生产线的 10 和 28 卷取机采用了德国 EMG 公司生产的 EPC 控制设备，它是一套完整的负反馈位置控制电液伺服系统。一段时期内 28 卷取机连续出现带钢边部不能对齐的故障，表现为在正常卷取过程中，突然出现 2～3 层的带钢跑偏溢出，溢出量最大达到 30mm，而且出现的频率和部位没有规律。针对故障现象，更换了横移油缸和伺服阀等机械部件仍未能排除故障。为尽快排除故障，恢复正常生产，应用基于 VI 的 CAT 系统对 EPC 控制系统进行了综合检测。技术人员选取了位置传感器、张力测量、伺服阀给定和油缸位置反馈 4 个测点，分别采集了正常工作时和故障时的信号。

通过正常工作和发生故障及 1＃卷取机 EPC 相同测点信号对比，并采用 CAT 系统内专业分析方法，发现 1＃EPC 伺服阀给定信号颤振频率（100Hz）成分波形较平稳，2＃EPC 伺服阀给定信号在整周期内波形有畸变，且有一定周期变化规律。2＃EPC 伺服阀给定信号在频域内 50Hz 有特征频率，且在整个频带内有高次谐波，而 1＃ EPC 没有该频率成分，如图 3－48 所示。当 50Hz 的干扰信号的谐波与 100Hz 伺服阀颤振信号叠加时，引发了故障。更换 PLC 控制器上的电源模块、更换屏蔽电缆以及移除 2＃EPC 控制箱旁的检修电源后，高次谐波从 1.1%下降到 0.37%，基本和 1＃EPC 相当，同时 50Hz 有特征频率消失，故障得到了排除。

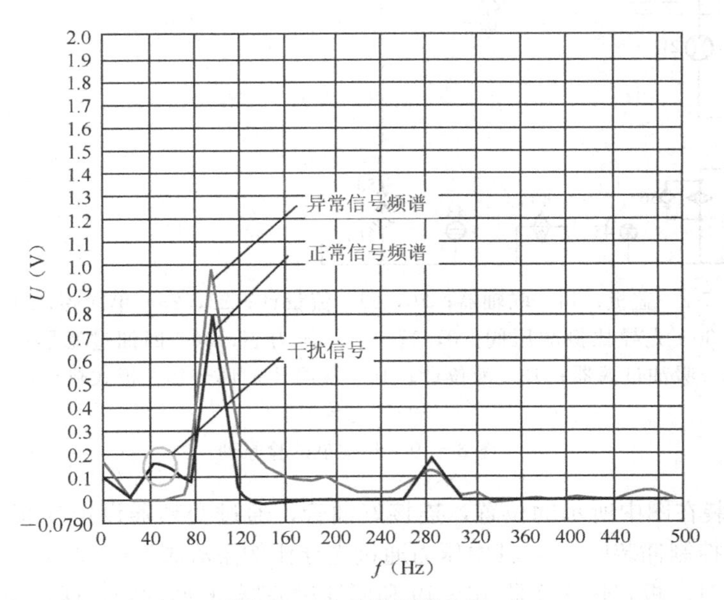

图 3－48　故障频谱分析

测试的结果表明，CAT 系统在信号的测试、处理和分析方面都很有效，实现了预期的效果，能够解决由于系统问题造成的故障，对电液伺服系统状态把控和性能优化起到了重要的作用。

3.5.4　液压泵—马达综合试验台

传统的液压泵—马达试验台存在操作人员工作强度大、测试效率低、自动化程度不高、精度低、可靠性得不到保证等缺陷，为解决以上问题开发了液压泵-马达综合试验台 CAT 系统。

1. 液压泵—马达综合试验台液压技术方案

1) 开式泵

开式泵的液压试验原理如图 3-49 所示。

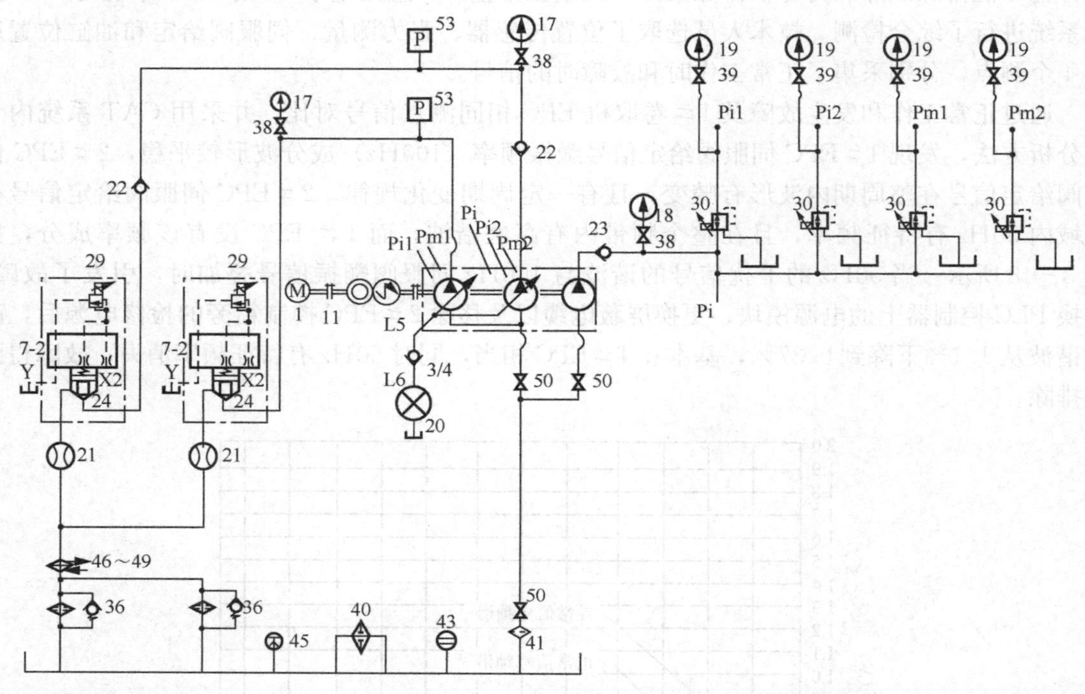

1—变频电动机；7-2—盖板；11—联轴器；20，21—流量计；22，23—单向阀；24—插装阀；29—先导比例溢流阀；30—先导比例减压阀；8，17～19—压力表；36—回油过滤器；39—压力表开关；40—加热器；41—吸油过滤器；43—液位计；45—液温计；46～49—板式热交换器；50—截止阀；53—压力传感器

图 3-49 开式泵试验原理

将被试泵安装在图中所示的位置，连接好油管，通过变频器设定变频电动机 1 的转速，通过控油口 X 来控制插装阀 24，其中压力通过先导比例溢流阀 29 来调节。通过插装阀 24 的油液经过流量计 21、板式热交换器 46～49 和回油过滤器 36 回油箱，通过流量计 21 的读数可以知道泵的流量，通过压力传感器 53 可以采集被试泵的压力，同时通过扭矩仪可以采集电动机的转速和扭矩，可计算出泵的所有参数。

2) 闭式泵

根据需要做的闭式泵的试验要求，并根据国家试验标准对闭式泵的测量项目及测试精度的要求，闭式泵试验原理如图 3-50 所示。

马达 54 通过联轴器带动被试闭式泵 56，最终油液通过单向阀 22、插装阀 24、流量计 21、板式散热器 46～49 和回油过滤器 36 到达油箱，整个系统的压力通过先导比例溢流阀 29 来调节和设定，该参数可以在触摸屏设定或者通过电位器来调节，油液到达流量计 21 时可以测量流量，采集到了系统的流量和压力，就可以知道闭式泵的待测参数。双联泵 7 是为闭式系统提供补油用的，当吸油能力不够时补油泵为系统提供充足的液压油，其中补油泵的输出压力可以通过先导比例溢流阀 27 和 29 联合设定和调节。P5 口是备用的，提供一个外控压力，当没有独立的外控泵时 P5 就可以用上，并且 P5 的压力可以通过先导比例溢流阀 28 和 29 联合设定和调节。

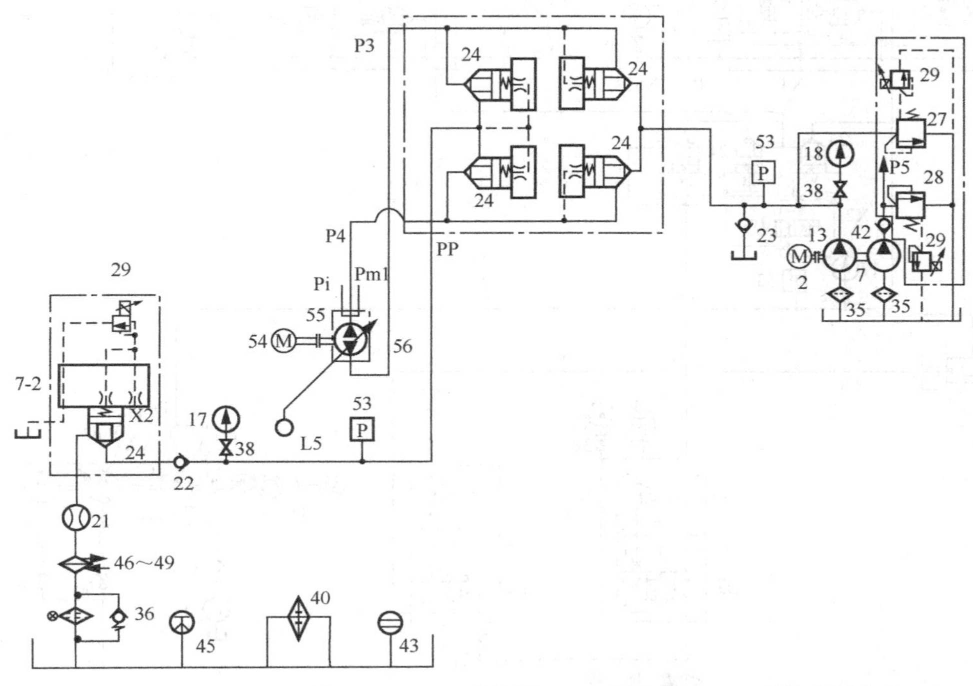

2，54—马达；7—双联泵；7-2—盖板；13，55—联轴器；17—压力表；18—背接式压力表；21—流量计；22，23，42—单向阀；24—插装阀；27～29—先导比例溢流阀；35—吸油过滤器；36—回油过滤器；38—压力表开关；40—加热器；43—液位计；45—液温传感器；46～49—板式散热器；53—压力传感器；56—被试闭式泵

图 3 - 50　闭式泵试验原理

3）马达

根据被试马达的试验要求，并且根据国家标准对马达试验的测试项目及测试精度的要求，马达试验原理如图 3 - 51 所示。

三联泵为液压系统提供动力源，由插装阀 24 组成的阀组与换向阀 25 一起控制被试马达 32 的转向。31、33 分别为转速和扭矩测试装置，测量被试马达的转速和扭矩以及功率。被试马达 32 的进油和出油口处都安装有压力传感器以测量进出口的压力，马达进油口的压力通过比例溢流阀 29 加载，返回油箱的油液在流量计 21 处被采集测量。换向阀 16 实现功率回收，控制马达回油口的流量是直接回油箱还是再次进入系统，当要实现功率回收时马达的回油口就需要堵塞，通过回油口的比例溢流阀 29 来压死回油。加载泵 57 是实现加载功能的。插装阀 22 组成一个阀组，实现被试马达正反方向加载而不受换向的影响。8 为补油泵，为加载泵 57 提供补油，加载压力由比例溢流阀 27 来设定和控制。

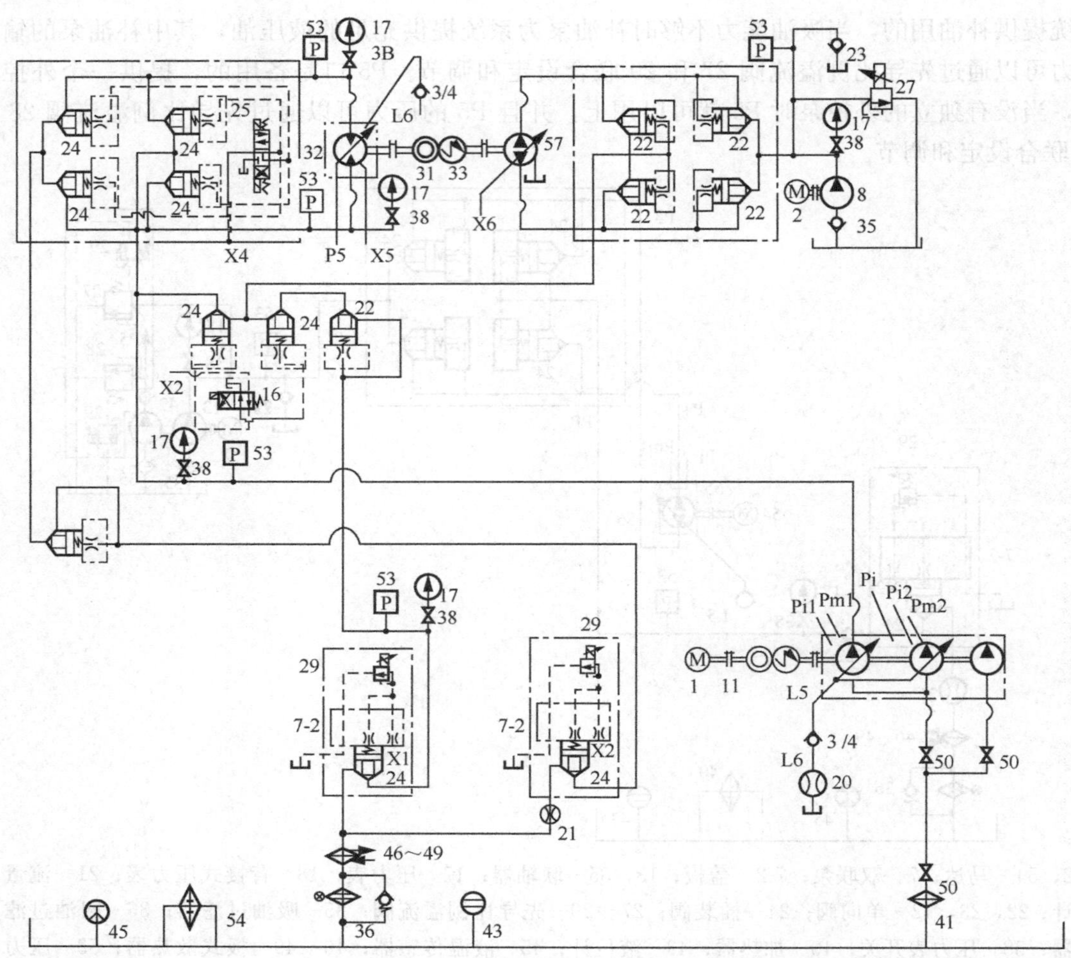

1—变频电动机；2—电动机；7-2—盖板；8—补油泵；11—联轴器；16—两位四通电磁换向阀；17—背压式压力表；20，21—流量计（其中 20 测试泄漏量）；22，24—插装阀；23—单向阀；25—三位四通的换向阀（中位机能为 P 型）；27，29—比例溢流阀；31—转速测试装置；32—被试马达；33—扭矩测试装置；35—吸油过滤器；36—回油过滤器；38—压力表开关；40，57—加载泵；41—吸油过滤器；43—液位计；45—液温计；46～49—电加热器；50—手动蝶阀；53—压力传感器；54—加热器；Y，X1，X2—控油接口

图 3-51 马达试验原理图

2. 测试系统

系统中需要采集的对象包括压力、流量、转速、转矩、行程开关、油温等信息，转换为电信号后，进入系统参与控制，并且变频器、比例阀、电磁阀要被操作台和触摸屏远程控制，同时消除变频器对系统的干扰。

1）测试系统组成

作为液压试验台的测试系统，所有的数据输入都是通过转速扭矩采集仪和数据采集卡把数据传输到工控机上实现数据处理和显示的。转速扭矩采集仪把采集到的数据通过 RS-232/RS-485 接口传输到工控机 COM 口。数据采集卡插在计算机 PCI 插槽中，通过采集到的数据对比例阀、电动机、油液加热器等进行控制和操作。测试系统主要由转速扭矩采集仪、数据采集卡、各类传感器、比例放大板、工控机、抗干扰电路及外围设备组成，图 3－52 是测试系统的硬件结构示意图。

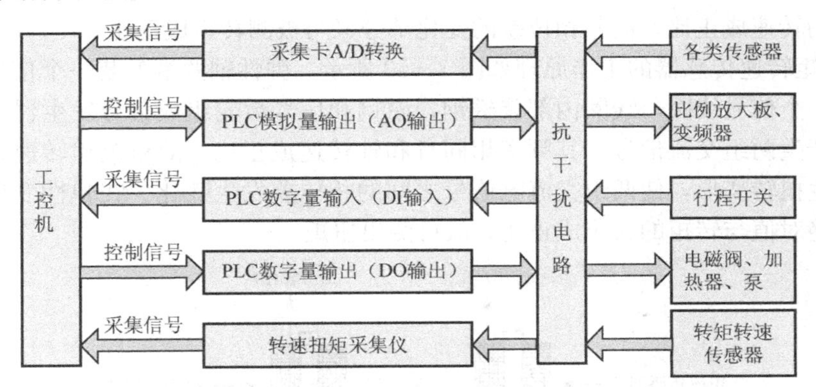

图 3－52 测试系统的硬件结构示意图

传感器把采集到的物理信号转换成电信号，经过抗干扰电路处理后进入数据采集卡转换成计算机可以识别处理的标准数字信号，进入工控机进行数据采集、处理和显示并参与液压系统控制。所有的模拟数据输出量是通过 PLC 模拟量输出模块（AO）输出的，输出控制量主要有压力、电动机转速、油液温度，用户可以在触摸屏上输入控制参数，结合采集反馈的信号对比例放大板、变频器进行联合控制。

2）传感器

针对液压泵和液压马达的出厂测试，被测试的信号都要进入采集卡。这就要求系统中被测的压力、流量、扭矩、转速、温度等信号必须经过电信号转换，转换成计算机可以识别的标准数字信号输入计算机中。为了规范模拟量的输入以及提高传感器采集的信号在传输过程中的抗干扰能力，试验台的压力、流量、温度传感器都选择二线制的电流型传感器，供电电源为 DC 24V，输出电流为 4～20mA。

（1）压力传感器。

考虑到被试验压力的量程，本例所用的压力传感器为瑞士 HUBA 公司制造的 5110EM 压力变送器，量程为 0～60MPa。该压力变送器的线性、迟滞和重复性之和在±0.3%fs 内，零点及满量程的精度可调整在±0.3%fs 内。

（2）流量传感器。

流量计用来测量被试泵和马达的流量以及泄漏量，流量采用 CT 系列涡轮流量计。图 3－51 中流量计 20 为 CT50—5V—B—B 型流量计，量程为 60L/min；流量计 21 为 CT600HP—5V—S—B 型流量计，量程为 600L/min。

（3）温度传感器。

温度传感器用来测量液压油箱中的温度，选用 SBWZ—2480K2300B400 热电阻温度传感器，其量程为－50～100℃。

（4）转矩转速传感器。

转矩转速传感器用来测试被试泵和马达的转速、扭矩以及功率，本例选用 NJ 型转矩转速传感器，其扭矩仪通常和 NC 型扭矩测量仪或 CB 系列扭矩测试卡配套使用，是一种测量各种动力机械转动力矩、转速及机械功率的精密测量仪器。

① NJ 型转矩转速传感器。NJ 型转矩转速传感器的基本原理是：通过弹性轴、两组电磁传感器，把被测转矩、转速转换成具有相位差的两组交流电信号。这两组交流电信号的频率相同且与轴的转速成正比，而其相位差的变化部分又与被测转矩成正比。

NJ 型转矩转速传感器的工作原理如图 3-53 所示。弹性轴两端各装一个信号齿轮，各齿轮上方装有一个信号线圈，线圈内部装磁钢，磁钢和信号齿轮组成信号发生器。这两对信号发生器可以产生两组交流信号，其频率相同且和轴转速成正比，故可测出转速。弹性轴受扭力时，将产生扭转变形，使两组交流电信号之间的相位差发生变化。在弹性变形范围内，相位差变化的绝对值与转矩的大小成正比，故可测出扭矩。

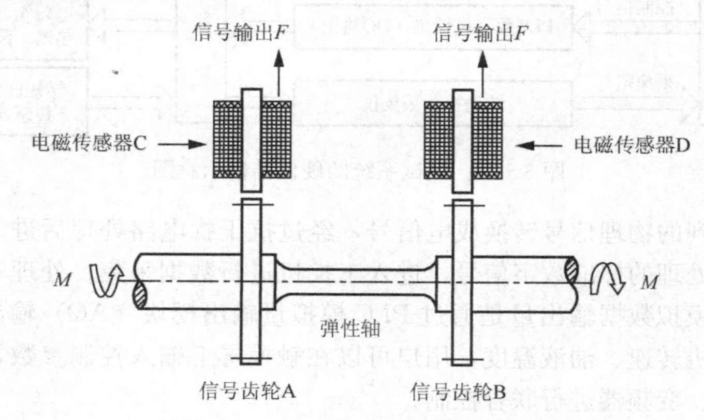

图 3-53　NJ 型转矩转速传感器工作原理

② 性能指标。转矩测量精度分为 0.1 级和 0.2 级。

静校：直接用砝码产生标准力矩校准时，其测量误差 0.1 级不大于额定值的±0.1%，0.2 级不大于额定值的±0.2%。

转速变化的附加误差：在规定转速范围内变化时，转矩读数变化不大于额定转矩的±0.1%（国家标准为±0.2%）。

(5) 其他传感器。

如蝶阀上的行程开关、液位计等都是开关量信号，供电电源为 DC 24V，回路输出信号到 PLC，电压为 0V 或者 24V。

3) 转速转矩采集仪

NC—3 扭矩仪是与磁电式相位差型 NJ 扭矩传感器配套使用，可以精确地测定各种动力机械的转矩、转速和功率。NC—3 扭矩仪采用高速数字信号处理器（DSP）和大规模可编程逻辑芯片（CPLD）构成简洁高效的数据采集和处理系统，独特的设计和先进的表面贴装工艺大大提高了系统的可靠性和抗干扰能力；硬件具有两级看门狗功能，保证系统在异常时能及时复位。

NC—3 扭矩仪功能强大，有极大的灵活性和通用性。

① 支持 RS-232/RS-485 或者 CAN 通信方式，可以和计算机简便、灵活、快速通信。

② 支持正反转双向调零、单点或多点调零。

③ 模拟量输入可以适应 0～5V 和 1～5V（4～20mA）。

④ 最短采样时间为 1ms。

4）比例放大器

所用到的比例放大器都配合比例压力阀使用，控制电磁铁的电流大小，根据比例控制器或电位器输入的信号调节阀芯的位置来控制比例阀的压力大小，通过人机界面和电位器控制输入信号大小。选用阿托斯生产的 E—MI—AC—01F 比例放大器，该放大器是快速插入式的，放大器放在铝盒里，使用起来方便简单。该比例放大器具有上升/下降、对称（标准）或非对称斜坡发生器，输入和输出线上增加了电子滤波器。

比例放大器的主要特性参见表 3-2，接线如图 3-54 所示。

表 3-2 比例放大器特性表

电源：正极接点 1，负极接点 2	额定：DC 24V 整流及滤波：21～33V_{RMS}（最大峰值脉冲为±10%）
最大功率消耗	40W
供给电磁铁电流	I_{max}=2.7A，PWM 型方波，电磁铁型号为 ZO（R）—A，电阻为 3.2Ω
额定输入信号（工厂预调）	DC 0～10V 接点 4（图 3-54）
输入信号编号范围（增益调整）	0～10V（0～5V_{min}），对应电流信号 0～20mA
信号输入阻抗	电压信号 R_i>50kΩ，电流信号 R_i=250Ω
向电位器供电	从点 3（图 3-54）供+5V/10mA
斜坡时间	最大 10s（输入信号 0～10V 时）
接线	5 芯屏蔽电缆，带屏蔽层，规格是 0.5～1.0mm² 截面积（18～20AWG）
连接点形式	7 个接点，呈带状接线端子
盒子形式	盒上配有 DIN43650—IP65 型插头，VDE0110 管级接电磁铁
工作温度	0～50℃
放大器质量	190g
特点	输出到电磁铁的电路有防意外短路保护功能

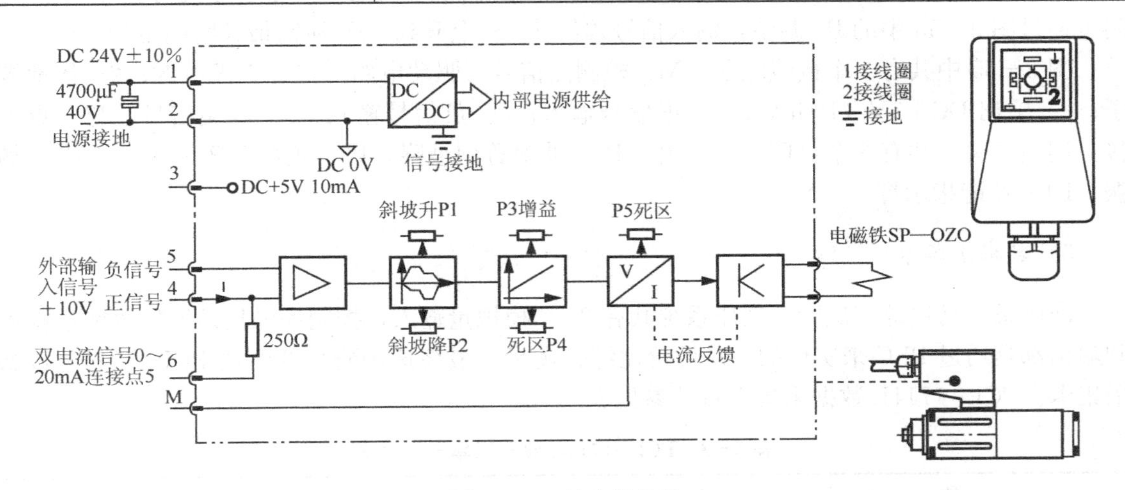

图 3-54 放大器接线

（1）电源。

电源必须足够稳定或经整流和滤波：用单向整流器则至少要 10000μF/40V 的电容器；如

用三相整流器，至少需要 4700μF/40V 的电容器。输入信号和主电气控制柜之间的连接电缆必须是屏蔽十字电缆，注意正负极不能反接，将电缆屏蔽可以避免电磁噪声干扰。要符合 EMC 规范，将屏蔽层连接到没有噪声地，放大器应远离辐射源，如大电流电缆、电动机、变频器、中继器、便携式收音机等。

(2) 输入信号。

电子放大器接受电位器输入的 0～5V 电压信号，接受由 PLC 送来的 0～10V 电压信号。

(3) 增益调整。

驱动电流和输入信号之间的关系可用增益调整器调整，即调整图 3-55 中的 P3。

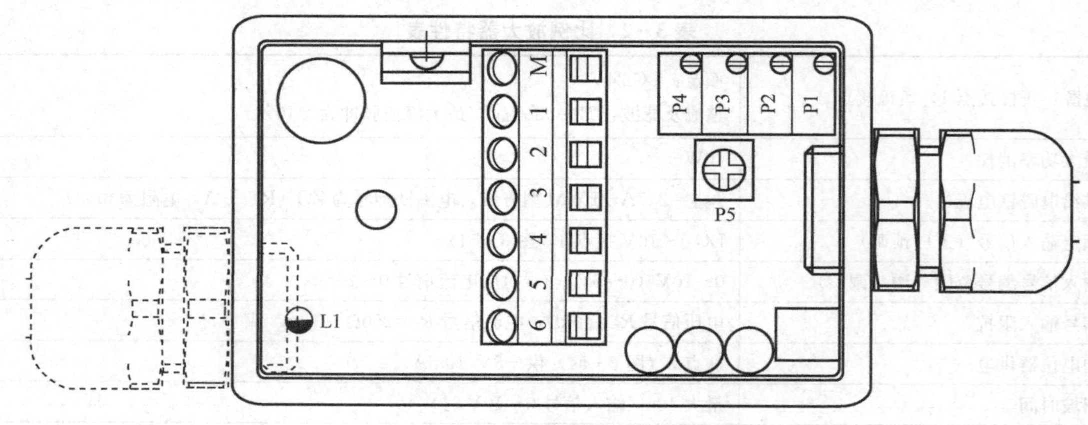

图 3-55　调校外形图

(4) 偏流调整（即死区调整）。

死区调整是为了使阀的液压零（初始位置调整）与电气零位置相对应，电子放大器与配用的比例阀调整校准，当输入电压等于或大于 100mV 时才有电流。

(5) 斜坡调整。

内部斜坡发生器电流将输入的阶跃信号转换为缓慢上升的输出信号，电流的上升/下降时间可通过图 3-55 中的 P1 调整，输入信号幅值从 0V 上升到 10V 所需最长时间可为 10s。

图 3-55 中共有 7 个接线端子：M—检测点信号（驱动电路）；1—正极电源；2—接地端子；3—输出 DC+5V (10mA)；4—正信号输入；5—负信号输入；6—电流信号，与 5 点连接。调整开关一共有 6 个：P1—斜坡升，P2—非对称斜坡降，P3—增益，P4—偏流，P5—颤振，L1—使能指示灯。

5) 数据采集卡

液压泵—马达综合试验台液压系统共有 21 个模拟量输入，控制和采集系统的数字量输入和输出都是通过 PLC 来实现的。从性价比综合衡量，最终选用研华的两块 PCI—1711L 数据采集卡。PCI—1711L 数据采集卡特性参见表 3-3。

表 3-3　PCI—1711L 数据采集卡特性表

功　能	详 细 介 绍
即插即用	PCI—1711L 完全符合 PCI 规格 Rev2.1 标准，支持即插即用。在安装插卡时，用户不需要设置任何跳线和 DIP 拨码开关。实际上，所有与总线相关的配置，如基地址、中断，均由即插即用功能完成

续表

功　　能	详 细 介 绍
灵活的输入类型和范围设定	PCI—1711L 有一个自动通道/增益扫描电路。在采样时，这个电路可以自己完成对多路选通开关的控制。用户可以根据每个通道不同的输入电压类型来进行相应的输入范围设定。所选择的增益值将储存在 SRAM 中。这种设计保证了为达到高性能数据采集所需的多通道和高速采样（可达 100kS/s）
灵活的输入类型和范围设定	PCI—1711L 提供了 FIFO（先入先出）存储器，可储存 1KS A/D 采样值。用户可以起用或禁用 FIFO 缓冲器中断请求功能。当启用 FIFO 中断请求功能时，用户可以进一步指定中断请求发生在 1 个采样产生时还是在 FIFO 半满时。该特性提供了连续高速的数据传输及 Windows 下更可靠的性能
卡上可编程计数器	PCI—1711L 有一个可编程计数器，可用于 A/D 转换时的定时触发。计数器芯片为 82C54 兼容的芯片，它包含了三个 16 位的 10MHz 时钟计数器。其中有一个计数器作为事件计数器，用来对输入通道的事件进行计数。另外两个计数器级联成一个 32 位定时器，用于 A/D 转换时的定时触发
16 路数字输入和 16 路数字输出	PCI—1711L 提供 16 路数字输入和 16 路数字输出，使客户可以根据自己的需要来应用
采集卡特点	16 路模拟量输入；12 位 A/D 转换器，采样速率可达 100kHz；每个输入通道的增益可编程；自动通道/增益扫描；卡上 1KS 采样 FIFO 缓冲器；有 16 个数字量输入通道和 16 个数字量输出通道；可编程触发器/定时器
模拟量信号连接	PCI—1711L 提供 16 路单端模拟量输入通道，当测量一个单端信号源时，只需一根导线将信号连接到输入端口，被测的输入电压以公共的地为参考。没有地端的信号源称为“浮动”信号源，PCI—1711/1731 为外部的浮动信号源提供一个参考地。浮动信号源连接到单端输入
触发源连接	① 内部触发源连接。PCI—1711L 带有一个 82C54 或与其兼容的定时器/计数器芯片，它有三个 16 位连在 10MHz 时钟源的计数器。counter 0 作为事件计数器或脉冲发生器，可用于对输入通道的事件进行计数。另外两个 counter 1、counter 2 级联在一起，用做脉冲触发的 32 位定时器。从 PACER-OUT 输出一个上升沿触发一次 A/D 转换，同时也可以将它作为别的同步信号 ② 外部触发源连接。PCI—1711L 也支持外部触发源触发 A/D 转换，当＋5V 连接到 TRG-GATE 时，就允许外部触发；当 EXT-TRG 有一个上升沿时，触发一次 A/D 转换；当 TRG-GATE 连接到 DGND 时，不允许外部触发
外部输入信号测试	测试时可用 PCL—10168（两端针型接口的 68 芯 SCSI-II 电缆，1m 和 2m）将 PCI—1711 与 ADAM—3968（DIN 导轨安装的 68 芯 SCSI-II 接线端子板）连接，这样 PCL—10168 的 68 个引脚和 ADAM—3968 的 68 个接线端子一一对应，可通过将输入信号连接到接线端子来测试 PCI—1711 引脚

6）测试系统抗干扰措施

在电动机的各种调试方式中，变频调速传动占有极其重要的地位，本系统电动机就选用变频器调试。但是变频器大多运行在恶劣的电磁环境，且作为电力电子设备，内部由电子元器件、微处理芯片等组成，会受外界的电磁干扰。另外变频器的输入和输出侧的电压、电流含有丰富的高次谐波。当变频器运行时，既要防止外界的电磁干扰，又要防止变频器对外界的传感器、二次仪表等设备的干扰。每个电子元器件都有自己的电磁兼容性，即每个电子元

器件都会对外界产生电磁干扰，同时也会受外界的电磁干扰。为了使这种干扰降到最小，采用以下措施。

（1）强电弱电分离。

电气干扰大多来自强电系统，系统在布线和设计时严格按照强弱电分离原则，把强电统一放在变频器柜，弱电放在弱电操作柜，并且布线时强电和弱电分槽布线，弱电的电源盒信号线也分开布置。传感器和继电器各使用独立的电源。

（2）多重屏蔽。

在布线过程中变频器电柜要接地，并且变频器到电动机的电缆线必须采用屏蔽电动机电缆，电缆屏蔽层必须连接到变频器外壳和电动机外壳，当高频噪声电流必须流回变频器时，屏蔽层形成一条有效的通道。弱电操作柜也要采取屏蔽措施以减少外界电磁干扰。传感器信号线也全部采用屏蔽线，并且屏蔽层要接地。

（3）滤波器的应用。

滤波器是用来消除干扰杂讯的器件，将输入或输出经过过滤而得到纯净的直流电，对特定频率的频点或该频点以外的频率进行有效滤除的电路。本系统把滤波器主要安装在传感器电源的输入端，以提高传感器供电电源的稳定性。

3. 控制系统

1）系统构成

控制系统如图 3－56 所示，系统中除了压力、温度、流量、转速等模拟量信号外，还有数字量输入信号——行程开关。行程开关主要用在管路和液压元件复用以及安装有蝶阀处，试验时防止对其他模块或者泵的损坏，在没有开启而没有油液进入的时候启动了泵，可以防止泵的损坏。安装了这些行程开关，就可以起到监控作用，当这些行程开关没有到正确的位置时就不允许启动相应的泵。

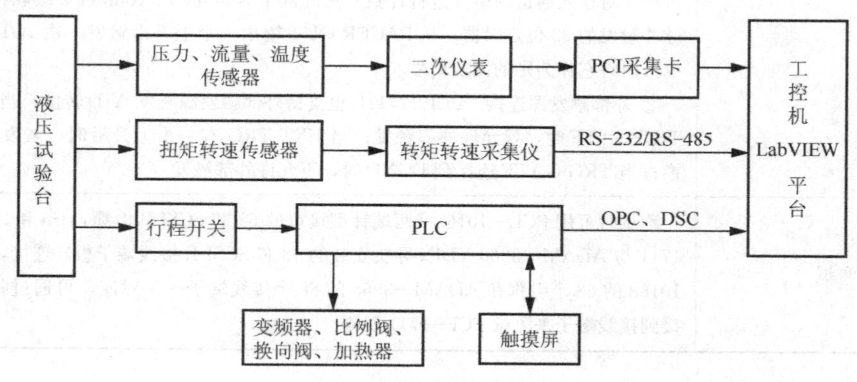

图 3－56　控制系统

输入信号由采集卡和 PLC 分工协作，采集卡只采集模拟量信号，PLC 采集数字量信号并使用数字量输入模块。输出信号全部由 PLC 来负责，模拟量输出控制使用模拟量输出模块，数字量输出控制使用数字量输出模块。

选用 PLC 作为电气控制部分，采用维纶通触摸屏为人机界面，采集卡只采集模拟量而不参与控制。

2）PLC

PLC 的主要参数选择包括 PLC 的类型、输入/输出（I/O）点数的估算、处理速度、存储器容量的估算、I/O 模块的选择、电源的选择、存储器的选择、冗余功能的选择、经济性的考虑等。选择西门子 S7—200PLC CPU 226 继电器型 PLC，共有 24 个输入点和 16 个输出点。它有两个数字量 I/O 扩展模块 EM223 和一个数字量输入模块 EM221，每个 EM223 有 16 个数字量输入点和 16 数字量个输出点，每个 EM221 有 16 个数字量输入点。

3）触摸屏

触摸屏是一种全新的人机对话设备，操作人员通过触摸屏可以输入相应被控制设备的控制参数、监控设备、报警等。利用触摸屏对应的编程软件，用户可自己任意组态，这样方便用户可自己定义一些易记、醒目的图标作为提示，即使不懂计算机的人员也能很快地熟悉操作流程和一些文字提示注意事项或者报警。

使用的触摸屏用来输入设备控制参数，主要是被控压力、电动机转速、电动机的正反转、设备的动作顺序；被监控的参数主要包括手阀的状态信号、液位高度、液温以及采集项目；报警项目包括被检查的项目是否超过了设定值，以及被检测的行程开关的状态。结合课题要求以及操作界面的复杂程度，选用维纶通 MT8150X 触摸屏，编程软件为 EB8000 V3.4.5。该型号触摸屏参数如下。

① 显示器：15"，1024×768，65536 色，TFT LCD。

② 处理器：AMD Geode LX800/500MHz core processor。

③ 内存：256MB。

④ 存储：256MB 自带配方内存。

⑤ 串口：Com1，RS-232/RS-485，2W/4W；Com2，RS-232；Com3，RS-232/RS-485，2W。

⑥ 以太网口：10/100Base-T。

⑦ USB 接口：3 个 USB 2.0 接口。

⑧ 电压：DC 24V/1.6A。

西门子 S7—200PLC CPU 226 具有两个 RS485 接口，一个接口和上位机通信，另外一个接口和维纶通 MT8150X 触摸屏通信。PLC 和上位机通信采用 PC/PPI 电缆线。

4）PLC I/O 接线图

编写 PLC 程序之前要先分配 I/O 地址，如图 3-57 所示为 CPU 226 的接线。

5）PLC 控制程序

使用编程软件为西门子配套软件 V4.0 STEP 7 MicroWIN SP4，由于该控制程序涉及的试验繁多，同时控制程序分为手动和自动两种模式，故程序比较复杂。考虑到程序的可移植性和扩展性，本程序采用模块化的设计方法。PLC 程序功能模块如图 3-58 所示。

6）触摸式人机界面

设计人机界面主要考虑以下几点：操作简便性、程序的可重用性和满足试验项目要求。

人机界面包括：主界面、开式泵前泵排量效率冲击超载测试界面按钮、开式泵前泵变量特性测试界面按钮、开式泵后泵排量效率超载冲击试验界面按钮、开式泵后泵变量特性测试界面按钮、闭式泵前泵排量效率冲击超载测试界面按钮、闭式泵变量特性测试界面按钮、马达空跑效率超载冲击试验测试界面按钮、马达变量特性测试界面按钮、手动测试界面按钮、系统参数设定界面按钮、报警信息查询界面按钮。HMI 主界面如图 3－59 所示，其中包含一张试验原理图。

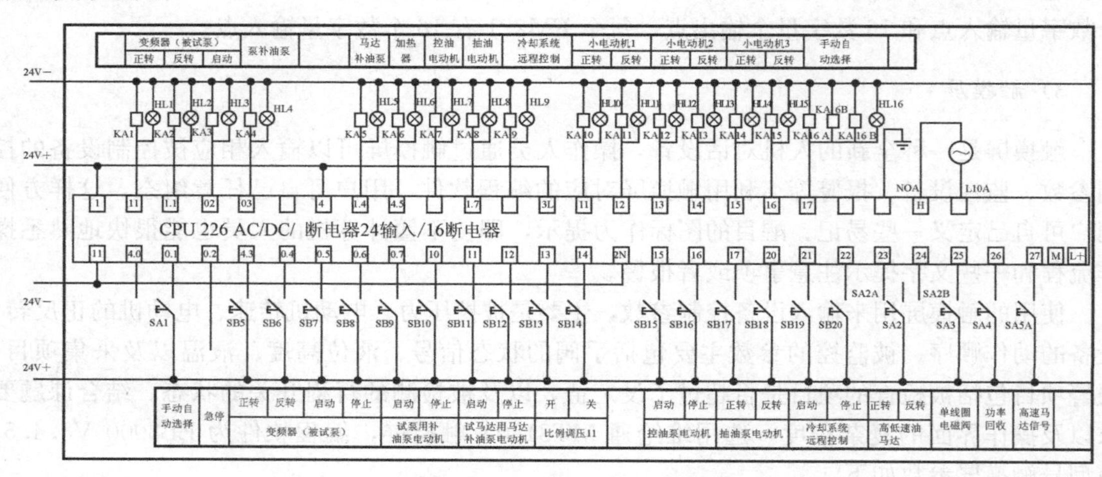

图 3－57　CPU 226 的接线

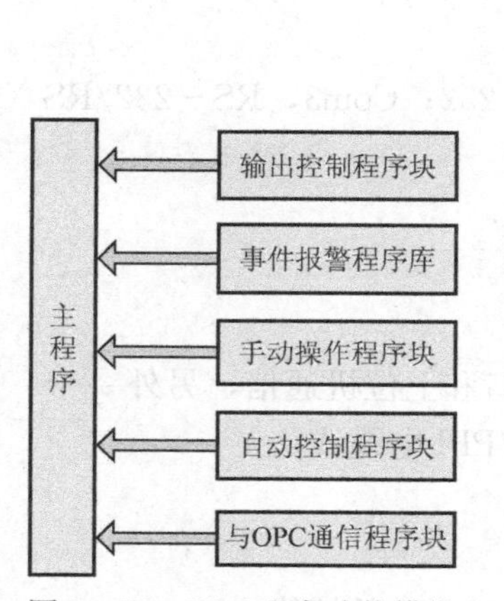

图 3－58　PLC 程序功能模块

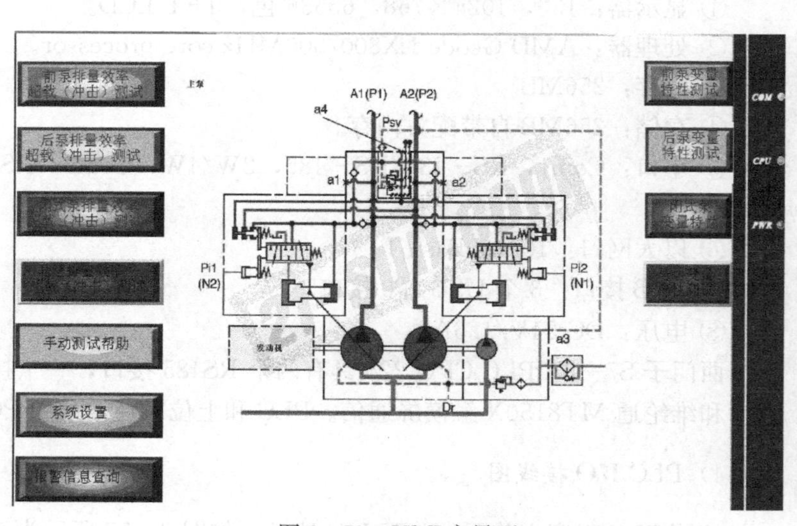

图 3－59　HMI 主界面

4. 测试系统的软件

选择 LabVIEW 9.0 作为软件开发平台，采用研华 PCI—1711L 数据采集卡。以 LabVIEW 为软件开发平台可以在较短时间内充分利用研华板卡功能和资源，编写功能强大的数据处理和图形显示软件。

1）软件模块组成

本液压试验台测试系统软件包含的功能强大，包括参数设置、用户登录、采集、和 PLC

通信、和扭矩仪通信、信号处理和分析、数据和波形显示、数据和波形保存及打印。根据上面要实现的功能种类可以把软件划分为几个模块，包括参数设置模块、用户登录模块、数据采集模块、和 PLC 通信模块、数据存储模块等，功能模块结构如图 3 - 60 所示。

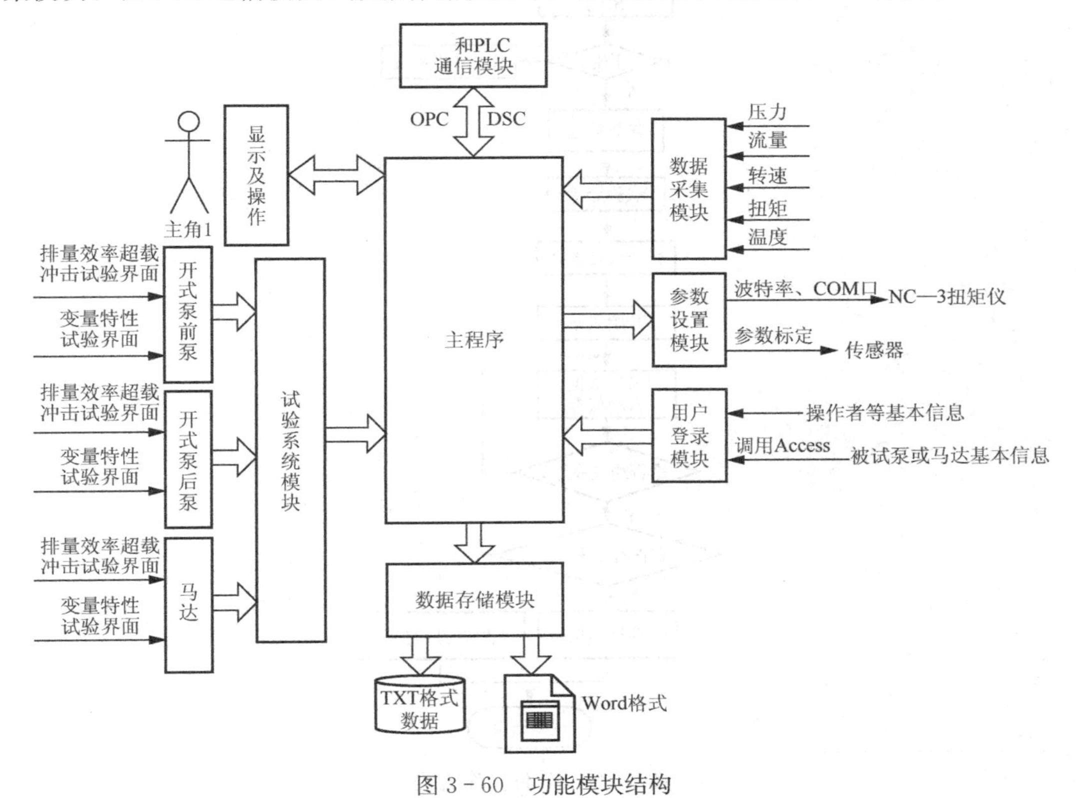

图 3 - 60 功能模块结构

2）测试系统软件流程

根据该系统要实现的功能，软件操作流程如图 3 - 61 所示。该流程具体的实现过程：打开测试系统软件，进入系统登录界面，输入用户名和密码，若用户名和密码正确则进入采集系统，否则退出采集系统。进入该系统后用户对系统参数进行设定，参数设定包括扭矩仪通信参数设定、传感器标定系数设定、更改用户名和密码。扭矩仪通信参数设定包括串口和波特率，传感器标定系数就是对应的传感器量程。参数设定好后用户应该进行试验登录，试验登录包括用户基本信息、试验概况、环境参数、被测设备选择、备注信息。用户登录后选择试验项目，然后就开始采集，采集过程中的数据自动保存为 TXT 格式的文档。试验完成后用户可以选择是否保存试验报告。

3）主程序模块

主程序模块包括数据显示及工具操作，主程序模块分为主界面和各独立试验分支界面，主界面显示所有的采集参数，工具栏自定义能实现参数设置、用户登录、采集、PLC 通信、扭矩仪通信、信号处理和分析、数据和波形显示、数据和波形保存及打印基本功能。

本系统是连续工作的并且需要多任务同时执行，要求在数据采集的同时要进行数据处理、数据显示、数据存储等，并且要接受来自键盘和鼠标的输入，这就要求系统具有多任务进程。

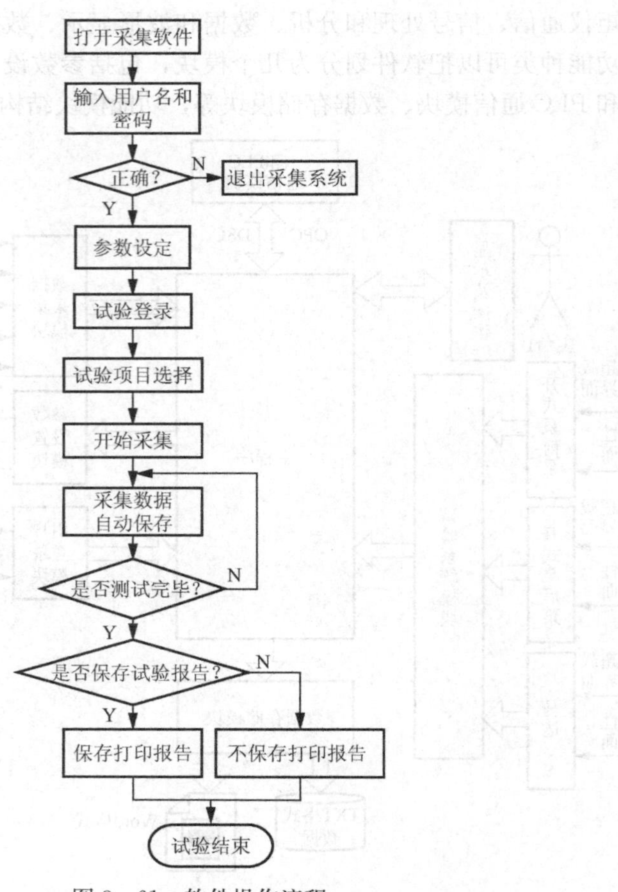

图 3-61　软件操作流程

多任务是指一个程序可以同时执行多个流程。现在的芯片处理器采用分时处理成为了主流。芯片在执行分时处理时把系统程序划分为很小的时间片段，每个时间片段执行不同的程序。

在 Windows 系统环境下多任务分为多线程和多进程。多进程是指 Windows 系统允许在内存或一个程序中同时存在多个程序，并且在内存中允许存在多个副本。进程有自己的内存、文件句柄或者其他系统资源的运行程序，单个进程可以包含独立的执行路径称为线程。在 Windows 操作系统下，每个线程被分配不同的 CPU 时间片，在某个时刻，CPU 只执行一个时间片内的线程，多个时间片中的相应线程在 CPU 内轮流执行。由于每个时间片的时间很短，所以对用户来说仿佛各个线程在计算机中是并行处理的。

如果程序只存在一个主线程，所有的处理函数都放在主线程中，则当程序需要停止时，会出现程序响应很慢，甚至停不下来的情况。这是因为系统开始工作后 CPU 的占用率很高，而窗口发出的停止消息优先级较低，导致消息被挂起，得不到执行。因此，程序设计时应把数据采集放在一个单独的线程中。当程序启动时，主线程开始工作，随后启动工作线程。当程序需要停止时，通过给主线程发送消息以改变状态参数，从而使数据处理过程停止。

为了保证系统采集的精度和速率，利用多线程技术实现数据采集和数据处理，数据采集和与 PLC 通信一直在主程序中运行，数据存储和处理、用户登录、参数设置线程由用户在主程序中调用。主程序组成如图 3-62 所示，根据上述功能完成的主界面如图 3-63 所示。

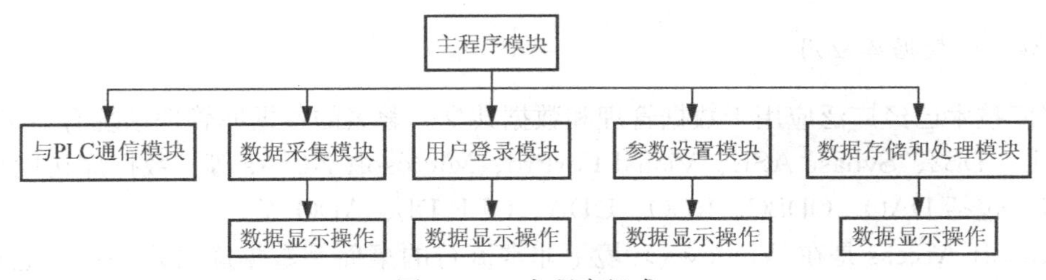

图 3-62　主程序组成

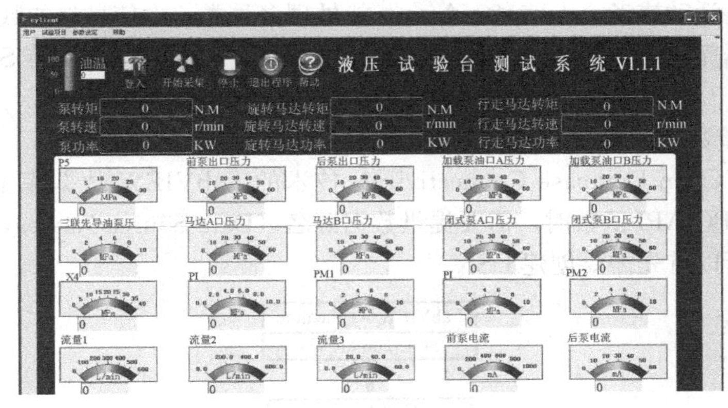

图 3-63　主界面

自动程序流程如图 3-64 所示。

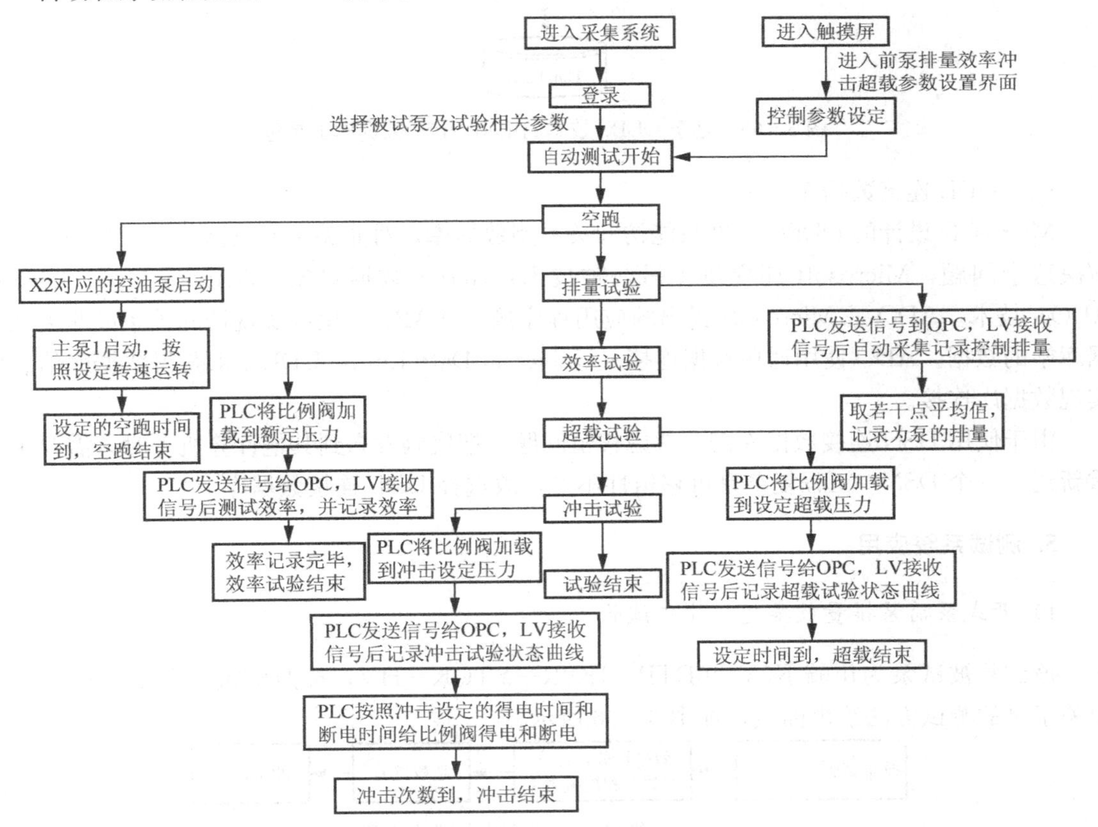

图 3-64　自动程序流程

4）Access 数据库应用

数据库技术已经广泛应用于数据管理和数据共享。著名的数据库管理系统有 SQL Server、Oracle、DB2、Sybase ASE、Visual ForPro、Microsoft Access 等。数据库访问接口种类也有很多，包括 DAO、ODBC、RDO、UDA、OLE DB、ADO 等。

Microsoft Access 是在 Windows 环境下非常流行的桌面型数据库管理系统，它作为 Microsoft Office 组件之一，是一个功能比较齐全的数据库管理软件，能够管理、收集、查找、显示以及打印商业活动或者个人信息。Access 能处理多种类、大信息量的数据，Microsoft 已经做好了普通数据库管理的初始工作，安装和使用都非常方便，并且支持 SQL，所以这里采用 Access 数据库。

（1）DSN 连接数据库。

基于 ODBC（Open Database Connectivity）技术的 LabVIEW 数据库工具包如图 3－65 所示。在使用 ODBC API 函数时，需要提供数据源名（Data Source Names，DSN）才能连接到实际数据库，所以首先需要创建 DSN。

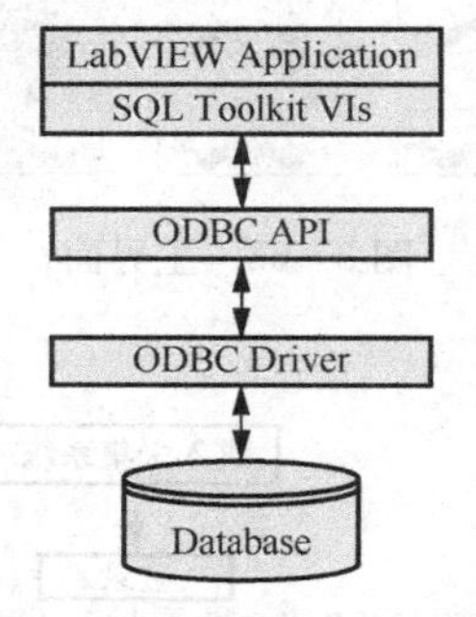

图 3－65　基于 ODBC 技术的 LabVIEW 数据库工具包

（2）UDL 连接数据库。

Microsoft 设计的 ODBC 标准只能访问关系型数据库，对非关系型数据库则无能为力。为解决这个问题，Microsoft 还提供了另一种技术：Active 数据对象（ActiveX Data Objects，ADO）技术。ADO 是 Microsoft 提出的应用程序接口（API），用以实现访问关系或非关系数据库中的数据。ADO 使用通用数据连接（Universal Data Link，UDL）来获得数据库信息以实现数据库连接。

由于使用 DSN 连接数据库需要考虑移植问题，把代码发布到其他计算机上时，需要手动重新建立一个 DSN，工程复杂且可移植性不好，故选择 UDL 连接数据库。

5. 测试系统应用

1）开式泵前泵排量效率超载冲击试验

该试验被试泵为川崎 K5V140DTP—1K9R—YTOK—HV，按照机械行业试验相关标准中关于泵的测试方法绘出曲线，如图 3－66 所示。

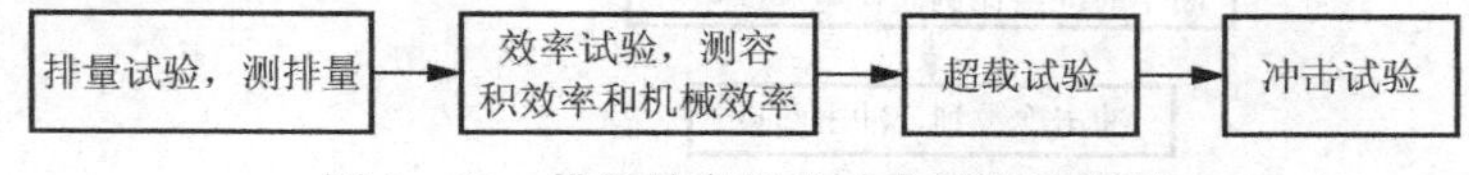

图 3－66　排量效率超载冲击试验流程图

(1) 排量试验：在空载工况下启动，泵和电动机转速达到额定转速并排净空气后连续平稳运转 2min 以上再测试泵的排量，采集软件自动记录泵的排量。

(2) 效率试验：当泵的压力和转速达到泵的额定压力和额定转速时，测定泵的容积效率和总效率。此时转速和压力稳定后取5个点分别求出泵的容积效率和总效率，然后求平均值。

(3) 超载试验：在额定转速、125%额定压力的工况下，连续运转。试验时被试泵进油口油温为 30～60℃。

(4) 冲击试验：此试验在额定转速、额定压力下进行，冲击频率为 10～30 次/分钟，前泵的效率冲击超载测试曲线如图 3-67 所示。

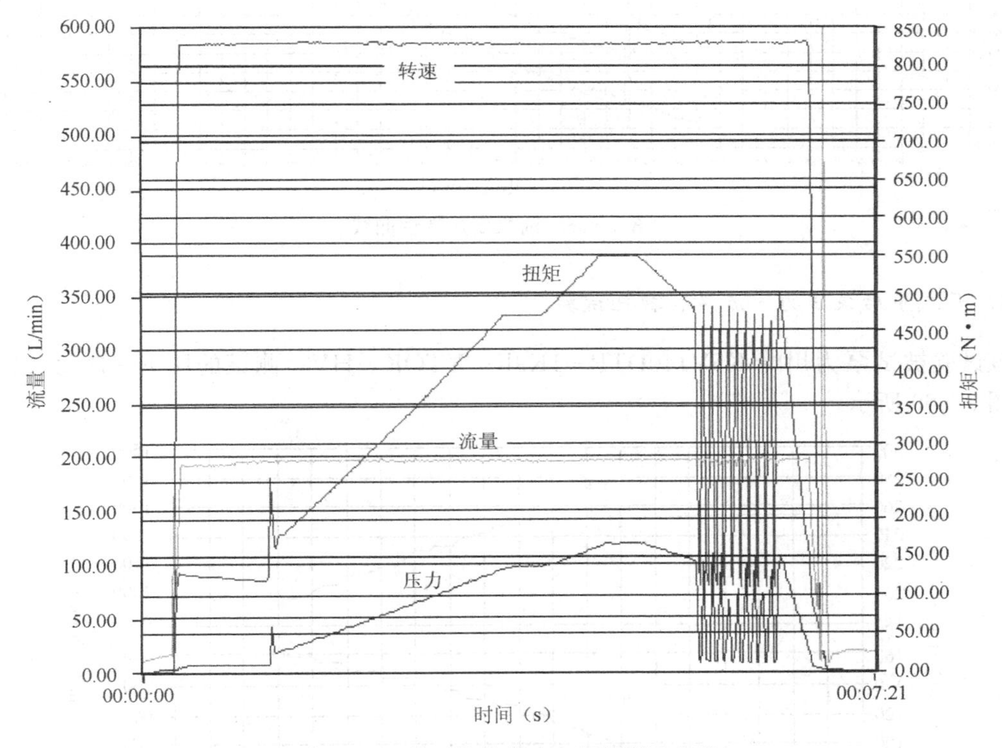

图 3-67 前泵的效率冲击超载测试曲线

从图 3-67 可以看出试验的过程。从扭矩和压力曲线可以看出，刚起步时压力和扭矩基本为 0，当电动机速度平稳后有一个空载时的扭矩和压力；随后压力和扭矩曲线以一定的斜率上升，这是在加压进入额定压力阶段，达到设定值后压力和扭矩基本平稳；保压时间到后进入超载加压阶段，压力达到超载设定压力后呈平稳状态；超载时间到后压力降到额定压力，随后的锯齿波形是冲击试验。

2) 开式泵前泵变量特性试验

通过电流信号调变量机构实现变量条件，变量特性曲线如图 3-68 所示。通过调整电流信号改变二次压力和流量大小。

图 3-68 中有两组曲线，一组是电流正向增大，另外一组是电流减小，电流在 200mA 左右是一个拐点，这是泵上的变量特性阀的特性，随后电流增大，排量变大，电流和排量成正比。

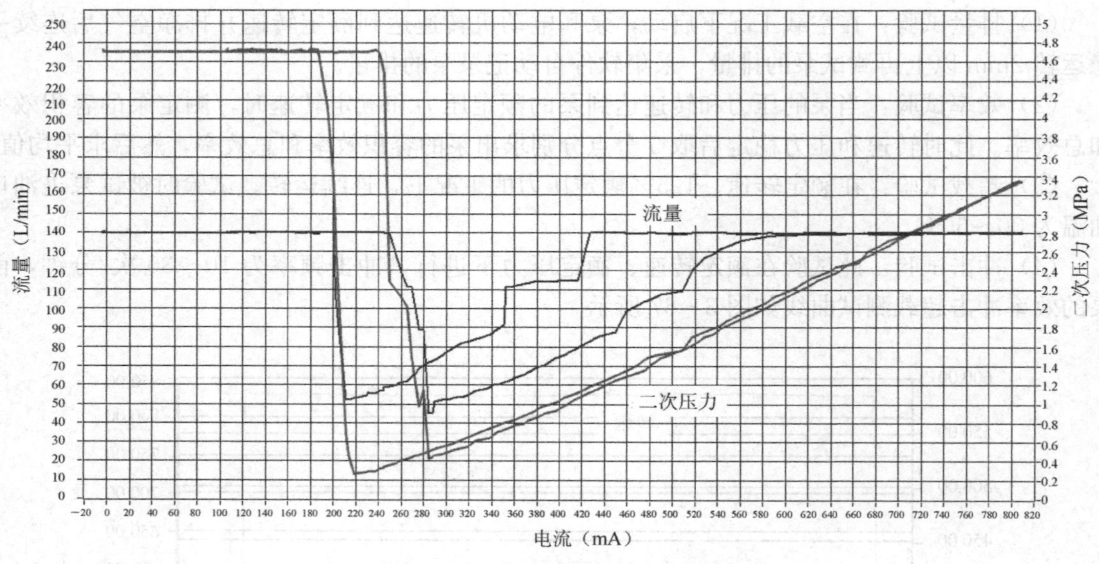

图 3-68　前泵变量特性曲线

3）开式泵后泵压力—流量、扭矩试验

该试验被试泵为川崎 K5V140DTP—1K9R—YTOK—HV，测试的压力—流量、扭矩曲线如图 3-69 所示。

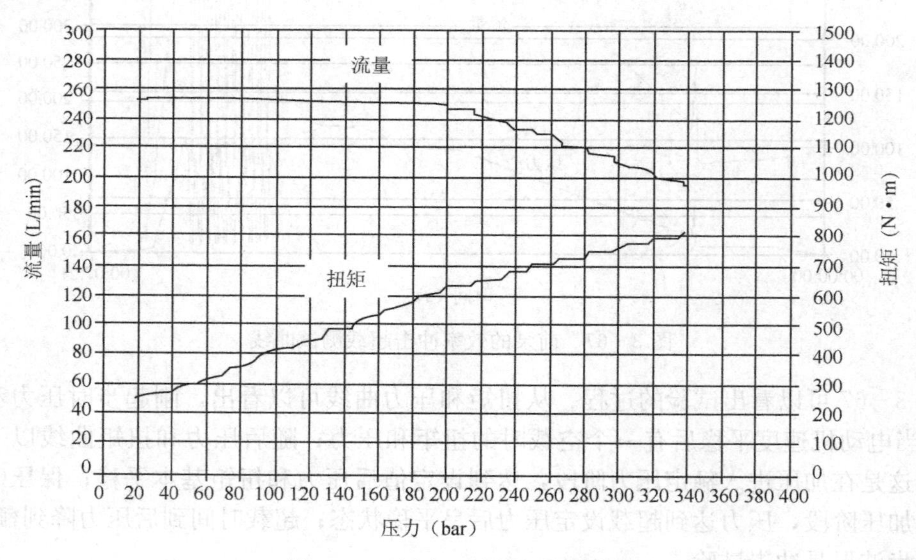

图 3-69　压力—流量、扭矩曲线

由图 3-69 可见，转速稳定时，压力慢慢增大，当压力达到泵的拐点时流量降低，这是一个恒功率的泵。

4）开式泵后泵变量特性试验

该试验被试泵为川崎 K5V140DTP—1K9R—YTOK—HV，在试验台上测试的变量特性曲线如图 3-70 所示。

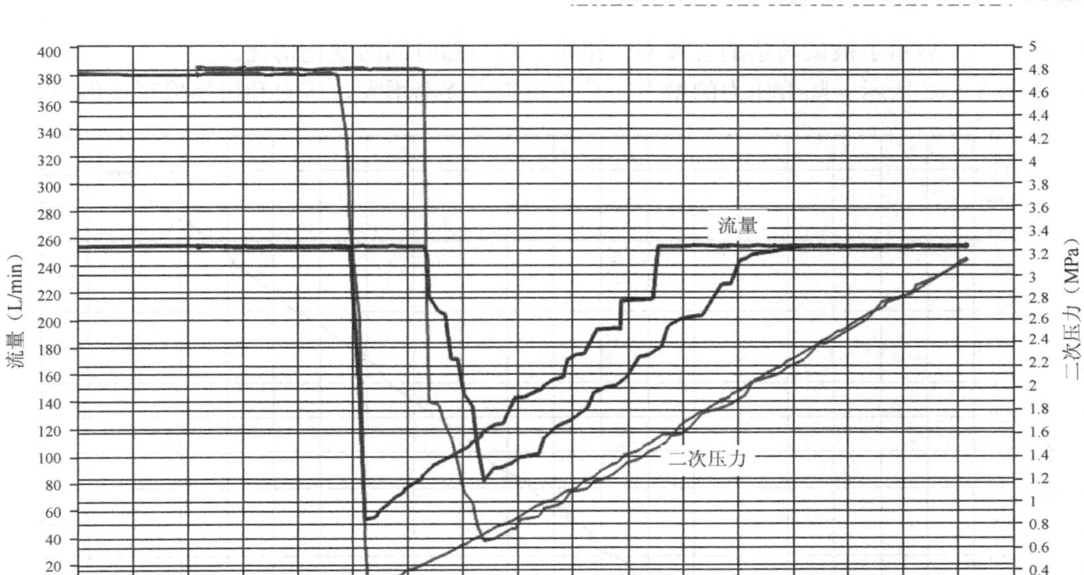

图 3 - 70　后泵变量特性曲线

图 3 - 70 中有两组曲线，一组是比例电流增大，另一组是比例电流减小。根据调变量的阀特性，电流在 250mA 左右有一个拐点，随后电流增大，流量增大，电流和流量成正比。

5）马达试验测试

被测试液压马达的型号为 M5X130CHB—10A—41C/295，额定压力为 32.4MPa，峰值压力为 39.2MPa，流量为 130mL/r，最高转速为 1850r/min。马达试验测试曲线如图 3 - 71 和图 3 - 72 所示。

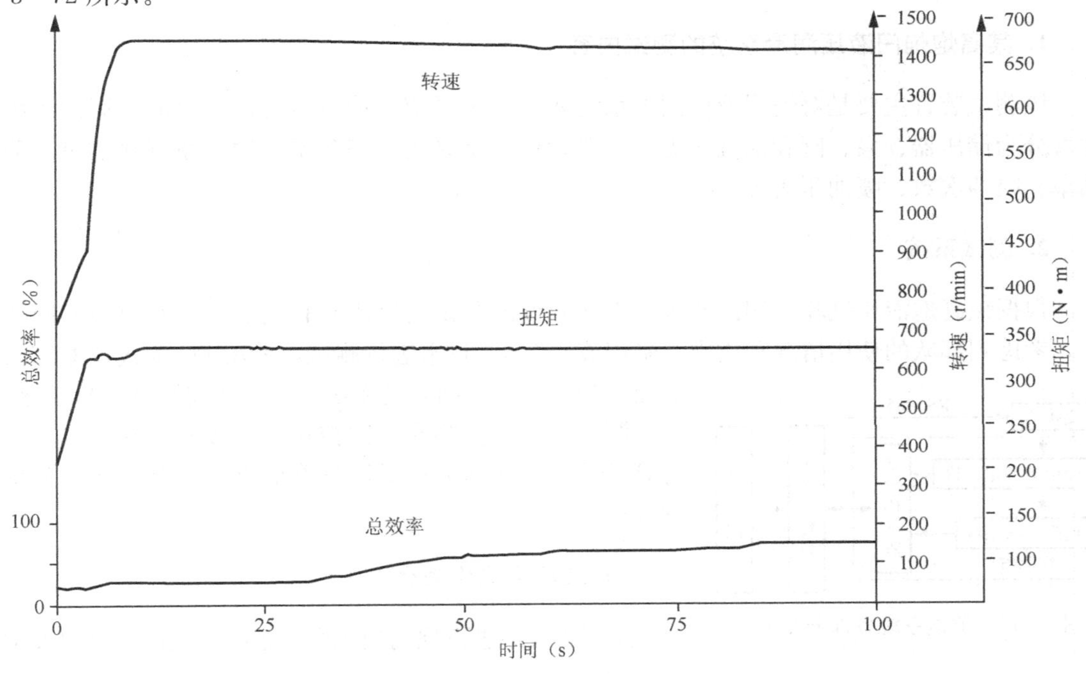

图 3 - 71　马达性能测试曲线

图 3-71 显示了被试马达的总效率、扭矩、转速随时间的变化情况。

如图 3-72 所示，随着压力的增大，马达扭矩也逐渐增大，压力和扭矩成正比例关系。

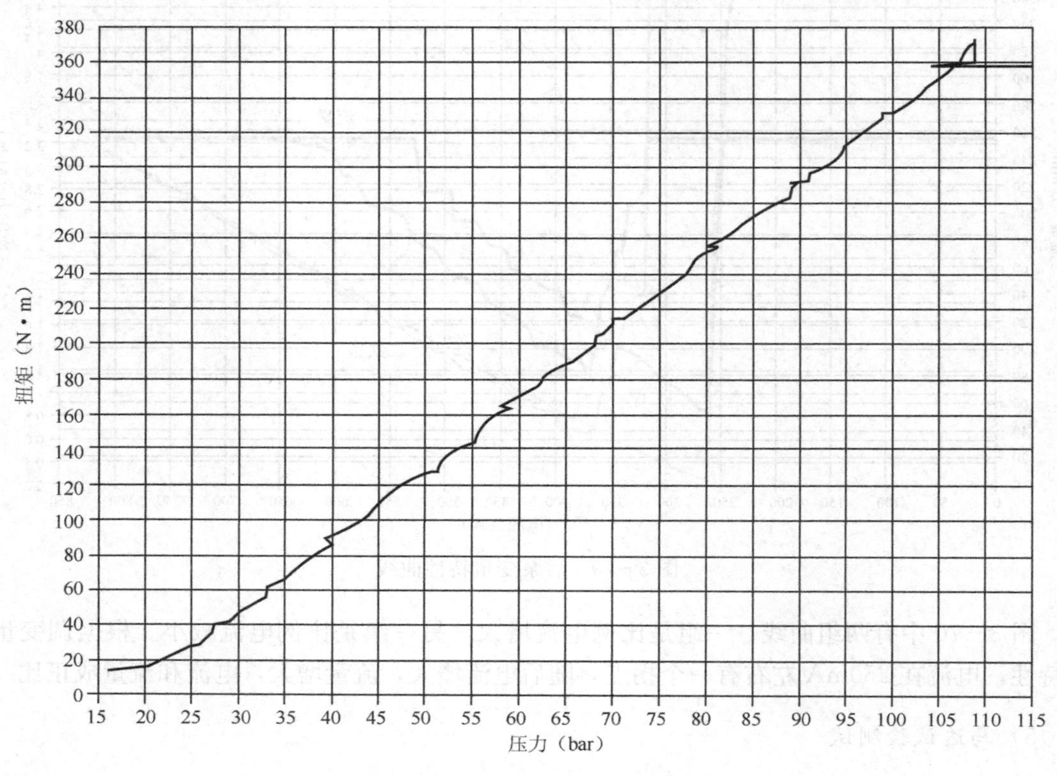

图 3-72　马达压力-扭矩曲线

3.5.5　CAT 技术在高炮炮闩液压润滑系统测试中的应用

1. 某高炮炮闩液压润滑系统的测试内容

该测试装置主要是对炮闩液压润滑系统元件和全系统功能进行测试。该液压润滑系统部件可分为储压器、泵、阀和油缸 4 类。主要测试包括系统油路各部压力、系统喷油量、喷油频率、喷油次数、喷油压力等。

2. 测试系统

根据该高炮液压试验的测试要求，不同元件的测试内容既有相同点，又有很多不同的地方。考虑到部队的使用情况和成本，采用液压 CAT 技术进行测试，采用 PC 卡式仪器测试和交流变频器控制相结合的系统方案，实现测试的自动化。

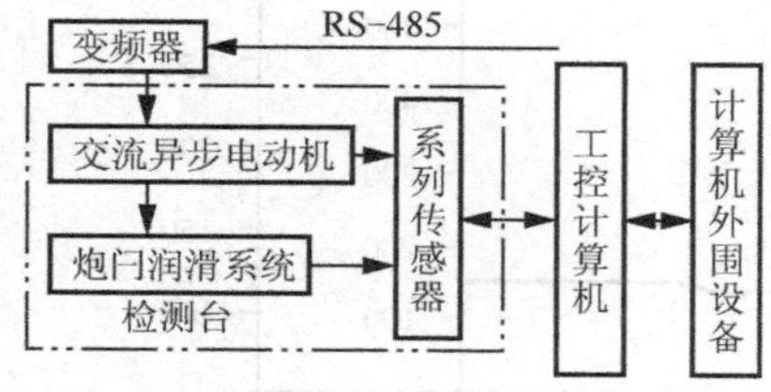

图 3-73　测试系统各部分配置关系

测试系统由检测台、测控箱、变频器、计算机、测试与管理软件、计算机外围设备等组成，各部分配置关系如图 3-73 所示。

1）液压系统检测台

为了方便地进行炮闩液压润滑系统的性能测试以及部件

的测试和维修结果验证，结合部队实际需求，搭建了液压系统检测台。检测台上的炮闩润滑系统完全按照该型高炮炮闩液压润滑系统搭建，对检测台上炮闩润滑系统的全系统性能检测和元件检测可以直接反映炮闩润滑系统的性能。

检测台由炮闩液压润滑系统管路、系统部件、各种传感器和交流电动机等组成。交流电动机通过传动机构模仿炮闩的运动，以此来控制炮闩润滑系统的开关。交流电动机的转速由测控软件通过 RS－485 串口发出指令给变频器来控制，交流电动机的运行状态通过传感器传送给工控计算机显示。

测试过程中，除被测件更换需要人工干预外，其他操作主要通过测控系统来完成，基本实现了测试的自动化。

2）测试系统硬件

由于虚拟仪器有简化测试系统结构和成本低等优点，采用计算机和多功能数据采集卡作为仪器基本构成单元。硬件的主要组成部分包括：工控计算机、传感器、信号调理单元、程控切换电路、多功能数据采集卡，硬件的组成如图 3－74 所示。

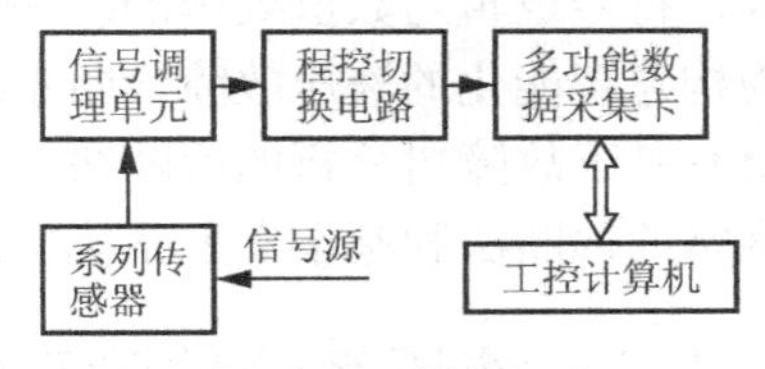

图 3－74　硬件组成

各种传感器用于接收、感应测试过程中各种待测物理量，如压力、流量、时间等。信号调理单元主要由传感器配套电路、信号处理（如信号放大或衰减、信号滤波、信号屏蔽、限幅、隔离等）单元组成，用于将传感器输出的不规则信号变换成符合 A/D 工作要求的规则信号。数据采集卡由模拟多路开关、信号变换预处理单元组成。信号变换预处理单元主要完成不同类型信号的处理，为微机的数据采集做准备，该单元主要由一次仪表电路、传感器配接电路、信号滤波电路、放大隔离电路等组成，使各种被测对象转变成可供使用的模拟量。在具体结构上，采用模块化设计。计算机依照程序控制 IC 式微型继电器的通/断，继而完成对测试信号的分时分批采集。

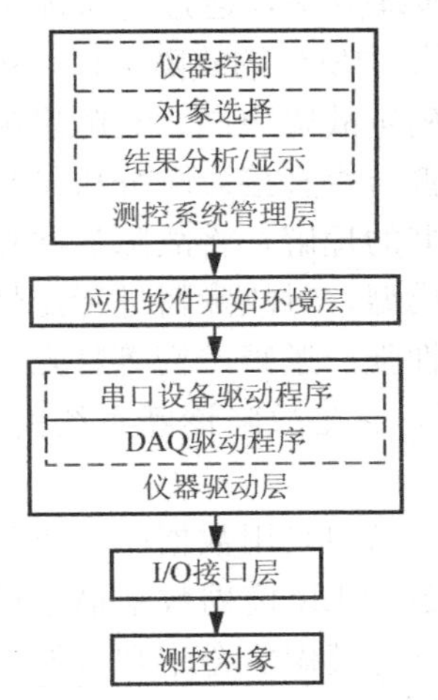

图 3－75　测试系统软件结构

3）测试系统软件

在上述以工控计算机为核心的硬件平台支持下，检测系统通过组合不同功能的测试软件来实现多种仪器的功能。基于虚拟仪器的测试软件主要分为测控系统管理层、应用软件开发环境层、仪器驱动层和 I/O 接口层。软件结构如图 3－75 所示。结合部队的实际需要开发了数字示波器、数字 I/O、计数器、计时器、信号分析仪等模块。通过面板可进行采集卡的参数设置、初始化和通道选择，以及数字 I/O、计数器、计时器、信号分析仪的各种设置。

思考题

3－1　液压元件计算机辅助测试的重要意义是什么？

3－2　液压元件计算机辅助测试系统硬件主要包括什么？

3－3　液压元件计算机辅助测试系统软件主要包括什么？

3－4　液压元件计算机辅助测试系统中，测试部分、控制部分各承担什么功能？

第 4 章　液压故障智能诊断

4.1　概　　述

液压故障诊断已经成为一门热门学科并得到迅速发展。在传统诊断技术的基础上，人们把液压控制理论、信息理论和电子技术、传感器技术、识别技术等结合起来应用于液压系统，形成了很多新的液压故障诊断方法。智能诊断技术在知识层次上实现了辩证逻辑与数理逻辑的集成、符号逻辑与数值处理的统一、推理过程与算法过程的统一、知识库与数据库的交互等，为构建智能化的液压故障诊断系统提供了坚实的基础。目前，基于智能技术的故障诊断法主要有基于故障树分析的诊断法、基于模糊逻辑的诊断法、基于案例推理的诊断法、基于神经网络的诊断法和基于专家系统的诊断法等。

4.1.1　液压系统故障智能诊断方法

1. 基于故障树分析的诊断法

故障树分析（Fault Tree Analysis，FTA）法是一种图形演绎方法，通过对可能造成系统故障的各种因素进行分析，画出逻辑框图（故障树），再对系统中发生的故障事件，由总体至局部按树枝状逐级细化地分析，其目的就是判明基本故障，确定故障原因、故障影响和发生概率等。故障树分析诊断法的关键是建立故障树，故障树完善与否直接影响分析结果的准确性。因而，需要分析人员对分析系统的设备及运行环境有透彻的理解，将故障症状作为树顶，将发生故障的各种因素逐一排列，然后建立故障树的数学模型，对故障树进行定性分析和定量计算，给出分析结果。故障树分析法具有直观性和理论性强、逻辑严密等特点。对一个系统而言，一切故障诊断都要先经过某种程度的故障树分析，它是故障诊断系统的基础，也是最有效的手段之一。

诸多学者对传统故障树分析法进行了多种不同的改进研究。汤国兴用数据库对故障树信息进行管理，开发了液压故障查询系统。李瑰贤采用正态型函数的 LR 模糊数来描述模糊故障树各底事件的发生概率，从而确定底事件的发生概率。姚成玉将模糊集合论和可能性理论引入故障树分析法中，将事件发生概率描述为模糊数和模糊可能性，提出一种基于梯形模糊数算术运算的液压系统故障树分析方法。李志勇将模糊逻辑和 T－S 模糊模型引入故障树分析中，使故障树具有处理模糊信息的能力。

2. 基于模糊逻辑的诊断法

基于模糊逻辑（Fuzzy Logic，FL）的诊断法是借助模糊数学中的模糊隶属关系提出的一种新的诊断方法，它将各种故障及其症状视为两类不同的模糊集合，它们之间的关系用一个模糊关系矩阵来描述。液压系统故障既有确定性的，也有模糊性的，表现为同一故障可能由不同的原因造成，同一故障可能会产生不同的故障症状，不同的故障也可能引起同样的故障症状，多故障并发时故障症状更加复杂。当确定性故障和模糊性故障相互交织、密切关连时，就需要通过探讨液压系统故障的模糊性，寻找与之相适应的诊断方法，才能有利于正确描述故障的真实状态，揭示其本质特征。

液压系统状态和症状之间存在较为复杂的关系，必须尽可能利用多种症状进行综合诊断才能正确诊断出系统所处的状态——模糊综合诊断，它是根据人利用模糊逻辑能识别事物这一特点形成的，是一种较为科学的诊断方法，其关键是如何定义各种模糊状态向量、模糊症状向量、模糊关系矩阵及选择恰当的模糊逻辑运算模型。王司针对传统模糊逻辑算子的缺陷，提出一个新的模糊逻辑算子——模糊加权综合算子，有效地提高了诊断结果的准确率。周曲珠、杜建宝通过合理建立评价数学模型，对液压系统故障进行智能综合评价，取得了较好效果。杨广将液压系统看做灰色系统，提出了一种基于模糊隶属函数的模糊灰色关联诊断模型。

3. 基于案例推理的诊断法

案例是能导致特定结果的一系列特征属性的集合，其表示就是对一次故障的具体情况尽可能地进行详细描述，对故障的各种属性进行合理划分，以便获得故障的完整资料。案例的组织是在案例表示的基础上，根据案例的特征和检索的需要，对案例进行整理和归类。基于案例推理（Case-based Reasoning，CBR）是用案例来表达知识并把问题求解和学习相融合的一种推理方法。由于案例推理接近于人类认识、解决问题最原始的思维方式，具有在无法获取机理模型、确定规则或统计模型时，采用历史相似性实现问题的定量求解和预测的特点。因此，将 CBR 技术用于故障诊断，通过回忆以前曾经成功解决过的相似问题，比较新、旧问题发生背景和条件等差异，经过一系列的调整、修改后，重新使用以前的知识和信息，提出解决当前问题的方案。关键是如何建立一个有效的案例索引机制与案例组织方式。CBR 具有以下优点。

① 利用案例中隐含的难以规则化的知识，弥补规则推理的不足。

② 案例的获取比规则的获取容易，较好地解决了“知识获取”的瓶颈问题。

③ 对过去的求解结果进行复用，提高对新问题的求解效率。

④ 有有持续不断的学习能力。

因此，CBR 可以缩短问题求解途径，提高推理效率，在一定程度上弥补目前专家系统和神经网络系统等多数智能诊断系统的不足，为解决复杂设备故障诊断提供了一条新的途径。

丁贤林在液压系统的故障诊断中将系统的特征信号作为案例推理的特征。王东、张琦、李希红分别将 CBR 技术应用于不同液压系统的故障诊断，均取得了较好的效果。

4. 基于神经网络的诊断法

基于神经网络（Neural Network，NN）的诊断法是利用神经网络具有非线性和自学习以及并行计算能力的特点，对液压系统的故障进行诊断。其具体应用方式有：从模式识别角度应用神经网络作为分类器进行液压系统故障诊断；从故障预测角度应用神经网络作为动态模型进行液压系统故障预测；从检测故障的角度应用神经网络得到残差进行液压系统故障检测。

由于液压系统故障的特征、原因普遍存在不确定性，而神经网络诊断方法存在故障判断中非此即彼的绝对性，往往与实际不符，所以需要对诊断法进行改进或结合其他诊断法，构造新的诊断方法，以克服传统神经网络诊断的绝对性。

学者们对基于神经网络的诊断方法研究较多。黄志坚将模糊逻辑与神经网络相结合，从症状和故障源两个方面对故障进行诊断，然后综合两个诊断结论，利用神经网络修正误差，在应用中不断优化、缩短学习过程。王益群利用神经网络对模糊推理模型进行训练来提高诊断的准确率，并可对未知的知识进行学习和补充。张若青采用输出递归网络模型对某液压位置伺服系统进行故障检测。杜文正将 LVQ 网络用于液压系统故障诊断。耿志强利用粗糙集理论对决策信息表进行简化，导出诊断规则，输入神经网络进行训练学习，实现液压系统故障在线诊断。石红雁把高阶统计量和模糊神经网络结合起来，形成高阶统计量模糊神经网络方法，可有效诊断液压系统早期故障。姜万录提出了神经网络和证据理论融合的故障诊断方法，提高了故障诊断的准确率。舒服华提出基于减聚法的径向基函数（RBF）神经网络故障诊断方法，有效解决了故障与征兆关系的非线性和复杂性、故障信号的重叠和噪声干扰等问题，能有效提高故障诊断的可靠性和效率。郭垄建立了适合复杂系统故障诊断的复合神经网络结构。傅连东将 BP 神经网络与遗传算法结合起来，建立了遗传神经网络模型，并结合数据库技术开发出液压 AGC 故障智能诊断平台。郭刚提出无线网络和 BP 神经网络相结合的液压系统故障诊断方案。聂光玮将神经网络集成和模糊逻辑结合，采用 Gauss 型随机函数作为个体网络训练集的随机采样函数，采用动态加权平均方法构成结论结合方式，构成一个液压系统故障诊断的神经网络集成模型结构。贺湘宇提出了基于 NARX（非线性有源自回归）网络模型的液压系统故障检测方法。该方法首先建立系统正常状态下的 NARX 辨识模型，通过辨识模型获取系统故障状态样本的模型残差；然后运用序贯概率比检验对残差进行假设检验，以检测系统的故障状态。随后，贺湘宇提出了基于 RBF 神经网络和有源自回归（ARX）模型的故障诊断方法。该方法以 ARX 模型自回归系数作为系统故障特征，以 RBF 网络作为故障分类器对故障特征进行分类，判断系统的故障类型和状态。陆跃平运用模糊控制器原理设计了模糊—神经故障诊断系统，引入 RBF 神经网络作为系统的推理机，运用了带置信度的改进算法。李大磊提出了一种减聚类 RBF 神经网络的液压系统故障诊断方法。该方法采用一种减聚类的学习算法来确定径向基函数的相应参数，借助最速下降法求解网络的权值，使网络结构得到优化。

5. 基于专家系统的诊断法

专家系统是一种基于知识的应用软件系统，从领域专家那里获得专业知识，用来解决只有专家才能解决的困难问题，主要用于没有精确数学模型或很难建立数学模型的复杂系统。基于专家系统的诊断法，利用知识的永久性、共享性和易于编辑等特点，以及知识的解释能力，结合神经网络所具有的容错能力、学习功能、联想记忆功能、分布式并行信息处理，实现故障的诊断。

液压系统的故障诊断和排除需要应用大量独特的专家实践经验和诊断策略，而且某些故障的外在表现往往与多种潜在故障有关，症状与原因之间存在各种各样的重叠和交叉，很难实现量化测量，再加上液压系统本身结构、原理复杂，往往给故障诊断带来不便。将专家系统应用于液压系统的故障诊断则是非常有效的措施。

液压系统故障诊断专家系统以先进传感技术与信号处理技术为基础，通过用户接口将故障现象输入计算机；计算机根据输入的故障现象及知识库中的知识，按推理机中存放的推理方法，推理出故障原因，并提出维修和预防措施。近年来，许多学者在液压故障诊断专家系统方面开展了大量的研究工作。

杨军研究了基于模糊神经网络专家系统的故障诊断方法。王益群将专家系统、模糊诊断理论和神经网络理论相结合，对模糊推理与神经网络协作方法进行了结构改进，开发了液压厚度自动控制（AGC）系统故障诊断专家系统软件。该系统利用模糊推理解决系统故障的实时性问题，并可对未知的知识进行学习和补充。王学林提出并实现了一种用卡诺图来简化专家系统规则库、消除异常的方法。姜华设计了基于 Web 的液压系统故障诊断专家系统，发挥了 Internet 收集、共享知识和数据的优势。汪繁荣对模糊推理控制策略进行改进，开发了模糊专家系统。王秉仁开发了基于模糊逻辑的液压卷扬机故障诊断专家系统。洪少春从二叉树推理、液压系统故障的特点、推理机理、软件重用和知识获取及管理等方面进行分析和探索，提出了一种新型的专家系统设计思路。胡良谋针对机、电、液高度耦合的某型四余度舵机，提出了一种基于模糊诊断法和神经网络诊断法的专家系统故障诊断方法，将系统分为元件、部件及系统三种不同层次的故障诊断问题，分别建立了模糊故障诊断模型和 BP 神经网络故障诊断模型。司癸卯提出了一种将模糊逻辑、专家系统、远程服务及检测系统结合起来，形成一种新型的专家系统的设计思路。余世林开发了基于案例推理技术的专家系统。吴定海实现了故障树与专家系统解释功能的结合，较好地解决了专家系统知识获取的“瓶颈”问题。乔文刚将模糊控制理论与专家系统相结合，实现对故障的数据采集、监控、报警及诊断一体化功能，开发了液压系统故障监测与诊断专家系统软件平台。周永涛、张志永利用 XML 和 JSP 技术，开发了分布式液压系统故障诊断系统。周汝胜提出了故障诊断二叉树的概念，研究了将诊断流程图转化成故障诊断二叉树的方法，并在此基础上设计了基于故障诊断二叉树的故障推理机和基于二叉树前序遍历的故障解释机制。

4.1.2　液压故障智能诊断技术的发展趋势

液压系统故障具有隐蔽性、复杂性、随机性、模糊性及分散性等特点，尽管国内外学者对液压系统故障诊断进行了深入广泛的研究，但实际诊断过程中仍面临许多问题。任何一种诊断方法，不论多么先进，总存在一定的局限性，单一的故障智能诊断方法难以胜任液压系统的故障诊断。随着相关学科的新技术、新理论的不断引入和融合，结合传统诊断方法，探索和发展更多的智能诊断技术，液压系统的故障诊断技术必将得到进一步完善和发展。

将多种不同的诊断技术相互融合、取长补短以形成综合智能诊断技术，是液压系统故障智能诊断技术的必然发展趋势。

① 数据库技术与人工智能技术相结合。

② 数据采集、混合智能故障诊断技术与网络技术相结合。

③ 多传感器信息融合技术与专家系统相结合。

④ 基于规则的专家系统与神经网络相结合。

⑤ CBR 与基于规则的专家系统和神经网络相结合。

⑥ 模糊逻辑、神经网络与专家系统相结合。

⑦ 模糊逻辑、支持向量机与专家系统相结合。

4.2　液压系统故障树分析法

4.2.1　液压系统故障树分析法概述

1. 故障树分析法的概念

故障树分析法是在研究系统失效与引起失效的各种直接原因和间接原因之间的关系的基础上，建立这些事件之间的逻辑关系，从而确定系统故障原因的各种可能组合方式或其发生概率的一种可靠性、安全性分析和风险评价方法。

在设计阶段，该方法可用于预测引起系统失效可能的原因组合；系统出现故障时，应用该方法可较快、较准确地确定故障原因。

故障树分析法是将系统故障形成的原因由总体至局部按树状进行逐级细化的分析方法。先找出故障发生的直接原因，把它们作为第二级；再依次找出导致第二级故障事件发生的直接原因作为第三级，如此逐级展开。通常把最不希望发生的典型故障称为“顶事件”，不再深入的最基本的故障事件称为“底事件”，而介于“顶事件”和“底事件”之间的故障事件称为“中间事件”。把顶事件、中间事件和底事件用适当的逻辑门自上而下逐级连接起来所构成的逻辑结构图就是某个典型故障的故障树。

故障树分析法是一种逻辑性强、直观形象的可靠性分析法。

2. 故障树分析法的特点

故障树分析法是一种系统分析方法，具有与网络分析法同样的计算精度，可以表示由人为、环境或者材料本身缺陷所带来的基本失效事件相对于顶端事件的因果关系，它具有以下优点。

① 无须建立系统故障的数学模型，使用形象化且简便。

② 找出系统部件故障和人为失误对于系统故障的影响，按照逻辑关系层层深入分析，能在相对简化的条件下清楚地反映系统故障模式的内在联系，并反映出基础元件对系统故障所产生的影响。

③ 找出系统中的薄弱环节，有利于消除潜在事故。

④ 可对元件对于系统故障的影响做出定性和定量的评价。

3. 液压系统故障树的建立

故障树是实际系统的故障组合与传递的逻辑关系的简洁而抽象的表达，故障树的建立是故障树分析法中最基本、最关键的环节。为使所建故障树尽可能完善，建树之前，应对系统及其各组成部分产生故障的原因、后果以及各种影响因素间的因果关系有清晰、透彻的了解。

故障树的建造一般分以下几步。

① 对所研究的对象做系统分析，需要对系统的正常状态和正常事件、故障状态和故障事件进行确切的定义。

② 在判明故障的基础上，确定最不希望发生的故障为顶事件。合理确定边界条件，以确

定故障树的范围。

③ 画出故障树。故障树中出现的符号参见表4-1。

表4-1 故障树符号

▭	顶事件或中间事件
○	底事件
（或门符号）	或门，或门下的任何一个事件都能导致上级事件的发生
（与门符号）	与门，与门下的所有事件都发生才会导致上级事件的发生

对某一系统建树，可以有多种结果。同一系统，不同的人、不同的思路，会得到不同的故障树。但在建树时，都必须对系统进行故障效应、故障模式和故障机理的分析，从确定顶事件开始，逐层展开进行建树。

液压系统、应用环境及液压故障各有特点，以下各例故障树及其在液压故障诊断中的应用在方法上也是各有特色的。将故障树与其他诊断方法结合起来，诊断效果更好。

4.2.2 故障树在特种车液压故障诊断中的应用

1. 故障树的构建和完善

对于某特种车液压电控系统而言，故障树分析直接应用于故障诊断尤其是在线诊断还存在很大限制，这主要是因为仅仅应用故障树原理无法快速将故障定位到真正发生问题的底事件，同时由于该特种车的工作有其自身特点，传统故障树构建的一般原则也不适合诊断需求。因此，必须对传统故障树进行改进和完善，才能为故障诊断系统建立有效的基础。

1）顶事件的选取

顶事件是故障树的入口，指人们不希望发生的显著影响产品安全性和任务可靠性的故障事件。在进行可靠性分析时，一般将FMEA所得Ⅰ、Ⅱ类故障模式作为顶事件，故障树原理应用于故障诊断系统时，通常以完成系统功能的某种失效状态为顶事件。但对特种车液压电控故障诊断系统而言，这种顶事件选取原则的操作性很差，因为所有已知故障都以停机报错的形式体现，一旦工作过程中因故障而停机，则整个系统会停止在一个特定状态。这时操作者通常无法判断到底系统何种功能发生了问题。由于故障本身具有随机性，因而操作者通过人机交互描述故障现象来进行故障诊断也变得相当困难，所以以某一故障模式作为顶事件的故障树是不适合液压电控故障诊断系统的。

特种车液压电控系统在停机报错时，都会返回一个故障代码，这个代码在操作屏幕上是直观可见的，反映了系统出错的直接原因，同时该故障代码也可以很容易地被主控计算机读取，因此以故障代码为顶事件才是合理有效的选择。通过分析故障代码发生的条件来建立故障诊断系统更加简便，可操作性最强。

2）故障树的初步建立

建立用于故障诊断系统的故障树，应以故障代码为顶事件，将故障代码的内涵解释清楚，列出所有可能导致该故障的原因，故障树中底事件应细化到任务要求级别（元件级/部件级、板级/箱级）。

在特种车液压电控系统中，故障代码一般都代表了各种执行元件、检测元件的不正常状态，因此故障树的展开应以这些元件的故障事件为入口进行分析。

2. 故障树分析

某特种车以锁紧液压缸作为支腿，如图 4－1 所示为典型锁紧液压缸执行系统。系统主要由液压油源、电磁换向阀、数字流量阀、压力传感器、流量计、接近开关等元件组成。接近开关 BX 作为检测元件，用于检测液压缸是否按规定要求伸到位（如支腿触地）。电磁阀通电后，在规定时间内，如果 BX 接通，则认为功能已完成，否则停机报故障代码，代码的内涵为“BX 超时未接通”。

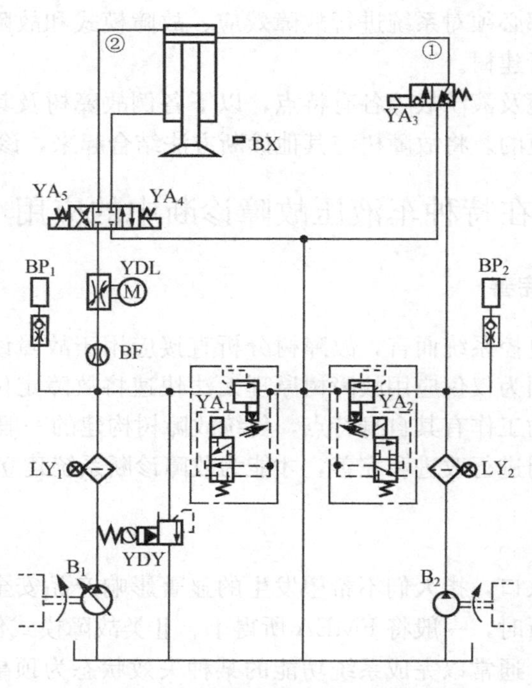

图 4－1　典型锁紧液压缸执行系统

图 4－2 为针对“BX 超时未接通”故障的故障树。初步建立的故障树还不能直接应用于故障诊断系统，必须进行一系列简化、扩充和完善，才能更加适应诊断要求。

1）无效子事件的隔离

一些子事件虽然理论上会引起故障现象的发生，但由于工作流程、软件设置等条件的约束，已经被自然隔离，则这些事件作为无效故障节点就不必进一步分析和判断。

本例中，如果开锁油源故障使开锁压力过低，会导致液压缸无法动作。理论上在故障树中开锁油源故障应作为子事件展开，但由于软件流程中设置了对开锁压力的检测，一旦开锁压力不满足要求，则流程已经报错停止，此时故障代码应指示为开锁压力故障，程序不会执行液压缸动作指令。换言之，既然系统报液压缸未动作错误，那么开锁油源故障就一定不会发生，因此在故障树上这一子事件就应该予以屏蔽，无须展开分析。同理，本例中的主油源故障也无须展开。

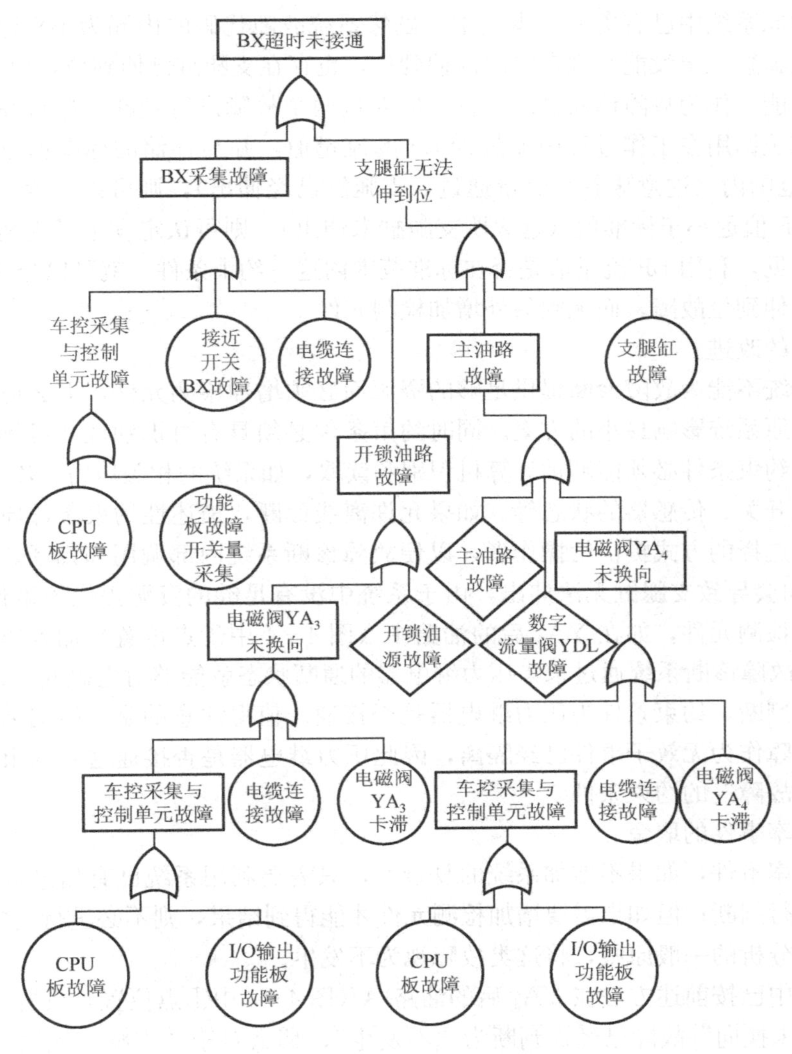

图4-2 BX超时未接通故障树

无效子事件的隔离可以减少大量无谓劳动，使系统简化。从这个角度看，也可以发现以"故障代码"为顶事件建立故障树的益处。

2）建立扩展故障树

进行无效子事件隔离后的故障树可以作为故障诊断的基本依据，但此时的故障树仅仅得到了导致顶事件发生的一系列可能的底事件的罗列，而诊断的最终目标是将故障定位到一个确定的底事件，因此必须对原有故障树进行补充。具体方法是增加事件发生的约束条件，通过这些约束条件的状态来判断某一子事件是否成立，经过这种补充后的故障树称为"扩展故障树"。所有这些约束条件在故障诊断系统中作为判断参数而存在。

3）建立扩展故障树约束条件的一般原则

(1) 尽量利用原系统中已有资源。

某一个子事件是否发生可能有数个约束条件都能够作为判断依据，选择故障诊断的依据

时应尽量利用原系统中已有资源。本例中，虽然系统故障代码的内涵为 BX 超时未接通，但并不意味着支腿缸一定没能在规定时间内伸到位，也存在支腿缸已伸到位，但系统没收到 BX 到位信号的可能。作为故障诊断系统，首先应对这两个故障进行判断。进行在线检测时，可由故障诊断系统调用在工作过程中流量计 BF 的流量值，并与存储的标准值进行对比，如果 BF 值在标准范围内（这意味着有流量通过，支腿缸已经伸出），则可以认为发生了 BX 采集故障；如果 BF 值远小于标准值（这表明支腿缸未伸出），则可认定发生了支腿缸无法伸到位故障。由此可见，利用 BF 流量值是否在标准范围内这一约束条件，就可以分离 BX 采集故障和支腿缸无法伸到位故障，而无须另外增加检测元件。

（2）方案的改进。

如果原系统不能为故障诊断提供足够的资源而必须增加检测元件，那么应采取增加元件数量最少、对原系统影响最小的方案。同时约束条件必须具有可识别性和可操作性，对于在线故障诊断，约束条件必须能够被计算机识别和读取，如系统的相关压力、流量参数，电压、电流值，接近开关、传感器的状态等。如果允许离线诊断，描述性约束条件原则上应由故障诊断系统以可选择的方式提供给操作者，以便故障诊断系统内部调用和判断。本例中，电磁阀 YA_3 未换向会导致支腿缸无法伸出，由于系统中没有足够的资源提供该事件的约束条件，因此需要增加检测元件，如在 YA_3 后的油路中（图 4-1 中①点位置）加入压力继电器（记为 YJ），这样故障诊断系统通过采集压力继电器的通断状态就能够对电磁阀 YA_3 未换向故障是否发生做出判断，约束条件为压力继电器是否接通。值得注意的是，根据前面的分析，由于开锁油源故障作为无效子事件已经隔离，因此压力继电器是否接通这一约束条件实际上也是“开锁油路故障”的约束条件。

（3）小概率事件的取舍。

对于小概率事件，如果不增加系统的复杂性，只需要利用系统已有信息资源就可完成事件的隔离并进行判断；但如果需要增加检测元件才能得到结果，则不必进行这样的专门设置，而应按照概率分析的一般原则，将这类故障视为不发生。

假设本例中已按前述方法在 YA_3 后的油路中（图 4-1 中①点位置）设置了压力继电器，“电磁阀 YA_3 未换向”故障已经被判断为“不发生”，那么对于“支腿缸无法伸到位”故障，则只有“主油路故障”和“支腿缸故障”两种可能需要进一步判断。经过前面对无效子事件的分析，“主油源故障”已经被隔离，那么只需要考虑如何分别判断“数字流量阀 YDL 故障”、“电磁阀 YA_4 故障”和“支腿缸故障”。

对于数字流量阀故障，由于数字阀本身具有检测是否转到指定步数的功能，如果数字阀发生驱动不良或卡滞等故障，系统会首先进行报警，按照“无效子事件隔离”原则，这类故障可予以屏蔽。另一方面，数字阀也存在着虽然步进电动机已转到指定步数，但数字流量阀没能达到指定流量的故障，这可能是由于阀芯与步进电动机传动失效或其他原因所致，而这类情况发生的可能性很小，是小概率事件。这种故障模式将表现为控制系统给数字流量阀发出脉冲信号后，在规定时间内收到了旋转变压器的正确反馈信号，但是流量计 BF 的流量值远小于正常值却大于零（系统中已经人为地将数字流量阀的零位流量设置为大于零）。这样通过检测、调用在工作过程中流量计 BF 的流量值即可判断这一故障是否发生。因此，可将其约束条件规定为“数字流量阀已转到指定步数，但流量远小于标准值但大于零”。

在数字流量阀 YDL 故障可以隔离的情况下，只需要判断电磁阀 YA_4 故障和支腿缸故障。分析可知，系统中的已有资源不足以隔离这两个故障，又由于支腿缸故障（此处指由于液压缸卡滞等原因导致支腿无法伸出）是小概率事件，因此就不必专门增加检测手段来获取进一步信息，应该按照一般原则，认为液压缸卡滞故障没有发生，直接将故障定位于电磁阀 YA_4 故障。

（4）判断条件简单明确。

约束条件是否成立应为简单的逻辑判断，即条件满足得到逻辑“是”，条件不满足得到逻辑“非”，应尽量避免概率性判断。在传统故障树分析中，一般按照“最小割集”等方法得出引起故障的底事件可能性排序。但由于在线诊断过程中，所有约束条件作为诊断参数而存在，计算机处理概率性条件相当困难。又由于故障诊断的最终目的是指导维修，而维修人员通常不具备很深的理论基础，概率性的判断有可能引起操作者概念上的模糊和误解，造成误诊断，因此判断条件越简单、越明确，诊断就越有效、越准确。

4）难以在线检测事件的处理

难以在线检测事件，即指一些现有技术手段无法进行在线检测的事件，更多的是指如果进行在线检测设计会严重增加系统负担、降低系统可靠性，但比较容易依靠人工方式进行判断的事件，如各类电缆连接故障等。对于这类故障，一般应保留到最后再进行处理，当所有能够在线诊断的事件均被判断为“不发生”后，再转入人工方式进行排除。

3. 故障诊断的一般流程

经过简化、补充、增加了约束条件后的“扩展故障树”可以作为故障诊断的依据，故障诊断流程遵循“由顶至底、逐级分解”的原则，图 4－3 给出了本例诊断过程的流程。

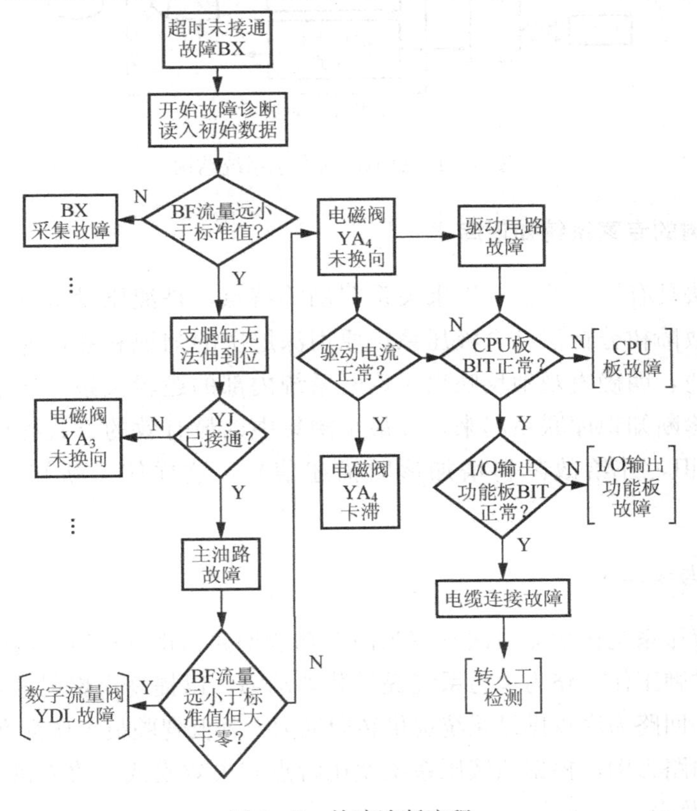

图 4－3　故障诊断流程

4.2.3 基于故障树分析的装甲车液压故障诊断

装甲车辆大多利用液压系统进行供、输弹操作以及为变速、转向机构提供助力，大大提高了装备自动化程度。目前，装甲车辆液压系统使用故障率高，故障诊断技术相对落后，主要凭简易诊断仪器和工程技术人员经验的主观诊断法，依赖性强，自动化程度低，通用性差。本节介绍基于故障树分析的某型装甲车液压故障诊断系统。

1. 液压故障诊断专家系统总体方案

液压故障诊断专家系统从液压领域专家那里获得专业知识，从工程师那里获得故障诊断和排除大量独特的专家实践经验及诊断策略，并用来解决装备液压系统故障诊断方面的困难问题。专家系统结构如图 4－4 所示。其中，知识处理模块和诊断推理模块是系统的核心部分。

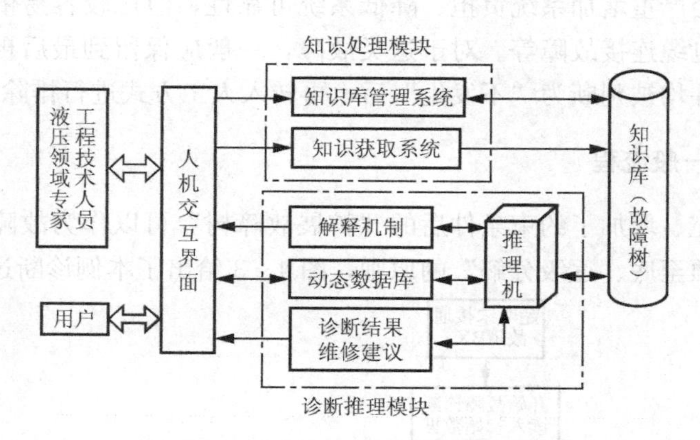

图 4－4　故障诊断专家系统结构

2. 基于故障树的专家系统知识库

故障树分析法具有层次性强、因果关系明确等特点，是液压设备进行故障诊断的主要分析方法之一。故障树分析法结合液压系统原理深层次的知识和领域专家维修诊断经验的浅知识构建故障树，明确直观地反映出了诊断系统内部的逻辑关系，通过最小割集将故障树与专家系统的诊断知识库联系起来，在最小割集中以最有效的方式存储了有关系统状态和操作的专家知识，并给故障树增加诊断描述信息，这样使诊断知识库中的知识得以完善。

1）液压系统与故障树

某型装甲车液压系统按功能层次分解为两个功能回路（图 4－5）：输弹工作回路和驾驶助力工作回路。输弹工作回路为火力系统提供装填动力，以提高火炮射速，降低炮手工作强度；驾驶助力工作回路为底盘操纵系统提供转向助力，降低驾驶员工作强度。

以输弹工作回路为例，根据该液压系统使用特点与失效模式、故障机理分析，建立了故障树，如图 4－6 及表 4－2 所示。

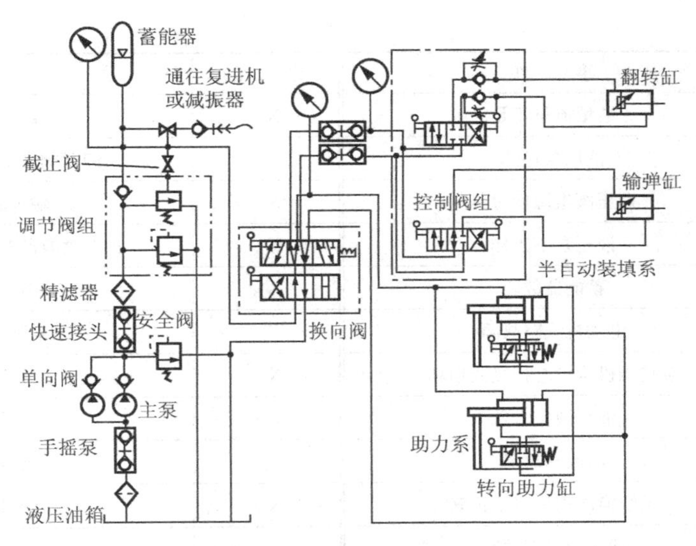

图 4－5　某型装甲车液压系统原理

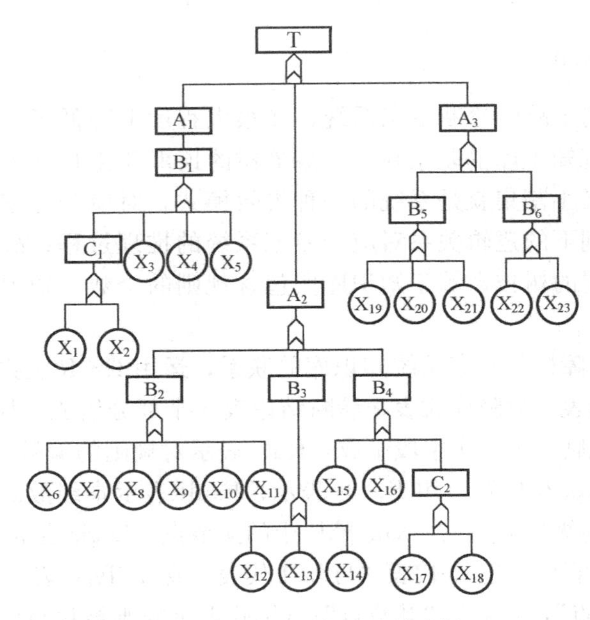

图 4－6　输弹工作回路故障树

表 4－2　故障树对应的事件列表

编　码	事　件	编　码	事　件
T	输弹工作回路故障	X_7	过滤器堵塞
A_1	无法输弹	X_8	调压阀组调整不当
A_2	输弹不到位	X_9	系统有外泄漏
A_3	系统油温过高	X_{10}	泵内泄漏
B_1	系统无压力	X_{11}	换向阀内泄漏
B_2	装填压力不足	X_{12}	系统密封不良，油液含有空气
B_3	装填压力不稳定	X_{13}	油液污染

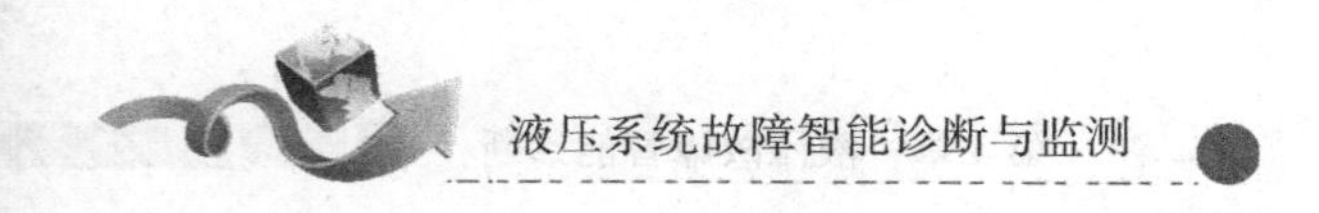

续表

编　码	事　件	编　码	事　件
B_4	装填流量不足	X_{14}	溢流阀芯磨损
B_5	液压泵过热	X_{15}	卸荷阀卡滞，回位不到位
B_6	调压阀组温度过高	X_{16}	输弹缸内泄漏
C_1	液压泵不工作	X_{17}	蓄能器充气压力不足
C_2	蓄能器故障	X_{18}	蓄能器充气漏气
X_1	电动机线路故障	X_{19}	泵磨损或损坏
X_2	泵挂挡机构没有挂接或损坏	X_{20}	气穴现象
X_3	油箱液位太低	X_{21}	系统过载
X_4	溢流阀故障	X_{22}	阀调整错误
X_5	系统换向阀位置不正确	X_{23}	阀磨损或损坏
X_6	截止阀没有关闭		

2）基于故障树的知识库

故障树分析法应用于故障诊断专家系统，在很大程度上降低了专家系统知识获取的难度。故障树和专家系统知识库的联系在于：故障树的顶事 T 对应于专家系统要分析解决的任务；故障树的一个最小割集就是系统的一种失效模式，对应于专家系统要推理的一种最终结果；故障树由上到下的逻辑关系对应于专家系统的推理过程；故障树的树枝对应于知识库中的规则，故障树的树枝数等于知识库所包含规则的个数，知识库中的知识来源于故障树。

根据以上分析的故障树与专家系统知识库的联系，运用 E－R 关系数据库模型来组建知识库，主要由故障规则表、故障模式表和诊断结论表 3 个部分组成。故障规则表用于存储基于故障树模式的推理规则，由 7 个字段组成：Rule 表示对规则的编号，用 R×××表示；ID 用于标识故障模式的层次和位置，用 F××表示；Fault 表示本级故障模式，由具体文字表述；FatherFault 表示高级故障模式，即故障树中的父节点；Logic 表示故障树中父节点与子节点之间的逻辑关系，用 0/1 表述，0 代表“与”，1 代表“或”；Type 表示本节点的类型，用 0/1 表述，0 代表“中间节点”，1 代表“叶节点”；Used 表示规则被执行的次数，由具体数字表述，默认为 0。

故障模式表主要用于存储故障模式以及检测方面的基本信息，体现了专家系统解释机制，由 4 个字段组成：ID 是故障模式的标识，Fault 表示本级故障模式，Examine Method 存储了由文字描述的本级故障模式的检测方法和步骤，Fault Information 则为本级故障模式的说明和检测标准等。

诊断结论表用于存储推理规则的最终结论，由 3 个字段组成：ID 是故障原因的标识，Causation 为故障原因的具体文字描述，Advice 存储了对该故障的维修建议。

这里以故障树的树枝 $A_2 \rightarrow X_{17}$ 的推理规则为例介绍基于故障树的专家系统知识库的构造过程，具体参见表 4－3 至表 4－5，可以看出知识库主要以 ID 作为索引，建立了 3 个数据库之间的联系。

表4-3 故障规则表

Rule	ID	Fault	Father Fault	Logic	Type	Used
R001	F0101	装填流量不足	输弹不到位	0	0	0
R002	F010101	蓄能器故障	装填流量不足	0	0	0
R003	F01010101	蓄能器充气压力不足	蓄能器故障	1	1	0

表4-4 故障模式表

ID	Fault	Examine Method	Fault Information
F0101	装填流量不足	…	…
F010101	蓄能器故障	…	…
F01010101	蓄能器充气压力不足	…	…

表4-5 诊断结论表

ID	Causation	Advice
F01010101	蓄能器充气压力不足	…

3. 推理机的实现

推理机是专家系统的核心，根据用户观测到的系统故障征兆，利用知识库中存储的知识，按一定的推理策略逐步求解问题。在本系统知识库的设计中，已经将故障树知识转化成基于规则的专家系统知识，如规则R001表示：如果（if）装填流量不足，则（then）输弹不到位。因此专家系统故障诊断的实现采用基于规则的推理，此处采用正向推理为主、反向推理为辅的混合推理策略。诊断流程为：系统先进行初始化，结合液压故障诊断领域专家的经验和故障树节点的重要度分析，初步确定故障树中各事件的优先级别；然后根据用户及专家系统提供的模式库中的故障模式说明和故障模式检测步骤及方法，确认故障事实，系统从规则库中选择规则进行匹配，匹配成功，则进入子故障模式的诊断，直到叶节点；诊断完毕，给出诊断结论和维修建议。在证据不充分的情况下，往往会有多个可能的故障原因，再用反向推理进行验证。

4．小结

将故障树分析技术引入专家系统，实现了故障树与专家系统的解释功能较为完美的结合，具备人机友好交互特点，较好地解决了专家系统知识获取的“瓶颈”问题，大大提高了液压故障诊断自动化与智能化水平。通过实践，该智能故障诊断方法表现出以下优势。

① 规则来源于故障树，可以较好地解决规则匹配冲突的问题。

② 规则库的设计在借鉴了Rete匹配算法的基础上进行改进，使用Used字段保存过去匹配的历史记录，按照字段的大小划分优先等级，提高了搜索诊断效率。

4.3 液压故障模糊诊断

4.3.1 模糊诊断方法概述

模糊诊断方法是一种基于知识的智能诊断方法，它利用模糊逻辑来描述故障原因与故障

现象之间的模糊关系，通过隶属度函数和模糊关系方程解决故障原因与状态识别问题。在故障与征兆之间的关系很难用精确的数学模型表示的情况下，故障诊断的机理非常适合用模糊规则来描述，而模糊集合、模糊运算、模糊逻辑系统对模糊信息具有强大的处理能力，使之成为故障诊断的一种有力工具。

1. 模糊关系矩阵

在一个故障诊断系统中，所有可能的故障原因可以用一个集合来表示：

$$\boldsymbol{Y}=\{y_1,\ y_2,\ \cdots,\ y_n\}=\{y_j\mid j=1,\ 2,\ \cdots,\ n\}$$

式中，n 为故障原因种类的总数。

由上面这些故障原因引起的各种故障征兆也定义为一个集合：

$$\boldsymbol{X}=\{x_1,\ x_2,\ \cdots,\ x_m\}=\{x_i\mid i=1,\ 2,\ \cdots,\ m\}$$

式中，m 为故障征兆种类的总数。

根据模糊集合理论，故障原因的模糊集合与它们的各种故障征兆的模糊集合之间存在一定的逻辑关系：

$$\boldsymbol{Y}=\boldsymbol{X}\circ\boldsymbol{R}$$

式中，“$\circ$”为模糊算子；$\boldsymbol{R}=(r_{ij})_{n\times m}$ 为模糊关系矩阵，即

$$\boldsymbol{R}=\begin{bmatrix} r_{11} & r_{12} & \cdots & r_{1n} \\ r_{21} & r_{22} & \cdots & r_{2n} \\ \vdots & \vdots & \ddots & \vdots \\ r_{m1} & r_{m2} & \cdots & r_{mn} \end{bmatrix}$$

矩阵 $\boldsymbol{R}$ 表示故障原因和故障征兆之间的因果关系，矩阵元素 r_{ij} 代表第 i 个故障征兆对第 j 个故障原因 y_j 的隶属度，有 $0\leqslant r_{ij}\leqslant 1(i=1,\ 2,\ \cdots,\ m;\ j=1,\ 2,\ \cdots,\ n)$。第 j 个故障原因引起第 i 个故障征兆的可能性越大，隶属度的值就越大。r_{ij} 的取值原则见表 4-6。

表 4-6　隶属度取值原则

第 j 个故障原因引起第 i 个故障征兆的可能性	r_{ij} 取值范围
不可能引起	0
不太可能引起	0～0.2
可能引起	0.2～0.5
很可能引起	0.5～0.8
非常可能引起	0.8～1
必然引起	1

2. 模糊诊断原则

建立模糊关系矩阵 $\boldsymbol{R}$ 后，根据检测到的故障征兆可识别其对应的故障原因。这一过程被称为“反模糊化”或“解模糊判决”。常用的模糊诊断原则有以下几个。

1）最大隶属原则

设论域 U 上有 n 个模糊子集 A_1，A_2，$\cdots$，A_n，若对任一元素 $u_0\in U$ 有 $u_{A_i}(u_0)=\max\{u_{A_1}(u_0),\ u_{A_2}(u_0),\ \cdots,\ u_{A_n}(u_0)\}$，则认为 u_0 相对隶属于 A_i。

隶属度向量中最大的项确定为引起故障的原因，该方法简单直接，计算机实现实时性好。但在隶属度数值差距较小的情况下，可能会造成误判。此外，该方法体现不出其他隶属度较小的因素对故障诊断的作用。

2）择近原则

设A_1，A_2，…，A_n是论域上的模糊子集，B是待识别模糊子集。若存在$\delta(B, A_j)=\max\{\delta(B, A_1), \delta(B, A_2), \cdots, \delta(B, A_n)\}$，则称$B$与$A_j$最贴近，即认为$B$属于$A_j$。

择近原则应用于群体模型。一般情况下，产品故障诊断通常属于针对个体的识别。

3）阈值原则

为了描述模糊集和普通集的相互转换，引入一个置信水平或称阈值。一般根据数理统计或经验，设定一个置信水平（或阈值向量），$\lambda \in [0, 1]$，记$a=\max\{u_{A_1}(u_0), u_{A_2}(u_0), \cdots, u_{A_n}(u_0)\}$，若$a<\lambda$，则做出拒识的判定，说明提供的故障征兆信息不足，应补足信息后重新诊断；若$a\geqslant\lambda$时，则认为诊断可行。

在应用中可将最大隶属原则与阈值原则结合使用。例如，当$a<\lambda$时拒判；而当$a\geqslant\lambda$时，按最大隶属原则判定。

4.3.2 基于模糊逻辑的作动器故障诊断

作动器是飞机控制系统的重要执行部件，其运行情况直接影响飞机的飞行品质与飞行安全。因此，作动器的故障诊断和预测越来越受到人们的重视。然而，作动器是一个集机械、电子、液压为一体的复杂设备，其故障与征兆的关系呈非线性，具有较强的模糊性。作动器故障与征兆之间复杂的关系，导致诊断决策出现多义性。

1. 作动器故障分析

1）流程

由给定的某个具体模型的特征识别它应属于何类的问题称为模式识别。通常可分为以下步骤进行。

（1）识别对象的特征提取。

从对象u中抽取与模糊识别问题有显著关系的特征指标，并将对象u转化为模式$u=(u_1, u_2, \cdots, u_n)$。特征抽取是否得当，将直接影响到识别结果。

（2）建立隶属函数。

待识别客体的模糊特性能否充分应用，关键在于能否建立良好的隶属函数。隶属度的正确与否，直接决定了识别矩阵中故障模式的正确性。

（3）识别判断。

按某种归属原则对比并进行判断，指出它应归于哪一类。识别判断的原则有最大隶属原则、择近原则、阈值原则等。

2）故障集、征兆集的建立

作动器故障征兆集为

$$X=\{x_1, x_2, x_3, x_4, x_5, x_6\}$$

式中，x_1 为油液泄漏；x_2 为频带降低；x_3 为伺服阀线圈发热；x_4 为抖动；x_5 为零偏过大；x_6 为回中速度低。

故障征兆的模糊化处理可采用单值模糊化方法和模糊分段评分方法。单值模糊化指出现的征兆取1，没有出现的征兆取0，即根据征兆出现与否确定故障征兆集，如 $X=\{0\ 1\ 1\ 0\ 0\ 0\}$。模糊分段评分方法利用人们对故障现象严重程度的模糊化认识，对故障征兆进行定量处理。处理规则参见表4-7。

表4-7　故障征兆严重程度定量处理原则

故障征兆表述	x_i取值范围
正常	0
轻微	0～0.3
比较严重	0.3～0.6
严重	0.6～0.8
很严重	0.8～1
非常严重	1

作动系统由若干子系统构成，故障征兆反映出特定子系统出现故障，从而实现故障定位。将作动器常见的故障分为9种类型。作动器故障原因集为

$$Y=\{y_1, y_2, y_3, y_4, y_5, y_6, y_7, y_8, y_9\}$$

式中，y_1为供油故障；y_2为伺服阀故障；y_3为主控阀故障；y_4为作动筒故障；y_5为传感器故障；y_6为密封件故障；y_7为润滑不良；y_8为油液污染；y_9为环境气温低。

3）模糊关系矩阵的构造（模糊规则的形成和推理）

模糊关系矩阵 $\boldsymbol{R}$ 直接关系着模糊推理结果的正确性，矩阵中各个元素值的大小与实际情况的符合程度，直接影响诊断的效果，因此隶属函数的确定是整个诊断推理过程的关键。隶属函数可以描述故障参数以及信息、故障原因、类型之间反映与被反映的关系。但隶属函数的确定目前还没有一套成熟有效的方法，大多数系统的确定方法还停留在经验和实验的基础上。确定隶属度的方法可归纳为以下几种。

(1) 主观经验法。

根据主观认识或个人经验，给出隶属函数的具体数值。具体实现方法有专家评分法、加权综合法、二元排序法。

(2) 分析推理法。

根据问题的性质，选用某些典型函数（如三角形函数、梯形函数等）作为隶属函数。

(3) 调查统计法。

以调查统计结果所得的经验曲线作为隶属函数曲线，确定相应的函数表达式。

根据作动器特点，由电液伺服作动器机理分析、实际运行工况及专家经验确定隶属度，表4-8给定了模糊关系矩阵 R 中液压系统故障征兆和故障原因之间的模糊关系。

表4-8　故障集和征兆集之间的模糊关系

故障原因	故障征兆					
	x_1油液泄漏	x_2频带降低	x_3伺服阀线圈发热	x_4抖动	x_5零偏过大	x_6回中速度低
y_1　供油故障	0.55	0.1	0.2	0.3	0.1	0.3

续表

故障原因	故障征兆					
	x_1油液泄漏	x_2频带降低	x_3伺服阀线圈发热	x_4抖动	x_5零偏过大	x_6回中速度低
y_2　伺服阀故障	0.2	0.45	0.6	0.55	0.8	0.1
y_3　主控阀故障	0.3	0.55	0.3	0.5	0.5	0.1
y_4　作动器故障	0.5	0.4	0.2	0.3	0.2	0.1
y_5　传感器故障	0.1	0.1	0.1	0.6	0.4	0.1
y_6　密封件故障	0.5	0.1	0.1	0.2	0.1	0.1
y_7　润滑不良	0.1	0.1	0.1	0.1	0.1	0.1
y_8　油液污染	0.1	0.1	0.1	0.3	0.1	0.1
y_9环境气温低	0.1	0.1	0.1	0.1	0.1	0.9

4）算子的选择

在模糊逻辑关系 $\boldsymbol{Y}=\boldsymbol{X}\circ\boldsymbol{R}$ 中，算子"$\circ$"常用的有以下 4 种模型。

①（$\wedge,\vee$）用于主元素决定评介结合的情况。

②（$\cdot,\vee$）体现一种加权，但仍然突出主元素。

③（$\wedge,\oplus$）以求和代表取大，削弱主元素的作用。

④（$\cdot,\oplus$）体现一种综合，其实已转化为矩阵乘法。

第④种模型不仅考虑了所有因素的影响，而且保留了单因素评价的全部信息。选取（$\cdot,\oplus$）作为模糊算子。

2. 作动器故障诊断实例

监测作动器工作情况，如作动器频带降低非常严重，且伺服阀线圈发热严重。使用模糊分段评分法对故障征兆进行模糊化处理，确定故障征兆集为

$$\boldsymbol{X}=\{0\quad 1\quad 0.7\quad 0\quad 0\quad 0\}$$

$$\boldsymbol{Y}=\boldsymbol{X}\circ\boldsymbol{R}$$

$$=[0\quad 1\quad 0.7\quad 0\quad 0\quad 0]\circ\begin{bmatrix}0.55 & 0.2 & 0.3 & 0.5 & 0.1 & 0.5 & 0.1 & 0.1 & 0.1\\ 0.1 & 0.45 & 0.55 & 0.4 & 0.1 & 0.1 & 0.1 & 0.1 & 0.1\\ 0.2 & 0.6 & 0.3 & 0.2 & 0.1 & 0.1 & 0.1 & 0.1 & 0.1\\ 0.3 & 0.55 & 0.5 & 0.3 & 0.6 & 0.2 & 0.1 & 0.3 & 0.1\\ 0.1 & 0.8 & 0.5 & 0.2 & 0.4 & 0.1 & 0.1 & 0.1 & 0.1\\ 0.3 & 0.1 & 0.1 & 0.1 & 0.1 & 0.1 & 0.1 & 0.1 & 0.9\end{bmatrix}$$

$$=[0.24\quad 0.87\quad 0.76\quad 0.54\quad 0.17\quad 0.17\quad 0.17\quad 0.17\quad 0.17]$$

根据最大隶属度原则，检测到的故障原因为 y_2，即"伺服阀故障"。模糊诊断的结果与实际情况吻合。

进一步将该模糊诊断模型与实际故障诊断结果进行比较（表 4－9），模糊诊断准确率为80%。由此可见，该模糊故障诊断模型能为作动器提供较为可信的诊断结果。

表 4-9 模糊诊断模型与实际故障诊断结果对比

序号	故障征兆	模糊诊断模型	实际诊断结果
1	{0.2, 0, 1, 0.8, 0, 0}	y_2	y_2
2	{0.7, 0.8, 0, 0.9, 0, 0}	y_3	y_3
3	{0, 0, 0, 0, 0, 0, 9}	y_7	y_7
4	{0.1, 0.8, 0, 0.9, 0.1, 0}	y_3	y_2
5	{0.3, 0, 0, 0.1, 0, 0.9}	y_7	y_7
6	{0.9, 0, 0, 0.7, 0, 0}	y_1	y_1
7	{0, 0.1, 1, 0, 0.85, 0}	y_2	y_2
8	{0.5, 0, 0.9, 1, 0.2, 0}	y_2	y_2
9	{0, 0.9, 0, 0.1, 0, 0}	y_3	y_3
10	{0.8, 0.9, 0.1, 0, 0, 0}	y_4	y_3

4.3.3 基于多 *Agent* 故障诊断系统的模糊综合评判

多 Agent 系统指具有不同目标的多个 Agent 对其目标、资源等进行合理的安排，以协调各自行为，最大限度地实现各自的目标。多 Agent 系统主要研究在逻辑上或物理上分离的多个 Agent，协调其智能行为，实现问题的求解。将多 Agent 系统技术应用于故障诊断，可以综合多个异构故障诊断系统，使分布在不同地方、根据不同平台和技术开发的故障诊断系统能很好地一起工作，对提高故障诊断信息的共享性和诊断的正确性有重要意义。

1. 基于 Agent 的故障诊断系统

基于 Agent 的故障诊断系统由两大部分组成：用户接口及故障监测子系统和智能 Agent 子系统。用户接口及故障监测子系统主要用于获取故障的特征信息，发现系统异常时向 Agent 子系统发出请求并提供原始故障数据。Agent 子系统由 Agent 诊断系统和 Agent 管理系统两部分组成。Agent 诊断系统的构成是根据位置以及结构和功能分解的原则，将设备的诊断问题分布在多个问题求解点上，每个求解点构成一个诊断 Agent。各诊断 Agent 由不同的故障诊断程序组成，可以应用专家系统、神经网络技术、基于案例推理的技术等各种人工智能技术，采取何种智能技术仅取决于求解方法要适合求解领域问题的特点。

根据设备故障类型的不同及故障诊断方式的不同，由不同的 Agent 进行不同的故障诊断。各智能 Agent 的划分方法类似于结构化程序设计方法中的模块划分方法，即要求各 Agent 高内聚、低耦合，使各 Agent 在功能上是相互独立的，但是 Agent 之间能相互协作和通信以提高整个系统的诊断效果。Agent 管理系统根据各 Agent 产生的结果，经过推理形成最终的诊断结论。图 4-7 显示了多 Agent 诊断系统的组成，基于智能 Agent 的诊断系统结构如图 4-8 所示。

2. 多 Agent 协同故障诊断信息的模糊

在对多 Agent 故障诊断系统做综合评判时，其内部诸要素之间的相互作用关系及各要素对系统功能的影响程度在量上是难以精确衡量的，即系统具有“模糊性”特征；另外，它也是一个包含着若干不同层次（或若干子系统）的复合系统，其系统功能从整体上来说是一种综合功能，具有“多属性”特点。因此，多 Agent 故障诊断系统的综合评价是一种多属性或多准则评价问题，模糊综合评判模型是对其评判的有效方法。

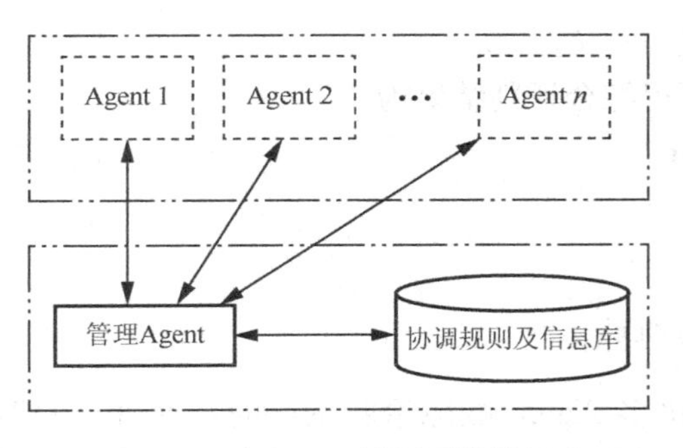

图4-7 多Agent诊断系统的组成

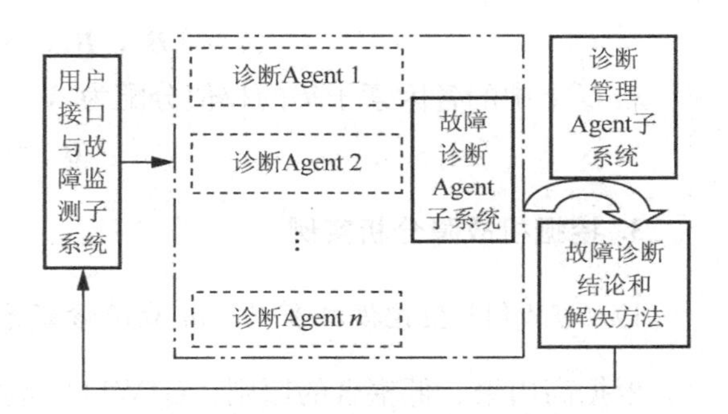

图4-8 基于智能Agent的诊断系统结构

1）单层次模糊综合评判模型

给定两个有限论域$U=[u_1, u_2, \cdots, u_m]$，$V=[v_1, v_2, \cdots, v_n]$，$U$代表所有的评判因素所组成的集合，$V$代表所有的评语等级所组成的集合。

其中，第$i(i=1, 2, \cdots, m)$个评判因素u_i的单因素评判结果为$R_i=[r_{i1}, r_{i2}, \cdots, r_{in}]$，则$m$个评判因素的评判决策矩阵为

$$\boldsymbol{R}=[R_1, R_2, \cdots, R_m]=[r_{ij}]_{m\times n} \tag{4-1}$$

式（4-1）是U到V上的一个模糊关系。若对各评判因素的权值分配为$\underset{\sim}{A}=[a_1, a_2, \cdots, a_m]$，（其中$\underset{\sim}{A}$是论域$U$上的一个模糊子集，且$0\leqslant a_i\leqslant 1$，$\sum\limits_{i=1}^{m} a_i=1$），则应用模糊变换的合成运算，可以得到论域$V$上的一个模糊子集，即综合评判结果为

$$\underset{\sim}{B}=A\circ R=[b_1, b_2, \cdots, b_n] \tag{4-2}$$

2）多层次模糊综合评判模型

机械设备结构复杂，技术要求高，对其进行多Agent故障诊断时，需要考虑的因素很多，而且各因素之间还存在着不同的层次，应用单层次模糊综合评判模型难以得出正确的评判结果。在这种情况下，就需要将评判因素集合按照某种属性分成几类，先对每一类进行综合评判，然后再对各类评判结果进行类之间的高层次综合评判。多层次模糊综合评判模型的建立，可按以下步骤进行。

（1）对评判因素集合U，按某个属性c将其划分成m个子集，使它们满足：

$$\begin{cases}\sum\limits_{i=1}^{m} U_i=U\\ U_i\cap U_j=\Phi,\ i\neq j\end{cases} \tag{4-3}$$

这样就得到了第二级评判因素集合：

$$U/c=\{U_1, U_2, \cdots, U_m\} \tag{4-4}$$

式中，$U_i=\{U_{ik}\}(i=1, 2, \cdots, m;\ k=1, 2, \cdots, n)$表示子集$U_i$中含有$m_n$个评判因素。

（2）对于每一个子集U_i中的ik个评判因素，按单层次模糊综合评判模型进行评判。若U_i中诸因素的权值为$\underset{\sim}{A}_i$，其评判矩阵为$\underset{\sim}{\boldsymbol{R}}_i$，则得到第$i$个子集的综合评判结果为

$$\underset{\sim}{\boldsymbol{B}}_i=\underset{\sim}{\boldsymbol{A}}_i\circ \underset{\sim}{\boldsymbol{R}}_i=[b_{i1}, b_{i2}, \cdots, b_{in}] \tag{4-5}$$

（3）对U/c中的m个评判因素子集$U_i(i=1, 2, \cdots, m)$进行综合评判，其评判决策矩阵为

$$\underset{\sim}{\boldsymbol{R}}=[\underset{\sim}{\boldsymbol{B}_1},\ \underset{\sim}{\boldsymbol{B}_2},\ \cdots,\ \underset{\sim}{\boldsymbol{B}_m}]=[b_{ij}]_{m\times n} \tag{4-6}$$

若U/c中的各因素子集的权值分配为$\underset{\sim}{A_i}$，则可得综合评判结果为

$$\underset{\sim}{\boldsymbol{B}}^*=\underset{\sim}{\boldsymbol{A}}\circ\underset{\sim}{\boldsymbol{B}} \tag{4-7}$$

3. 挖掘机故障分析实例

1）*GJW*111 型挖掘机多 *Agent* 故障诊断系统的组成

根据高内聚、低耦合的原则，GJW111 型挖掘机多 Agent 故障诊断系统的一种可行的划分方式是将系统分为液压子系统诊断 Agent、电气子系统诊断 Agent、行走装置诊断 Agent 以及工作装置诊断 Agent 四大部分。液压子系统和电气子系统的故障比较复杂，对其诊断可通过专家系统、神经网络和基于案例的推理技术 3 种智能诊断方法来进行。GJW111 型挖掘机多 Agent 故障诊断系统的组成如图 4-9 所示。

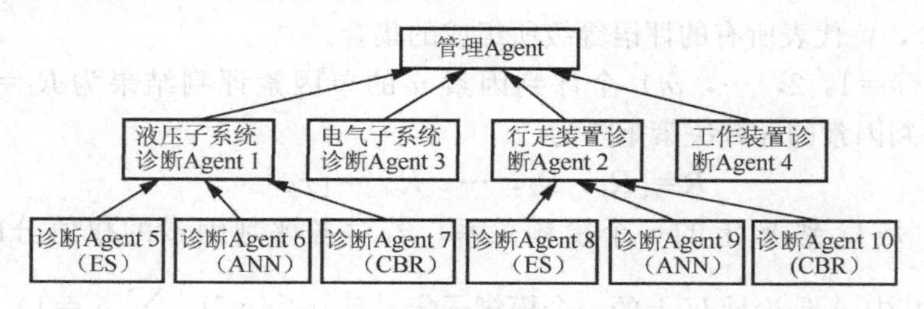

图 4-9　多 Agent 故障诊断系统的组成

2）评价要素指标体系

根据图 4-9，GJW111 型挖掘机 Agent 诊断系统的评价因素包括液压子系统、电气子系统、行走装置和工作装置，即$U=\{U_1,\ U_2,\ U_3,\ U_4\}$。其中，各单要素子集$U_i(i=1,\ 2,\ 3,\ 4)$分别为$U_1=\{u_{11},\ u_{12},\ u_{13}\}$，$U_2=\{u_{21},\ u_{22},\ u_{23}\}$，$U_3=\{u_{31}\}$，$U_4=\{u_{41}\}$。

3）评语集合的确定

根据评价决策的实际需要，将评判等级标准划分为“好”、“一般”和“差”3 个等级来描述相应的状态，即评语集合为{好，一般，差}。

4）评价要素权值子集的确定

在 GJW111 型挖掘机基于 Agent 的诊断系统中，由于下层各指标对上层某一指标的相对重要程度并非一样，即一些指标的影响程度要大于或超过另一些指标。因此，为了衡量下层各指标对上层指标的相对重要性，需要确定评价指标的权值。

常见的确定权值的方法有：①主观经验判断法；②专家调查法或专家征询法；③评判专家小组集体讨论投票表决法；④层次分析法。

采用主观经验判断法和专家征询法相结合来确定各级评价要素指标的权值系数子集，可得一级权值为

$$\boldsymbol{A}=[a_1,\ a_2,\ a_3,\ a_4]=[0.25,\ 0.45,\ 0.2,\ 0.1]$$

各子集$U_i(i=1,\ 2,\ 3,\ 4)$中诸要素的权值（二级权值）分别为

$$\underset{\sim}{\boldsymbol{A}}_1=[a_{11},\ a_{12},\ a_{13}]=[0.2,\ 0.3,\ 0.5]$$

$$\underset{\sim}{\boldsymbol{A}}_2=[a_{21},\ a_{22},\ a_{23}]=[0.2,\ 0.3,\ 0.5]$$

$$\underset{\sim}{\boldsymbol{A}}_3=[a_{31}]=[1]$$

$$\underset{\sim}{\boldsymbol{A}}_4=[a_{41}]=[1]$$

5）评判的实施

所谓评判的实施，就是根据评判对象，采用模糊数学和精确数学方法对各个评价指标进行定量估算，然后由评判专家小组的每一个成员根据已确定的评价等级标准依次对各个指标进行评价。假定各子集 $U_i(i=1,\ 2,\ 3,\ 4)$ 中单要素的评价决策矩阵 $\underset{\sim}{\boldsymbol{R}}_i(i=1,\ 2,\ 3,\ 4)$ 为

$$\underset{\sim}{\boldsymbol{R}}_1=\begin{bmatrix} r_{111} & r_{112} & r_{113} \\ r_{121} & r_{122} & r_{123} \\ r_{131} & r_{132} & r_{133} \end{bmatrix}=\begin{bmatrix} 0.4 & 0.3 & 0.3 \\ 0.5 & 0.1 & 0.4 \\ 0.3 & 0.5 & 0.2 \end{bmatrix}$$

$$\underset{\sim}{\boldsymbol{R}}_2=\begin{bmatrix} r_{211} & r_{212} & r_{213} \\ r_{221} & r_{222} & r_{223} \\ r_{231} & r_{232} & r_{233} \end{bmatrix}=\begin{bmatrix} 0.1 & 0.6 & 0.4 \\ 0.3 & 0.4 & 0.3 \\ 0.1 & 0.1 & 0.8 \end{bmatrix}$$

$$\underset{\sim}{\boldsymbol{R}}_3=[r_{311},\ r_{312},\ r_{313}]=[0.2,\ 0.35,\ 0.45]$$

$$\underset{\sim}{\boldsymbol{R}}_4=[r_{411},\ r_{412},\ r_{413}]=[0.45,\ 0.25,\ 0.3]$$

由各要素的权值向量 $\underset{\sim}{\boldsymbol{A}}_i$ 和评价决策矩阵 $\underset{\sim}{\boldsymbol{R}}_i$，利用合成运算法则经过合成运算即可得到

$$\underset{\sim}{\boldsymbol{B}}_i=\underset{\sim}{\boldsymbol{A}}_i\circ\underset{\sim}{\boldsymbol{R}}_i=[b_{i1},\ b_{i2},\ b_{i3}],\ i=1,\ 2,\ 3,\ 4$$

采用普通矩阵乘法，经过合成运算，得各子集 $U_i(i=1,\ 2,\ 3,\ 4)$ 的综合评判结果分别为

$$\underset{\sim}{\boldsymbol{B}}_1=\boldsymbol{A}_1\circ\boldsymbol{R}_1=[0.38,\ 0.34,\ 0.28]$$

$$\underset{\sim}{\boldsymbol{B}}_2=\boldsymbol{A}_2\circ\boldsymbol{R}_2=[0.16,\ 0.29,\ 0.57]$$

$$\underset{\sim}{\boldsymbol{B}}_3=\boldsymbol{A}_3\circ\boldsymbol{R}_3=[0.2,\ 0.35,\ 0.45]$$

$$\underset{\sim}{\boldsymbol{B}}_4=\boldsymbol{A}_4\circ\boldsymbol{R}_4=[0.45,\ 0.25,\ 0.3]$$

其中 $\underset{\sim}{\boldsymbol{B}}_2$ 未归一，对其进行归一化，得 $\underset{\sim}{\boldsymbol{B}}_2=[0.157,\ 0.284,\ 0.559]$。

由单要素评判结果可见，GJW111 型挖掘机电气子系统处于故障状态。基于单要素模糊综合评判结果 B_i，可以得到 U 中各子集的综合评价决策矩阵为

$$\underset{\sim}{\boldsymbol{R}}=\begin{bmatrix} B_1 \\ B_2 \\ B_3 \\ B_4 \end{bmatrix}=\begin{bmatrix} b_{11} & b_{12} & b_{13} \\ b_{21} & b_{22} & b_{23} \\ b_{31} & b_{32} & b_{33} \\ b_{41} & b_{42} & b_{43} \end{bmatrix}=\begin{bmatrix} 0.38 & 0.34 & 0.28 \\ 0.157 & 0.284 & 0.559 \\ 0.2 & 0.35 & 0.45 \\ 0.45 & 0.25 & 0.3 \end{bmatrix}$$

最后由 U 的各子集的权值向量 $\boldsymbol{A}$ 和综合评价决策矩阵 $\boldsymbol{R}$，经过合成运算，即得出系统功能的模糊综合评价为

$$\underset{\sim}{\boldsymbol{B}}=\underset{\sim}{A}\circ\underset{\sim}{\boldsymbol{R}}=[0.2507,\ 0.3078,\ 0.4415]$$

上述评价结果表明，该系统总体处于故障状态，其电气系统有故障，具体的故障部位、原因和解决方法可参看该 Agent 的具体诊断结果。

4. 小结

利用分布式多 Agent 远程故障诊断系统对复杂装备进行故障诊断时，需要综合不同诊断系统的结果形成最后的诊断意见，而不同诊断系统的诊断结论往往存在不一致的现象甚至出现完全相反的结论。鉴于此，建立模糊综合评判模型是对各个诊断信息进行综合衡量的有效方法。根据评判结果，发现系统不正常后，可以根据诊断 Agent 查看故障的情况和解决方法。

4.3.4 数控加工中心液压系统模糊故障诊断

本节以某数控加工中心液压系统典型故障为例，将模糊集理论与故障树分析相结合，将底事件的发生概率描述为模糊数，通过模糊数的运算规则求出顶事件故障概率的可能分布。

1. 故障树的建立

该加工中心为立式加工中心，利用液压系统传动功率大、效率高、运行安全可靠的优点，主要实现链式刀库的刀链驱动、主轴箱的配置、刀具的安装和主轴高低速的转换等。液压系统工作原理如图 4－10 所示。整个液压系统采用变量叶片泵为系统提供压力油，并在泵后设置止回阀用于减小由于系统断电或其他故障造成的液压泵压力突降对系统的影响，避免机械部件的冲击损坏。压力开关 3 用于检测液压系统的状态，如压力达到预定值，则发出液压系统压力正常的信号，该信号作为 CNC 系统开启后 PIE 高级报警程序自检的首要检测对象。

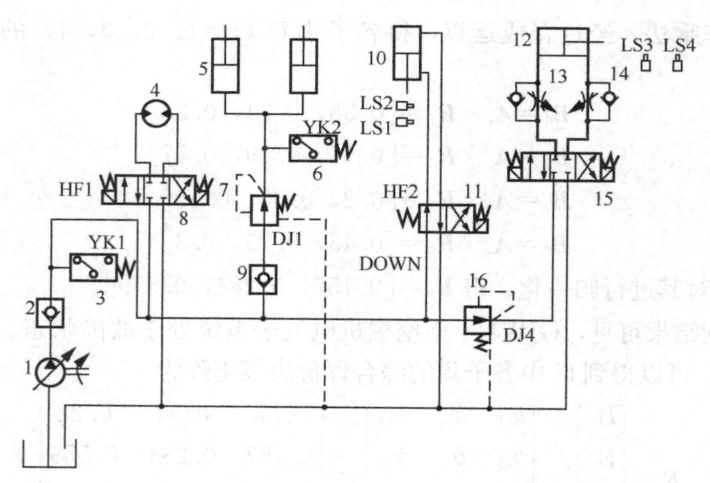

1—液压泵；2，9—止回阀；3，6—压力开关；4—液压马达；5—配重液压缸；7，16—减压阀；8，11，15—换向阀；10—松刀缸；12—变速液压缸；13，14—单向节流阀；LS1，LS2，LS3，LS4—行程开关

图 4－10 某加工中心的液压系统工作原理图

根据该液压系统的工作原理，以“G001：压力开关 3 无信号，PLC 自检发出报警信号，整个数控系统的动作无响应”作为顶事件建立故障树，如图 4－11 所示。结果事件参见表 4－10。

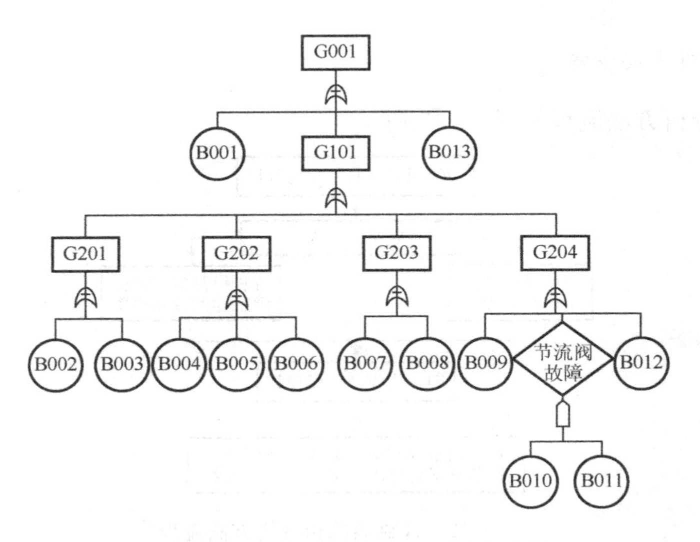

图 4－11　某加工中心液压系统故障树

表 4－10　结果事件表

代　码	结果事件名称
G001	压力开关 3 无信号，PLC 自检发出报警信号，整个数控系统的动作无响应
G101	支路故障
G201	刀链驱动支路故障
G202	主轴箱配重支路故障
G203	松刀缸支路故障
G204	主轴变速支路故障

由图 4－11 可得该液压系统故障树的结构函数为

$$G001=B001+G101+B013$$
$$G101=G201+G202+G203+G204$$
$$G201=B002+B003$$
$$G202=B004+B005+B006$$
$$G203=B007+B008$$
$$G204=B009+(B010\cdot B011)+B012$$

化简得

$$G001=B001+B002+B003+B004+B005+B006+B007+B008+B009+(B010\cdot B011)+B012+B013$$

从而得到该故障树的 12 个最小割集，即 {B001}、{B002}、{B003}、{B004}、{B005}、{B006}、{B007}、{B008}、{B009}、{B010 • B011}、{B012}、{B013}。这 12 个割集构成了该故障树顶事件的薄弱环节。

2. 模糊故障树分析方法

故障树的定量分析主要是计算或估计顶事件的发生概率。本例故障事件的发生概率信息较少，给定量分析带来困难。为此，引用模糊数学理论将故障树故障事件的发生概率用一个模糊数来表示，通过模糊数的运算来估计顶事件的故障概率。

1）故障树分析主要步骤

模糊故障树分析方法流程如图 4-12 所示。

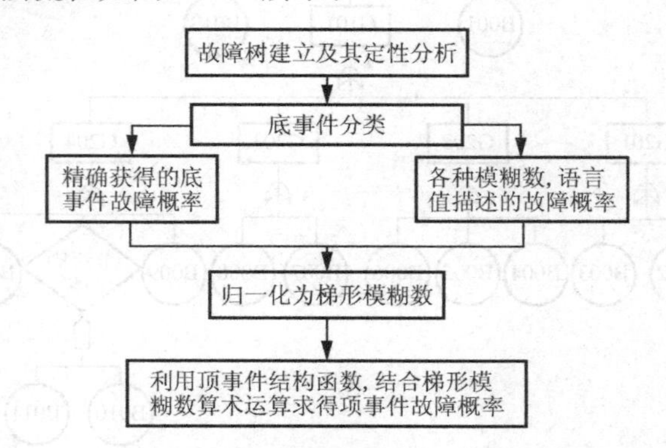

图 4-12　模糊故障树分析方法流程

2）模糊数及其归一化

使用语言值集合｛非常低，低，比较低，中等，比较高，高，非常高｝=｛VL，L，FL，M，FH，H，VH｝来表示“故障概率”的语言评价，语言值可用模糊数来近似表示，结合液压系统的特点及专家经验，选用的代表语言值的模糊数如图 4-13 所示。

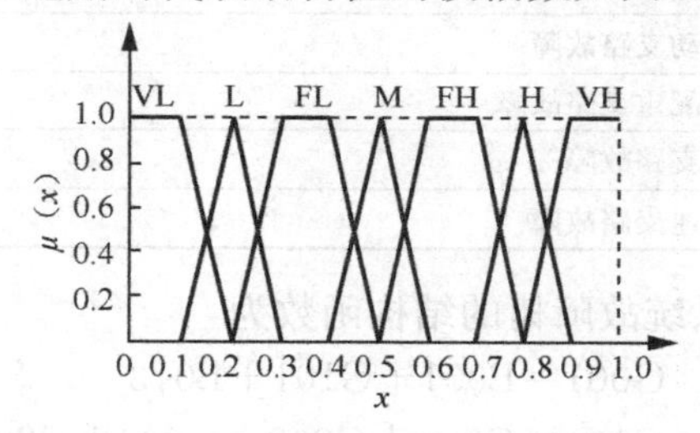

图 4-13　代表语言值的模糊数

通过各种途径获得的故障事件的发生概率有多种形式，包括精确发生概率值、语言值及各种模糊数。为了便于故障树分析，应将它们归一为一种形式。由于梯形模糊数为线性隶属函数，其代数运算较为简单，其他形式的模糊数也很容易转化为梯形模糊数，且梯形模糊数直观、实际，因此采用梯形模糊数进行研究。

（1）精确概率值。

对于精确概率值 p，可将其转化为梯形模糊数 $\underset{\sim}{q}=(p, p, p, p)$。

（2）三角模糊值。

对于三角模糊值 $\underset{\sim}{q}_0=(a, m, b)$，可将其转化为梯形模糊数 $\underset{\sim}{q}=(a, m, m, p)$。

（3）语言值。

对于语言值，可根据语言值对应的隶属函数转化为相应的梯形模糊数，如对应故障概率“比较低：FL”，从图 4-13 可以看出，其梯形模糊数为 $\underset{\sim}{q}=(0.2, 0.3, 0.4, 0.5)$。

3）梯形模糊数的代数运算

假设梯形模糊数 $\underset{\sim}{q}_1$ 和 $\underset{\sim}{q}_2$ 分别用（a_1，b_1，c_1，d_1）和（a_2，b_2，c_2，d_2）表示，可得梯

形模糊数 $\underset{\sim}{q}_1$ 和 $\underset{\sim}{q}_2$ 的代数运算法则如下。

（1）加法。

$$\underset{\sim}{q}_1 \oplus \underset{\sim}{q}_2 = (a_1, b_1, c_1, d_1) \oplus (a_2, b_2, c_2, d_2) = (a_1+a_2, b_1+b_2, c_1+c_2, d_1+d_2)$$

（2）减法。

$$\underset{\sim}{q}_1 \Theta \underset{\sim}{q}_2 = (a_1, b_1, c_1, d_1) \Theta (a_2, b_2, c_2, d_2) = (a_1-a_2, b_1-b_2, c_1-c_2, d_1-d_2)$$

（3）乘法。

$$\underset{\sim}{q}_1 \otimes \underset{\sim}{q}_2 = (a_1, b_1, c_1, d_1) \otimes (a_2, b_2, c_2, d_2) = (a_1a_2, b_1b_2, c_1c_2, d_1d_2)$$

4）顶事件发生概率的确定

根据模糊数归一化方法，结合实际经验、人为估算和资料数据，得到各底事件发生概率评价结果及其归一化结果见表4-11。

表4-11 底事件发生概率

代码	基本事件名称	发生概率评价结果	归一化结果
B001	压力开关3故障	(0.0006，0.0008，0.001)	(0.0006，0.0008，0.0008，0.001)
B002	液压马达故障	较高 (0.5，0.6，0.7，0.8)	(0.005，0.00976，0.0184，0.0355)
B003	换向阀8故障	0.00015	(0.00015，0.00015，0.00015，0.00015)
B004	止回阀9故障	0.0002	(0.0002，0.0002，0.0002，0.0002)
B005	减压阀7故障	0.0002	(0.0002，0.0002，0.0002，0.0002)
B006	配重支路摩擦力过大	极低 (0，0，0.1，0.2)	(0，0，0.0000164，0.000223)
B007	松刀缸支路摩擦力过大	极低 (0，0，0.1，0.2)	(0，0，0.0000164，0.000223)
B008	换向阀11故障	0.00015	(0.00015，0.00015，0.00015，0.00015)
B009	变速支路摩擦力过大	极低 (0，0，0.1，0.2)	(0，0，0.0000164，0.000223)
B010	节流阀13故障	0.0002	(0.0002，0.0002，0.0002，0.0002)
B011	节流阀14故障	0.0002	(0.0002，0.0002，0.0002，0.0002)
B012	换向阀15故障	0.00015	(0.00015，0.00015，0.00015，0.00015)
B013	油路堵塞	(0.108，0.1658，0.2246，0.3246)	(0.000022，0.000014，0.000333，0.001155)

由于各底事件相互独立，所以顶事件发生的概率可根据梯形模糊数运算法则中的“或”门、“与”门算子计算得到。经计算（过程略），可得顶事件发生概率的模糊数为

$$\underset{\sim}{q}_T = (0.006672, 0.01072, 0.02076, 0.0389)$$

由此可知顶事件模糊概率仍可用梯形模糊数来近似表示。显然，其结果可以解释为顶事件的发生概率在0.006672和0.0389之间，但顶事件的发生概率在0.01072和0.02076之间的可能性最大，其隶属度为1，即可认为顶事件的发生概率大约在0.01072和0.02076之间。顶事件发生概率的这种模糊性是由底事件发生概率的模糊性所决定的，保留这种模糊性的描述更能反映事物的本质。

4.3.5 自升式平台液压升降系统的状态模糊综合评判

自升式平台在我国的海上油气开发过程中起着非常重要的作用。海上油气自升式平台广泛采用液压升降系统。液压升降系统的状态对平台作业的进行起着至关重要的作用，因此对甲板液压系统进行状态评估能使管理者和操作者准确了解液压系统的工作状态，为其维护和

保养提供依据。

1. 自升式平台液压升降系统的组成

（1）动力元件：即液压泵。其作用是将原动机的机械能转换成油液压力能，给系统提供一定流量的压力油液。

（2）执行元件：即液动机（油缸或油马达）。其作用是将液压能重新转换成机械能，克服负载，带动机器完成所需要的动作。

（3）控制元件：即各种阀，如压力阀、流量阀、换向阀等。其作用是控制和调节液流的压力、流量和方向，从而改变执行元件的作用力（或转矩）、运动速度和方向。

（4）辅助元件：指油箱、滤油器、蓄能器、油管、压力表等，分别起储油、过滤、储能、输油、测量等作用。

（5）工作介质：即油液，绝大多数采用矿物油。

无论液压系统复杂程度如何，必定包含上述4种液压元件及工作介质。缺少一种，系统就不能正常工作或功能不全。

2. 自升式平台液压升降系统评估准则

1）基本设备单元的重要度

自升式平台液压系统基本设备单元的重要度可划分为以下几个级别。

A类：设备故障造成人员严重伤害、平台或系统严重损坏，从而导致升降失败。

B类：设备故障造成人员轻度伤害、系统和器材轻度损坏，导致升降延误。

C类：设备故障不造成人员伤害，但系统或器材有损坏，导致非计划性维修。

对以上级别所对应的重要度进行量化，参见表4-12。

表4-12　基本设备单元重要度量化表

级　别	A类	B类	C类
重要度分值	7～10	4～7	0～4

在评判过程中，由专家对该液压系统基本设备单元的重要程度进行打分。

2）故障维修策略

对于基本设备单元的常见故障，通过调研可知维修策略分为以下几种。

A类：平台人员简单处理或保养维护。

B类：平台人员更换备件。

C类：试购配件。

D类：专业人员维修。

E类：平台撤回、进坞维修。

对以上维修策略的难易程度进行量化，参见表4-13。

表4-13　维修难易程度量化表

级别	A类	B类	C类	D类	E类
分值	0～2	2～4	4～6	6～8	8～10

在评判过程中，由专家对该液压系统维修策略的难易程度进行打分。

3）液压系统故障影响度的计算

基本设备单元的重要度和故障维修的难易程度是判断自升式平台液压系统故障严重程度的两个重要指标。因此，液压系统基本设备单元的故障影响度可由下式计算，即

$$故障影响度（S）=重要度（I）\times 维修难易程度（H）$$

4）液压系统状态等级

对自升式平台液压系统状态等级的划分原则如下。

1 级：很好的状态。液压系统运转良好，各项设备功能检查结果符合要求，各项监测参数未出现异常。正常情况下，不会突发影响升降安全的故障。

2 级：良好的状态。液压系统绝大多数设备运转正常，部分设备需要进行简单维护、修理，但不影响甲板升降的执行。

3 级：可接受的状态。液压系统多数设备运转正常，部分设备需要进行修理或更换部件，对甲板升降的执行产生一定影响。

4 级：不可接受的状态。液压系统部分重要设备出现严重故障，需要立即进行修理或更换部件，导致甲板升降无法完成。

以上状态等级与故障影响度的对应关系参见表 4-14。

表 4-14　状态等级与故障影响度的对应关系

状 态 等 级	1 级	2 级	3 级	4 级
故障影响度	0～25	25～50	50～75	75～100

5）建立故障检查程序

对液压系统常见的故障，执行故障检查程序，以确定存在的故障模式。

3. 自升式平台液压系统状态模糊综合评判

（1）建立自升式平台液压系统状态的评价因素集。它是影响所要评价的自升式平台液压系统状态的各故障模式所组成的一个普通集合，即

$$F^{(j)}=\{f_1^{(j)}, f_2^{(j)}, \cdots, f_n^{(j)}\}$$

式中，$F^{(j)}$为第 j 个子液压系统状态的评价因素集；$f_k^{(j)}(k=1, 2, \cdots, n)$ 代表各故障模式，这些故障模式常常具有一定程度的模糊性。

（2）建立自升式平台液压系统状态的备择集。它是对自升式平台液压系统可能做出的各种评判结果所组成的集合。若用 $c_i^{(j)}(i=1, 2, \cdots, m)$ 表示第 j 个子液压系统的备择因素（或备择集），则整个系统的备择集即为

$$c^{(j)}=[c_1^{(j)}, c_2^{(j)}, \cdots, c_m^{(j)}]$$

（3）建立各故障模式的权重集。各故障模式的重要程度不同，为反映这一特性，对故障模式 $f_k^{(j)}$ 应赋予相应的权数 $\omega_k^{(j)}$。通常，权数 $\omega_k^{(j)}$ 应满足归一性和非负性条件。权重的确定采用层次分析法，权重集即为

$$\omega^{(j)}=\{\omega_1^{(j)}, \omega_2^{(j)}, \cdots, \omega_n^{(j)}\}$$

(4) 建立模糊关系矩阵 $\boldsymbol{E}^{(ij)}=[e_{lk}^{(ij)}]_{m\times n}$。$e_{lk}^{(ij)}$ 为第 i 个专家针对第 j 个子液压系统得出的第 k 个故障模式对第 l 个备择集的隶属度。其中，$i=1,2,\cdots,I$；$k=1,2,\cdots,m$。

根据调研和专家分析，采用如下的隶属函数确定隶属度，即

$$e_1(S_k)=\begin{cases}1, & S_k<15\\ \left(\dfrac{S_k-15}{25}\right)^2, & 15\leqslant S_k<40\\ 0, & S_k\geqslant 40\end{cases}$$

$$e_2(S_k)=\begin{cases}0, & S_k<15\\ \left(\dfrac{S_k-15}{20}\right)^2, & 15\leqslant S_k<35\\ 1, & 35\leqslant S_k<40\\ \left(\dfrac{60-S_k}{20}\right)^2, & 40\leqslant S_k<60\\ 0, & S_k\geqslant 60\end{cases}$$

$$e_3(S_k)=\begin{cases}0, & S_k<40\\ \left(\dfrac{S_k-40}{20}\right)^2, & 40\leqslant S_k<60\\ 1, & 60\leqslant S_k<65\\ \left(\dfrac{85-S_k}{20}\right)^2, & 65\leqslant S_k<85\\ 0, & S_k\geqslant 85\end{cases}$$

$$e_4(S_k)=\begin{cases}0, & S_k<60\\ \left(\dfrac{S_k-60}{25}\right)^2, & 60\leqslant S_k<85\\ 1, & S_k\geqslant 85\end{cases}$$

式中，$e_l(l=1,2,3,4,\cdots)$ 表示对自升式平台液压系统即时状态等级第 $l(l=1,2,3,4,\cdots)$ 级的隶属度；S_k 表示第 k 个故障模式的故障影响度。

这样可建立综合模糊关系矩阵 $\widetilde{\boldsymbol{E}}^{(j)}=[\widetilde{e}_{lk}^{(j)}]_{m\times n}$，其中 $\widetilde{e}_{lk}^{(j)}$ 为针对第 j 个子液压系统得出的第 k 个故障模式对第 l 个备择集的综合隶属度，即

$$\begin{cases}e_{lk}^{(j)}=\dfrac{1}{I}\displaystyle\sum_{i=1}^{l}e_{lk}^{(ij)}\\ \widetilde{e}_{lk}^{(j)}=e_{lk}^{(j)}\Big/\displaystyle\sum_{i=1}^{m}e_{lk}^{(j)}\end{cases}$$

(5) 建立模糊综合评判矩阵 $\boldsymbol{B}^{(j)}$。其中，$\boldsymbol{B}^{(j)}=(b_1^{(j)},b_2^{(j)},\cdots,b_m^{(j)})$ 与第 j 个子液压系统对应，则

$$b_l^{(j)}=\bigvee_{k=1}^{n}(\widetilde{e}_i^{(j)}\wedge\omega_k^{(j)}),\ l=1,2,\cdots,m$$

式中，$\boldsymbol{B}^{(j)}$ 为模糊综合评判矩阵；$b_1^{(j)}$ 为模糊评判指标，简称评判指标，即综合考虑所有因素的影响时，评判对象对备择集中第 j 个元素的隶属度；$\vee$ 为取大符号，$\wedge$ 为取小符号。

对其进行规一化得

$$\underset{\sim}{B}^{(j)}=(\underset{\sim}{b}_1^{(j)},\underset{\sim}{b}_2^{(j)},\cdots,\underset{\sim}{b}_m^{(j)})$$

式中，$\underset{\sim}{b}_l^{(j)} = b_l^{(j)} \Big/ \sum_{i=1}^{m} b_l^{(j)}$。

（6）结果处理。采用最大隶属度法来确定最终的评判结果，即最大隶属度对应的状态级别即为该自升式平台液压系统状态的级别。

4. 实例分析

以某平台液压升降系统为例，应用上述方法分析其状态。

1）故障模式分析

结合调研资料，确定故障影响分析专家调查表，参见表 4－15。

表 4－15　故障影响分析专家调查表

基本设备单元	基本故障模式	对子系统的影响
液压泵	液压泵磨损泄漏	升降机不能动，制动装置失效，变速装置失效
	液压泵故障	升降机不能动，制动装置失效，变速装置失效
安全溢流阀	安全溢流阀泄漏	升降机不能动，制动装置失效，变速装置失效
单向阀	单向阀泄漏	升降机不能动，制动装置失效，变速装置失效
液压马达换向阀	换向阀泄漏	升降机不能动
液压马达	液压马达故障	升降机不能动
离合器油缸	液压缸泄漏	变速装置失效
制动油缸	制动油缸泄漏	制动装置失效
滤油器	滤油器堵塞	升降机不能动，制动装置失效，变速装置失效
管路	管路堵塞	升降机不能动，制动装置失效，变速装置失效
油箱	油箱缺油	升降机不能动，制动装置失效，变速装置失效
液压泵与电动机	液压泵与电动机对中不良	升降机工作时有异常振动和噪声
电动机	电动机故障	升降机不能动，制动装置失效，变速装置失效
地脚螺栓	地脚螺栓松动	升降机工作时有异常振动和噪声

2）故障检查程序

以“升降装置未动”故障为例，其诊断流程如图 4－14 所示。

3）液压升降系统状态计算

（1）建立液压升降系统即时状态的评价因素集。此液压升降系统存在的故障为制动装置失效和升降机工作时有异常振动和噪声。通过故障检查过程得出，存在的故障模式有液压泵和电动机对中不良、制动油缸泄漏和油箱缺油。由此可得评价因素集为

$$F^{(3)} = \{液压泵和电动机对中不良，制动油缸泄漏，油箱缺油\}$$

（2）建立升降系统即时状态的备择集。此液压升降系统即时状态的备择集为

$$C^{(3)} = \{1 级，2 级，3 级，4 级\}$$

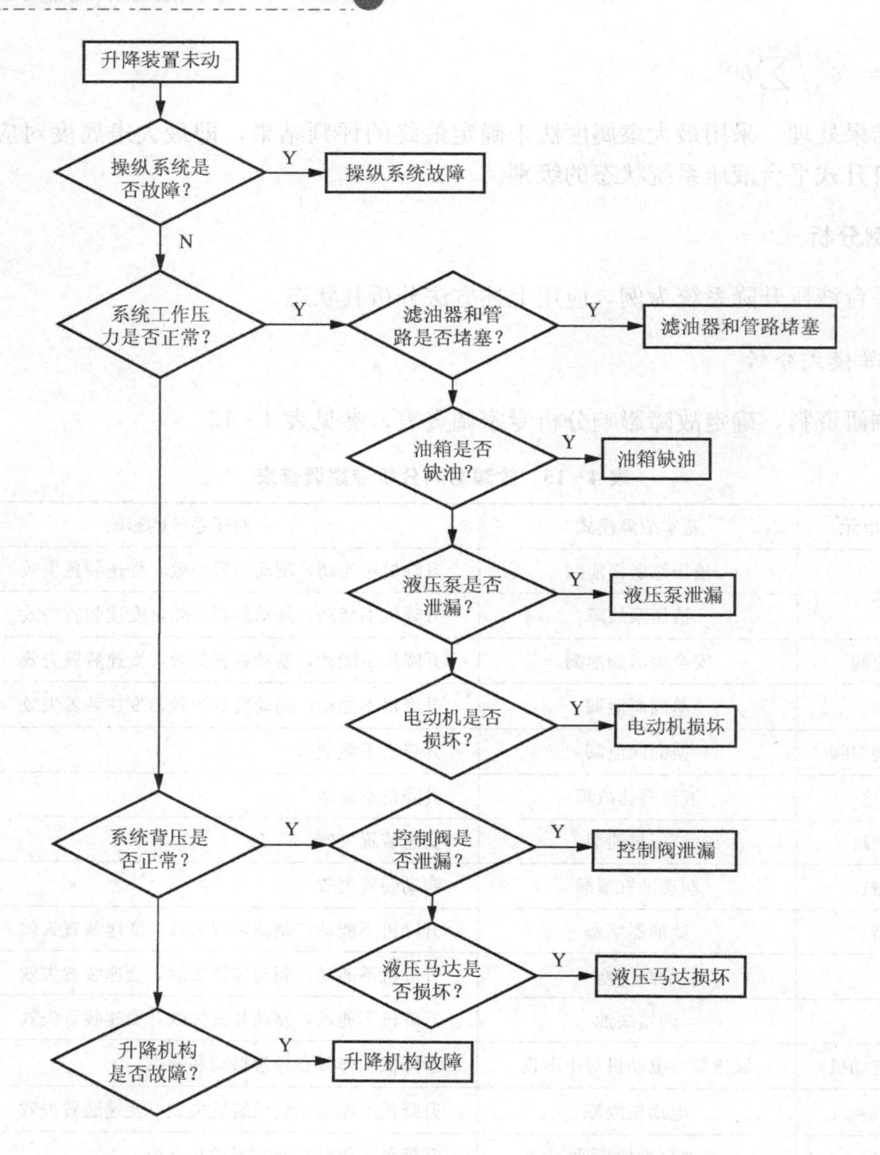

图 4-14 “升降装置未动”故障诊断流程

(3) 建立各故障模式的权重集。对以上检查出的各故障模式，判断矩阵为

$$A=\begin{bmatrix}1 & \frac{1}{4} & \frac{1}{5}\\ 4 & 1 & \frac{1}{3}\\ 5 & 3 & 1\end{bmatrix}$$

则 $\boldsymbol{W}=[\bar{W}_1, \bar{W}_2, \bar{W}_3]=[0.368, 1.101, 2.466]^{\mathrm{T}}$，进行规一化后得

$$\bar{\boldsymbol{W}}=[0.094, 0.279, 0.627]^{\mathrm{T}}$$

经计算得最大特征根 $\lambda_{\max}=3.089$，则一致性指标 $\mathrm{CI}(3)=\frac{\lambda_{\max}-3}{3-1}=0.045$，于是随机一致性比率 $\mathrm{CR}(4)=\frac{\mathrm{CI}(4)}{\mathrm{RI}(4)}=0.078<0.10$，判断矩阵一致。

因此，可以得到各故障模式的权重向量为

$$\boldsymbol{W}=[0.094,\ 0.279,\ 0.627]^{\mathrm{T}}$$

(4) 建立模糊关系矩阵。由前面所述的隶属函数的确定方法，通过专家打分，可确定各故障模式对各备择集的隶属度。由此可得模糊关系矩阵为

$$\widetilde{\boldsymbol{E}}^{(3)}=\begin{bmatrix}1 & 0 & 0.390\\ 0 & 0.692 & 0.610\\ 0 & 0.308 & 0\\ 0 & 0 & 0\end{bmatrix}$$

(5) 建立模糊综合评判矩阵 $\boldsymbol{B}_0$：

$$\widetilde{\boldsymbol{B}}^{(3)}=(0.390,\ 0.279,\ 0.279,\ 0)$$

将其进行归一化得

$$\widetilde{\boldsymbol{B}}^{(2)}=(0.412,\ 0.294,\ 0.294,\ 0)$$

(6) 即时状态等级判断。根据最大隶属度原则，该液压升降系统的即时状态等级为1级，平台液压升降系统运转良好，各项设备功能检查结果符合要求，各项监测参数未出现异常，正常情况下不会突发影响升降安全的故障。

4.3.6 闪光焊机液压伺服系统故障的诊断

MIEBACH（米巴赫）闪光焊机是某冷轧厂酸洗机组生产线上的关键设备，其焊接过程为：在压紧缸压紧带钢后，先由比例阀控制顶锻机架快速行走；在引弧之前，比例阀切断，伺服阀投入工作，完成一次闪光、二次闪光、加速闪光等工序；最后加上顶锻压力顶锻带钢，完成整个焊接过程。焊机液压伺服系统在保证焊接质量、降低带钢的断带率方面起着关键的作用。其运行直接影响整个酸洗机组生产线的生产。该液压系统是一个结构复杂且精度高的机、电、液综合系统，发生故障时，依靠现场人员经验检测故障效率不高，严重影响正常生产。

1. 液压伺服系统故障机理分析

液压伺服系统一般由伺服阀、执行机构以及一些辅助的元件组成。各主要元件常见的故障参见表4-16。

表4-16 主要元件常见故障

故障类型		故障原因	故障现象	故障特点
伺服阀	喷嘴堵塞	油液污染	系统零偏增大，系统不稳定	突变故障
	滑阀卡滞	油液污染，滑阀变形	输出恒定流量，系统压力降低	突变故障
	泄漏	刃边磨损，径向主阀芯磨损	零偏增大，增益下降，压力降低	缓变故障
减压阀	卡死	油液污染，阀芯变形	不起减压作用	突变故障
	泄漏	锥阀与阀座接触不良	二次压力升不高	突变故障
溢流阀	阀芯卡滞	密合不良，滑阀变形或拉毛	压力波动	突变故障
	泄漏	锥阀、阀座接触不良，密封破坏供油流量过小	漏油严重	突变故障
执行机构	爬行	运动部件摩擦过大	运动件出现爬行现象	突变故障
	卡死	径向不平衡或油液污染	执行机构不受控制	突变故障

从表 4－16 可以看出，对于伺服阀、减压阀、溢流阀卡死等突变故障，故障特征明显，诊断方法较多；对于伺服阀泄漏、传感器输出漂移等缓变小幅值故障，传统方法不能有效将其与环境干扰分离，需要采取鲁棒、模糊故障诊断等策略。

2. 液压伺服系统模糊故障诊断算法

1）液压伺服系统模糊故障诊断的模型

设液压伺服系统中所有可能的故障原因集合为 $Y=\{y_1, y_2, \cdots, y_n\}$，其中 n 为故障原因种类的总数；由故障原因引起的各种故障征兆集合为 $X=\{x_1, x_2, \cdots, x_m\}$，其中 m 为故障征兆种类的总数。

由于液压伺服系统故障征兆具有模糊性，因此需要通过建立隶属函数来表征各种征兆隶属于各种故障原因的程度。

得到一故障征兆群样本为 $\{x_1, x_2, \cdots, x_m\}$，同时得出样本各个分量对故障征兆的隶属度 $\mu_{x_m}(x_m)$，于是故障征兆就可用模糊向量表示为

$$\boldsymbol{X}=\{\mu_{x_1}(x_1), \mu_{x_2}(x_2), \cdots, \mu_{x_m}(x_m)\}$$

同理，故障的原因用模糊向量表示为

$$\boldsymbol{Y}=\{\mu_{y_1}(y_1), \mu_{y_2}(y_2), \cdots, \mu_{y_m}(y_m)\}$$

因为故障原因与征兆之间存在因果关系，所以根据模糊推理原则可以得到模糊关系式为

$$\boldsymbol{Y}=\boldsymbol{X}\circ\boldsymbol{R}$$

式中，$\boldsymbol{R}$ 为模糊关系矩阵，表示为

$$\boldsymbol{R}=\begin{bmatrix} r_{11} & r_{12} & \cdots & r_{1n} \\ \vdots & \vdots & & \vdots \\ r_{m1} & r_{m2} & \cdots & r_{mn} \end{bmatrix}=(r_{ij})_{m\times n}$$

式中，矩阵元素 r_{ij} 表示第 i 种征兆对第 j 种故障原因的隶属度，即 $r_{ij}=\mu_{y_j}(x_i)$。

其中，“$\circ$”是模糊算子，在不同条件下可表示不同的逻辑运算，常用的有以下 4 种模型（“$\wedge$”代表取小，“$\vee$”代表取大，“$\cdot$”代表乘，“$\oplus$”代表加）。

（1）$M(\wedge, \vee)$，即

$$y_j=\bigvee_{i=1}^{m}(x_i\wedge r_{ij}),\ j=1, 2, \cdots, n$$

这比较适用于单项主要症状被认为是综合特征的情况，因为其结果只由指标最大者决定，其余指标在一定范围内变化并不影响评判结果。

（2）$M(\cdot, \vee)$，即

$$y_j=\bigvee_{i=1}^{m}(x_i\cdot r_{ij}),\ j=1, 2, \cdots, n$$

这可用于 $M(\wedge, \vee)$ 模型的评判结果不可区别的失效情况，因为用“$\cdot$”运算，较“$\wedge$”要精细一些，多少反映了非主要症状的作用。

（3）$M(\cdot, \oplus)$，即

$$y_j=1\wedge\sum_{i=1}^{m}(x_i r_{ij}),\ j=1, 2, \cdots, n$$

这是综合评判模型，因为它按照各症状在总评因素中所起作用的大小均衡兼顾，同时考虑了所有因素的影响。

（4）$M(\wedge, \oplus)$，即

$$y_j = 1 \wedge \sum_{i=1}^{m} (x_i \wedge r_{ij}), \ j=1, 2, \cdots, n$$

这与 $M(\cdot, \vee)$ 类似，都属于“主要症状突出型”。

值得注意的是，对于同一种评判现象，在同样的 $\boldsymbol{X}$、$\boldsymbol{R}$ 下，按各种模型计算的结果有所不同，但在实际应用中，综合评判的最后结果 $\boldsymbol{Y}$ 的绝对大小没有多大意义，有意义的是不同对象间的比较，即相对大小。

由以上可知，对于液压伺服系统，故障征兆向量 $\boldsymbol{X}$ 已知，又根据故障统计数据及液压系统故障诊断专家的经验事先构造好了模糊关系矩阵 $\boldsymbol{R}$，就可以求得故障原因向量 $\boldsymbol{Y}$，进而对各种故障原因进行分析与综合以得出故障诊断结果。

2）液压伺服系统故障诊断矩阵的建立

液压伺服系统模糊逻辑诊断的成功依赖于建立故障与原因之间的从属关系，构造出相应的诊断矩阵。诊断矩阵建立的流程如图 4－15 所示。

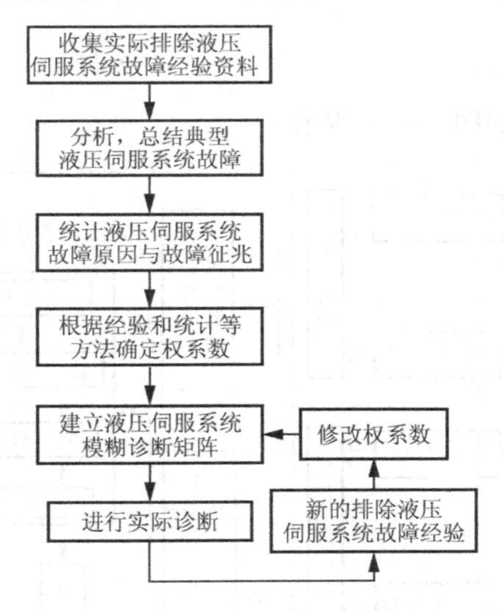

图 4－15　诊断矩阵建立流程

目前确定隶属函数主要有以下 3 种途径。

① 根据调查统计结果得出隶属函数。

② 根据实际系统问题的性质，选用某些典型函数作为隶属函数。

③ 根据主观认知或者专家经验，给出隶属函数的具体数值。

具体的隶属函数确定方法有模糊统计实验法、加权统计法、二元对比排序法、动态信号分析法等。

3）液压伺服系统模糊逻辑诊断原则

液压伺服系统模糊诊断过程中主要有以下 3 种诊断原则。

（1）最大隶属原则。

设给定论域 U 上有 n 个模糊子集（模糊模式）A_1，A_2，…，A_n，对于 U 上的任一元素 u_0（u_0 为一具体识别对象），其隶属函数分别是 $\mu_{A_1}(u_0)$，$\mu_{A_2}(u_0)$，…，$\mu_{A_n}(u_0)$，若有

$\mu_{A_i}(u_0)=\max(\mu_{A_1}(u_0), \mu_{A_2}(u_0), \cdots, \mu_{A_n}(u_0))$，$i=1, 2, \cdots, n$，则认为元素 u_0 相对隶属于 A_i。

最大隶属原则是一种直接的状态识别方法，其优点是简单易行，在计算机上实现容易。

(2) 阈值原则。

规定一个阈值水平 $\lambda\in[0, 1]$，记 $a=\max\{\mu_{A_1}(u), \mu_{A_2}(u), \cdots, \mu_{A_i}(u)\}$，若 $a<\lambda$，则做出“拒识”判定，说明故障信息不足，在诊断人员补足信息之后重新诊断；若 $a\geqslant\lambda$，则认为诊断可行；如果共有 $\mu_{A_1}(u), \mu_{A_2}(u), \cdots, \mu_{A_i}(u)\geqslant\lambda$，则判定 u 归属于 $A_1\cup A_2\cup\cdots\cup A_i$。

(3) 择近原则。

设给定论域 U 上有 n 个模糊子集（模糊模式）$A_1, A_2, \cdots, A_n$。当被识别的对象本身也是模糊的，或者说被识别对象 B 是状态论域 U 上的另一模糊子集时，若有 $1\leqslant i\leqslant n$，使得 $N(B, A_i)=\max\limits_{1\leqslant j\leqslant n}(B, A_i)$，则认为 B 与 A_i 最贴近，B 应归为模式 A_i，这个原则就称为择近原则。

3. 故障诊断系统软硬件组成

1) 系统硬件

故障诊断系统硬件组成如图 4-16 所示。

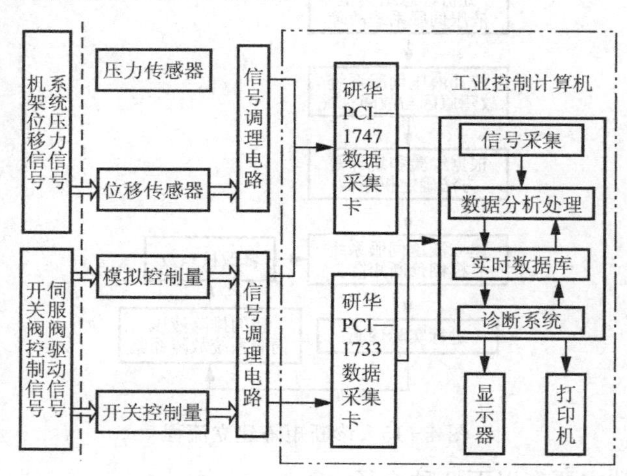

图 4-16　故障诊断系统硬件组成

该系统主要由以下元器件组成。

① 压力传感器（贺德克 EDS344—3 系列）。

② 位移传感器。

③ 模拟信号前置处理电路板、数字信号前置处理电路板。

④ 研华 PCI—1747 模拟信号数据采集卡、研华 PCI—1733 数字信号数据采集卡。

⑤ 研祥工业控制计算机、显示器、打印机等。

其中，模拟信号前置处理电路板具有隔离、抗混叠滤波、信号调理功能，数字信号前置处理电路板具有光电隔离、保护数据采集卡功能。

PCI—1747 数据采集卡具有 316 位高分辨率、250kS/s 采样速率、自动校准功能、64 路单端输入或 32 路差分输入、单极性/双极性输入范围、1K 片上 FIFO 缓存、PCI 总线接口等。PCI—1733 数据采集卡具有 32 路隔离数字量输入通道、高电压隔离（DC 2500V）、中断能力、用于隔离输入通道的 D 型接口。

以上所述系统硬件是整个故障诊断系统的基础，其性能直接影响到故障诊断的准确性、可靠性、实时性，所以选择和设计合适的系统硬件至关重要。

2）系统软件

故障诊断系统软件采用 VC# 编写。VC# 是由 Microsoft 开发的一种新型编程语言，继承了 VC++的强大功能，同时又和 VB 一样简单。它具有简单、现代、面向对象、类型安全、版本控制、兼容和灵活等重要特点。

本故障诊断系统软件包括测点综视图模块、测点细节图模块、故障分析模块、焊接数据报表模块和参数设置模块。故障诊断系统软件组成如图 4-17 所示。

测点综视图模块显示整个焊机液压伺服系统原理图以及各测点分布位置，从而可以直观了解整个液压伺服系统的工作状态。

测点细节图模块显示各个测点时域波形，从而可直观了解各测点细节状态。

故障分析模块根据实时采集的系统的状态参数，结合模糊诊断规则和液压伺服系统模糊故障诊断矩阵，诊断出闪光焊机液压伺服系统可能存在的故障。

焊接数据报表模块综合各测点采集到的参数值，显示各测点综合波形，为离线人工故障诊断提供直观的分析依据。

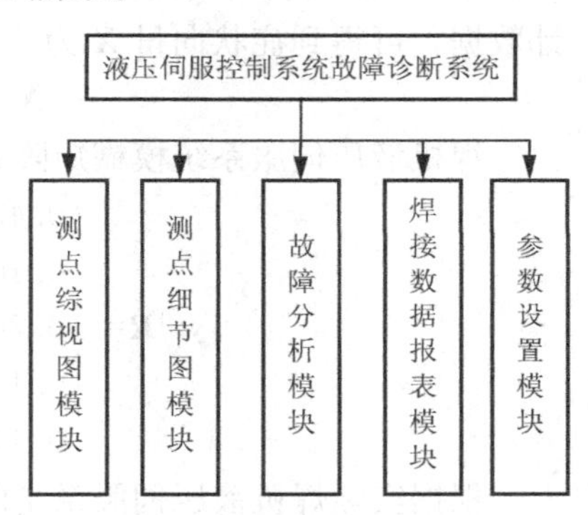

图 4-17　故障诊断系统软件组成

参数设置模块设置压力传感器参数、硬件接口参数、征兆与原因之间的权系数等。

4. 模糊故障诊断算法的应用

液压伺服系统模糊故障诊断的实质是在分析液压系统故障现象和故障原因的基础上，由征兆推出故障原因。

在使用模糊诊断方法时，主要是靠经验和模糊统计构成液压伺服系统模糊诊断矩阵，再根据模糊逻辑合成算法进行判定。

根据现场实际运行过程的数据以及专家经验，构建了一个合理可行的液压伺服系统模糊矩阵，参见表 4-17。

表 4-17　焊机液压伺服系统模糊矩阵

故障征兆	故障原因					
	伺服阀滑阀卡滞	插装阀卡死	液压泵故障	主油路回油路单向阀故障	减压阀故障	液压缸卡死
伺服阀出口压力异常	0.45	0.56	0.30	0.05	0.00	0.60
伺服阀进口压力异常	0.10	0.05	0.85	0.01	0.01	0.01
液压缸不动作	0.20	0.30	0.45	0.10	0.01	0.85
主油路同油压力过高	0.10	0.10	0.20	0.90	0.10	0.30
先导控制油控制压力过高	0.11	0.10	0.50	0.10	0.85	0.10

由于故障征兆、原因较多，表 4-17 中只列举了一小部分数据进行分析。表 4-17 中将征兆集中的单因素与原因集中的单因素之间的模糊关系设定一个评价集，对应取［0，1］中的任何值，定量处理，参见表 4-18。

表 4-18　模糊关系定量对照表

模糊关系评价集	无关系	轻微	一般	较大关系	很大关系	直接关系
量化	0.00～0.10	0.11～0.30	0.31～0.50	0.51～0.80	0.81～0.99	1

以后随着闪光焊机液压伺服系统的运行，不断总结出更加切合实际需求的定量数据信息，再修正液压伺服系统模糊诊断矩阵，以期能更好地与闪光焊机液压伺服系统实际运行状态相适应，提高诊断的准确性，降低误报率。

根据数据采集卡采集到的焊机液压伺服系统状态参数，以及专家经验和长期现场故障统计数据，可得到症状向量 $\boldsymbol{X}$ 为

$$\boldsymbol{X}=[0.1\quad 0.3\quad 0.7\quad 0.1\quad 0.1]$$

焊机液压伺服系统模糊矩阵 $\boldsymbol{R}$ 为

$$\boldsymbol{R}=\begin{bmatrix} 0.45 & 0.56 & 0.30 & 0.05 & 0.00 & 0.60 \\ 0.10 & 0.05 & 0.85 & 0.01 & 0.01 & 0.01 \\ 0.20 & 0.30 & 0.45 & 0.10 & 0.01 & 0.85 \\ 0.10 & 0.10 & 0.20 & 0.90 & 0.10 & 0.30 \\ 0.11 & 0.10 & 0.50 & 0.10 & 0.85 & 0.10 \end{bmatrix}$$

根据实际焊机液压伺服系统的特点，本诊断系统采用最大隶属原则进行诊断，“∘”算子采用 $M(\cdot,\vee)$ 算法模型，因此可得到

$$\boldsymbol{Y}=\boldsymbol{X}\circ\boldsymbol{R}=[0.07\quad 0.09\quad 0.595\quad 0.09\quad 0.085\quad 0.255]$$

分析以上计算的数据，可得出焊机液压伺服系统最有可能发生的故障为液压泵故障，其次为液压缸卡死，最不可能发生的故障为伺服阀滑阀卡滞。这与本焊机液压伺服系统实际诊断结果相同。

4.4　液压故障神经网络诊断

4.4.1　神经网络概述

神经网络实质上是对人类大脑神经细胞的近似功能模拟。在神经网络系统中，一旦有了新的样本知识，通过学习后，理论上所有神经元之间的连接权值都将发生变化。采用神经网络的方法来实现液压系统的故障诊断，并将多传感器信息融合，可有效地消除单传感器由于信息不足、不完全而导致的误判现象，并提高故障诊断的准确性。

本节以 BP 神经网络为例，介绍神经网络结构和原理。

BP 神经网络是一种按误差逆传播算法训练的多层前馈网络（MFNN），神经元的变换函数采用 S 型函数。BP 网络能学习和存储大量的输入与输出模式映射关系，因此输出量是 0～1 之间的连续量。它的学习规则是使用最速下降法，通过反向传播来不断调整网络的权值和阈值，使网络的误差平方和最小。BP 神经网络模型拓扑结构包括输入层、隐含层和输出层，

如图 4-18 所示。

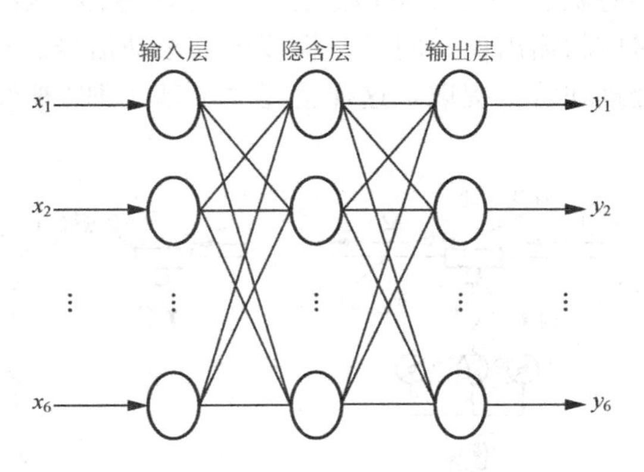

图 4-18 BP 神经网络

第一层为输入层，第 Q 层为输出层，中间各层为隐含层，前层至后层通过权连接。设第 q 层（$q=1, 2, \cdots, Q$）的神经元个数为 n_q，输入第 q 层的第 i 个神经元的连接的权系数为 $w_{ij}^{(ij)}$（$i=1, 2, \cdots, n_q$；$j=1, 2, \cdots, n_{q-1}$）。该网络的输入与输出映射关系为

$$\begin{cases} s_i^{(q)} = \sum\limits_{j=0}^{n_{q-1}} w_{ij}^{(ij)} x_j^{(q-1)} \\ x_i^{(q)} = [f s_i^{(q)}] = \dfrac{1}{1+e^{-\mu_{ij}^{(q)}}} \end{cases}$$

式中，$x_0^{(q-1)}=\theta_i^{(ij)}$，$w_{i0}^{(q-1)}=-1$。

给定 P 组输入样本：

$$x_p^{(0)}=[x_{p1}^{(0)}, x_{p2}^{(0)}, x_{pn0}^{(0)}]^{\mathrm{T}}$$

$$d_p=[d_{p1}, d_{p2}, \cdots, d_{pnQ}]^{\mathrm{T}}$$

式中，$p=1, 2, \cdots$。

经过训练的网络，当输入发生较小变化时，其输出能够与原输入产生的输出保持相当小的差距。该性质称为泛化性能（Generalization）。BP 神经网络是具有很强泛化性能的学习算法，是一类大规模的非线性系统，系统具有自组织和协同的潜力，不同的神经网络有不同的训练函数。利用快速 BP 算法训练前向神经网络，对网络的连接权系数进行学习和调整，采用动量或自适应学习，可减少训练时间，使网络实现给定的输入与输出映射关系。

设 BP 神经网络拟合误差的代价函数为

$$E=\frac{1}{2}\sum_{p-1}^{P}\sum_{i-1}^{n_Q}[d_{pi}-x_{pi}^{(Q)}]^2$$

$$E_p=\frac{1}{2}\sum_{i-1}^{n_Q}[d_{pi}-x_{pi}^{(Q)}]^2$$

为使 E 按网络权系数的梯度逐渐降至最小值，网络训练采用误差反向传播算法，这是权值调整过程。

4.4.2 基于 BP 神经网络的航天发射塔液压系统故障诊断

1. 航天发射塔旋转平台液压系统及故障

某航天发射塔旋转平台液压系统检测回路如图 4-19 所示，测量的参数主要为压力和流

量，液压回路中的测量传感器主要有流量传感器、压力传感器、电压传感器和电流传感器，用来检测各个测试点相对应的输出值。同时，将液压泵振动信号、功率信号、压力信号、液压缸的应变信号进行预处理和特征提取，这样就建立了基于BP神经网络的液压系统状态检测与故障诊断系统。

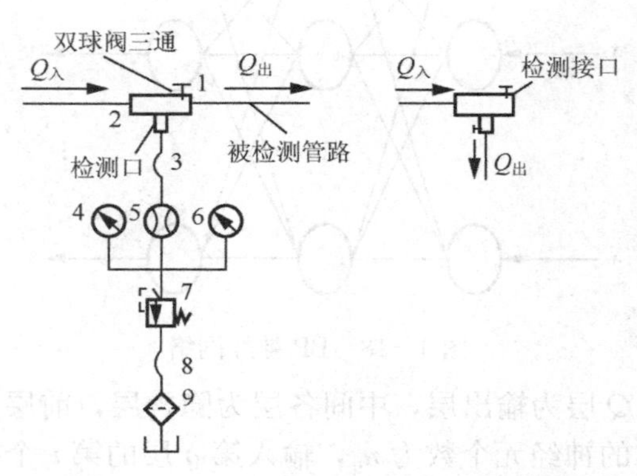

1，2—截止球阀；3，8—软管；4—压力表；5—流量计；6—温度计；7—溢流阀；9—过滤器

图4-19　检测回路

液压系统故障现象有8种：油缸内泄漏（F1），换向阀的出口溢流阀损坏（F2），系统安全阀阻尼孔堵塞或弹簧损坏（F3），油泵泄漏（F4），电磁阀烧坏（F5），压力补偿阀阻尼孔堵塞（F6），油泵超负荷（F7），过滤网堵塞（F8）。为了建立准确的发射塔旋转平台液压系统液压泵模型，需要对故障点进行振动测试，从而为故障诊断提供依据。采集的信号变量通过安装在泵体各敏感点的压电加速度传感器拾取，实验采样频率为80Hz，转换成采样时间间隔为13ms。用数据采集、处理系统处理信号，将所采集信号振幅的大小作为液压泵传动系统是否存在故障的判据。共选取8个测试点作为检测对象，采用多层BP神经网络结构。如图4-20所示，采用的结构为8输入4输出单隐层9节点的BP网络。实验证明，这种神经网络模型能较好地反映出液压泵头部的故障程度。表4-19列出了对测量的特征数据进行归一化处理后的8组样本，用训练好的网络对液压系统液压泵的运行情况进行预报，预测结果与实际情况基本吻合。

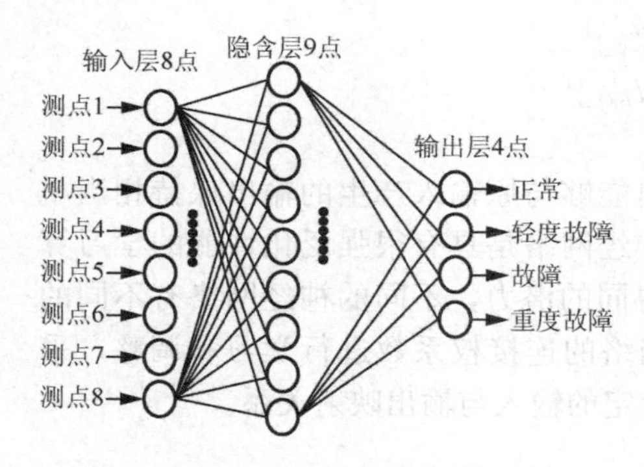

图4-20　液压系统故障诊断网络结构

表4-19　8输入4输出单隐层9节点BP神经网络的液压故障预报数据及结果

样本	点1	点2	点3	点4	点5	点6	点7	点8	点9	预报结果
1	0.11	0.12	0.19	0.36	0.19	0.18	0.11	0.29	0.27	正常
2	0.27	0.29	0.41	0.31	0.37	0.39	0.30	0.35	0.29	正常
3	0.29	0.37	0.39	0.49	0.47	0.49	0.40	0.39	0.35	轻度故障
4	0.29	0.29	0.39	0.55	0.58	0.45	0.29	0.50	0.29	轻度故障
5	0.39	0.39	0.49	0.47	0.56	0.59	0.39	0.56	0.50	故障
6	0.41	0.40	0.49	0.48	0.53	0.68	0.39	0.57	0.55	故障
7	0.29	0.23	0.58	0.49	0.40	0.70	0.50	0.59	0.61	故障
8	0.49	0.70	0.89	0.85	0.49	0.50	0.61	0.87	0.89	重度故障

2. 基于BP神经网络的液压故障诊断系统的训练

1）网络输入向量及参数的选取

以故障模式 $\boldsymbol{X}=(x_1, x_2, x_3, x_4, x_5, x_6, x_7, x_8)$ 作为网络输入，故障原因 $\boldsymbol{Y}=(y_1, y_2, y_3, y_4)$ 作为网络输出，建立故障模式与故障原因的非线性映射关系，对网络进行训练。输入量 x_1，x_2，x_3，x_4，x_5，x_6，x_7，x_8 分别表示油缸内泄漏、换向阀的出口溢流阀损坏、系统安全阀阻尼孔堵塞或弹簧损坏、油泵泄漏、电磁阀烧坏、压力补偿阀阻尼孔堵塞、油泵超负荷和过滤网堵塞8种故障原因。输出量 y_1，y_2，y_3，y_4 分别表示正常、轻度故障、故障、重度故障4种故障现象。

2）网络结构及训练样本的选取

（1）网络结构参数的确定。

应用神经网络分析液压动力系统产生的故障时，首先将故障原因作为神经网络的输入，故障征兆作为神经网络的输出。确定用于该液压系统故障诊断的BP神经网络结构分为三层，即三层BP神经网络。

输入层节点数 $m=8$，输出层节点数 $n=4$，隐含层节点根据经验公式 $h=\sqrt{m+n}+l(l=1\sim10)$ 选取。先设置较少的隐含层节点，对网络进行训练，在测试逼近误差后，增加1个节点，直至误差保持稳定。经实验，设置隐含层节点数为 $h=9$，即可由8输入4输出单隐层9节点的BP神经网络来实现。在网络训练过程中采用Sigmoid函数作为输入层到隐含层的传递函数，即 $f(x)=\dfrac{1}{1+e^{-\mu x}}$；隐含层到输出层采用线性函数作为传递函数。

（2）神经网络训练样本的选取。

假设 F 为神经网络学习样本，由上述所确定的网络结构参数可得 $\boldsymbol{F}=(\boldsymbol{X}, \boldsymbol{Y})$，$\boldsymbol{X}=(x_1, x_2, x_3, x_4, x_5, x_6, x_7, x_8)$，$\boldsymbol{Y}=(y_1, y_2, y_3, y_4)$。其中，$\boldsymbol{X}$ 为样本输入，$\boldsymbol{Y}$ 为样本输出。网络训练样本参见表4-20。

表4-20 BP神经网络训练样本

样本序号	样本输入								样本输出			
	x_1	x_2	x_3	x_4	x_5	x_6	x_7	x_8	y_1	y_2	y_3	y_4
1	1	1	0	0	0	0	0	0	1	0	0	0
2	0	0	1	1	0	0	0	0	0	1	0	0
3	0	0	0	0	1	1	0	0	0	0	1	0
4	0	0	0	0	0	0	1	1	0	0	0	1

3）液压回路BP神经网络训练仿真分析

采用MATLAB 6.5中的net工具箱进行模型训练与仿真。网络输入层可以确定为8个参数，即输入层的节点数为8个。采用一个隐层。鉴于BP神经网络训练速度低、容易陷入局部极小值的局限性，采用梯度下降算法。中间层神经元的传递函数为 $f(x)=\dfrac{1}{1+e^{-\mu x}}$，隐含

层到输出层采用线性函数 logsig 作为传递函数，网络的训练函数为 trainlm，学习函数取默认值 learngdm，性能函数取默认值 rnse，训练误差设置为 0.0001。如图 4－21 所示为该网络期望误差设为 0.0001 时的训练误差曲线。图中误差收敛快且输出误差平方和一直朝误差减小的方向变化，没有发生振荡。可见，最终的输出结果就整个网络而言还是非常令人满意的，采用神经网络分析液压动力系统产生的故障更具有优越性、效率更高。

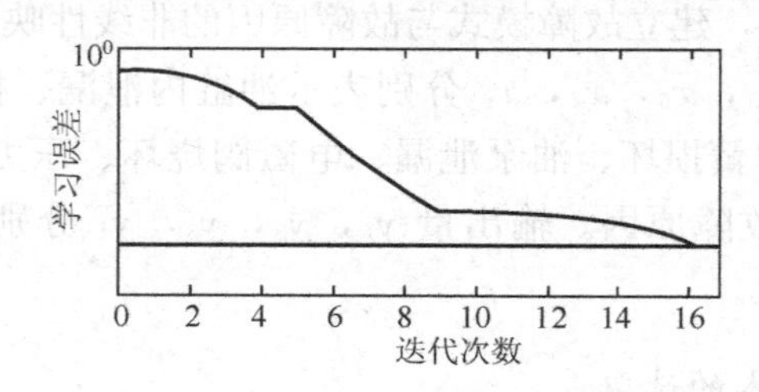

图 4－21　BP 神经网络训练误差曲线

从样机的运行结果来看，其与实际情况相吻合，并已成功应用于某航天发射塔旋转平台液压系统液压回路的故障诊断，具有实用价值。

4.4.3　基于遗传神经网络的液压厚度自动控制系统故障诊断

液压厚度自动控制系统（Hydraulic Automatic Gauge Control System），简称液压 AGC 系统，是一个集机、电、液、仪表和工控机于一体的综合系统，许多元器件如伺服阀、伺服缸等都具有强烈的非线性时变环节，数学模型极其复杂。它的故障通常表现为机械故障、电气故障、液压故障复杂耦合，而且电液伺服系统中油液的流动状态、伺服阀中阀芯与阀套的相对运动与磨损状态、阀口的工作情况等不像机械设备那么直观，也不像电气设备那样可以方便地测取有关参数，寻找故障点的难度大。因此，采用常规的故障诊断方法，在工业现场难以取得满意结果。

1. 遗传神经网络原理

神经网络识别法是模拟人脑神经网络的并行、分布结构的特点，运用神经网络的高容错能力、快速推理能力和强大的联想能力，对故障模式进行识别和诊断的一种智能方法。

BP 网络是神经网络领域中经常使用的一种简单的前向分层网络。该类型神经网络具有良好的自适应、自学习、极强的非线性逼近、大规模并行处理和容错能力等特点，避免了复杂的数学推导，在样本缺省与参数漂移的情况下能保证稳定的输出。但 BP 算法的主要缺点是学习速度低，易于收敛于局部极小值，并要求神经元的作用函数必须是可微分的函数，如 Sigmoid 函数；而且只能适用于分层前向传播结构的神经网络，不适用于其他拓扑结构的网络。

遗传算法为神经网络的学习提供了一条新的有效途径。有大量的实验证明，遗传算法与神经网络 BP 算法相结合后，速度比 BP 算法提高很多，而且能够实现全局最优。为此，选择了遗传算法和神经网络相结合的诊断模型对液压 AGC 系统进行故障诊断，充分利用两者的优点，使新算法既有神经网络的学习能力和鲁棒性，又有遗传算法的强全局搜索能力。

将遗传算法用于优化网络的权重，其基本思想是将网络的学习过程看成在权值空间中搜索最优权值集合的过程。遗传神经网络的基本结构就是前向型神经网络。输入单元的活性状态代表输入此网络中的原始信息。每个单元的活性取决于输入单元的活性及输入单元与隐单元之间的连接权值。同样，输出单元的行为取决于隐单元的活性及隐单元和输出单元之间的权值。信息的传播是由输入单元到隐单元，最后到输出单元。输入单元和隐单元、隐单元和输出单元间的权值决定每个单元何时是活性的。通过修改这些权值，BP 神经网络可以用来逼近任意连续函数，能够实现多元函数的非线性映射。

2. 遗传神经网络应用

液压 AGC 系统是典型的伺服控制系统，其中伺服元件工作性能的好坏是整个系统能否正常工作的关键。在此以电液伺服阀为例阐述遗传神经网络在故障诊断中的具体应用。

1）输入层、输出层和隐层

通过调节伺服阀测试系统的压力，得到了电液伺服阀在正常状态、控制腔一端完全破损、导阀一侧固定节流孔堵塞、控制腔一端密封破损 1/2 这 4 种状态下的压力特性曲线。通过对各种状态下的特征曲线进行分析，去伪存真，获得了 35 个 $n \times m$ 维状态特征矩阵，每个特征矩阵的列向量由伺服阀的不同指令电流及 A、B 腔压差组成，通过它们可以得到伺服阀的故障信息。

将电液伺服阀状态特征矩阵中的 A、B 腔压差作为故障模式识别人工神经网络训练和识别的输入，以（Y_1，Y_2，Y_3，Y_4）作为神经网络的输出，标准输出（1，0，0，0）、（0，1，0，0）、（0，0，1，0）、（0，0，0，1）分别表示被试电液伺服阀的正常状态、控制腔一端完全破损、导阀一侧固定节流孔堵塞、控制腔一端密封破损 1/2 这 4 种状态。为此，用于电液伺服阀故障模式识别的遗传神经网络选择 74 个输入单元和 5 个输出单元。

隐层单元数的选择是一个十分复杂的问题，没有很好的解析式来表示，可以说隐层单元数与问题的求解、输入和输出单元数都有直接的关系。隐层单元数太小可能导致网络不收敛或网络不强壮，不能识别以前没有看到的样本，容错性差；隐层单元数太大又使学习时间过长，误差也不一定最佳。因此，存在一个最佳的隐层单元数，用以下经验公式计算为

$$n_1 = a + \sqrt{n+m}$$

式中，n_1 为隐层单元数，a 为 1～10 之间的常数，n 为输入单元数，m 为输出单元数。在满足以上经验公式的基础上，在训练和识别过程中根据计算次数和识别准确度不断更改节点数，直至最佳为止。

2）遗传算法的实现

（1）权系数编码：编码就是神经网络权系数按一定的方式组合，得到遗传算法的染色体个体。常用的编码方法有两种：二进制编码和实数编码。这里，采用实数编码方法，每个连接权直接用一个实数表示。该方法的优点在于非常直观，且不会出现精度不够的情况。

（2）适应度函数：前馈网络的一个重要的特点就是网络的输出值与期望值间的误差平方和越小，则表示该网络性能越好。因此，将适应度函数定义为 $f=1/E$，其中 E 为误差平方和。

（3）遗传算法中初始群体中的个体是随机产生的，群体规模的确定受选择操作的影响。在实际应用中，群体个数的取值范围一般为几十到几百。这里，选择种群规模为 80。

（4）选择算子：采用轮盘赌选择方法（适应度比例方法），即每个个体的选择概率和适应度值成正比。

（5）交叉算子：采用部分算术交叉算子，即先在父代解向量中选择一部分向量生成若干个随机数，交叉后生成子代。

（6）变异算子：采用非一致性变异算子，把变异算子和演化代数联系起来。非一致性变异算子在演化初期变异范围相对大，到后期变异范围越来越小。

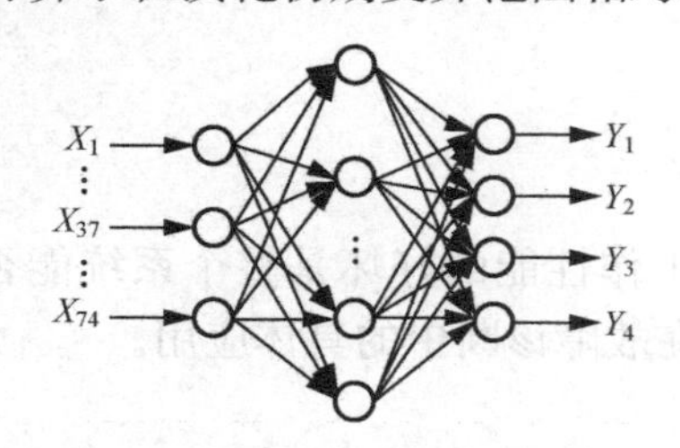

图 4－22　电液伺服阀故障模式识别遗传神经网络模型

基于以上神经网络的设计和遗传算法的具体实现，得到了液压 AGC 系统中电液伺服阀智能故障诊断的遗传神经网络模型，如图 4－22 所示。

3）故障模式识别结果

运用 VC++6.0 编写了基于遗传神经网络的故障模式识别程序，结合以上的故障诊断模型，得到了部分故障模式识别结果，见表 4－21。

表 4－21　电液伺服阀故障模式识别部分结果

隐层节点数	训练次数	Y_1	Y_2	Y_3	Y_4
20	369	0.9546	0.0146	0.0068	0.0174
		0.0189	0.9739	0.0135	0.0187
		0.0175	0.0134	0.9655	0.0174
		0.0373	0.0216	0.0091	0.9621
25	280	0.9587	0.0101	0.0069	0.0169
		0.0169	0.9751	0.0180	0.0206
		0.0062	0.0211	0.9628	0.0202
		0.0318	0.0157	0.0167	0.9638
28	242	0.9590	0.0105	0.0060	0.0236
		0.0151	0.9762	0.0245	0.0167
		0.0149	0.0186	0.9666	0.0132
		0.0270	0.0151	0.0056	0.9695
29	训练失败				
30	训练失败				

由表 4－21 可以看出：网络隐层单元数过大或过小均不适合。训练次数少，导致识别准确度低；训练次数多，难度增大，但识别准确度高。选取隐层节点数为 28，网络训练次数为 242 次，故障模式识别准确度高。实验证明这种结构最为理想。

实验证明，用遗传算法学习神经网络的网络权值，代替原 BP 算法的反向传播过程，具有收敛快、不陷入局部最小值等优点。应用遗传神经网络算法对故障进行辩识，故障模式识别准确度高，可以有效快速地诊断液压 AGC 系统的故障。

4.4.4　液压泵效率特性建模的神经网络方法

液压泵的容积效率、机械效率和总效率特性是液压系统设计和参数选择的重要依据，也是评价液压泵性能的重要技术指标。因此，在液压泵的新产品开发、产品出厂检验、用户验收产品和产品修复后的性能验证中，都需要进行效率特性的测试。

对液压泵的效率特性进行评价，通常是在不同转速、不同压力下进行足够多工况点的试验，并根据试验测试数据计算出各个工况点的总效率、容积效率和机械效率。这样，要获得比较全面的液压泵效率特性，就需要在比较多的工况点下进行试验测试，这必然造成测试时间长、劳动强度大、能源消耗多。本节以神经网络理论为基础，针对某个具体的液压泵，讨论如何依据数量较少的试验测试数据，建立基于神经网络方法的流量和转矩模型，以此为基础计算该液压泵各个工况点的效率。

1. 液压泵的效率特性

液压泵的容积效率、机械效率和总效率是评价液压泵效率特性的重要技术指标。

由于液压泵有内泄漏，因此其输出的实际流量小于理论流量，即存在容积损失。容积损失可用容积效率 η_v 来评价，即液压泵输出的实际流量 q 与理论流量 $V_i\omega$ 之比，可表示为

$$\eta_v=\frac{q}{V_i\omega}\times 100\%$$

式中，V_i、ω 分别为泵的理论排量和角速度。容积效率取决于泵的内泄漏。泵的内泄漏随工作压力的升高和工作介质黏度的降低而增大，并随泵的磨损增加而增大；此外，液压泵的内泄漏还与其工作转速和结构形式有很大关系。

由于液压泵内部轴承和相对运动零件间有摩擦损失，在液压泵出口工作压力一定的情况下，其实际输入转矩大于理论输入转矩，即存在转矩损失。转矩损失可用机械效率 η_m 来评价，即液压泵的理论输入转矩 $\Delta p V_i$ 与实际输入转矩 T 之比，可表示为

$$\eta_m=\frac{\Delta p V_i}{T}\times 100\%$$

式中，Δp 为泵的进、出口压差。机械效率取决于泵的摩擦损失，与泵的工作压力、转速、工作介质黏度和泵的结构形式有很大关系。

液压泵的总效率是容积效率与机械效率的乘积，可表示为

$$\eta_t=\eta_v\eta_m$$

液压泵的工作压力和转速范围比较宽，而在实际应用中工作压力和转速则需要根据具体的液压系统设计，按泵的排量、特性、能耗和系统流量等因素来综合确定。要全面地得到液压泵的效率特性，就需要测试不同转速和工作压力下各个工况点的进口压力、出口压力、转速、流量和转矩参数，这样才可计算不同工况点下的各种效率。图 4－23 给出了 PAF—107K 柱塞泵的容积效率 η_v 和总效率 η_t 特性曲线。从图 4－23 中的特性曲线可以看出，效率特性在工况点足够多的试验中才能得出，工作压力、转速范围越宽，试验工况点就越多。

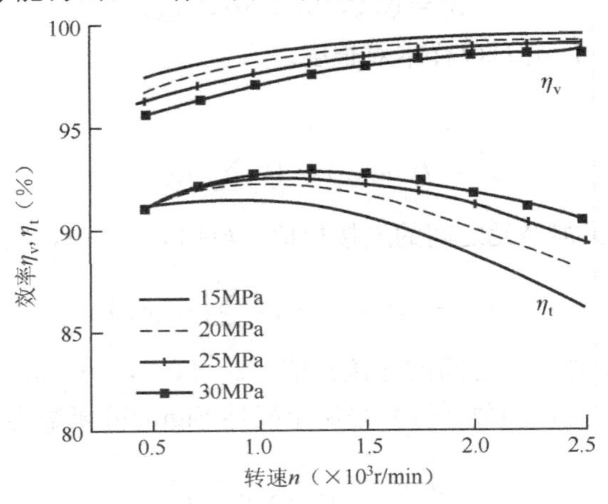

图 4－23　PAF—107K 柱塞泵的效率特性

2. 效率特性建模的神经网络方法

由以上公式可知，在液压泵排量、压差和转速给定的情况下，要计算容积效率、机械效率和总效率，就需要知道该工况下实际的输入转矩 T 和输出流量 q。因此，如果能够通过网络模型预测出在给定工作转速和压力工况下的转矩和流量，就能计算出相应工况下的各种效率。也就是说，液压泵效率特性的建模就在于对流量和转矩的建模。液压泵的实际流量和转矩除了与本身的结构有关外，还受工作压力、转速、工作介质的黏度和液压泵的磨损程度的影响，而且非线性特性严重。这样，采用传统的建模方法很难对液压泵各个工况条件下的实际流量和转矩精确地进行建模。

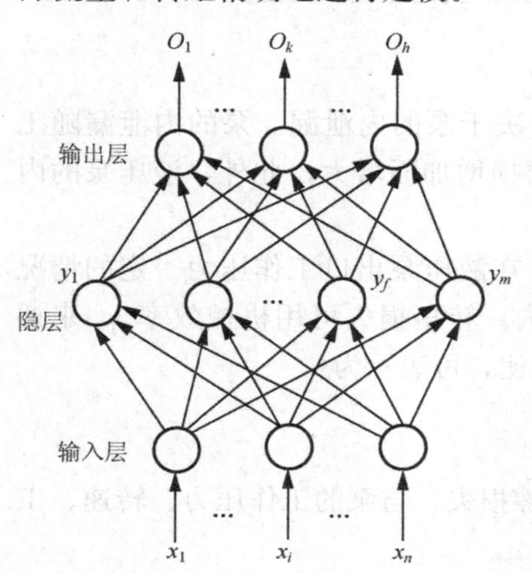

图 4 - 24　BP 神经网络

神经网络具有良好的建模能力，是非线性系统建模与应用的重要方法之一。三层 BP 神经网络结构如图 4 - 24 所示。BP 算法的基本思想：学习过程由信号的正向传播和误差的反向传播两个过程组成。正向传播时，输入样本从输入层传入，经各隐层逐层处理后，传向输出层。若输出层的实际输出与期望输出（教师信号）不符，则转入误差的反向传播阶段。误差反传是把输出误差以某种形式通过隐层向输入层逐层反传，并将误差分摊给各层的所有单元，从而获得各层单元的误差信号，此误差信号即作为修正各单元权值的依据。这种信号正向传播和误差反向传播的各层权值调整过程，是周而复始地进行的。权值不断调整的过程，也就是网络的学习训练过程。此过程一直进行到网络输出的误差降低到可接受的程度，或者进行到预先设定的学习次数为止。

算法步骤如下。

(1) 设置初始权系 $w(0)$ 为较小的随机非零值。

(2) 给定 I/O 样本对，计算网络的输出。

设第 p 组样本 n 维输入向量、h 维输出向量分别为

$$\boldsymbol{x}_p=(x_{1p},\ x_{2p},\ \cdots,\ x_{np})$$

$$\boldsymbol{o}_p=(o_{1p},\ o_{2p},\ \cdots,\ o_{hp})$$

式中，$p=1,\ 2,\ \cdots,\ L$。L 是 I/O 样本对长度。

对于输出层，有

$$o_{kp}=f(\text{net}_{kp})=f(\sum_{j=1}^{m} w_{jk}y_{jp})$$

式中，w_{jk} 是隐层和输出层神经元之间的连接权值，$k=1,\ 2,\ \cdots,\ h$。对于隐层，有

$$y_{jp}=f(\text{net}_{jp})=f(\sum_{i=1}^{n} v_{ij}y_{ip})$$

式中，v_{ij} 是输入层和隐层神经元之间的连接权值，$j=1,\ 2,\ \cdots,\ m$。

在以上两个公式中，变换函数 $f(x)$ 采用单极性 Sigmoid 函数为

$$f(x)=\frac{1}{1+\exp(-x)}$$

这样，可由输入层经隐层至输出层，求得网络输出层节点的输出。

（3）计算网络的目标函数 J。设期望的输出向量为 $\boldsymbol{d}_p=(d_{1p}, d_{2p}, \cdots, d_{hp})$，当网络输出与期望输出不等时，存在输出误差，即

$$E_p=\frac{1}{2}\sum_{k=1}^{h}(d_{kp}-o_{kp})^2$$

把上式展开至隐层，有

$$E_p=\frac{1}{2}\sum_{k=1}^{h}[d_{kp}-f(\sum_{j=1}^{m}w_{jk}y_{jp})]^2$$

再进一步展开至输入层，有

$$E_p=\frac{1}{2}\sum_{k=1}^{h}[d_{kp}-f(\sum_{j=1}^{m}w_{jk}f(\sum_{i=1}^{n}v_{ij}x_{ip}))]^2$$

由上式可知，网络输出误差是各层权值 w_{jk}、v_{ij} 的函数，因此调整权值可改变误差。

网络学习状况评价的总目标函数为

$$J=\sum_{p}E_p$$

若

$$J\leqslant\varepsilon$$

式中，ε 为预先确定的误差允许值，$\varepsilon\geqslant0$，则算法结束；否则，转至步骤④。

（4）反向传播计算。显然，调整权值的原则是使误差不断地减小，因此应使权值调整量与误差的梯度下降成正比，即

$$w_{jk}(t+1)=w_{jk}(t)-\eta\frac{\partial J(t)}{\partial w_{jk}(t)}$$

$$v_{ij}(t+1)=v_{ij}(t)-\eta\frac{\partial J(t)}{\partial v_{ij}(t)}$$

式中，负号表示梯度下降，常数 η 是反映学习速率的比例系数。

3. 流量和转矩建模训练结果

对于给定的液压泵，这里采用该液压泵少量的试验测试数据作为神经网络的学习样本，经过学习建立起描述该液压泵流量和转矩特性的模型，从而可计算出该液压泵各个工况点的各种效率。

若液压泵排量已知，要计算其在给定压差和转速工况条件下的各种效率，则只需要通过基于该泵少量的试验测试数据建立的神经网络模型，预测该工况下的输出流量和输入转矩，就可由前面的公式计算效率 η_{v}、η_{m} 和 η_{t}。因此，在网络结构的设计中，选取压差和转速作为网络输入层的神经元。由于流量和转矩有自身的规律特点，因此对这两个参数需要分别建模。对流量进行建模时，选取流量作为网络输出层的神经元；而对转矩进行建模时，选取转矩作为网络输出层的神经元。

对网络隐层神经元个数的选取可按经验公式计算，即

$$m_{\mathrm{h}}=\sqrt{m_{\mathrm{i}}+m_{\mathrm{o}}}+X$$

式中，m_{h}、m_{i}、m_{o}分别为隐层、输入层和输出层的神经元数目；X 为 0～10 之间的一个整数。

由上式可确定隐层单元数的范围为 2～12。隐层单元数过小，则网络的推广能力和容错

性较差；而隐层单元数过大，则会出现拟合、训练时间变长。因此，对流量和转矩分别进行建模时，设计了隐层单元数目可变的 BP 网络，通过误差对比，确定合适的隐层单元数目。选排量为 39.57cm³/r 的柱塞液压泵作为建模对象，并以该泵转速 500r/min、1500r/min、2500r/min 下的试验数据组作为训练样本数据，参见表 4-22。每一个转速下的试验数据为一个样本，用表 4-22 中的 3 组样本数据训练神经网络。

表 4-22　训练样本数据

压差 Δp/MPa	500 (r/min)		1500 (r/min)		2500 (r/min)	
	流量 q_V(L/min)	转矩 T(N·min)	流量 q_V(L/min)	转矩 T(N·m)	流量 q_V(L/min)	转矩 T(N·m)
2	19.71	15.59	59.09	17.55	98.57	19.61
4	19.60	28.64	58.83	30.60	98.12	32.85
6	19.49	41.68	58.58	43.54	97.69	45.99
8	19.40	54.72	58.34	56.49	97.26	59.04
10	19.31	67.67	58.10	69.33	96.83	72.18
12	19.22	80.61	57.86	82.28	96.41	85.42
14	19.12	93.65	57.61	95.32	95.98	98.65
16	19.01	106.89	57.35	108.46	95.53	112.09
18	18.90	120.23	57.09	121.80	95.08	125.62
20	18.76	133.76	56.80	135.33	94.61	139.55
22	18.60	147.49	56.49	149.16	94.12	153.57
24	18.42	161.61	56.16	163.28	93.60	168.09

采用 3 层 BP 神经网络加贝叶斯正则化方法对网络进行训练，隐层采用双曲正切函数，输出层采用线性函数，通过不断调整网络的训练参数，使网络性能达到目标要求。流量建模的训练结果如图 4-25 所示，经过大约 874 次迭代，当网络的平方误差和收敛于 1.55025×10^{-5} 而权值平方和收敛于 51.6205 时，网络性能达到目标要求，网络自动停止训练，最后训练完的网络有 8.337035 个权值和阈值。同样，转矩建模的训练结果如图 4-26 所示，经过大约 1000 次迭代，当网络的平方误差和收敛于 3.08784×10^{-6} 而权值平方和收敛于 9.27077 时，网络性能达到目标要求，网络自动停止训练，最后训练完的网络有 17.1485 个权值和阈值。

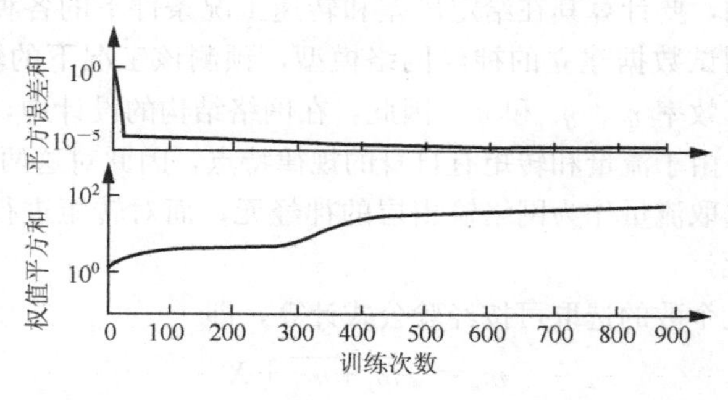

图 4-25　流量建模训练结果

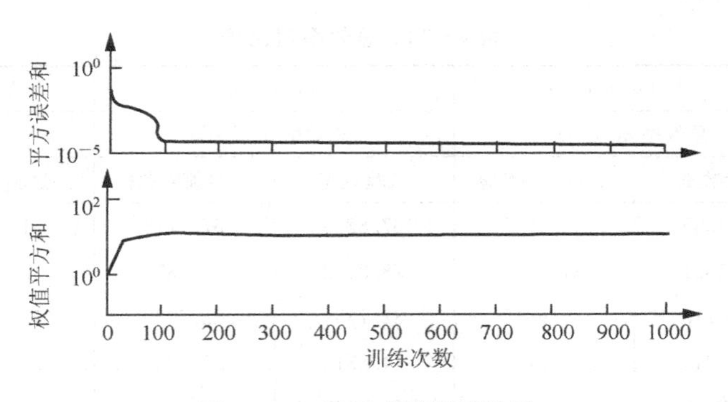

图 4-26 转矩建模训练结果

4. 流量和转矩模型泛化能力的检验

为检验训练好的流量和转矩模型的泛化能力，选取转速 1000r/min、2000r/min、3000r/min 下的试验数据来检验神经网络模型的泛化能力。分别把转速 1000r/min、2000r/min、3000r/min 和对应的压差数据输入网络模型中，即可得到模型预测的流量和转矩，并与对应转速和压差条件下试验测试的流量和转矩进行对比，参见表 4-23。

表 4-23 不同工况下流量和转矩的模型预测值与试验值对比

压差 Δp/MPa	1000r/min				2000r/min				3000r/min			
	流量 q_v (L/min)		转矩 T (N·m)		流量 q_v (L/min)		转矩 T (N·m)		流量 q_v (L/min)		转矩 T (N·m)	
	预测值	试验值	预测值	试验值	预测值	试验值	预测值	试验值	预测值	试验值	预测值	试验值
2	39.25	39.37	16.88	16.97	78.89	78.84	18.19	18.15	117.80	118.26	22.78	22.76
4	39.10	39.19	29.90	30.02	78.58	78.49	31.28	31.30	117.32	117.71	36.18	36.20
6	38.94	39.02	42.91	42.97	78.26	78.15	44.30	44.24	116.83	117.16	49.50	49.54
8	38.78	38.85	55.85	55.92	77.93	77.82	57.26	57.29	116.33	116.63	62.77	62.88
10	38.62	38.69	68.74	68.77	77.59	77.49	70.22	70.24	115.83	116.10	76.08	76.22
12	38.45	38.53	81.66	81.72	77.25	77.16	83.25	83.29	115.31	115.57	89.44	89.57
14	38.27	38.36	94.69	94.76	76.89	76.82	96.38	96.33	114.79	115.03	102.90	103.10
16	38.09	38.19	107.84	107.91	76.53	76.48	109.65	109.58	114.25	114.48	116.46	116.74
18	37.90	38.00	121.16	121.15	76.15	76.12	123.08	123.02	113.71	113.92	130.19	130.67
20	37.71	37.79	134.66	134.69	75.77	75.75	136.73	136.75	113.17	113.35	144.16	144.70
22	37.50	37.56	148.43	148.43	75.38	75.36	150.68	150.68	112.61	112.75	158.45	159.12
24	37.30	37.31	162.50	162.45	74.98	74.93	164.97	164.91	112.05	112.13	173.07	173.83

由表 4-23 的数据，可以计算出 3 个转速所对应的 36 个模型预测流量与试验测试流量的方均误差为 0.1712，而 3 个转速所对应的 36 个模型预测转矩与试验测试转矩的方均误差为 0.2101。可见，通过神经网络建模得到的流量和转矩模型具有较高的精度。

根据表 4-23 中模型预测的流量和转矩值，就可计算液压泵在给定转速和压差工况下的总效率。把根据模型预测的流量和转矩值计算出的总效率，与根据对应转速和压差工况下的测试流量和转矩值计算出的总效率进行对比，参见表 4-24。

表 4-24 总效率对比表

压差 Δp/MPa	1000r/min 总效率 n_t（%）		2000r/min 总效率 n_t（%）		3000r/min 总效率 n_t（%）	
	试验数据	模型预测数据	试验数据	模型预测数据	试验数据	模型预测数据
2	72.4385	72.5607	67.8258	67.7715	54.0852	53.7024
4	81.5331	81.6171	78.3202	78.4874	67.6933	67.4099
6	85.0716	84.9812	82.7359	82.7769	73.8479	73.6358
8	86.7813	86.7157	84.8318	85.0255	77.2220	77.1054
10	87.8417	87.6929	86.1237	86.2850	79.2702	79.1965
12	88.3396	88.1858	86.7872	86.9430	80.5850	80.4804
14	88.4809	88.3276	87.1527	87.2021	81.2897	81.2518
16	88.4091	88.2115	87.1776	87.1846	81.6585	81.6696
18	88.1474	87.9000	86.9489	86.9541	81.6708	81.8076
20	87.6106	87.4214	86.4848	86.5313	81.5377	81.6947
22	86.9220	86.7824	85.8939	85.9239	81.1311	81.3573
24	86.0590	85.9960	85.1313	85.1623	80.5690	80.8538

由表 4-24 可见，对于转速 1000r/min、2000r/min、3000r/min 下的各个工况点，按照模型预测的流量和转矩值计算出的总效率与根据试验测试的流量和转矩值计算出的总效率的最大绝对误差分别为 0.148%、0.103%、0.200%。这证明，用神经网络建立液压泵的流量和转矩模型，以此为基础计算出的总效率的精度是很高的。

此外，根据模型预测的流量和转矩值，除了计算总效率外，还可计算各个工况点下相应的容积效率和机械效率，其精度均在 1%以内；而且，借助所建模型也可计算该液压泵在其他转速和压差工况下的总效率、容积效率和机械效率，这样就不必在各个工况点下逐一进行试验测试，大大减少了试验工作量，节省了时间和劳动强度，这将为液压泵全面的工作特性评价奠定基础。

4.4.5 基于模糊神经网络的摊铺机液压故障诊断系统

1. 概述

沥青摊铺机作业环境与工况恶劣，负载变化大，液压系统时常发生故障。摊铺机液压系统故障的产生并非单一因素的作用，而是多种因素共同作用的结果。这些因素包括具体的作业过程参数设定、摊铺路面环境和沥青混合料的状态等，在每次作业和作业的每个环节中，其变化是不可预知的，因此在摊铺过程中摊铺机产生故障的原因具有不确定性。同时，机器发生故障时所表现出的征兆也可能处于轻微到严重之间的某一状态，很难通过物理特征量对故障征兆及其表现程度进行精确的描述。由于影响因素的不确定性，以及各因素间关系的复杂性，故障征兆和原因之间的关系难以确定。模糊技术和神经网络技术由于自身独特的优点，被广泛应用于故障诊断领域。基于此，提出了一种基于模糊神经网络的智能专家系统模型。对摊铺机液压系统故障分析诊断过程中确定性的知识采用传统的知识处理方式，即基于规则的形式表示和推理；而对其中不确定的、模糊的知识采用模糊神经网络来进行处理。在问题求解过程中，针对不同的推理阶段采取相应的推理方法，充分发挥两种推理方法的优势，弥补各自存在的不足，从而最大限度地找到问题的解，达到提高分析诊断的效率和准确率的目的。

2. 系统结构

1）整体结构

系统主要由以下部分组成：人机交互界面、解释模块、推理机、神经网络学习模块、动态综合数据库、知识库和知识数据库管理模块等。系统整体结构如图 4－27 所示。

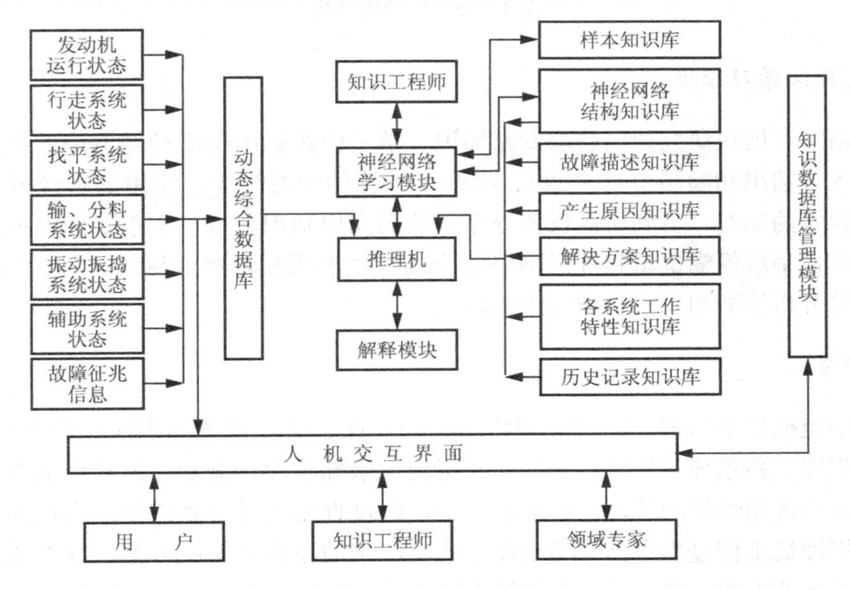

图 4－27　系统整体结构

2）人机交互界面

用户、知识工程师和领域专家通过人机交互界面与系统进行交流。

知识工程师通过它可以对神经网络学习模块、神经网络结构知识库、样本知识库等进行调整管理、维护更新。用户通过它提出问题并最终得到答案。

3）解释模块

解释模块是系统和用户（包括知识工程师和领域专家）之间沟通的桥梁。它负责将用户输入的故障征兆以及其他相关信息转化为系统能够识别的信息，以及将系统最后的输出结果（包括故障产生的原因、可信度和相应的解决方案）转化为用户能够理解的信息。

4）推理机

推理机使用系统已经具备的知识，结合动态综合数据库中包含的摊铺过程的具体设定参数信息进行推理，得出产生故障征兆的原因、可信度和解决方案。本系统的推理机包括神经网络推理模块和基于规则的推理模块两部分，如图 4－28 所示。“故障征兆”与“原因”之间使用神经网络推理模块，“故障原因”与“解决方案”之间使用基于规则的推理模块。

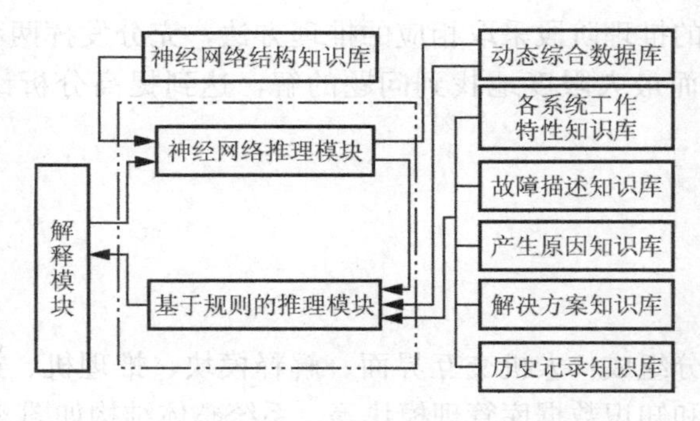

图 4-28　推理机结构

5）神经网络学习模块

神经网络学习模块研究如何获取专家知识。学习模块提出所需神经网络的结构（包括网络层数，输入、输出和隐层节点个数）、组织待训练的学习样本、使用的神经网络学习算法等。通过对样本的学习，得到所需权值分布，从而完成知识获取。本系统针对摊铺机故障分析诊断的实际，采取模糊逻辑和神经网络结合的方法实现模糊神经网络，并运用 BP 算法实现摊铺机故障分析诊断知识向知识库中的转化。

6）知识库

本系统中包括样本知识库、神经网络结构知识库、故障描述知识库、产生原因知识库、解决方案知识库、各系统工作特性知识库和历史记录知识库，分别存放相应的知识。知识库是整个系统具有优越性能的基础。在本系统中，通过查阅大量文献以及结合摊铺机实际摊铺过程，总结摊铺机工作过程中常见的故障征兆、产生的原因和解决方案，并在此基础上确定神经网络的输入节点数、隐层节点数和输出节点数，归纳总结适合神经网络学习的样本。

7）知识数据库管理模块

知识数据库管理模块具有完善的数据库操作功能，能够实现对知识库的更新、维护和管理功能。本系统通过知识数据库管理模块，能够实现神经网络样本库及系统其他知识库的查询、添加、删除和修改等功能。

8）动态综合数据库

本系统中动态综合数据库主要存放所有与摊铺机故障相关的信息，包括摊铺机工作过程中各系统的状态信息，以及用户对摊铺机产生故障的语义描述。在系统推理过程中，动态综合数据库可以为推理机提供摊铺机产生故障时的相关信息，从而能够使系统的推理更加贴合摊铺机的工作实际，使推理结果更加精确。

9）故障分析诊断模块

在神经网络完成构建并经过对学习样本的学习后，系统具备了分析诊断能力，故障分析诊断模块能够针对用户的输入，通过神经网络的前向计算和规则推理，得出产生故障的原因和相应的解决方案。

本系统的工作过程可以分为两个部分：①由“故障征兆”通过推理，得出所有可能的“故障产生原因”；②在所有可能原因的范围内，根据神经网络推理结果，结合动态综合数据库中的信息，推理出符合摊铺机实际作业过程的故障成因，并由此结果推理“解决方案”。第一部分主要由模糊神经网络来完成推理，第二部分则依靠基于规则的推理。

3. 神经网络推理模块

模糊 BP 神经网络是在 BP 神经网络中引入模糊逻辑，使其具有直接处理模糊信息的能力。它有多种形式，其中的一种形式是在一般 BP 神经网络的基础上构造模糊 BP 神经网络，即在一般 BP 神经网络的输入层之前和输出层之后分别加了一层模糊化层，其结构如图 4 - 29 所示。

本系统以一般 BP 神经网络为基础，结合摊铺机液压系统故障分析诊断的实际情况，构建了模糊 BP 神经网络模型，其输入、输出层都采用模糊量。整个网络由 5 层组成，分别为模糊化层、量化输入层、隐含层、量化输出层和去模糊化层，网络模型的结构如图 4 - 30 所示。

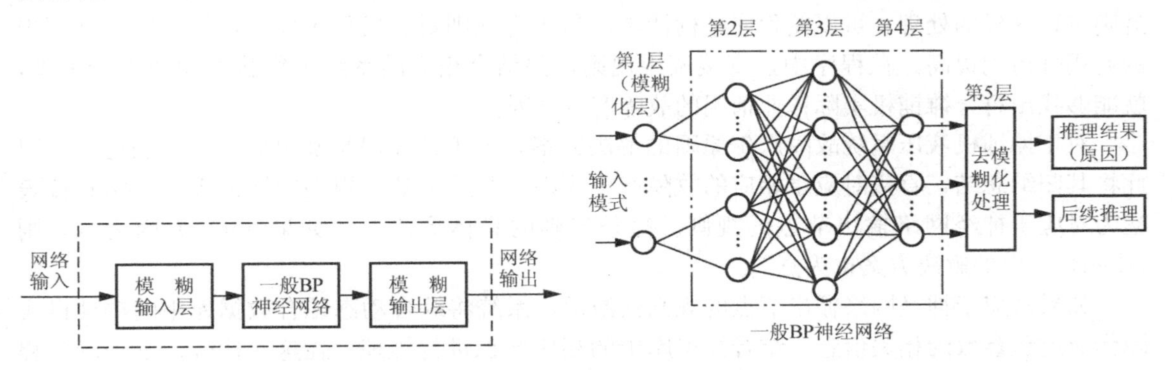

图 4 - 29　模糊 BP 神经网络的一般结构　　图 4 - 30　模糊 BP 神经网络模型结构

第 1 层：模糊化层。这一层主要是对用户输入的缺陷征兆表现程度进行模糊量化处理，通过对摊铺机故障表现程度的分析，确定描述故障的语义量词为“非常严重”、“很严重”、“比较严重”、“一般”、“轻微”、“无” 6 个，分别用隶属度 1、0.8、0.6、0.4、0.2、0 作为对应征兆表现程度的模糊化量值。

第 2 层～第 4 层：对应于一般 BP 神经网络中的输入层、隐层和输出层。

第 5 层：去模糊化层。主要对神经网络第 4 层的输出值进行去模糊化处理。例如，可以采用如下的去模糊化原则，设 OutLayer1 为第 4 层的输出值，OutLayer2 为第 5 层的输出值，即

$$\text{OutLayer2}=\begin{cases}\text{确定原因，OutLayer1}\geqslant 0.8\\\text{可能原因，}0.5\leqslant \text{OutLayer1}<0.8\\\text{排除原因，OutLayer1}<0.5\end{cases}$$

系统神经网络推理模块能够给出所有可能原因的可信度值，而在实际作业过程中要求能够给出确定的原因，因此系统根据神经网络推理结果，结合实际作业参数，重新对神经网络的推理结果进行基于规则的精确推理，给出最终输出的可信度值，系统的去模糊化正是在此基础上进行的。

系统在给出以上去模糊化处理后的结果的同时，给出具体的原因，并按其隶属度进行排序。同时，具体的隶属度值将作为后续推理模块中的输入值，进行“故障原因—解决方案”

的推理。

对于模糊化 BP 神经网络的训练主要是对第 2、3、4 层构成的网络（即传统意义上的 BP 神经网络）进行训练。

4. 规则推理模块

规则推理主要包括两个部分：一是通过对神经网络推理结果进行分析，找出符合实际作业过程的故障产生原因；二是由此推理结果找出解决方案。

在系统的实现中，由于神经网络的推理结果是这一部分推理的前提，因此在总结相关知识的基础上建立若干条规则，规则数与对应原因的神经网络输出节点数相等，并进行编号，使其与神经网络输出节点一一对应。规则推理模块的规则与神经网络输出节点一一对应，可以避免规则匹配中的“匹配冲突”问题，能够消除以往专家系统中因为规则匹配冲突而影响系统求解推理速度和准确性的问题。

同时，规则不仅仅是“if－then”关系的简单罗列，而是包含一定的推理操作的集合。对规则进行这样的处理，可以使程序结构清晰，易于将规则封装成程序模块，使规则在推理中的通用性得到提高。在程序中，直接调用规则，并结合相应的系统工作状态参数进行推理，就能够找出符合摊铺机实际作业情况的故障产生原因。

对于摊铺机液压系统故障产生原因的解决方案，由于其知识是确定的、易于表达的，因此将其归纳总结，直接对应于相应的故障产生原因，并采用基于规则的知识表示方法直接表达为对应于神经网络输出节点的规则。每条规则的具体形式：“如果（if）原因为真，则（then）对应的解决方案也为真”。

如果对应于神经网络输出节点的规则被激活，系统将综合动态综合数据库中的摊铺机实际作业过程参数的相关信息，结合知识库中的相应知识进行推理。在这一比较、推理的过程中，系统在找出符合实际作业过程的故障产生原因的同时，也相应地给出具体的、针对产生故障的各种实际作业参数修改的解决方案。因此，根据神经网络结果推理原因和根据原因推理解决方案这两个步骤并不是相对独立的，而是综合在一起的。推理模块中的规则，均被作为程序模块保存在整个程序中，用于规则推理的知识都以数据表的形式存储于数据库中。

5. 推理机制

完备的知识库是整个系统性能优良的保证，但也应认识到合理的推理机制是问题求解的主要手段，因此应该根据摊铺机故障分析诊断的实际情况，确定合理的推理机制，使系统具有高准确率和效率，满足实时作业的需要。

在本系统的开发过程中，神经网络推理模块和规则推理模块均采用正向推理策略，具体步骤如下。

① 对用户输入的故障征兆进行模糊化处理，并以此作为各子神经网络的输入模式。

② 从神经网络结构知识库中读入各子网络的权值矩阵。

③ 结合各子网络输入层、隐层间的权值矩阵，计算各子网络输入层神经元的输出，并将输出作为隐层神经元的输入。

④ 结合各子网络隐层、输出层间的权值矩阵，计算输出层神经元的输出值。

⑤ 根据输出层神经元的输出值，结合动态综合数据库中的相关信息，进行规则推理模块的推理，确定产生故障的原因，给出可信度，并按可信度进行排序。

⑥ 根据最终确定的原因，结合相关信息给出对应于具体原因的合理解决方案。

⑦ 综合步骤⑤、⑥的推理结果，通过人机交互界面返回给用户。

系统正向推理流程如图 4 - 31 所示。

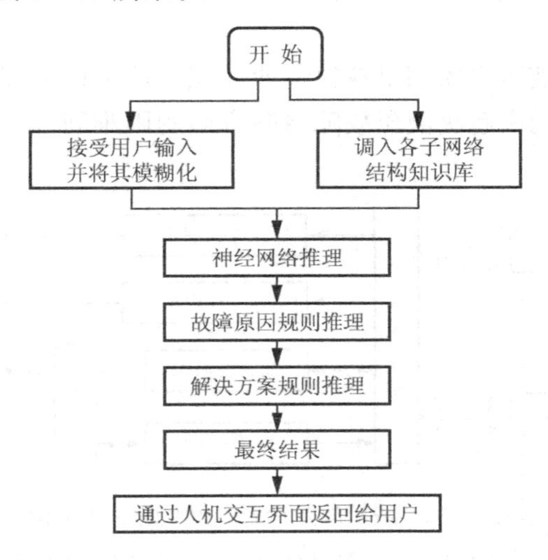

图 4 - 31　系统正向推理流程

本系统中，神经网络模块的推理机制与传统的基于逻辑符号的推理机制不同。由于系统的知识库以权值矩阵的形式存在，因此，推理过程由以前的符号运算变为现在的数值运算，从而能够大大提高推理速度。神经网络的正向推理按照一定的算法，通过神经网络所含知识之间的关系，不断在问题求解空间进行并行“搜索”（计算），直至得出一个满意的解，此时便对应一个稳定的神经网络输出。神经网络内部状态演变的轨迹与推理过程相对应，神经网络状态演变过程的结束也就对应于推理过程的结束。

同时，神经网络同一层的各个神经元之间完全是并行关系，而且同层内神经元的数目远大于层数，所以从总体上看，它是一种并行推理；而对应于每一个神经网络的输出节点的规则，相互间没有任何干扰和影响，彼此独立，因此其推理也可以看作是并行推理。由于系统采用并行推理取代传统人工智能的匹配搜索、回溯等过程，因而具有更高的推理效率。另外，神经网络的知识表示方法是隐式的，规则推理模块的规则也与神经网络输出节点一一对应，相互独立，因此能够克服传统专家系统中输入事实与多条规则相匹配时的冲突问题。

4.5　液压故障诊断专家系统

4.5.1　专家系统概述

智能诊断的一个分支是专家系统（Expert System）。它以领域专家的知识为基础，解释并重新组织这些知识，使之成为具有领域专家水平、能解决复杂问题的智能计算机程序。专家系统以其知识的永久性、共享性和易于编辑等特点得到人们的普遍重视和利用。

专家系统产生于 20 世纪 60 年代中期。20 世纪 80 年代以来，专家系统的研究和应用迅猛发展，是人工智能走向实际应用的重大突破。特别是在产生式专家系统中，知识是用规则

显式地表达的，这种知识通常是系统性、理论性较强的逻辑知识，因此求解结果可靠性高。由于知识是显式的，所以具有很好的解释能力。20世纪90年代后，专家系统已经成为故障诊断技术发展的主流，成功应用于商业、医疗、军事等领域。实践证明，专家系统能有效提高上述领域的工作效率。

液压故障诊断系统从液压专家那里获得专业知识，从工程师那里获得故障诊断和排除的实践经验和诊断策略，并用来解决液压故障诊断方面的困难问题。液压故障诊断专家系统总体结构如图4-32所示。

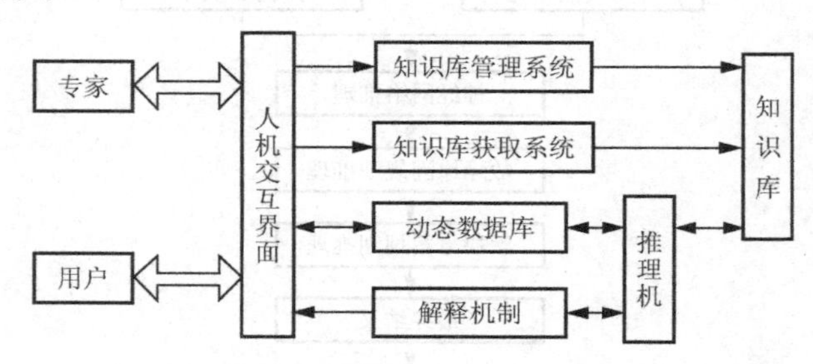

图4-32　液压故障诊断专家系统总体结构

① 知识库中存放各种故障现象、引起故障的原因及原因和现象间的关系，这些都来自有经验的维修人员和领域专家，它集中了多个专家的知识，并可在实践中不断修正，排除了个人解决问题时的主观偏见，使诊断结果更加接近实际。

② 动态数据库用于存储所诊断问题领域内原始特征数据的信息、推理过程中得到的各种中间信息和解决问题后输出的结果信息。

③ 推理机主要由调度程序与解释程序组成，是问题求解的核心执行机构。推理机是专家系统的核心，它实际上是计算机的控制模块，根据输入的设备症状，利用知识库中存储的专家知识，按一定的推理策略去解决和诊断问题。

④ 知识获取机制负责管理知识库中的知识，包括根据需要修改、添加、删除知识。它使得领域专家可以修改知识库而不必了解知识库中的表示形式、知识库的结构等细节，从而对知识库进行维护、升级。

⑤ 解释机制用于回答用户提出的问题，包括系统运行和系统本身的问题，并对系统的推理过程和获得的结论进行说明，它体现了专家系统的可靠性。

⑥ 操作简便、直观、友好是人机交互界面设计的首要任务；其次才是美观，给人以耳目一新的感觉，使用户易于接受。本着这两条基本原则，系统界面力求简单、实用，让用户满意。

4.5.2　基于*CLIPS*的飞机液压系统故障诊断专家系统

1. 概述

液压系统是飞机的重要机械系统，主要用于收放起落架、收放襟翼、开关舱门、机轮刹车、前轮转弯等工作。其工作可靠性对保证飞机完好率及飞行安全至关重要。某型飞机液压系统故障率较高，占整机故障率的63%左右。液压系统故障普遍具有一因多果或一果多因的特点，即故障模式存在非线性映射关系，很难根据直观故障现象直接确定故障部位及故障原因。一线机务保障对飞机液压系统的维护及故障诊断主要采取简易诊断技术，由机务人员根据经验及维护规程进行维护。其缺点一是排故周期长；二是排故过程中无谓的附件拆装较多，易衍生二次故障。液压系统故障特点及维修保障实际导致飞机完好率下降，影响航空装备的正常使用。快速有效地诊断出液压系统故障源并使飞机状态恢复正常，是迫切需要解决的一个问题。建立飞机液压系统故障诊断专家系统是一个很好的办法。

鉴于飞机液压系统的复杂性，并考虑专家系统开发周期、软件可靠性及与其他软件协调性等因素，本例在液压系统故障诊断专家系统的开发中，采用专家系统开发工具 CLIPS 作为系统开发平台。

C 语言集成产生式系统（C Language Integrated Production System，CLIPS）是 20 世纪 80 年代中期美国航空航天管理局（NASA）开发的基于规则的通用专家系统开发工具。作为一个产生式专家系统开发工具，CLIPS 提供了完整的开发环境来建造基于规则的或基于对象的专家系统。CLIPS 结构简洁，程序设计具有模块化的特点。CLIPS 6.22 提供了 Windows 操作界面，并允许用嵌入式应用程序创建多重环境，外部程序可以载入其中运行，其数据也可以被外部程序调用。它支持 3 种形式的程序设计：基于规则的程序设计、过程性程序设计和面向对象的程序设计，与 C 语言系列、Pascal、Ada 及 VB 等语言程序具有很好的兼容性。

2. 专家系统结构

依据专家系统原理，故障诊断专家系统主要包括综合数据库、推理机、知识库、解释程序、知识获取程序及人机界面等部分，系统的总体结构原理如图 4－33 所示。

整个系统的工作流程如下：通过人机界面，根据提供的液压系统故障现象或故障事实，推理机依据一定的规则搜索选择策略（正向、逆向或二者综合）和所提供的事实，诊断规则模式（知识库）是否与提供的诊断事实匹配来激活规则，把激活的规则放入待议事件库（综合数据库）中，并根据所选择的规则冲突消解策略，对激活的规则的右部进行执行（Execution of Right-hand-side of Rules），产生诊断结果，提供专家意见，反馈回人机界面供地勤机务人员参考。

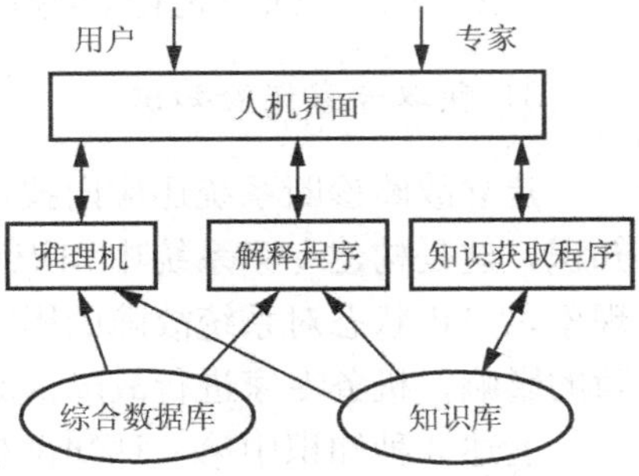

用户　专家
人机界面
推理机　解释程序　知识获取程序
综合数据库　知识库

图 4－33　专家系统结构原理

这种结构系统，其最明显的优点在于能够避免维修工作盲评和重复拆装，提高维修工作效率。

3. 故障诊断知识获取

构建专家系统首要和核心问题为知识获取，即如何把必需的诊断知识从人类专家思维中以及所诊断对象的结构原理知识中提取和总结出来，并且保证从不同渠道获取的知识间的一致性。构建专家系统的诊断知识来源于以下几方面。

1）液压系统原理知识

某型飞机液压系统原理框图如图 4－34 所示。

2）建立诊断知识故障树

在掌握原理的基础上，还应对上述框图进一步细化、梳理，主要为广泛收集在外场维护

工作中发生的液压系统故障信息，并对液压系统及其附件的故障进行分析。采用的主要方法为“故障树”方法，即从故障征兆至故障部位按树枝状逐级细化、“由上而下”的因果分析方法来确定故障原因和解决措施。如图 4-35 所示为某型飞机液压系统供压部分故障树。在此基础上，最好还应对故障树的底事件进行故障模式影响分析（Fault Mode Effect Analysis, FMEA），为故障分析提供依据。

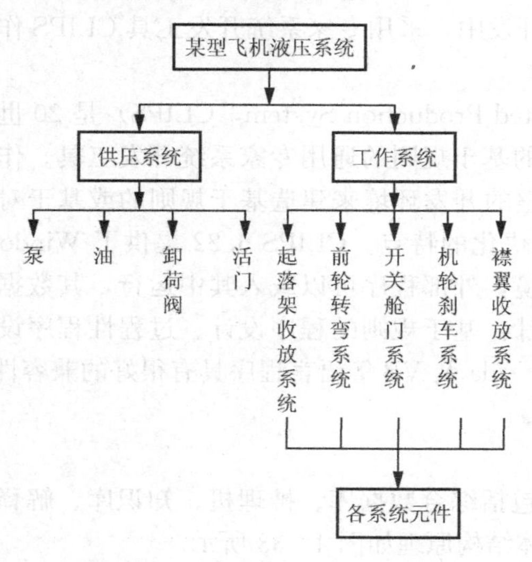

图 4-34　某型飞机液压系统原理框图

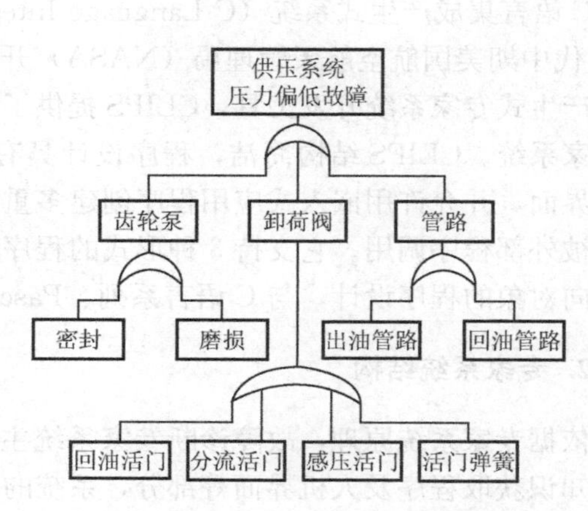

图 4-35　某型飞机液压系统供压部分故障树

3）获取专家经验知识

建立故障诊断系统还应向技术保障一线的机务专家、飞机设计人员获取故障诊断的经验知识，这是构建专家系统中知识获取层面最为核心的知识点，主要包括：故障发生的迹象、现象，飞机状态对系统故障的影响，维护工作对系统故障的影响，设计、制造因素对系统故障的影响，机务专家进行故障诊断时的思维过程、采取的方法和步骤等。

上述 3 种知识中第一种知识是构建专家系统所必须了解的基础性知识，而后两种知识是构建专家系统知识库的核心知识。

4. 专家系统构建程序

1）知识库

系统故障以故障树的形式表现出来，而故障树比较适宜采用产生式规则来表示，因而在构建专家系统时采用产生式规则来构建知识库。每个规则的逻辑表示形式为：if〈条件〉then〈结论〉。其中，〈条件〉为故障现象，〈结论〉为故障原因。

为方便事实的管理，构建的专家系统中应包含的数据库有：故障现象库、故障原因库和故障规则库。采用面向对象的编程技术将数据库封装，其中故障现象库和故障原因库属于临时数据库，分别用来存储液压系统故障现象和故障原因。在知识库管理模块的协调控制下，分别从现象库和原因库中选取相应知识构成规则的前件和后件，形成一条完整的故障规则。专家系统知识库结构关系如图 4-36 所示。

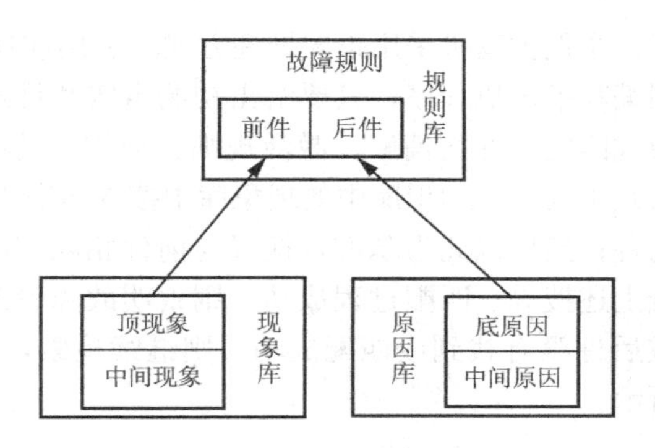

图4-36 专家系统知识库结构关系

上述的知识库都使用CLIPS专家系统语言来实现，其中故障现象库和故障原因库使用CLIPS语言工具中的deflemplate、deffact和assert命令实现，即先定义模板，再定义事实结构，在声明后插入现象和原因的事实。而规则库在此基础上使用defrule命令实现，如供压部分的诊断规则如下：

rule1 如果（系统压力偏低）

则有（供压部分有故障）

rule2 如果（齿轮泵工作正常）

则有（压力调节器有故障）

rule3 如果（齿轮泵有异响）

则有（齿轮泵有故障）

则其CLIPS的语言实现为：

```
(deftemplate fault (slot type))
(deRemplate cause (slot part))
(defrule rule-1
(fault (type system-pressure-low))
⇒
(assert (cause (part system-support))))
(defrule rule-2
(fault (type gear pump-normal))
⇒
(assert (cause (part pressure-adjustment))))
(defrule rule-3
(fault (type gear-pump-abnormal-noise))
⇒
(assert (cause (part gear-pump))))
```

在各个规则中，rule-1、rule-2、rule-3为规则名；⇒前面部分为规则的前件（左件，Left Hand Side，LHS)，对应着相应的故障现象库；⇒后面部分为规则的后件（右件，Right Hand Side，RHS)，对应着相应的故障原因库。

2）推理机

机务专家在进行故障诊断过程中经常采用正向思维（由现象到原因）和逆向思维（由原

因到现象）两种思维方式。本例推理机采用正向推理方式，利用前述使用CLIPS语言程序建立的知识库，不用再专门编写推理机程序，只要给出初始事实和推理目标。CLIPS的推理循环可以分为4个阶段：模式匹配、冲突消解、激活规则、动作。具体如下：从用户提供已知的初始事实（即故障现象）出发，在知识库中的现象库中搜寻与输入信息相匹配的现象事件，并将其作为规则库中的前件；然后以此为基准，搜寻与前件相匹配的后件，将其作为与故障现象对应的故障原因。若上述搜寻、匹配过程成功，则说明故障诊断成功，并将诊断结果显示出来；相反，若前件或后件没有找到或匹配成功，则继续检索，如此反复直至搜寻完毕。其推理流程如图4－37所示。

3）界面

CLIPS语言对于知识库和推理机的构建很方便，但是它只提供基于文本的交互环境，缺乏开发良好用户界面的能力。因此，在利用CLIPS语言程序构建知识库及推理机的基础上，还应开发良好的用户界面以便地勤人员使用专家系统。使用VC++是一种很好的用户界面开发方法，并采用动态链接库（DLL）嵌入式技术将CLIPS语言程序编写的知识库及推理机与用户界面对接，使用的主要文件为clips.dll和clipswrap文件，其源代码均可从网上免费下载。所开发的系统界面如图4－38所示。

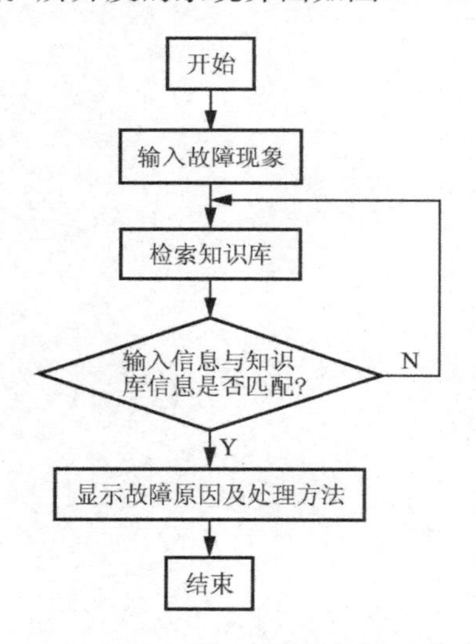

图4－37 故障诊断推理流程

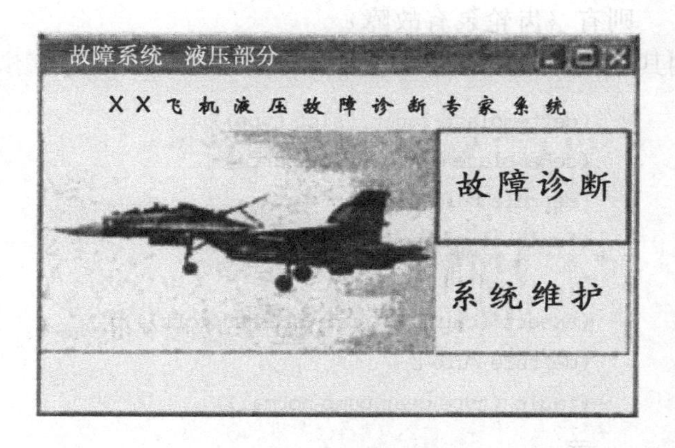

图4－38 系统界面

4.5.3 基于规则的轴向柱塞泵故障诊断专家系统

引起轴向柱塞泵故障的原因较多，故障原因与故障症状之间并不一一对应。本节以SCY14—1型轴向柱塞泵为诊断对象，设计轴向柱塞泵故障诊断专家系统。

1. 系统各功能模块

本系统由多级功能模块组成，主模块包括症状获取模块、知识库管理模块、诊断推理模块、诊断解释模块和系统维护模块，如图4－39所示。

系统各模块的主要功能介绍如下。

（1）症状获取模块：由自动获取和交互获取两项组成。症状获取模块通过各种方式获取诊断处理的有关信息，如从数据库中自动获取，或通过人机交互的方式获取。

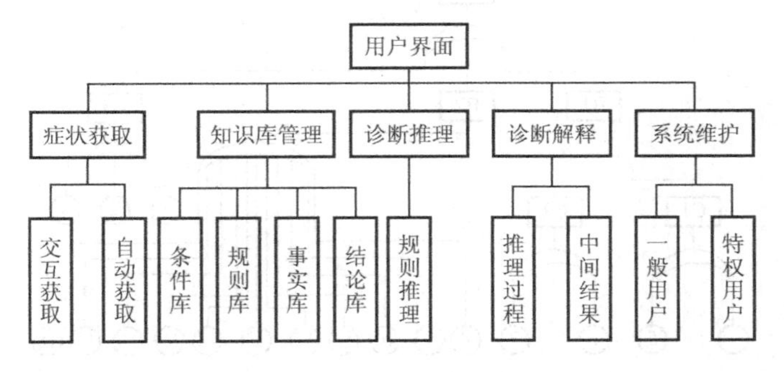

图 4－39　故障诊断专家系统功能示意

（2）知识库管理模块：由事实库、规则库、条件库和结论库组成。该模块能为知识库的建立和维护提供各种操作。借助于该模块，用户（只针对特权用户）可以方便地对事实库、规则库、条件库和结论库进行输入、修改、添加、删除、浏览等操作。

（3）诊断推理模块：该模块只有一个规则推理项。系统根据获得的症状信息，启用有关规则进行推理，最后给出可能的故障原因。

（4）诊断解释模块：由推理过程和中间结果两项组成。该功能可以存储初始的诊断信息和诊断推理过程中的各种信息，并对本身的推理过程做出解释。

（5）系统维护模块：由一般用户和特权用户两项组成。一般用户与特权用户主要的区别就是一般用户不能对知识库进行添加、删除、修改等操作。

2. 知识库

SCY14—1 型轴向柱塞泵容易出现以下 7 种典型故障。

① 不排油或无压力。

② 输出流量不足。

③ 压力不足。

④ 异常发热。

⑤ 振动噪声大。

⑥ 轴封漏油。

⑦ 压力不稳定，流量不稳定。

因此，对每种故障现象建立故障树，分故障现象设计不同的知识库。在人机对话推理过程中，选择要诊断的典型故障现象，调用相应的知识库，然后进行推理，从而避免了推理过程中的“组合爆炸”。综合考虑现有的知识表示方式及故障原因和故障征兆间的因果关系，确定采用基于规则的知识表示方式对故障及故障原因进行数据结构的组织。产生式规则的表达形式是：if P then Q，或者 P→Q。其含义是：如果前提 P 被满足，则可推出结论 Q 或执行 Q 所规定的操作。

以轴向柱塞泵“输出流量不足”故障建立故障树，如图 4－40 所示。其中，顶事件 A 为“输出流量不足”。中间事件：B1 为“容积效率低”，B2 为“产生气穴”，B3 为“产生气泡”，C1 为“泵内部零件磨损，泄漏严重”，C2 为“泵装配不良”。底事件 1、2、3 为引起 B3 的原因事件，4 和 5 为引起 C1 的原因事件，6 和 7 为引起 C2 的原因事件，8～18 为引起 B2 的原因事件。

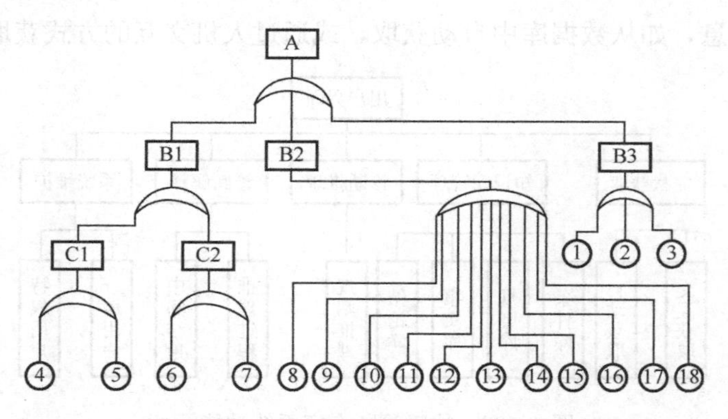

图 4-40 轴向柱塞泵“输出流量不足”故障树

设计知识库时将创建事实库、全局数据库、规则库、规则条件库和规则结论库 5 个库。

事实库用于存放所有故障、故障原因等文字性描述，并对每一条信息编码，码值以每个故障名称缩写为前缀，如 FR001（图 4-40 中的 A）表示轴向柱塞泵输出流量不足。

全局数据库用于存放问题的初始事实、推理得到的中间结论以及最后结果等。例如，轴向柱塞泵发生某故障，全局数据库中有输出流量不足（A）、产生气泡（B3）等初始故障信息和事实，推理过程中得到的规则冲突集以及最终结论等。

规则库存放每一条故障规则，并对每条规则进行编码，如 FRRule001 表示 if A then B1 等。由于此故障树中只有或节点，不存在与节点，因此在拆分成故障树时由或连接的父子节点，应拆分成对应子节点数目的几条规则。例如，图 4-40 中 A 与 B1、B2、B3 之间由或连接的父子节点，应拆分为规则：if A then B1，if A then B2，if A then B3。

规则条件库中存放的是各条规则的条件部分，每个条件对应一条记录。

规则结论库中存放的是各条规则的结论部分。

3. 推理机与系统

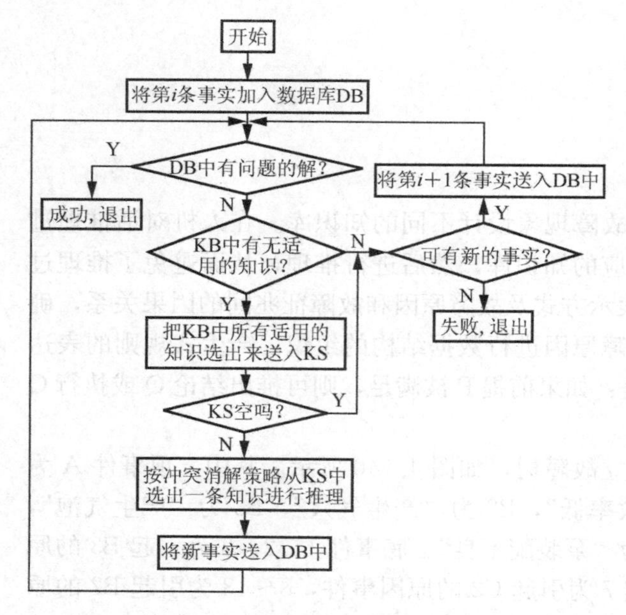

图 4-41 正向推理流程

推理就是根据一个或几个已知的判断，推导出另一个新判断的思维过程。推理机是专家系统的核心部分。本专家系统采用正向推理策略，从已知的故障现象出发，依据知识库中的知识，一步一步地推导出最终的故障原因。其推理流程图如图 4-41 所示。本系统的开发采用面向对象的程序设计方法，利用 Visual Basic 结合 Access 数据库来实现。如图 4-42 所示是知识库管理界面，用户可以对知识库进行添加、修改、删除、查询等操作。用户可以根据推理机设计的思路输入故障现象，逐步找出导致故障发生的最终故障原因。

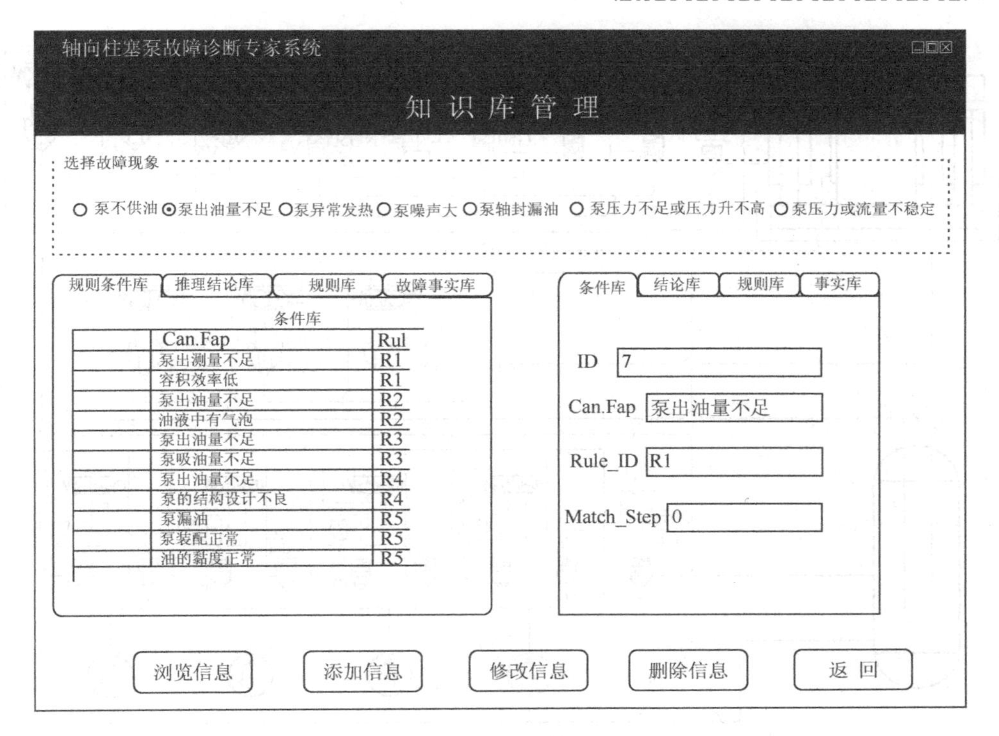

图 4-42 知识库管理界面

4.5.4 快锻液压机故障诊断系统

基于专家系统的快锻液压机故障诊断系统，通过专家系统的人机交互界面，能够为用户提供针对故障现象的解决方案。

1. 8MN 快锻液压机液压系统

8MN 快锻液压机为双柱下拉式结构，最大锻造次数为 80～120 次/分。设备运行过程中很少出现机械故障，出现的故障多为液压系统故障，且因故障原因不明而不易排除。该机液压系统工作压力高达 32MPa，流量大，主控阀大多采用大口径插装阀进行各种动作的多级控制，因此系统回路复杂。在锻造生产中，如果液压系统在运行中发生故障，会造成巨大的经济损失。由于液压机依靠电子、机械和流体传递能量和信息，所以其故障诊断要比一般机械设备更加困难。

8MN 快锻液压机液压系统原理如图 4-43 所示，系统主要由主泵控制回路、主缸和回程缸供液回路、主缸卸载回路、充液回路以及其他回路组成。

（1）主泵控制回路：为满足锻造速度要求，采用 4 台泵（P1～P4）向系统提供高压油源，可根据锻造工况选择不同的台数来满足工艺要求，并能实现系统正常工作状态、低能耗状态及过载保护的压力控制。

（2）主缸和回程缸供液回路：为提高液压机的响应速度并能方便地调整压下和回程速度，采用插装阀 V2、V3 分别向主缸和回程缸供液。

（3）主缸卸载回路：主缸在加压时积聚了大量的高压能源，回程时需要快速、无冲击地释放掉，因此采用了 XV1、XV2 及 XV3 这 3 组阀来排泄主缸油液。实际使用时通过控制装

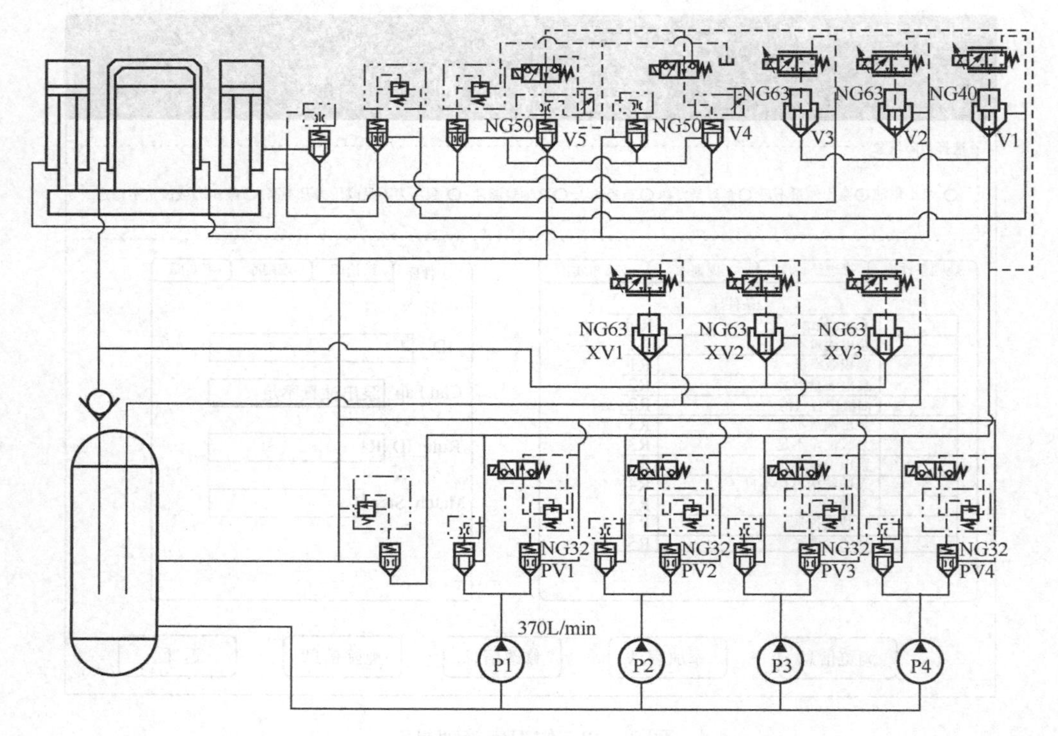

图 4－43　8MN 快锻液压机液压系统原理

置来调节阀的开启次序，实现主缸高压油先慢后快的排放要求。

（4）充液回路：液压机空程下降时，充液罐中低压油向主缸供液，同时回程缸油液经 V4 到主缸，实现液压机的空程快降动作；主缸压力上升后，充液阀和 V4 分别关闭，液压机转为加压动作。

（5）其他回路：包括平衡液压机活动框架的平衡支撑回路、回程缸排液回路、辅助供液回路等。

主要工作循环如下：

① 压机回程。油液自泵站 P1～P4 经 V1、V3 到回程缸，主缸油液经 XV1、XV2 和 XV3 到充液罐。

② 压机空程下降与加压。对于常锻，油液自泵站 P1～P4 经 V1 和 V2 到主缸，空程下降时充液罐对主缸充液，回程缸油液经 V4 到主缸。加压时 V4 关闭，回程缸油液上升至调定的平衡压力后经 V5 至充液罐。快锻机主缸和回程缸分别经 V2 和 V3 同时进液，V4 和 V5 均关闭，液压机为一个差动回路。

2. 故障诊断系统

8MN 快锻液压机故障诊断专家系统由用户界面、解释机、知识库、数据库、知识获取机和推理机组成，如图 4－44 所示。

用户界面采用 Visual C++编写，将用户及专家的输入信息转换成系统知识，同时把系统知识转换成便于用户理解的形式。本故障诊断系统采用用户熟悉的方法——对话框与用户进行交流。

解释机负责对用户提出的问题做出解释，包括故障形成的原因和故障解决的方法。系统采

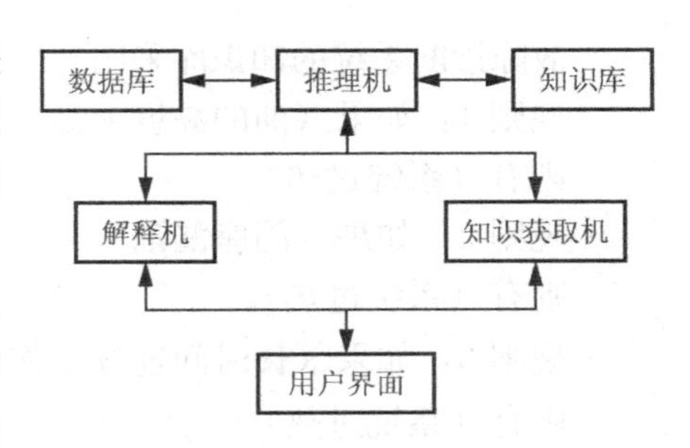

图 4-44 8MN 快锻液压机故障诊断专家系统组成

用预制文本法，将每一种可能存在的故障产生原因和解决方法用自然语言的形式组织好，插入相应的数据库中。通过与用户的交互，解释机对故障的原因进行分析并提出相应的解决方法。

知识获取机提供一种将专家知识提取和总结的方法。通过与专家和知识工程师的交互，知识库不仅可获得知识，而且可使知识库中的知识得到不断改善。本系统知识获取机采用和解释机类似的机制，将故障分为故障现象、故障原因和故障解决方法，并由专家将诊断知识输入数据库中。

知识库用于存放专家关于故障诊断的专门知识。本系统采用基于产生式规则的知识表示方式。通过以自然语言形式描述的产生式规则，将专家知识转换成计算机语言的表示形式，便于存储于知识库中。数据库是专家系统中用于存放反映系统故障知识数据的场所，主要包括故障现象、故障原因和故障解决的方法。本故障诊断系统基于 SQL Server 的数据库技术，故障诊断数据库的数据存储和读取很容易实现。

推理机是专家系统的控制机构。通过用户提供的初始数据，按照知识库中的知识规则进行一定的推理，最终得到故障诊断的解决方法。本系统采用反向推理的方法，将故障知识按照故障的因果关系，通过已知的故障现象和人机交互，推出故障的原因和解决方法。

3. 故障诊断

故障诊断系统主要是通过人机交互的方式实现基于知识库的推理功能、解释功能以及学习功能。通过人工选择故障现象，在操作人员的命令下，计算机进行推理分析并给出相应的故障原因和故障处理方法。如果推理结果不是所期望的答案，可以通过系统的学习功能，人为输入并修改知识规则库。快锻液压机的故障分析分为液压泵故障、液压执行元件（液压缸等）故障、液压控制阀故障和液压辅助元件故障 4 个部分。以溢流阀为例，其故障现象、故障原因和解决方法的关联参见表 4-25。

表 4-25 溢流阀故障现象、故障原因和解决方法的关联

压力控制阀	溢流阀	压力低或者不正常 ⋮ 系统过热	调节不对 灰尘、碎屑或毛刺使阀关闭不严 锥阀或阀座磨损或损坏 主阀体孔内滑阀被卡住 弹簧刚度低 弹簧端部受损 阀芯在阀体内或阀座上翘起 节流孔或平衡孔部分被堵 ⋮ 长时间连续工作在全溢流状态 油的黏度太高 阀座漏油

故障诊断系统的知识库采用产生式规则来表示，对于表 4 - 25 中的溢流阀故障可表示如下。

规则 1：如果（油的黏度太高）

则有（系统过热）

规则 2：如果（阀座漏油）

则有（系统过热）

规则 3：如果（长时间连续工作在全溢流状态）

则有（系统过热）

以上便是基于产生式规则建立的液压阀故障诊断知识库系统。其中每条知识即为一条事实。若干条前提和一条结论构成一条规则，所有的规则组成知识库。

利用数据库来表达知识，先要建立知识数据库，本系统利用 SQL Server 软件建库。专家系统中的每一条规则对应于数据库中的一条记录。在此数据库中，由若干字段表示规则的条件，若干字段记录其对应的结果。

由规则的特性可知，在关系数据库中存储规则的每一张表中至少应该有两个字段，一个字段记录规则的条件部分，另一个字段记录满足条件的结论，参见表 4 - 26。

表 4 - 26　知识在关系数据库中的实例

条件 1	条件 2	条件 3	结论
长时间连续工作在全溢流状态	油的黏度太高	阀座漏油	系统过热

可以利用标准 SQL 语句查询满足结论的条件，寻找故障原因和解决办法。

在知识库按照产生式规则正确建立的前提下，当快锻液压机发生故障时，推理机通过人机交互反向推理对知识库进行查询得到的信息，找到可能的结论并显示，最终通过操作人员对具体故障现象进行甄别完成一次完整的推理过程。如果查找到的结论不符合要求，则推理机根据新的条件再次进行查询，直到查到满足操作人员要求的结论为止；或者启动系统的学习功能，通过人工输入新的知识和推理规则更新知识库。

推理模型如图 4 - 45 所示。从上面专家系统的设计中可知，知识库的建立是最重要的。一个专家系统的好坏很大程度上取决于专家知识的获取和整理，而推理机则是从规则库及数据库中推出正确结论的必要保证，这两部分构成了整个专家系统的核心。

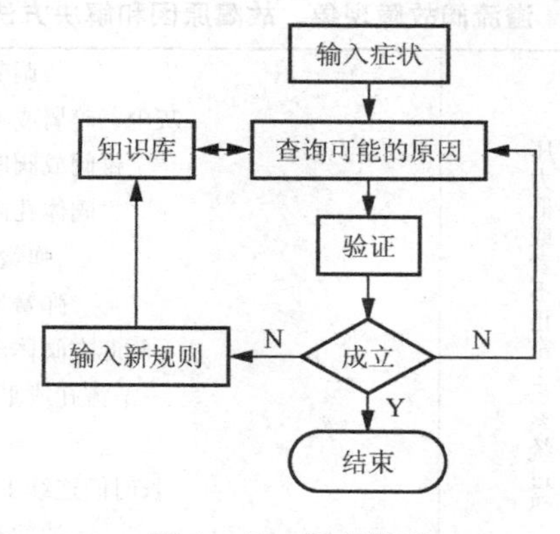

图 4 - 45　推理模型

4.6　液压故障案例推理诊断

4.6.1　案例推理技术概述

基于案例的推理（Case-based Reasoning，CBR），其核心思想是从过去已发生的问题及其解决方法推导出当前问题的解，也称记忆推理。推理过程主要由四部分组成：案例检索、案例调整、案例修正、案例学习，符合人的认知行为。案例检索是根据新问题同以往各个案例的相似度从案例库中检索出与该问题相似的一个或一批案例。检索到的案例一般与新案例不完全匹配，这时就需要根据一定的规则或者调整函数对检索到的案例进行调整，形成对问题的初步的解。案例修正是对系统给出的建议解进行修正和确认，形成问题的最终解。案例学习是系统对新问题依据一定的学习算法进行学习，决定是否将新问题及其解保存，作为下一次推理的依据。

CBR技术由美国耶鲁大学的Roger Schank教授在其1982年出版的*Dynamic Memory*一书中首次提出，此后逐步推广到机械CAD、医疗卫生、企业管理等领域，并得到成功应用。CBR技术是一种基于经验知识进行推理的人工智能技术。CBR故障诊断的基本思想是：当寻找诊断方案时，在过去类似诊断方案成功案例基础之上进行推理，通过类比和联想来完成当前故障诊断任务。

采用专家系统进行故障检测诊断是人工智能技术在诊断与维修领域较为常见的应用。但传统的专家系统在许多领域中存在着知识获取困难、系统搜索效率不高、有些知识不易用规则表示等问题，同时由于系统缺乏自学习能力，无法利用原有系统中的经验和方法来提高诊断能力。作为人工智能领域新分支的案例推理是处理不确定复杂问题的一种有效方法，为解决既需要专家知识和经验、又难以用基于规则的推理技术进行决策的故障诊断问题提供了一种新思路。

基于案例的推理技术是人工智能领域的一个新分支，它在一定程度上弥补了目前大多数智能诊断系统的不足，根据故障现象进行故障检测与诊断，为设备管理人员或维修人员提供了故障检测与诊断的智能决策，提高了故障诊断的智能化水平。

故障诊断智能化系统是故障诊断智能化的重要体现与主要工具，作为人工智能领域新分支的CBR技术以其自身的优点，可以归纳、学习和检索更加广泛的故障特征类型，用工程师和专家的思想与诊断机理，对故障实施智能化诊断。

CBR诊断方法具有较强的自学习的能力，它使用大量的案例特征集合，可以归纳、学习和索引更加广泛的故障特征类型，以诊断出“新”的故障，贴切地反映出工程师和专家的思考与诊断过程。但总体上来说，CBR技术是人工智能领域的新分支，系统性成果还不多，理论还不是很成熟，研究与应用还处于探索阶段，若要在机械故障诊断系统中得到更好的应用，其案例的表示与组织方法、案例的检索和匹配方法、案例的自学习方法等技术还有待进一步完善。随着设备和系统的复杂化程度的加深，CBR凭借其自身的优点，将成为故障诊断领域一个行之有效的方法。

4.6.2　基于CBR的挖掘机液压系统故障诊断

本节提出利用CBR技术进行挖掘机液压系统的故障分析，建立故障诊断系统。

1. CBR 技术的工作流程

基于案例推理的流程如图 4－46 所示。

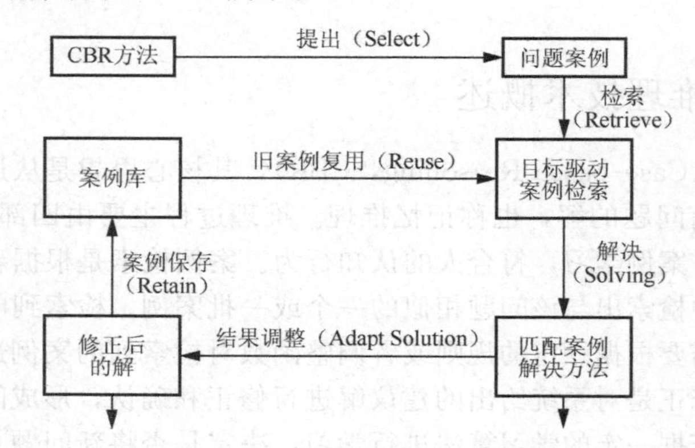

图 4－46　基于案例推理的流程

该工作流程可以描述如下。

① 按一定的形式描述当前案例。

② 从案例库中检索出与当前问题相似的案例。

③ 若该案例与当前问题完全匹配，则输出该案例的求解方案；否则修改求解结果，形成问题的求解。

④ 对当前问题的求解进行评价。

⑤ 将新的案例加入到案例库中，供以后求解问题使用。

2. 故障诊断系统的总体方案

该故障诊断系统的主要目的是建立基于 CBR 技术的故障诊断软件系统。其设计思路是，将工程装备液压系统维修专家所积累的有关故障诊断的知识、现场仪表测试数据等收集起来，加以分析整理，以案例和案例的解决方法的形式存储于计算机中。在实际进行故障诊断时，新的故障现象形成新的目标案例，系统检索类似案例的解决方案来解决新的案例。若不存在类似案例，便自动生成新的求解方法。案例求解的整个过程（包括成功与失败的所有记录）均存储于数据库中，成为新的知识与实例方法。

3. 故障诊断系统关键技术——案例的建立

一个案例是一个经验的示例，某种类型的故障可能多次发生，每次产生同样或类似的现象，每个案例就是故障发生方式的通用描述，但案例不是每个故障的简单记录。当 CBR 技术用于故障诊断时，描述故障诊断的案例通常包括：故障现象的描述、故障原因的描述、解释和维修策略的描述。

1）故障分析

挖掘机等工程装备的故障非常复杂，在运行中液压系统的故障占很大的比例，其故障可用类似于故障树的结构来表示。例如，图 4－47 是 GJW111 型挖掘机动臂缸工作速度低案例结构组织树。从图中可以看出，随着故障现象逐步被发现，故障的原因越来越清楚，叶子节点即表示最终原因。

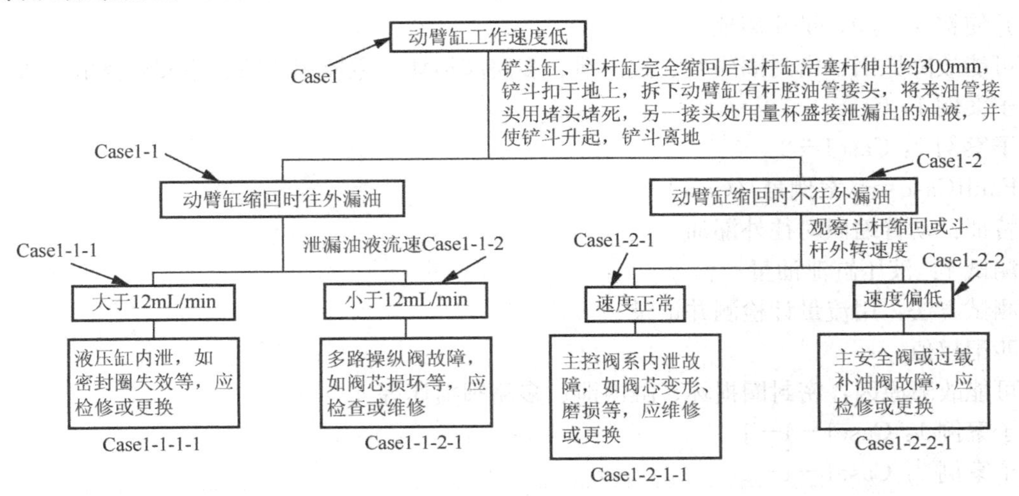

图 4-47 动臂缸工作速度低案例结构组织树

2）案例的建立

案例之间的关系采用父子继承的方式建立，子案例继承父案例的所有故障现象，父子案例各有不同的故障诊断方法。在特殊情况下，子案例也可以继承父案例的默认故障解决方法，然后添加新的故障解决方法。

人工智能中常用的结构化知识表示方法有框架（Frame）表示、剧本（Script）表示和面向对象（Object-oriented）表示等。这里采用一种带有继承特性的类框架表示方法。

案例表示主要是用一定的数据结构来描述案例的特征以及案例之间的关系。案例的特征包括结构特征、功能特征和属性。挖掘机液压系统故障检测与诊断系统中的案例可描述如下：

$$\text{Case}=\{\text{CaseID}, f, s, \langle t_1, m_1, \omega_1\rangle, \langle t_2, m_2, \omega_2\rangle, \cdots, \langle t_n, m_n, \omega_n\rangle, r, e, \langle \text{CaseID}-1\rangle, \langle \text{CaseID}-2\rangle, \cdots, \langle \text{CaseID}-m\rangle\}$$

式中，f 表示案例的主要特征；s 表示案例的匹配权值；$\langle t_i, m_i, \omega_i\rangle$ 分别表示第 i 个测试值、测试方法和相应的权值；r 表示可能的故障原因和解决方法；e 表示故障诊断的解释部分。

对于复杂的案例，可分解为一组子案例集，$\text{Case}=\sum \text{Case}_i$（$i=1, 2, \cdots, m$），子案例继承父案例的所有特征，并具有自己的特征。

在挖掘机液压系统故障检测与诊断系统中，根据故障的不同和诊断的难易，案例可具有多达10层甚至更多。案例库以特征索引决策树的方式建立，树中的每一个节点都包含一组特征信息，子节点继承父节点的特征，但不继承父节点的故障原因，因为随着诊断的逐步深入和更多特征信息的取得，故障原因将更为确定。

图 4-47 为动臂缸工作速度低故障检测子系统的案例组织方式，其案例组织结构如下所示。

FaultCase=<案例号（Case1）

特征：动臂缸工作速度慢

匹配权值：1

测试1：缸泄漏

测试方法：铲斗缸、斗杆缸完全缩回后斗杆缸活塞杆伸出约300mm，铲斗扣于地上，拆

下动臂缸有杆腔 油管接头，将来油管接头用堵头堵死，另一接头处用量杯盛接泄漏出的油液，并使铲斗升起，铲斗离地。

可能故障原因：密封圈失效、缸内泄、多路阀损坏、主控阀故障、主安全阀故障等

子案例 1：Case1－1

子案例 2：Case1－2

FaultCase＝<案例号（Case1－1）

特征：动臂缩回时往外漏油

测试 1：液压缸泄油量

测试方法：用流量计检测并记录

匹配权值：1

可能故障原因：密封圈损坏、缸内泄、多路阀损坏等

子案例 1：Case1－1－1

子案例 2：Case1－1－2

FaultCase＝<案例号（Case1－1－1）

特征：泄漏油液流速大于 12L/min

测试 1：检测液压缸密封情况

测试方法：检查液压缸油管接头

匹配权值：1

可能故障原因：密封圈损坏、变质等解释：

子案例 1：Case1－1－1－1

子案例 2：Case1－1－1－2

子案例 3：Case1－1－1－3

子案例 4：Case1－1－1－4>

FaultCase＝<案例号（Case1－1－2）

特征：泄漏油液流速小于 12L/min

测试 1：检测多路阀工作情况

测试方法：检查阀杆操作情况

匹配权值：1

可能故障原因：阀芯卡滞损坏

解释：…

>

3）案例库的建立

根据已有的故障经验，提出了一种多级案例库组织技术（选用 3 级案例库和一个备份案例库），即将案例分别存放在 3 个案例库中，常见的故障案例放在一级案例库中，一般性的案例存放在二级案例库中，其他案例存放在三级案例库中。为了保证案例检索的速度，一、二级案例库保持较小的规模。三级案例库可以保持较大规模以保证疑难案例得到正确诊断。删除的案例和其他案例放在备份案例库中，以便在需要时查看。案例的检索从一级案例库开始，若在一级案例库中不能查找到匹配案例，则在下级案例库中继续查找，直至找到匹配案例或发现无匹配案例。

根据案例的匹配情况，若能找到完全匹配案例，则案例不需要增加。若在所有案例库中查找不到最低程度相似的案例，则将该案例增加到三级案例库，作为全新的案例。若能找到足够相似、可能相似和最低程度相似的案例，则根据最后故障成功诊断的情况，判断故障案例与案例库中的案例是否属于同种情况，若是，则修改案例库中的情况；否则，则将案例作为新案例存入三级案例库中。

任何装备在不同阶段的故障类型不一样，如在装备磨合期的某些故障，在装备使用后期可能永远不会出现，因此为了提高检索的效率，不再使用的案例可以存放在备份案例库中。案例库中的案例可以根据案例的使用频率进行升级和降级，若经常被引用，可以逐步从三级案例库升级至一级案例库；反之，经常不使用的案例可以降级使用，即从一级案例库移到二级案例库，或从二级案例库移到三级案例库。若案例已在三级案例库且很长时间未使用，则可以删除该案例，即转入备份案例库。案例的升级、降级和删除不需要经常进行，每次诊断时只需要记录案例的引用情况，在较长时间后可以根据案例的引用情况对案例库进行维护，以保证既快又好地完成案例的检索和匹配，完成故障的诊断。案例的分级存放和更新策略如图 4－48 所示。

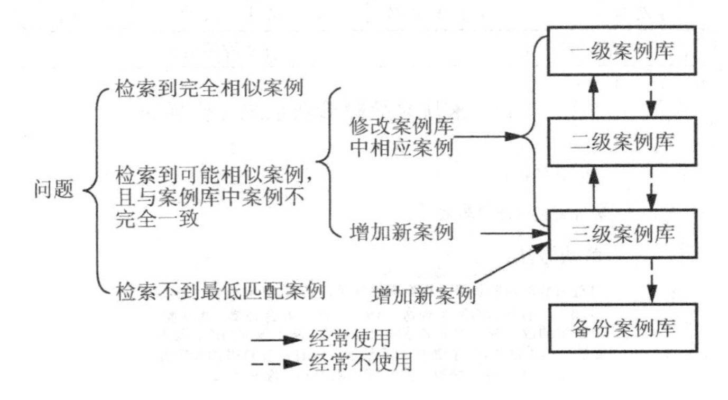

图 4－48　案例的分级存放和更新策略

4.6.3　*CBR* 技术应用于液压泵故障诊断

1. 系统工作过程

针对液压系统中的动力源——液压泵，应用 CBR 技术，以 VC++ 为工具，开发了液压泵故障诊断系统，数据库选择关系型数据库 Access 2000。该系统包括信号监测、信号处理、学习系统、故障诊断及决策系统和数据库管理 5 个模块。系统工作界面如图 4－49 所示。

该系统的案例库来源于专家以往的经验，根据在实际应用中液压泵发生故障时的各参量的变化值，按照前述的案例表示方式建立故障案例。本系统监测的主要参量是液压泵的振动、温度、油液分析、噪声、油压和轴的转速。显然，在不同的故障中，各个参量所起的作用是不一样的，所以在形成案例时，各个参量还要乘以相应的权重系数。

当系统启动之后，信号监测模块以一定的时间间隔（各个参数的时间间隔不一样，可以自行设定）将测量值送入日志数据库进行存储，同时和故障数据库中的理论数据进行比较，如果超出设定的值域，则系统自动采集各监测点的参数值，形成新的案例，然后根据检索原理在案例库中检索出与之相近的旧案例。如果旧案例与新问题完全一致，则旧案例

的解决方案可以用来解决新问题；否则就要对旧案例进行修改，得到新问题的解决方案。一般新案例的解决方案要保存到案例库中去，以充实案例库。同时系统发出警报，停止系统的动作，并根据前面的结果给出相应的解决方案。如图 4－50 所示是某个故障的诊断结果及解决方法。

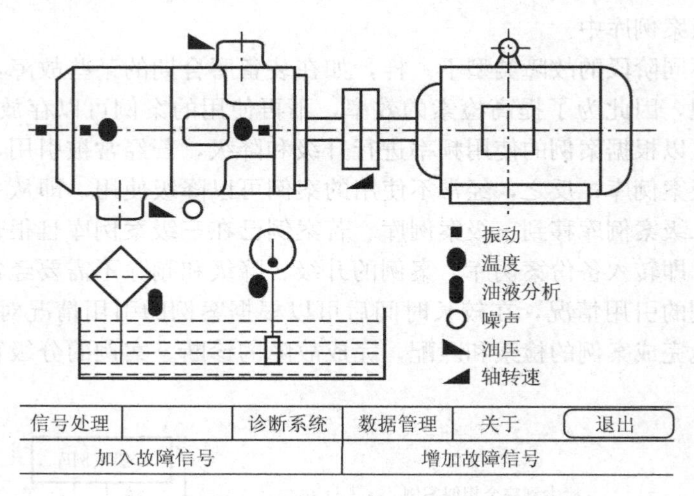

图 4－49　液压泵故障诊断系统工作界面

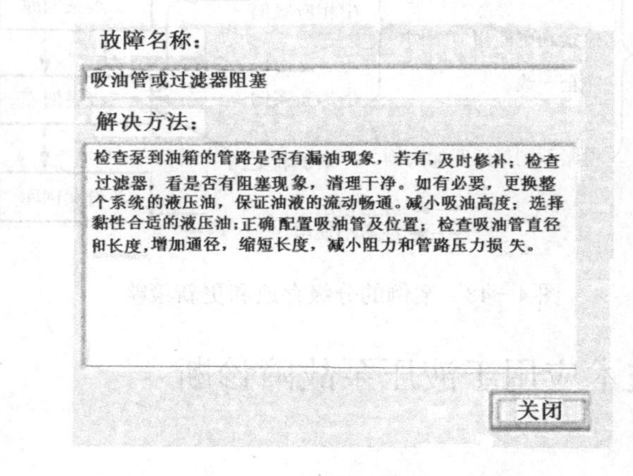

图 4－50　某个故障的诊断结果及解决方法

2. 数据库的维护

数据库中的案例一般在最初时按专家经验给出，在工作过程中逐渐增加新的案例，也可以手工直接增加新的案例，如图 4－51 所示为增加新案例的工作界面。如前所述，每次诊断过程中碰到新的案例都会增加到数据库中，但是案例一味增加势必导致数据库越来越庞大，影响系统的工作效率，所以必须对数据库进行相应的处理，本系统按以下策略维护数据库。

(1) 如该案例与数据库中的所有案例的相似度均小于某个给定的值（假定为 0.9），则加入该案例，避免数据库的无限膨胀。

(2) 数据库中的每一个案例均设置一个变量来记录该案例的使用情况，即成功率或失败率。当其大于某一给定值时，表明该案例不可靠，需要对其进行修正。

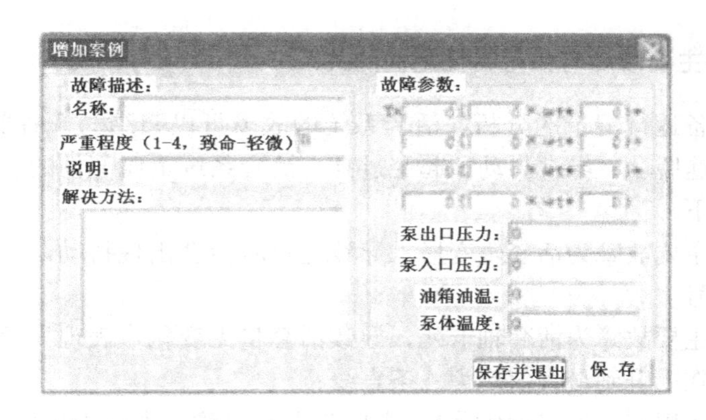

图 4-51 新增案例的工作界面

4.6.4 案例推理在轧机活套液压系统故障诊断中的应用

1. 概述

活套系统设置在轧机组各机座之间，它使相邻机座间的带钢在一定张力下贮存一定的活套量，作为机架间速度不协调时的缓冲环节。同时，活套臂摆动时发出角度信号，用来控制各架轧机的速度，使连轧机在稳定的小张力下进行轧制。活套在近代高速热连轧速度自动调节系统中是必不可少的环节，通过控制活套，不仅可以避免拉钢和堆钢等重大生产事故，而且可以改善带钢的轧制质量。如图 4-52 所示是某大型薄板连轧生产线中的活套液压系统与结构。

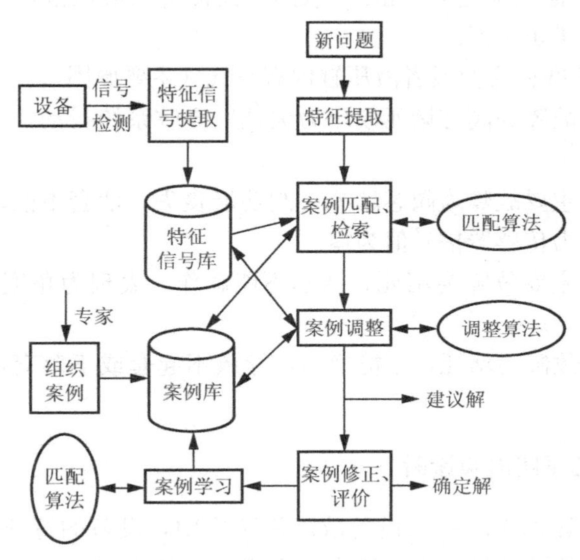

图 4-52 活套液压系统与结构

该系统为了适应不同的情况，采用了两个伺服阀，可以一个工作，也可以两个一起工作。换向阀与液控单向阀起锁定回路的作用，蓄能器用于吸收压力与流量的脉动。工作时，液压缸伸出带动活套臂转动，活套辊与带钢接触并将带钢顶起。通过控制液压缸的动作，使起套量不断地变化，实现轧制过程中的恒张力控制。

2. 活套各部件主要故障与信号特征之间的关系

通过对现场设备运行记录的分析，活套系统的故障可以归结为 5 种类型：套量无变化、活套动作缓慢、中途脱套、异常抖动和起套过高。活套系统重要部件的主要易发故障与特征信号之间的关系如下。

(1) 活套辊：主要故障为活套辊变形，导致轧钢时活套出现抖动，表现为转角信号中包含该抖动频率的信号。

(2) 活套轴：主要故障为活套轴卡死，导致活套量无变化，表现为活套角度信号为一条直线，压力信号则在上升到最大值后为一条直线。

(3) 角度测量传感器（位置编码器）：主要为电气故障，表现为传感器输出无规律信号，导致活套系统抖动。

① 无信号：传感器输出信号为零。

② 信号不变化：输出信号为一直线。

③ 输出紊乱信号。

(4) 压力传感器（压差传感器）：主要为电气故障，表现为传感器输出无规律信号，导致活套系统抖动。

① 无信号：传感器输出信号为零。

② 信号不变化：输出信号为一直线。

③ 输出紊乱信号。

(5) 液压缸：主要故障如下所述。

① 不动作。原因：泄漏量过大（密封损坏），无油进入液压缸，表现为角度信号为一条直线，压力值为零或低于正常值。

② 爬行。原因：活塞杆弯曲或者液压缸内有空气（主要原因）。

(6) 安全阀：主要故障为阀芯堵死或压力失调，导致系统抖动，最大值超过正常情况下的最大值。

(7) 电液伺服阀：主要故障为阀芯堵死，阀功能丧失，活套不能动作，表现为角度值和压力值均无变化，且压力传感器信号值为零。

(8) 液控单向阀：主要故障为堵死，活套不能动作，表现为角度值和压力值均无变化，压力传感器信号值为零。

(9) 换向阀：主要故障为堵死，不能换向，导致不起套或不落套，表现为压力正常，角度为零或者为最大值。

3. 基于案例的活套系统故障诊断

本系统应用于大型轧钢生产线的设备故障诊断之中，设备的特征信号作为案例的特征，可以将设备的故障与具体的信号对应，使诊断的结果更准确。图 4－53 是系统的结构示意图。

在监控生产线运行的过程中，将设备的信号特征值保留于数据库中，形成特征信号库，以便每一次发生故障时故障均能与相应的特征信号对应。在系统运行之前，由专家将以往的案例按照一定的形式组织起来，形成案例库。各个相关的模块均由相应的算法完成，从而直接从曾经发生的故障学习解决问题的方法，大大减少了对专家领域知识的需求，准确地确定了发生故障的部件，为保证生产的顺利进行提供了一种新的技术手段。

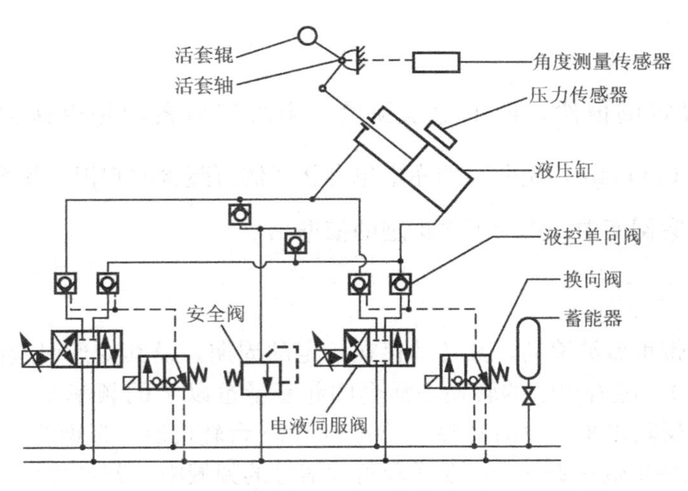

图4-53　基于案例的活套系统故障诊断系统结构

相关算法如下。

1）建立案例库

定义案例库的数学表达式为

$$\text{Case Base}=\{C_1,\ C_2,\ \cdots,\ C_n\}$$

式中，$C_i=C(F_i,\ S_i)$，G表示第i个案例；$F_i=(f_{i1},\ f_{i2},\ \cdots,\ f_{ik})$，$f_{ik}$表示第$i$个案例的第$k$个特征；$S_i=(s_{i1},\ s_{i2},\ \cdots,\ s_{in})$，$s_{in}$表示第$i$个案例的第$n$步解决方法。

按上述方法，将以往故障案例组织起来，形成案例库。

2）匹配算法

定义新问题为

$$N(n_1,\ n_2,\ \cdots,\ n_m)$$

式中，n_i表示新问题的第i个特征。它与案例库中第i个案例的综合相似度按照最相邻近算法为

$$\text{NN}(N,\ C_i)=\sum_{j=1}^{m} w_j \text{sim}(n_j,\ f_{ij})$$

式中，ω_j为权重，代表第j个属性的重要程度，$\sum_{j=1}^{m} w_j=1$；sim(·）是计算对应相似度的函数，或用于确定某个特征两两相似的规则或启发式知识，对于量化为数值的特征，sim(·）可以定义为$\text{sim}(n_j,\ f_{ij})=1-\frac{|n_j-f_{ij}|}{R}$，其中$R$为$n_j$、$f_{ij}$的取值范围。

3）调整算法

案例调整是CBR中最具挑战性的一环，通常也是最难的。一套理想的调整规则可以从头开始生成完整答案，并且一个高效率的系统可以调整知之甚少的解答，也可以由派生机制去调整那些知之甚多的解答。目前用得最多的调整方法有空调整、参数调整、抽象与再具体化、基于批评的调整、案例重用、派生重演、基于模型的修复和基于案例的替换。本系统采用空调整和基于规则与参数调整相结合的调整方法，效果良好。

4）学习算法

该算法采用设定阈值法，即由专家预设一个决定新案例是否保留的阈值 ρ_0，如果 $\max(\sum_{i=1}^{n}\mathrm{NN}(N, C_i))\geqslant\rho_0$，说明案例库中包含新案例所蕴含的知识，新案例则不需要保留；反之则保留，存入案例库中，作为下次推理的依据。

4. 诊断应用

活套辊相对于带钢做纯滚动，其转动存在一定的周期，设其变形引起的活套系统抖动的频率为 f（$f=1/T$）。随着辊子的转动，活套的起套量也以 f 的频率变化，这个变化可以在角度信号的频域中反映出来。设活套辊半径为 r，第 i 台轧机出口带钢的速度为 v_i，则第 i 个活套辊的转速为 $T_i=2\pi\omega_i=2\pi v_i/r$。在活套角度信号的频域中，若包含与该频率相近的信号，则表明该活套辊有变形。F_2 与 F_3 轧机之间的活套直径为 300mm，F_2 轧机出口速度为 0.9142m/s，活套 3 液压缸设定压力力矩平均值为 13400N·m。

某次带钢轧制中，活套 3 抖动异常。经软件系统分析，活套 3 角度传感器的角度信号中 $f=0.95$Hz 的信号较为明显，其他信号基本正常，判定结果为活套 3 的活套辊有变形，解决措施为更换活套 3 的活套辊，结果表明方法行之有效。该案例应用上述方法表示为

$$N=\{F, S\}$$

其中，$F=\{F_1, F_2, F_3\}=\{f=0.95\text{Hz}$ 信号明显，AveT=13395.975N·m，Looper3$\}$，$S=\{S_1\}=\{$更换活套 3 的活套辊$\}$。

案例库中设定的决定案例是否保留的阈值为 0.8，因为 $\max(\sum_{i=1}^{n}\mathrm{NN}(N, C_i))\geqslant 0.8$，说明案例库中包含足够的该案例的知识，所以不保留该案例。

4.6.5 基于案例推理的船艇液压系统故障诊断专家系统

船艇液压系统运行质量的好坏，直接影响船艇动力系统与其他液压驱动系统的工作状态与性能，关系到船艇部队的战斗力，对船艇部队任务的执行、经济效益甚至安全有着不容忽视的影响。利用计算机技术开发故障诊断专家系统，对船艇人员学习掌握专家丰富的经验知识，及时分析故障原因，找到故障源，并果断采取故障排除方法以保证船艇运行安全具有重要意义。

1. 基于案例推理的故障诊断技术

本系统采用基于案例的推理方法，以案例的方式存储以前的专家维修经验，即知识以案例的形式来表达和存储。一个诊断案例就是对一类故障征兆及相应的诊断过程的描述，其一般包含故障及其诊断内容。对某一给定案例 c，可用下列向量表示为

$$c=\{N, \boldsymbol{E}, \boldsymbol{S}, \boldsymbol{R}, \boldsymbol{P}, \boldsymbol{Q}\}$$

式中，N 为案例编号。

$\boldsymbol{E}=\{e_1, e_2, \cdots, e_l\}$ 是说明性信息集，为一个有限集合。其中 e_j 表示一条说明性信息。

$\boldsymbol{S}=\{s_1, s_2, \cdots, s_m\}$ 为征兆集，表示故障案例的各种征兆，是一个有限非空集合。其中 $s_j=\{f_s, d_s\}$，f_s 表示故障征兆事实，d_s 表示故障征兆置信度。

$\boldsymbol{R}=\{r_1, r_2, \cdots, r_n\}$ 为结论集，表示由征兆引起的故障结论。其中 $r_j=\{f_r, d_r\}$，f_r 表示故障结论事实，d_r 表示故障结论置信度。

$\boldsymbol{P}=\{p_1, p_2, \cdots, p_n\}$ 为维修方案集，用来表示对应结论集 R 的维修方案。其中 p_j 表示一个维修方案。

$\boldsymbol{Q}$ 表示该案例归属于哪个案例库。

本系统建立了船艇柴油机润滑系统、减速箱润滑系统、轴系润滑系统、起大门机液压系统、锚机液压系统、舵驱动液压系统、大舱盖液压系统及液压元器件共8个方面的案例库，具体描述了1200余件案例。以下举例说明案例表达结构。

某型船艇在退滩过程中，大门机不能起吊，液压表显示压力值为1.8MPa，液压缸端面有油渗漏，振动加剧，经诊断发现液压缸密封圈压溃，则该案例描述如下。

案例号：4015

说明性信息：某船艇起大门机

故障征兆：{{大门机不能起吊，1.00}，{液压油压下降，0.95}，{液压油渗漏，0.75}，{振动加剧，0.65}}

故障结论：液压缸密封圈压溃

故障处理：更换密封圈

归属案例库：起大门机液压系统

基于案例推理的故障诊断技术的依据是搜索目标案例库，若能检索到与待诊案例相同或相似的案例，则可得到故障诊断结论，具体用相似度来表示这两个案例的相似程度，其公式为

$$\text{sim}=1-\sqrt{\sum_{i=1}^{N}(d_{1i}-d_{2i})/N}$$

式中，sim 表示待诊案例与目标案例的相似度；N 表示待诊案例与目标案例中初始征兆的最大数目；d_{1i} 与 d_{2i} 分别表示待诊案例与目标案例中各个征兆的置信度。

从上式中可以看出，当 d_{1i} 与 d_{2i} 均为0时，必然有 sim=1。为了避免得到这种不可信的结论，应设定只有当 d_{1i} 与 d_{2i} 大于一个阈值（这里取0.6）时，才可进行相似度的计算。

基于案例推理技术的故障诊断设计流程图如图4-54所示。当液压系统出现故障时，通过人机接口输入故障信息，系统根据所提供的故障信息形成故障案例关键词，然后搜索案例库，检索是否存在与待诊故障案例相同或相似的案例。如果检索到完全匹配的案例，则直接产生故障诊断结论。当诊断结论不能令人满意时，需要根据有关任务条件，按初始故障征兆匹配案例库中的相似案例，继续检索，然后计算待诊案例与目标案例的相似度，按相似度大小选取最相似的案例进行分析与验证，并根据最终结果对案例库做相应调整。若检索不到类似案例，则应依据实际情况求出故障原因，产生一个新的案例，并将其存入案例库。

2. 系统功能

故障诊断专家系统能够模拟人类专家对船艇液压系统故障进行诊断，其诊断过程为：获取故障基本信息与征兆→推断故障原因→得到故障结论→提出故障处理方案。其具有故障诊断、故障处理、故障分析与教育培训四大功能。

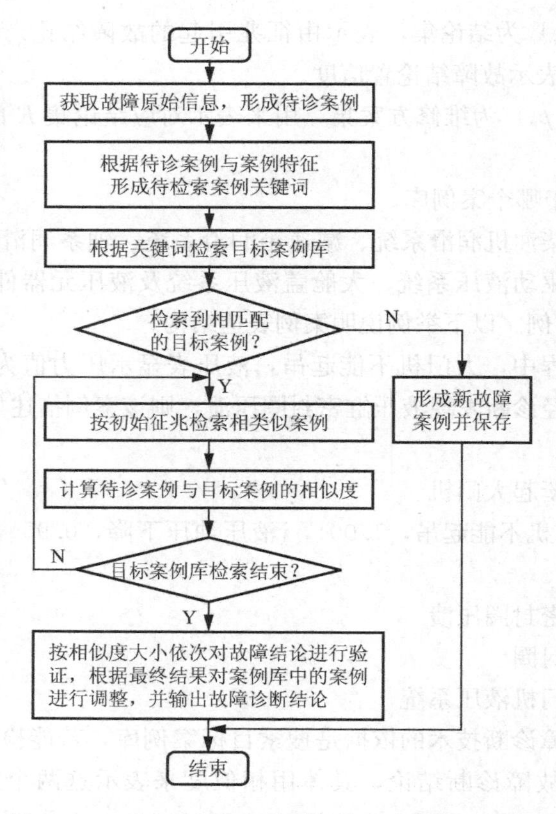

图 4-54　基于案例推理技术的故障诊断设计流程图

（1）故障诊断。

故障诊断即根据提供的液压系统故障信息，按照案例推理机制，检索目标案例库，通过分析、排除、验证，最终找到故障源。

（2）故障处理。

故障诊断专家系统有一个解决船艇液压系统所有可能故障的故障处理数据库，故障处理可以根据故障诊断结论，搜索此数据库，从而提出维修步骤或应急处理措施，提交船艇管理人员，以便迅速采取有效措施处理故障。

（3）故障分析。

故障分析解释根据故障征兆推断出故障结论的过程，以方便船艇管理人员在实际排除故障的过程中，了解、掌握故障生成机理以及故障处理依据，以增加使用人员的经验值。

（4）教育培训。

通过录入船艇液压系统图与相关知识，指导学员学习、熟悉船艇液压系统的结构和工作原理。同时，学员通过设置故障案例，可以迅速获取专家经验知识，学习并掌握处理各种故障的技能。本系统利用文字、图形、动画、多媒体技术详细介绍了船艇液压系统及元器件的组成、工作原理及修理保养技术，同时具备交互式电子手册功能，并利用仿真技术模拟船艇液压系统故障现象、故障生成机理和故障处理方法。

3. 系统结构

系统结构组成如图 4-55 所示，主要分为输入模块、输出模块、案例库管理模块和功能管理模块。

（1）输入和输出模块。

输入和输出模块是完成专家系统与外界交流的模块。系统通过向用户提问的形式收集案例的原始信息数据与征兆，并将故障诊断结论、故障处理措施等通过显示器、打印机等输出给用户。

（2）案例库管理模块。

本系统数据库主要包括故障案例表、故障征兆表、故障结论表、故障分析表、故障处理表共5个数据表。案例库管理模块可以对案例库中的案例（记录）进行增加、删除、修改等操作。此外，根据故障诊断结果，案例库还可以进行自我修正与学习。

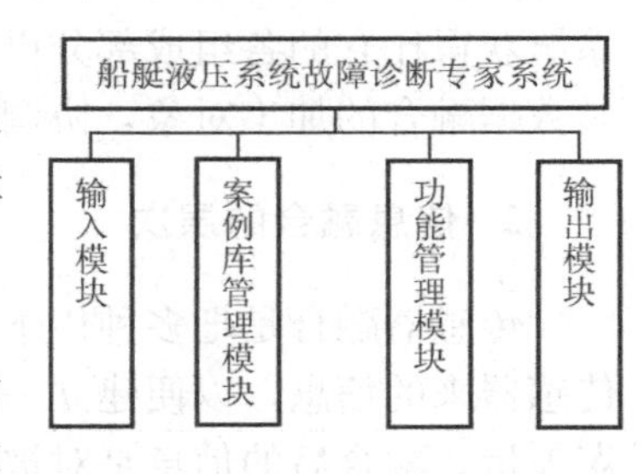

图4-55 系统结构组成

① 如果被诊断案例属于新案例，则在案例库中自动增加该案例。

② 如果被诊断案例与案例库中所有案例的相似度都小于给定值，则添加该案例，否则不予列出，从而可以避免案例库的无限膨胀。

③ 案例库中使用频率高的案例排在前面。

④ 消除冗余案例。

（3）功能管理模块

用户可以通过调用功能管理模块中的不同功能模块，完成故障诊断、故障处理、故障分析、教育培训等功能。

4. 小结

本系统软件利用VC++6.0开发而成，具有良好的实时性和可移植性，交互性好，操作简单，使用方便，易于维护。基于案例推理技术的船艇液压系统故障诊断专家系统具有一定的学习功能，随着专家知识的逐步积累与完善，该系统对船艇液压系统的故障诊断及故障处理将具有指导性的作用。

4.7 智能诊断中的信息融合问题

多传感器信息融合的潜在优势是能够在更短的时间内，以更小代价获取单个传感器所无法获取的更精确的特征。

4.7.1 信息融合技术概述

信息融合（Information Fusion）技术，也称多传感器信息融合技术或数据融合（Data Fusion）技术，最早出现于20世纪70年代，并于20世纪80年代发展成为一项专门技术。它是人类模仿自身信息处理能力的结果，通过多种传感器数据的综合（集成和融合）来获得比单一传感器更多的信息。

1. 概念

多传感器信息融合比较确切的定义可以概括为：充分利用不同时间与空间的多传感器信息资源，采用计算机技术对按时序获得的多传感器观测信息在一定准则下加以自动分析、综合、支配和使用，获得对被测对象的一致性解释与描述，以完成所需的决策和估计任务，使系统获得比它的各组成部分更优越的性能。多传感器系统是数据融合的硬件基础，多源信息是数据融合的加工对象，协调优化和综合处理是数据融合的核心。

2. 信息融合的层次

传感器融合是把多种传感器集中于一个统一的感知系统中，从而有机地综合利用从多个传感器来的信息，以便建立一致的即不存在矛盾的客观模型或有关观测对象的符合规定的状态矢量。融合后的信息是对被感知对象或环境的更为确切的解释和更高层次的描述。与单一的传感器获得的信息相比，经过集成与融合的多传感器信息具有冗余性、互补性、实时性和低成本。按照信息处理过程中信息的抽象程度，可将信息融合划分为三个层次：低层（信号层）、中层（特征层）和高层（决策层）。信号层融合是对传感器的原始信息以及预处理的各个阶段产生的信息进行融合，它保持了原始信息，但存在着处理信息量大、实时性差、原始信息易受影响、稳定性差等问题，融合获得稳定一致的综合信息比较困难，要求传感器信息来源于同质传感器。特征层面对的是从各个传感器提供的信息中提取出来的特征信息，该层次的融合是数据层融合和决策层融合的折中形式，既保留了足够的信息，又实现了信息压缩，兼具信号级和决策级的优点，具有较大的应用范围。决策层融合是在信息表示的最高层次上进行的融合处理，它直接对不同传感器形成的局部决定进行综合分析，以便得到最终的统一决策。决策层融合具有最好的实时性与较好的容错性，对原始信息没有特殊要求；当某个或几个传感器失效时，适当的融合仍能给出最后的决策；另外，各个传感器可以是异质传感器。

无论哪一层次的融合，在进行融合前必须对信息进行关联性处理，保证融合信息的一致性。多传感器信息融合的结构层次如图 4－56 所示。根据具体的系统，可以在上述三个层次中选择以决策级的信息融合为主、特征级的信息融合为辅的信息融合结构，或者相反。

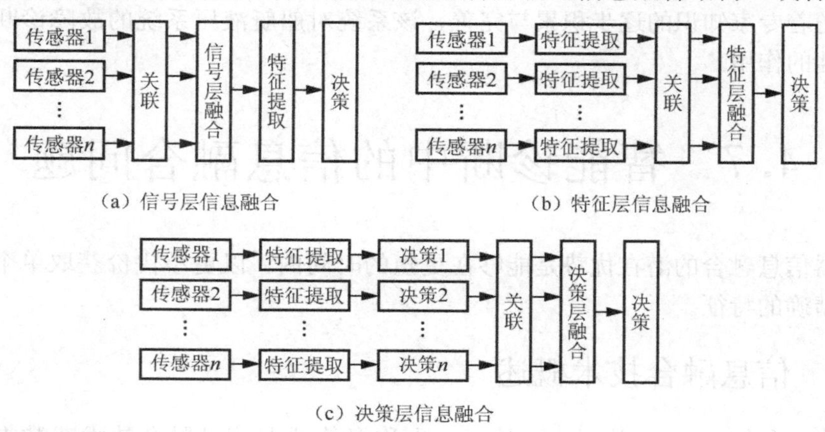

图 4－56　信息融合结构层次

3. 信息融合的方法

信息融合是指整个集成过程中实现来自多种信息源的信息统一合并的具体阶段和方法，因此它是多源信息集成中的关键技术，关系到整个系统的效率与集成信息的准确性和可靠性。在多传感器系统中，各信息源提供的信息都具有一定程度的不确定性，因此融合过程实质上是一个非确定性推理与决策的过程。信息融合主要有以下几种方法。

1）贝叶斯概率推理法

将各传感器作为不同的贝叶斯估计器，由它们组成一个具有队结构的决策系统。利用某一个决策规则，选择对被观察对象的最佳估计。贝叶斯估计技术是基于贝叶斯准则实现的。此时决策既基于先验概率，又依赖于由传感器度量的似然函数。

2）Dempster－Shafer 证据推理法

该方法中最基本的实体是鉴别框架，每一个信息源相当于一个证据体。多传感器信息融合实际上就是在统一鉴别框架下，通过 Dempster 合并规则将不同的证据体合并为一个新的证据体的过程。该方法允许直接将可信度赋予证据的取舍，避免了对未知概率的简化假设，保留了信息；另外，使用的证据区间中，既表示了信息的已知性和确定性，又表示了信息的未知性与不确定性，因此具有较广泛的应用。

3）模糊推理法

模糊集理论为多传感器系统中的不确定信息的融合提供了方法。模糊集理论把普通集合中的绝对隶属关系灵活化，使元素对集合的隶属度由原来的只能取 0 和 1 扩展为可以取［0，1］区间中的任何数值，因此很适合对不确定性信息进行描述和处理。该方法首先利用隶属度函数将各传感器信息转化为模糊值，然后用多个参量的模糊值与模糊规则进行推理，得到相应输出量的模糊值，再根据解模糊策略，将输出的模糊值转化为传统的确切值。

4）神经网络法

根据系统接受的样本的相似性，确定分类标准和网络权值分布，采用神经网络学习方法来获取知识，得到不确定性推理机制。基本步骤如下：根据系统要求和融合形式，选择神经网络的拓扑结构；将各个输入信息综合处理为一个总体输入函数，并将此函数映射定义为相关单元的映射函数，它通过网络与被测对象的交互作用将被测对象的统计规律反映到网络结构中；对传感器输出信息进行学习、理解，确定权值的分配，完成知识获取、信息融合，进而对输入模式做出解释，将输入数据转换成高级逻辑概念。基于神经网络的多传感器信息集成与融合系统有以下特点：具有统一的内部知识表示形式，可将知识规则转换成数字形式，便于建立知识库；利用外部环境的信息，便于实现知识自动获取及并行联想推理；可将不确定环境的复杂关系，经过学习推理，融合为系统能理解的准确信息；具有大规模并行处理能力，使系统信息处理变快。

4. 基于多传感器信息融合技术的液压系统状态监测与故障诊断系统模型

1）模型

对液压系统本身工作参数的监测主要包括压力、流量、温度、泄漏量、污染度。而对于液压机械设备工作参数的监测，则依具体机械而不同，一般应包括执行元件的运行速度、位置、输出力（力矩）、振动、噪声等。据此，可以给出基于多传感器信息融合技术的液压系统故障诊断系统的模型，如图 4－57 所示。

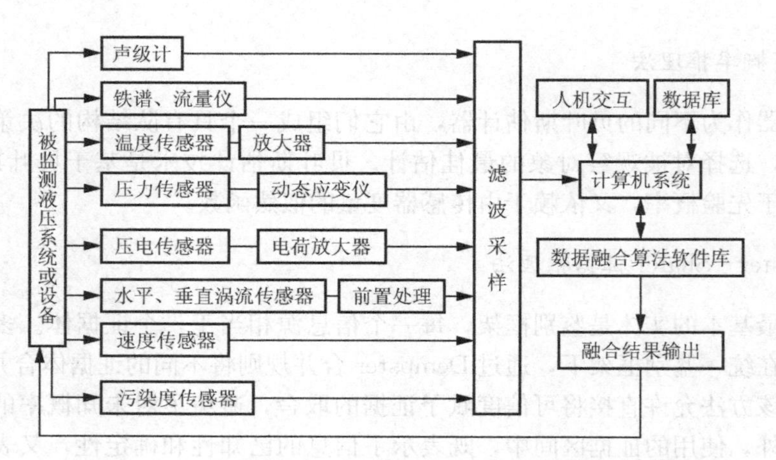

图 4-57　多传感器信息融合液压系统故障诊断系统的模型

2）工作原理

在该系统中，各个被监测量分别由相应的传感器检测，由声级计测得噪声信号，由铁谱、流量仪测得磨损量、泄漏量信号，由压力、温度、速度传感器分别测得系统压力、油温、执行元件运动速度，由压电传感器测得输出力（或力矩）信号，由水平、垂直涡流传感器测得振动信号，由污染度传感器测得油液的污染度，由光电传感器测得运动部件的位置等。根据实际系统的要求，还可以增设其他类型传感器。上述各信号经过预处理后，再经采样滤波，送入计算机系统，利用数据融合算法软件库进行融合计算，并利用数据库中的数据进行分析比较，产生融合结果并输出。

3）主要特点

(1) 可以随时监测到系统的多种运行参数，如输出力、力矩、运行速度、位置等。

(2) 当被监测参数超过设定阈值时，可以发出报警信号或停机，并能自动记录系统故障时的运行状态参数。

(3) 利用多传感器信息融合技术，将各种监测参数融合后，可以实现运行状态识别、典型故障诊断和安全保护。

4）关键技术

(1) 各检测传感器的合理选择及检测信号的预处理和剔噪，确保信号准确。

(2) 选择合适的融合算法，以确保液压系统工作状态和故障的正确识别和诊断，这项工作需要大量的实验验证。

4.7.2　基于证据理论多源多特征融合的柱塞泵故障诊断

Dempster-Shafer（D-S）证据理论是一种利用多源信息来进行决策的方法。本节提出了一种基于证据理论多源多特征融合的故障诊断方法：首先，对采集信号进行小波消噪；接着利用信号时域、时频域特征量组成特征向量；最后，对液压泵进行故障诊断。

1. 故障特征量

1）时域特征量

用以诊断机械故障的时域参数很多，并非每一参数对所有机械故障都敏感，要根据具体诊断对象加以选用。一般来说，单个参数诊断并不可靠，应组合选用其中若干个参数来诊断。故障诊断常用的时域参数有有量纲的参数和量纲一的参数之分，而有量纲的特征参数随载荷的变化波动很大，在实际中难以应用，对其进行归一化处理可得量纲一的数字特征参数：波形指标 S、峰值指标 C、脉冲指标 I、峪度 L 和峭度指标 K 等。

2）时频域特征量

时频域特征参数选用各分解频带的信号能量占总能量的百分比。用小波包频带能量分析方法对轴向柱塞泵松靴故障信号进行故障特征向量提取，步骤如下。

（1）将泵的信号按以下方法处理：小波包分解—对选定频段重构—阈值去噪—包络解调—隔点采样降至2kHz，将所得信号用Daubechies 5小波进行3层小波包分解，这样在尺度3上形成了 $2^3=8$ 个频带。小波包分解可表示为

$$d(0,0)=d(3,0)+d(3,1)+d(3,2)+d(3,3)+d(3,4)+d(3,5)+d(3,6)+d(3,7)$$

式中，$d(0,0)$ 表示原始信号，$d(j,k)$ 表示小波包分解第 j 层第 k 个频带的小波包系数。

（2）对各小波包系数进行重构，提取各频带范围的信号。

（3）求各频带信号的能量 $E_{3tk}(k=0,1,2,\cdots,7)$ 和总能量 E。

（4）求分解频带的信号能量 E_{3tk} 占总能量 E 的百分比。

3）构建特征向量

在时域选用5个特征参数，即波形指标 S、峰值指标 C、脉冲指标 I、峪度 L 和峭度指标 K；在时频域选用8个特征参数，即8个分解频带的信号能量占总能量的百分比。由此13个特征量构成特征向量。信号特征向量提取流程如图4-58所示。

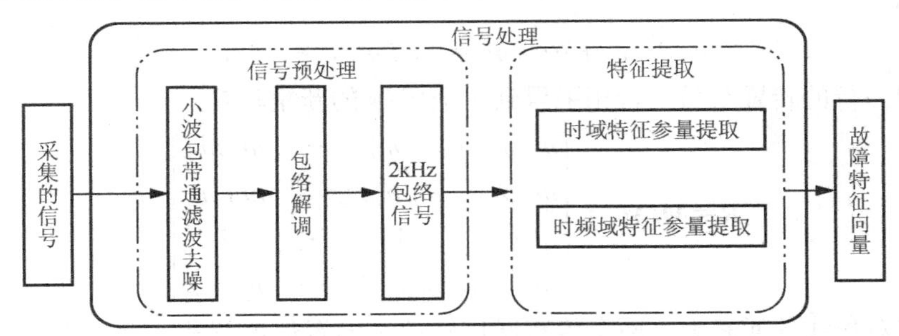

图4-58 信号特征向量提取流程图

2. 证据理论

1）证据理论概述

在命题 A 的一个识别框架 Θ 中，有集函数 m：$2^{\Theta}\rightarrow[0,1]$ 满足

$$\begin{cases}\sum_{A\subseteq\Theta} m(A)=1\\ m(\varphi)=0\end{cases}$$

则称$m(A)$为A在框架Θ上的mass函数，也称基本概率分配（BPA），表示对A的精确信任程度。

若$A\subseteq\Theta$且$m(A)>0$，则称A为焦元。焦元分别为A_1，A_2，…，A_k和B_1，B_2，…，B_n。设m_1，m_2，…，m_n是同一识别框架Θ上的基本可信度分配，令

$$K=\sum_{A_i\cap B_j\cap=\varphi} m_1(A_i)m_2(B_j)<1$$

$$\gamma(A)=\sum_{A_i\cap B_j\cap=A} m_1(A_i)m_2(B_j)$$

式中，K称为不确定因子，反映了证据冲突的程度；$\gamma(A)$称为mass函数的影响因子。

那么，合成后的mass函数m：$2^{\theta}\rightarrow[0,1]$如下：

$$m(A)=\begin{cases}0, & A=\varphi\\ \dfrac{\gamma(A)}{1-K}, & A\neq\varphi\end{cases}$$

式中，系数$1/(1-K)$为归一化因子。

2）*基于矩阵分析的融合算法*

对于传感器网络中n个传感器同时识别1个目标的情况，假设识别的结果有s种可能的情况，即目标可能的类型有s种，则置信度分配可采用$n\times s$的矩阵来表示：

$$\boldsymbol{M}=\begin{bmatrix}\boldsymbol{M}_1\\ \boldsymbol{M}_2\\ \vdots\\ \boldsymbol{M}_n\end{bmatrix}=\begin{bmatrix}m_{11} & m_{12} & \cdots & m_{1s}\\ m_{21} & m_{22} & & m_{2s}\\ \vdots & \vdots & \ddots & \vdots\\ m_{n1} & m_{n2} & \cdots & m_{ns}\end{bmatrix}$$

式中，矩阵$\boldsymbol{M}$中的任一元素m_{ij}表示第i个传感器给出的目标为第j种类型的置信度。由于同一传感器分配给s种可能的识别结果的置信度之和应为1，所以矩阵每一行元素之和应满足归一化条件，即

$$m_{i1}+m_{i2}+\cdots+m_{is}=1,\ i=1,2,\cdots,n$$

用矩阵中一行的转置与另一行相乘得到1个$s\times s$的新矩阵$\boldsymbol{R}$：

$$\boldsymbol{R}=\boldsymbol{M}_i^{\mathrm{T}}\boldsymbol{M}_j=\begin{bmatrix}m_{i1}m_{j1} & m_{i1}m_{j2} & \cdots & m_{i1}m_{js}\\ m_{i2}m_{j1} & m_{i2}m_{j2} & & m_{i2}m_{js}\\ \vdots & \vdots & \ddots & \vdots\\ m_{is}m_{j1} & m_{is}m_{j2} & \cdots & m_{is}m_{js}\end{bmatrix}$$

其中，主对角线的元素为这两个传感器目标识别的置信度累积，非主对角线元素的总和构成了证据的不确定因子，即

$$\boldsymbol{K}=\sum_{p\neq q} m_{ip}m_{jq},\ p,q=1,2,\cdots,s$$

该算法在每一次执行过程中都完成s维列向量与一个s维行向量的矩阵乘法运算，计算需要的时间为$T(s^2)$，得到融合结果需要的时间为$T(s^2 n)$，与n成近似线性关系；直接应用证据理论融合规则，由于要进行n元乘法运算，且每个因子可能的取值有s个，所以计算需要的时间为$T(s^n)$，和发现目标的传感器数量n成幂指数关系。

3. 单源多源多特征融合故障诊断

1）单源多特征融合故障诊断

（1）单源多特征融合故障诊断系统。

单源多特征融合故障诊断系统包括信号采集、信号预处理、训练样本集选取、测试样本集选取、训练神经网络和用神经网络诊断故障等部分，系统原理如图4-59所示。

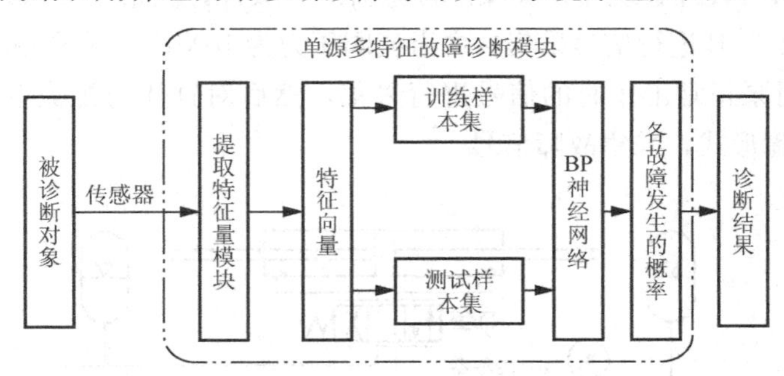

图4-59　单源多特征融合故障诊断系统原理图

液压泵常见故障有缸体与配流盘磨损、柱塞与缸体磨损、轴承磨损。因此，可以构建故障识别框架为{正常状态（f_1）、缸体与配流盘磨损（f_2）、柱塞与缸体磨损（f_3）和轴承磨损（f_4）}。

由上分析可知，BP神经网络的输入维数为13，输出维数为4。这里采用13-25-4三层BP算法，网络的误差设定为0.005。

（2）诊断步骤。

单源多特征融合故障诊断系统的诊断步骤包含BP神经网络训练和系统状态诊断两大步。

① BP神经网络训练：采集各种故障和正常状态的信号；对信号进行预处理，提取特征向量，选取1组特征向量构造训练样本集；训练BP神经网络，确定BP神经网络结构。

② 系统状态诊断：采集信号；对信号进行预处理，提取特征向量；输入BP神经网络，得到各故障可能发生的概率，判断系统状态。

2）多源多特征融合故障诊断

对被诊断对象采用n个传感器进行监测，每个单源多特征融合故障诊断模块的输出作为D-S证据理论的一个证据A_i，$i \in (1, 2, \cdots, n)$，用D-S证据理论融合所有的A_i，判断系统状态，这就是多源多特征融合故障诊断系统，如图4-60所示。

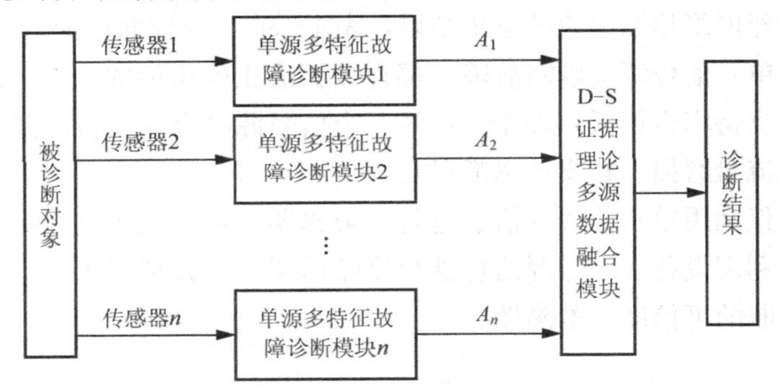

图4-60　多源多特征融合故障诊断系统原理图

4. 试验

1）试验系统

采用如图 4-61 所示的试验系统，以系统中的液压泵作为诊断对象。在液压泵故障诊断中，采用 NI—USB—6221 数据采集卡连接加速度传感器（测量图 4-61 中的加速度 a）、压力传感器（测量图 4-61 中压力 p）和噪声传感器（声级计，测量图 4-61 中的噪声 P_L），对轴向柱塞泵 MCY14—1B 进行信号采集。主溢流阀压力为 10MPa，采样频率为 100kHz，采集时间为 10s。首先对泵正常工作时的信号进行采集，然后对缸体与配流盘磨损、中心弹簧失效、松靴这 3 种故障形式，采集故障信号。

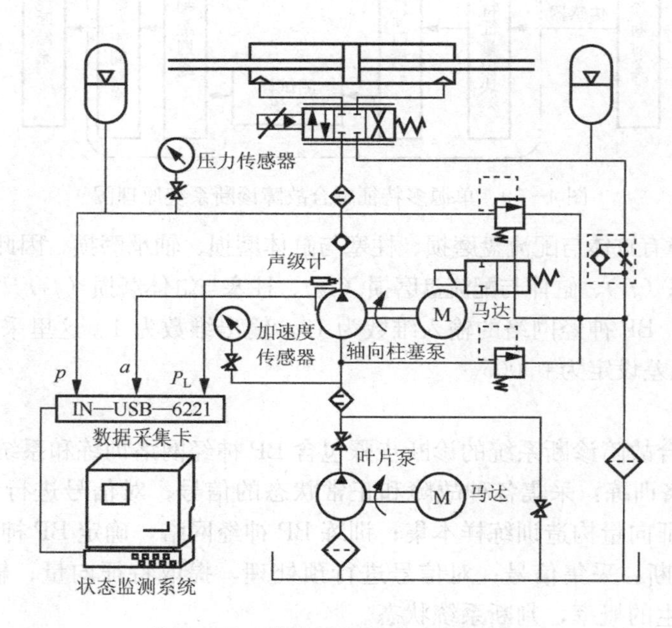

图 4-61　故障诊断试验系统原理图

2）分析

模拟松靴故障，采集柱塞泵在 3MPa 时 200 组正常和故障数据，其中 160 组数据作为神经网络训练数据，另外 40 组数据作为诊断数据。表 4-27 至表 4-29 是其中 5 组数据对应的特征级并行局部神经网络诊断模块的输出结果，表 4-30 是经证据理论融合的结果。表 4-27 至表 4-29 都利用单一信号源来诊断故障，都存在无法正确决策的情况，即使能决策，对缸体与配流盘磨损的支持率也很低；表 4-30 将 3 个信号源融合后进行故障诊断，所有数据都能判断出缸体与配流盘磨损，且支持率都很高。

可以看出，仅仅利用单一信号源信息进行故障诊断，可信度不高，具有不确定性，甚至有时不能决策；而利用设备多信号源信息进行故障诊断，充分利用了各信号源的冗余互补信息，能大大提高诊断的可信度和准确性。

表 4-27 压力信息神经网络输出结果

数据源	$m(f_1)$	$m(f_2)$	$m(f_3)$	$m(f_4)$	结果
数据1	0.18460	0.62792	0.12469	0.06279	f_2
数据2	0.22805	0.59641	0.11590	0.05964	f_2
数据3	0.03468	0.29110	0.34679	0.32743	不确定
数据4	0.09279	0.35258	0.50421	0.05042	f_3
数据5	0.15238	0.683673	0.06867	0.09222	f_2

表 4-28 振动信息神经网络输出结果

数据源	$m(f_1)$	$m(f_2)$	$m(f_3)$	$m(f_4)$	结果
数据1	0.40700	0.34921	0.20308	0.04071	不确定
数据2	0.30258	0.45655	0.04565	0.19522	不确定
数据3	0.05988	0.59877	0.10496	0.23639	f_2
数据4	0.07156	0.71557	0.08781	0.12506	f_2
数据5	0.18330	0.64980	0.10192	0.06498	f_2

表 4-29 噪声信息神经网络输出结果

数据源	$m(f_1)$	$m(f_2)$	$m(f_3)$	$m(f_4)$	结果
数据1	0.05950	0.59501	0.17455	0.17094	f_2
数据2	0.10125	0.50036	0.05004	0.34835	f_2
数据3	0.16581	0.60335	0.17050	0.06034	f_2
数据4	0.06175	0.61753	0.16599	0.15473	f_2
数据5	0.04868	0.40981	0.05471	0.48680	不确定

表 4-30 证据理论融合结果

数据源	$m(f_1)$	$m(f_2)$	$m(f_3)$	$m(f_4)$	结果
数据1	0.04938	0.80701	0.08891	0.05470	f_2
数据2	0.07014	0.76816	0.01560	0.14600	f_2
数据3	0.04318	0.83678	0.07663	0.04341	f_2
数据4	0.01508	0.87974	0.06301	0.04217	f_2
数据5	0.02184	0.79541	0.01929	0.16346	f_2

4.7.3 多传感器信息融合在采矿设备液压故障诊断中的应用

采用多传感器信息融合故障诊断方法，可以弥补传统的单传感器信息故障诊断中信息量不足、不完善而导致故障误判、故障遗漏的缺陷。本节提出了基于多传感器信息融合的液压系统智能故障诊断模型，并在某地下无轨采矿设备的制动液压系统中安置了6个多源异质的传感器来检测制动液压系统的特征信息，采用模糊神经网络作为信息融合的执行机构来实现地下无轨采矿设备制动液压系统故障诊断。同时，通过对单传感器信息故障诊断和多传感器信息融合故障诊断结果的比较，论证了多传感器信息融合故障诊断比单传感器信息故障诊断具有更高的准确性和可信度。

1. 多传感器信息融合原理

多传感器信息融合故障诊断方法通过设置在诊断对象中的多个多源异质传感器来采集诊断对象的多种特征信息并提取故障征兆，利用模糊逻辑理论对故障征兆进行模糊处理，计算出各传感器对故障征兆的隶属度值，并将这些隶属度值作为神经网络的输入，经过神经网络的融合处理后，网络输出端将输出各故障征兆对各类故障的隶属度值，最后利用基于规则的判断原则进行故障决策。其融合诊断流程如图 4-62 所示。

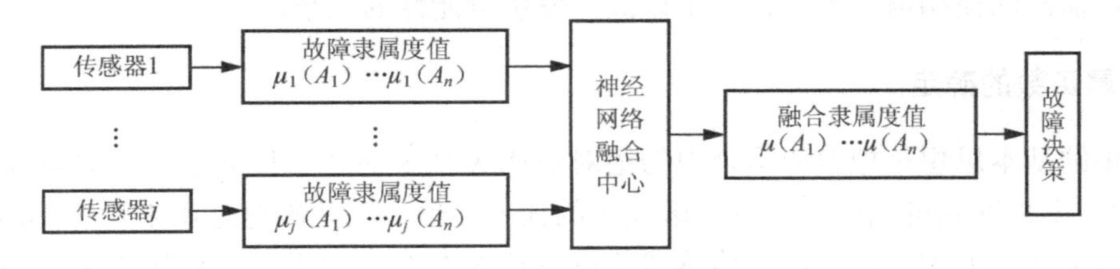

图 4-62 信息融合故障诊断流程

图 4-62 中，A_1，A_2，…，A_n 为待诊断的故障模式；$\mu_j(A_1)$，…，$\mu_j(A_n)$ 为传感器 j 测得的各故障模式 A_1，…，A_n 所对应的隶属度值；$\mu(A_1)$，…，$\mu(A_n)$ 为融合后的隶属度值。

2. 模糊神经网络构造

根据地下无轨采矿设备制动液压系统的实际情况，采用 4 层模糊神经网络结构，整个网络由三部分组成：第一部分是模糊量化函数部分，第二部分是神经网络部分，第三部分是去模糊化部分。模糊神经网络结构如图 4-63 所示。

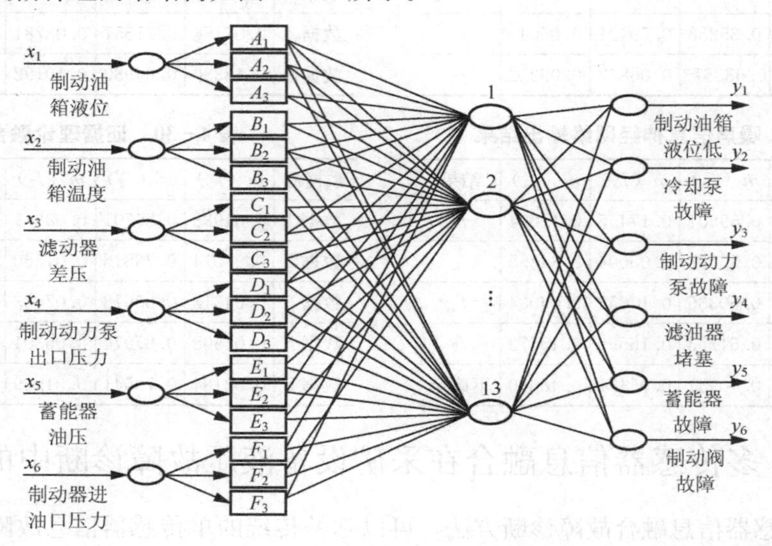

图 4-63 模糊神经网络结构

网络第 1 层为输入层，这一层的神经元直接将输入数据传给第 2 层的神经元，其权值为 1。输入层的节点对应着地下无轨采矿设备制动系统中的各故障征兆。根据地下无轨采矿设备制动液压系统的实际情况和故障征兆关系分析，主要的故障征兆有制动油箱液位异常、制动液压油油温异常、滤油器差压异常、制动动力泵出口压力异常、蓄能器油压异常和制动器进油口压力异常，分别对应模糊神经网络的 $x_1 \sim x_6$ 这 6 个输入变量。

网络第 2 层为模糊量化层，其作用是将输入数据按模糊子集上的隶属函数进行模糊处理，即求出各传感器数据对各故障的隶属度值。

网络第 3 层为模糊神经网络的隐含层，用于实现输入变量模糊值到输出变量模糊值的映射。隐层的节点数可以根据实际情况来确定，一般可取 $2n+1$ 个（n 为输入层节点数），隐层激活作用函数是 Sigmoid 函数。

网络第 4 层为输出层，输出层的节点对应着地下无轨采矿设备制动系统中的各个故障。各输出节点输出的模糊值的大小代表了该故障发生可能性的大小。

3. 隶属函数的确定

模糊集的基本思想是把普通集合中的绝对隶属关系灵活化，使元素对集合的隶属度从原来只能取 0、1 扩展到可以取 [0，1] 区间中的任一数值，因此很适合用来对传感器信息的不确定性进行描述和处理。在应用多传感器信息进行融合时，模糊集理论用隶属函数表示各传感器信息的不确定性，在模糊故障诊断领域中一般通过故障征兆的隶属度来求出各故障的隶属度。由于地下无轨采矿设备液压系统在运行状况下，故障的症状是界限不分明的模糊集，无法采用传统的二值逻辑描述，因此利用模糊理论中的隶属函数来描述这些故障的表征现象或发生可能性。设诊断对象可能出现的故障征兆有 m 种：x_1，x_2，…，x_m，则故障征兆模糊向量为 $\boldsymbol{X}=(\mu_1,\ \mu_2,\ \cdots,\ \mu_m)$，其中 u_i 为对象具有特征 x_i 的隶属度。出现的故障原因有 n 种：y_1，y_2，…，y_n，则故障原因模糊向量为 $\boldsymbol{Y}=(\mu_1,\ \mu_2,\ \cdots,\ \mu_n)$，其中 μ_j 为对象具有故障 y_i 的隶属度。因此，故障诊断就是从征兆模糊向量求解所对应的原因模糊向量的函数映射过程。

当地下无轨采矿设备制动系统正常工作时，传感器测得的液压回路中的压力、温度、差压和液位等工况参数应该保持在稳定的范围内；而当制动系统发生故障时，传感器测得的工况参数会偏离正常范围，偏离得越多，产生故障的可能性就越大。

隶属函数的表示方法有多种，如正态分布法、钟形法、梯形法等，根据地下无轨采矿设备制动液压系统的实际情况建立故障征兆隶属函数。制动油箱液位的隶属函数如图 4 - 64 所示。

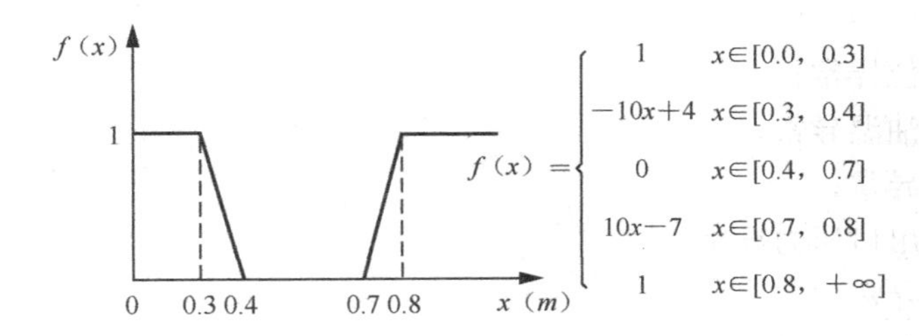

图 4 - 64 制动油箱液位隶属函数

采用同样的方法并结合各故障征兆参数的实际变化趋势，制动液压油油温隶属函数、滤油器差压隶属函数、制动动力泵出口压力隶属函数、蓄能器油压隶属函数和制动器进油口压力隶属函数都能确定。

4. 模糊神经网络训练算法

模糊神经网络训练算法采用 BP 算法，BP 算法的学习过程包括信号的正向传播和误差的反向传播两个部分。BP 算法是一种有指导算法，设有 n 个学习样本（x_k，y_k^*），$k=1$，2，…，n。BP 算法的实质是根据神经网络实际输出 t_1，t_2，…，t_n 与训练样本对应值 y_1，y_2，…，y_n 的均方差误差 $E=\dfrac{1}{2}\sum\limits_{i=0}^{n}\sum\limits_{j=0}^{m-1}(t_j^i-y_j^i)$ 来修正网络的权值和阈值，使网络结构尽可能逼近给定样本所包含的规则，从而使网络输出层输出值尽可能与实际 y_k^* 值接近。

在计算方法上由于标准 BP 算法在调整权值时只按 t 时刻的梯度下降方向调整，而没有考虑 t 时刻以前的梯度方向，从而使训练过程发生振荡，收敛速度低，甚至有时出现误差梯度局部最小的情况，导致不能收敛。为了避免标准 BP 算法的这种弊端，采用了有动量项的 BP 算法，其原理是加入一动量项 $\alpha\in[0,\ 1]$，当 $\alpha=0$ 时，权值修正只与当前负梯度有关；当 $\alpha=1$ 时，权值修正就完全取决于上一次循环的负梯度了。这种方法所加入的动量项实质上相当于阻尼项，它减少了学习过程的振荡趋势，改善了收敛性。其权值修正公式为

$$\omega_{ji}(k+1)=\omega_{ji}(k)+n[(1-\alpha)D(k)+\alpha D(k-1)]$$

式中，$D(k)$ 表示 k 时刻的负梯度；$D(k-1)$ 表示 $k-1$ 时刻的负梯度；n 为学习率。

5. 应用

地下无轨采矿设备在行车时执行制动操作相当频繁，因此制动系统的正常工作是保证地

下无轨采矿设备安全工作的前提。某地下无轨采矿设备的制动系统采用的是全盘湿式制动，其结构主要包括制动油箱、制动动力泵、冷却泵、充液阀、蓄能器、制动阀、制动器、滤油器、溢流阀、单向阀和集流块等。根据地下无轨采矿设备在实际工作中常出现的故障现象，列出了6种故障原因：

① 制动油箱液位低；

② 冷却泵故障；

③ 滤油器堵塞；

④ 制动动力泵故障；

⑤ 蓄能器故障；

⑥ 制动阀故障。

6种故障征兆：

① 制动油箱液位异常；

② 制动液压油油温异常；

③ 滤油器差压异常；

④ 制动动力泵出口压力异常；

⑤ 蓄能器油压异常；

⑥ 制动器进油口压力异常。

6个征兆参数由设置在制动系统液压回路中的6个传感器测得，传感器采集的数据经过模糊化后的故障征兆模糊向量 $\boldsymbol{X}=(\mu_1,\mu_2,\cdots,\mu_6)$ 作为模糊神经网络的训练样本，其中 μ_i $(i=1,2,\cdots,6)$ 为第 i 个故障征兆的隶属度。而模糊神经网络的输出 $Y=(\mu_1',\mu_2',\cdots,\mu_6')$ 即为故障原因模糊向量，其中 $\mu_j'(j=1,2,\cdots,6)$ 为第 j 个故障原因的隶属度。

地下无轨采矿设备制动系统发生故障时，故障征兆参数将发生明显的变化。这些参数通过传感器采集，并按各自隶属函数计算出对故障的隶属度，归一化处理后作为网络的训练样本。模糊神经网络的输入层有6个节点，隐层有13个节点，输出层有6个节点，学习率为0.3，期望误差为0.001。选取6组样本作为网络训练样本、6组作为网络测试样本，算法程序采用MATLAB 6.5神经网络工具箱实现，网络在经过4110次迭代后收敛。网络训练过程如图4－65所示。

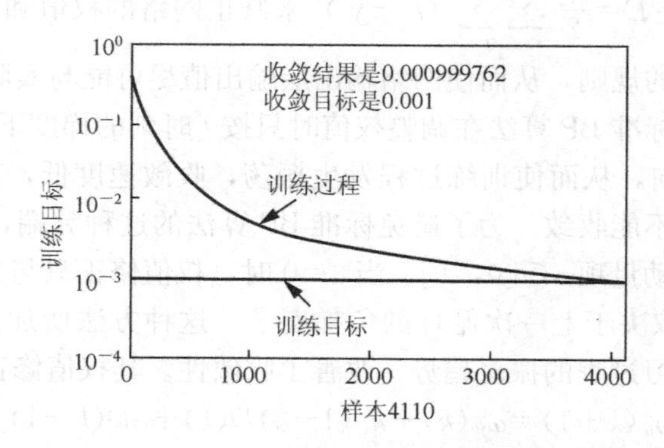

图4－65 网络训练过程

在网络完成训练后，输入检测样本，验证建立的模糊神经网络的正确性和可靠性。在输入6组检测样本后，网络能正确判断地下无轨采矿设备制动系统液压回路中的故障，而且故障诊断准确率很高，见表4－31。

表4-31 单个传感器信息故障诊断与多传感器信息融合故障诊断结果对比

故障点	传感器及融合	故障隶属度						诊断结果
		μ_1'	μ_2'	μ_3'	μ_4'	μ_5'	μ_6'	
1. 制动油箱液位低	单个传感器	0.6000	0.2500	0.3500	0.3400	0.2500	0.6200	不定
	多传感器融合	0.9596	0.0967	0.0081	0.0546	0.0116	0.0040	1故障
2. 冷却泵故障	单个传感器	0.0100	0.7500	0.1400	0.7000	0.1900	0.0500	不定
	多传感器融合	0.0211	0.9545	0.0191	0.0334	0.0114	0.0010	2故障
3. 滤油器堵塞	单个传感器	0.0000	0.3200	0.8800	0.6000	0.4200	0.7100	不定
	多传感器融合	0.0464	0.0226	0.9470	0.0025	0.0093	0.0290	3故障
4. 制动动力泵故障	单个传感器	0.2500	0.3200	0.0010	0.8400	0.7500	0.8400	不定
	多传感器融合	0.0139	0.0618	0.0008	0.9554	0.0525	0.0807	4故障
5. 蓄能器故障	单个传感器	0.0000	0.0000	0.0000	0.0000	0.9200	0.9300	不定
	多传感器融合	0.0121	0.0088	0.0197	0.1610	0.9386	0.0603	5故障
6. 制动阀故障	单个传感器	0.3200	0.0000	0.0010	0.0500	0.0300	0.8400	6故障
	多传感器融合	0.0254	0.0126	0.0299	0.0048	0.0156	0.9312	6故障

在表4-31中同时给出了单传感器信息故障诊断和多传感器信息融合故障诊断的比较。其中模糊神经网络融合后输出的各元件对故障的隶属度值，在故障原因决策时可采用以下原则。

① 最大隶属度原则：判定故障的元件应具有最大的隶属度值。

② 最小阈值原则：判定故障的元件的隶属度值要大于某一个阈值，该阈值一般在试验中发现并确定。（本节阈值取0.7）

③ 判定的故障元件和其他元件的隶属度值之差要大于某个门限值。该门限值根据试验取0.5。

从表4-31可以看出，对于复杂液压系统，由于某个元件发生故障可能会影响到其他元件的正常工作，也就是说某一参数的变化会影响其他参数的变化，因此只利用单个传感器信息来判断故障原因在很大程度上是不可信的，而利用多传感器信息融合的方法可以准确地判断故障原因。

思考题

4-1 液压故障智能诊断的方法主要是什么？

4-2 液压故障模糊诊断法有什么特点？

4-3 液压故障神经网络诊断法有什么特点？

4-4 液压故障专家系统诊断法有什么特点？

4-5 液压故障案例推理诊断法有什么特点？

4-6 什么是液压故障诊断信息融合技术？

第 5 章　液压系统在线监测

5.1　液压系统在线监测技术概述

所谓在线监测（On-line Monitoring），是指对机械设备运行过程及状态所进行的信号采集、分析诊断、显示、报警及保护性处理的全过程。

设备在线监测技术以现代科学理论中的系统论、控制论、可靠性理论、失效理论、信息论等为理论基础，以包括传感器在内的仪表设备、计算机、人工智能为技术手段，综合考虑各对象的特殊规律及客观要求，因此它具有现代科技系统先进性、应用性、复杂性和综合性的特征。

各类在线监测系统可能由于应用场合和服务对象的不同、采用技术的复杂程度不同而呈现较大的差异，但一般主要由以下部分组成。

1. 数据采集部分

这部分包括各种传感器、适调放大器、A/D 转换器、存储器等。其主要任务是信号采集、预处理及数据检验。其中，信号预处理包括电平转换、放大、滤波、疵点剔除和零均值化处理等，而数据检验一般包括平稳性检验以及正态性检验等。

2. 监测、分析与诊断部分

这部分由计算机硬件和功能丰富的软件组成。其中，硬件构成了监测系统的基本框架；而软件则是整个系统的管理与控制中心，起着中枢的作用。状态监测主要是借助各种信号处理方法对采集的数据进行加工处理，并对运行状态进行判别和分类，在超限分析、统计分析、时序分析、趋势分析、谱分析、轴心轨迹分析、启停机工况分析等的基础上，给出诊断结论，更进一步还要求指出故障发生的原因、部位并给出故障处理对策或措施。

3. 结果输出与报警部分

这部分的任务是将监测、分析和诊断所得的结果和图形通过屏幕显示、打印等方式输出。当监测特征值超过报警值后，可通过特定的色彩、灯光或声音等进行报警，有时还可进行停机连锁控制。结果输出包括机组日常报表输出和状态报告输出等。

4. 数据传输与通信部分

简单的监测系统一般利用内部总线或通用接口（如 RS-232C 接口、GPIB 接口）来实现部件之间或设备之间的数据传递和信息交换。对于复杂的多机系统或分布式集散系统，往往需要利用数据网络来进行数据传递与交换。有时还需要借助于调制解调器（MODEM）及光纤通信方式来实现远距离数据传输。

随着工程规模日益庞大，现代的机械设备也日趋大型化和连续化，其性能与复杂程度不断提高，对设备故障的诊断与监测也更为复杂。机电系统中零部件的意外失效会导致生产效率的大幅降低，严重时还会对设备及人员的安全构成威胁。为降低零件失效导致的损失，一些预防性维护技术如定期维护、点检维护等已得到普遍应用。这些方法虽然能有效降低零件失效的概率，但无法完全预防零件的意外失效。同时，定期维护时设备的重组、提前更换未失效的关键零件等所造成的损失，使得预防性维护的效率较低、维护成本较大。利用状态监测的维护技术采用“按需维护”的策略，可以大大减少不必要的停机维护，并可依据设备的运行状态合理安排维护时间，从而大大提高机电系统的工作效率。然而，状态维护技术的实现依赖于对设备的状态监测及故障的准确诊断与定位。

液压系统由于具有输出功率质量比大、响应快、控制精度高、可以提供远程控制等特点，在制造加工、工程机械、交通运输、航空航天、国防工业等领域得到了广泛应用。液压系统是集机、电、液于一体的复杂系统，工况监测是保证其可靠工作的重要手段。

5.2　液压元件在线监测

5.2.1　基于容积效率的齿轮泵状态监测及故障诊断

在液压泵状态监测与故障诊断中，液压泵工作时的压力、振动、温度、流量等信号以及油样成分，都是液压泵状态监测的重要信息。由于压力、振动、污染度、温度等在信号采集、处理等方面容易实现，所以近年来这些方面的研究开展得多，而应用流量信号进行液压泵故障诊断的工作目前开展得很少。但是，流量是液压泵重要性能参数之一，当液压泵发生故障时，流量一般都要发生变化。液压泵的流量信号，特别是流量脉动信号，包含着丰富的诊断信息。

液压泵的瞬时流量一般很难测取，在工程实践中使用的流量测量仪表一般均为容积式，测得的流量值为平均值。本节以CB—KP63齿轮泵为例，介绍基于容积效率的液压齿轮泵状态监测与故障诊断。

1. 流量与齿轮泵工况的关系

CB—KP63齿轮泵的理论排量为63mL/r，在试验中齿轮泵的转速为1480r/min，环境温度为25℃。试验装置如图5-1所示，其中齿轮泵流量测量仪用于测量齿轮泵的输出流量，溢流阀1用于系统加载，溢流阀2用于安全溢流。

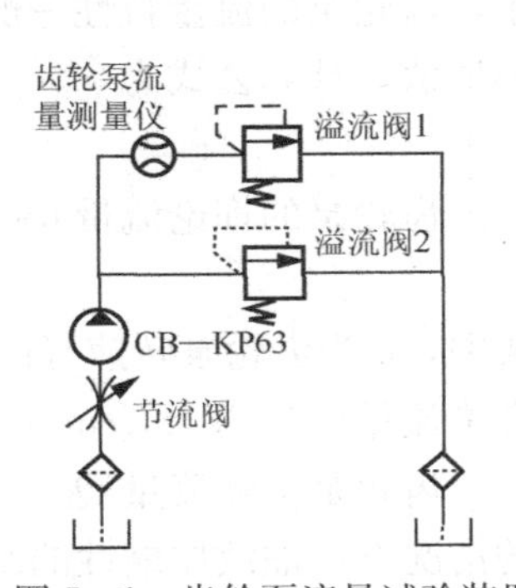

图5-1　齿轮泵流量试验装置

1）齿轮泵气穴特性试验

调节齿轮泵吸油管路上的节流阀，人为地使泵产生气穴，使泵工作时的入口真空度增加，使泵经历从无气穴到严重气穴的过程，研究气穴前后齿轮泵排油口的流量脉动信号。经试验发现：

① 当齿轮泵不发生气穴时，泵的输出流量基本恒定。

② 当齿轮泵发生气穴时，泵的输出流量明显下降。

③ 随着齿轮泵入口真空度的增大，泵的输出流量下降，流量脉动加剧；反之，当入口真空度减小时，泵的输出流量上升，流量脉动减弱。

根据齿轮泵气穴特性试验，气穴使泵的输出流量信号发生变化（如流量下降、波动加剧），泵的容积效率降低，是导致齿轮泵失效的重要原因之一。因此，利用流量信号诊断气穴是可行的。

2）齿轮泵齿面磨损试验

齿轮泵在运行期间，尤其在其工作寿命中、后期，由于液压油中的尘埃、铁屑或机械杂质等进入泵内，会引起齿面等的磨损。试验中在齿轮泵被动齿轮的齿面上，人为造成刮伤、拉痕，研究在齿面磨损的情况下，齿轮泵的输出流量。经试验发现：齿轮泵的内泄漏增加，输出流量减小且不稳定，使泵的容积效率降低。因此，可以利用流量信号的变化诊断齿轮泵齿面磨损。

3）齿轮泵内侧板磨损试验

在齿轮泵的内侧板上，尤其在与吸、排油腔相对应的部位，人为进行刮伤、点坑、拉毛处理，研究在内侧板磨损后，齿轮泵输出流量的变化情况。经试验发现：当内侧板磨损后，齿轮泵的输出流量明显出现了变化（流量下降、波动加剧）。分析发现，这主要是由内泄漏引起的，内侧板磨损使得过多的油液流回吸油腔，必然使流量降低。因此，也可以利用流量信号的变化诊断齿轮泵内侧板磨损。

2. 齿轮泵的容积效率和泄漏机理

1）齿轮泵的容积效率

齿轮泵的排量是指当齿轮转一周时，两个齿轮的齿间从吸油腔带入排油腔的油液的体积，即等于两个（齿数相同的）齿轮所有齿间有效容积的总和。设齿轮的齿数为 Z，每一个齿间的有效容积为 V，则排量计算公式为

$$q=2ZV$$

齿轮泵的排量一般由厂家给出，CB—KP63 齿轮泵的理论排量为 63mL/r。

齿轮泵的流量是指在单位时间内输出油液的体积，常用 Q（L/min）表示。在实际应用中，齿轮泵的流量特性一般以容积效率 η_Q 表征，η_Q 表示齿轮泵的实际流量 Q_R 与理论流量 Q_T 的比值，计算公式为

$$\eta_Q=Q_R/Q_T$$

齿轮泵的理论流量 Q_T，指的是齿轮泵的平均理论流量，即

$$Q_T=nq$$

式中，n 为齿轮泵转速（r/min）。在试验中泵的转速为 1480r/min，因此 CB—KP63 齿轮泵的理论流量应为 93.2L/min。

齿轮泵实际流量 Q_R，等于理论流量减去泄漏、压缩等损失的流量。在油液压力不是很大的情况下，油液压缩性的影响可以不予考虑，则

$$Q_T=Q_R+\Delta Q$$

式中，ΔQ 是泵的泄漏流量。因此，齿轮泵的泄漏，尤其是内泄漏是影响其容积效率的关键因素。

2）齿轮泵的泄漏机理

为了便于分析泄漏量的大小，通常将液体在缝隙中的流动简化为平行平板、倾斜平板缝隙流动，同心圆环、偏心圆环缝隙流动和圆盘缝隙径向流动等类型。例如，齿轮泵的齿轮端面与端盖、齿顶圆与泵体内表面等都形成两平行平板间的缝隙。缝隙泄漏是液压元件泄漏的主要形式，泄漏量的大小与缝隙两端压力差、油液黏度、缝隙长度、缝隙宽度、缝隙高度等因素有关。

齿轮泵内部从高压区向低压区泄漏主要有三条途径：一是齿轮端面与侧板之间的轴向间隙，二是齿顶圆和泵体内表面之间的径向间隙，三是轮齿啮合线处的间隙。其中，轴向间隙泄漏量占总泄漏量的 75%～80%。以上三种泄漏形式，均可抽象为两平行平板间的缝隙流动，可表示为

$$\dot{q}=\frac{bh^3}{12\mu L}\Delta p\pm\frac{bh}{2}u_0$$

式中，$\dot{q}$ 为缝隙泄漏量；Δp 为缝隙两端压力差；L 为缝隙长度；b 为缝隙宽度；h 为缝隙高度；μ 为油液动力黏度；u_0 为平板相对运动速度，当平板相对运动速度 u_0 与流体流过缝隙泄漏方向一致时，公式中取正号，反之取负号。

当齿轮泵发生齿轮磨损或侧板磨损时，相当于泄漏缝隙的高度变大或开辟了新的泄漏途径，因此其泄漏量会变大，特别是侧板磨损时，齿轮泵的流量会显著下降。

为了方便起见，齿轮泵各部分的综合泄漏量可表示为

$$\Delta Q=k_s q\Delta p/\mu$$

式中，k_s 为泵的泄漏系数，是由齿轮泵的结构形式、间隙、磨损情况等决定的常数，在某种意义上它表征了齿轮泵的磨损或故障状态；Δp 为齿轮泵进出口压力差，一般情况下可以理解为泵出口工作压力 p；q 为泵排量；μ 为油液的动力黏度。

由上式可见，当齿轮泵工况一定时，主要有以下几个因素影响容积效率。

① 工作压力 p。齿轮泵工作时，随着工作压力的提高，齿轮泵的泄漏量呈上升趋势，容积效率下降。

② 油液的黏度。容积效率与油液的黏度有着密切的关系，而黏度取决于油液的种类、工作温度及工作压力。随着工作温度的升高，油液的黏度将呈指数下降的趋势，其关系如下：

$$\mu_i=\mu_0 e^{-\lambda(t-t_0)}$$

式中，μ_i 是工作温度为 t 时的动力黏度；μ_0 是工作温度为 t_0 时的动力黏度；λ 为油液的黏温系数。公式的适用温度范围是 20～80℃。

齿轮泵的工作压力升高，油液的黏度有升高的趋势，一般可用如下近似公式表示：

$$\mu_p=\mu_0 e^{\alpha p}$$

式中，μ_p 是压强为 p 时的动力黏度；μ_0 是压强为 1 个大气压时的动力黏度；α 为黏压系数。

另外，齿轮泵的转速 n 与容积效率的关系也是非线性的。由上面的分析可知，泵的泄漏流量 ΔQ 是泄漏系数 k_s、泵出口压力 p、泵转速 n 和油液温度 t 的函数。

因此，泵的容积效率 η_Q 也是它们的函数，即

$$\eta_Q=f(k_s,\ p,\ t,\ n)$$

3. 基于容积效率的齿轮泵状态监测与故障诊断试验分析

试验使用的电动机为定转速交流电动机，转速为1480r/min，在CB—KP63齿轮泵的额定转速范围之内。因此，在分析试验结果时不予考虑转速的影响。由于试验是在齿轮泵试验台上进行的，每次测量数据的环境温度相当，且齿轮泵持续工作的时间较短，而试验台油箱的体积大、散热性好，在试验中油液温度的上升并不明显，所以每次试验的温度变化范围很小。在同一工作压力下，温度每升高10℃，泵的容积效率下降0.2%～0.3%，因此也不考虑油液温度的影响。

在试验中，分别测取齿轮泵在不同工作压力下各种工况的流量情况，根据测得的流量值计算相应的容积效率并且绘制曲线，参见表5-1并如图5-2所示。

表5-1　齿轮泵在不同工作压力下各种工况的流量和容积效率

压力(MPa)	工　况							
	正　常		气　穴		齿轮磨损		侧板磨损	
	流量(L/min)	容积效率(%)	流量(L/min)	容积效率(%)	流量(L/min)	容积效率(%)	流量(L/min)	容积效率(%)
0	91.2	97.9	87.1	93.5	90.6	97.2	90.3	96.9
1	90.9	97.5	86.6	92.9	88.5	95.0	88.0	94.4
2	90.4	97.0	85.9	92.2	87.5	93.9	85.1	91.3
3	89.8	96.4	84.9	91.1	84.3	90.5	81.6	87.6
4	88.7	95.2	83.0	89.1	83.5	89.6	78.2	83.9
5	88.6	95.1	82.9	89.0	81.6	87.5	75.5	81.0
6	88.3	94.7	81.6	87.6	79.2	85.0	69.9	75.0
7	87.6	94.0	80.6	86.5	77.3	82.9	67.1	72.0
8	87.0	93.3	80.3	86.2	76.1	81.6	62.6	67.2
9	86.3	92.6	77.2	82.8	74.5	79.9	58.0	62.2
10	86.2	92.5	77.0	82.6	71.8	77.0	55.1	59.1
11	85.3	91.5	74.7	80.2	70.1	75.2	53.0	56.9
12	84.9	91.1	74.5	79.9	68.7	73.7	50.0	53.7
13	84.3	90.5	73.8	79.2	67.6	72.5	46.6	50.0
14	84.2	90.3	71.1	76.3	64.3	69.0	43.1	46.2
15	83.8	89.9	70.6	75.7	62.9	67.5	40.4	43.4
16	83.1	89.1	69.9	75.0	60.5	64.9	37.3	40.0
17	82.2	88.2	68.5	73.5	59.3	63.6	35.0	37.5
18	82.0	88.0	67.9	72.9	56.5	60.6	29.9	32.1
19	80.6	86.5	65.4	70.2	55.5	59.5	25.6	27.5
20	80.2	86.1	64.1	68.8	54.1	58.0	23.2	24.9

注：①CB—KP63齿轮泵的理论流量是93.2L/min；

②油液温度为25～35℃。

由图5-2可以看出，在压力很低的情况下，除了气穴故障下容积效率降低明显以外，其他工况的容积效率差别不是很大；随着压力的上升，故障工况的容积效率会明显下降，特别是发生侧板磨损时下降尤为显著。另外，在齿轮泵发生气穴故障时，随着压力的上升，容积效率的下降曲线有所波动，主要是因为气穴故障引起泵流量不稳定、流量和压力脉动加剧，从而使整个系统的流量和压力的波动较大。

由试验结果可以看出，不同故障状态下容积效率的下降趋势有所不同，在相同压力下的下降幅度是不同的，容积效率可以直接反映齿轮泵的性能状态。在工程实践中也常常以泵的容积效率作为衡量泵性能好坏的标准，液压泵的容积效率下降10%为性能良好，下降10%～20%为性能一般，下降20%～30%为故障状态，下降40%为严重故障状态。

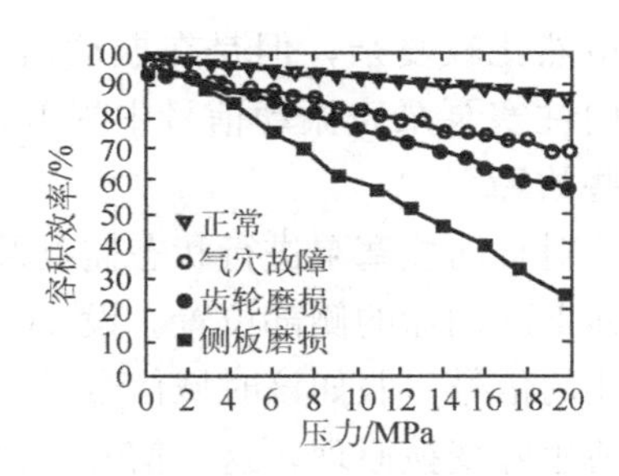

图5-2 不同压力下各种工况的容积效率变化情况（油液温度为25～35℃）

4. 小结

理论和试验表明，影响液压齿轮泵容积效率的因素是多方面的，而且与系统压力、油液温度和液压泵转速有关。在利用容积效率进行液压齿轮泵监测与诊断时要求保证测试条件的一致或近似一致，才能够准确地进行衡量。在实际进行齿轮泵容积效率监测时，为了方便起见，一般选择相近的温度条件、若干固定的压力值点和恒定的液压泵转速。

5.2.2 基于振动信号的液压泵状态监测及故障诊断

1. 概述

机器设备运行发生异常时，一般都会伴随着振动的变化，其中约有60%～70%的机械故障会通过振动反映出来。通过对振动信号测量、分析、识别及处理，就能在设备不停机、不解体的情况下对机器故障定位，了解故障原因及恶化程度，从而避免事故的发生，减少非计划停机，最大限度地提高机器使用的综合效益。对于液压设备，根据液压系统故障特性，其故障诊断技术应寻求更为先进实用的方法，如油液分析法和振动分析法等。相对而言，采用振动分析法，其测试设备简单，使用便利，更适合应用于生产现场。对于复杂的农业机械液压系统来说，利用振动分析法进行系统故障诊断更具优势。由于液压泵是液压系统的振动源，当液压泵发生故障时，其振动信号必定发生变化。液压泵不同的故障，将引起不同频率段振动能量的变化；同一故障在不同的发展阶段，能量的变化幅度也不同。因此，振动信号是液压泵状态信息的丰富载体，是液压泵状态监测与故障诊断的特征信息之一，振动分析法尤其适用于诊断液压泵故障。目前，液压系统正向着高压、大功率的方向发展，而轴向柱塞泵作为中高压及高压油源，将成为大型机械设备液压系统的主要动力源。本节以ZB轴向柱塞泵为例，对轴向柱塞泵的配流盘故障、斜盘故障等常见故障进行振动分析，借助功率谱阐述了振动分析在液压泵状态监测及故障诊断中的具体应用。

2. 非平稳振动信号功率谱的获取

故障诊断的功率谱方法实质是从参数的能量变化角度来进行设备的故障诊断。用能量的观点进行设备的故障诊断有两种方法：一是以总能量的大小为依据，二是以能量的分布为依据。从总能量的角度进行故障诊断往往难以对故障进行分类，存在寻找故障原因困难的局限性。而以能量的分布为依据的故障诊断方法，可以根据功率谱上全部或某些峰值的变化进行故障的判定与分类，在实际故障诊断应用中具有优越性。轴向柱塞泵泵壳振动信

号虽然比较复杂，但是在振动信号中包含着丰富的工作状态信息和故障特征信息，因此从轴向柱塞泵泵壳振动信号中提取特征信息，可有效地识别轴向柱塞泵工作性能状态信息和一些故障。

对轴向柱塞泵进行状态监测及故障诊断时，选择泵壳振动为诊断参数，振动测点为泵的壳体上配油盘的侧部位置。设 $x(t)$ 是故障诊断中泵壳振动参数的检测结果，是一个随时间 t 变化的信号。假如该时域信号是一平稳的信号，传统的傅里叶变换能够很好地处理稳态信号。按傅里叶变换原理，这一信号可以分解为若干谐波分量之和。根据巴什瓦定理，同一信号在时域内所包含的总功率应该等于在频域内所包含的总功率为

$$\int_{-\infty}^{+\infty} x^2(t)\mathrm{d}t = \int_{-\infty}^{+\infty} |x(f)|^2 \mathrm{d}t \tag{5-1}$$

由于第 i 次谐波分量所包含的功率 P_i 与幅值存在直接的关系，所以信号的功率谱可以完全代表频谱。而如果处理的是非平稳信号，则利用傅里叶变换，可以将平稳信号分解为不同的频率分量。从理论上讲，傅里叶变换不能处理非平稳信号。故障特征信号，绝大部分是非平稳信号。为了能分析非平稳信号，可采用时频分析法。典型的时频分析法有短时傅里叶变换、Gabor 变换和小波变换等。本节主要采用短时傅里叶变换对液压泵非稳态加速振动信号进行处理。其原理是对非平稳信号加一时间窗，近似认为时间窗内小段信号是平稳的。这样就可以利用傅里叶变换对较短的非稳态时域信号进行处理了。在实际应用中需要将傅里叶变换离散化。信号的离散短时傅里叶变换定义为

$$\mathrm{STFT}(n, \omega) = \sum_{m=-\infty}^{\infty} z(m+n)r(m)\mathrm{e}^{-\mathrm{j}\bar{\omega}m} \tag{5-2}$$

式中，$r(m)$为窗函数；$z(m+n)$为时间序列。在离散短时傅里叶变换中，式（5-2）中 m 的取值应满足：$r(m)\neq 0(0\leqslant m\leqslant L-1)$，在 $[0, L-1]$ 以外 $r(m)=0$。这样，式（5-2）可表示为

$$\mathrm{STFT}(n, \omega) = \sum_{m=0}^{L-1} z(m+n)r(m)\mathrm{e}^{-\mathrm{j}\bar{\omega}m} \tag{5-3}$$

如果对 $\mathrm{STFT}(n, \omega)$ 在 N 个等间隔的频率 $\omega=2\pi f/N$ 处采样，且 $N\geqslant L$，那么采样后的短时傅里叶变换可表示为

$$\mathrm{STFT}(n, f) = \mathrm{STFT}(n, 2\pi f/N) = \sum_{m=0}^{L-1} z(m+n)r(m)\mathrm{e}^{-\mathrm{j}m2\pi f/N} \tag{5-4}$$

式中，$0\leqslant f\leqslant N-1$，$0\leqslant m\leqslant L-1$。SFFT$(n, f)$ 是加窗序列 $z(m+n)r(m)$ 的离散傅里叶变换，利用离散傅里叶逆变换可得

$$z(m+n) = \frac{1}{Nr(m)}\sum_{f=0}^{N-1} \mathrm{STFT}(n, f)\mathrm{e}^{-\mathrm{j}(2\pi/n)fm} \tag{5-5}$$

式中，$0\leqslant m\leqslant L-1$。

在 n 到 $(n+L-1)$ 的区间内恢复时间序列值。由于 $r(m)\neq 0$ $(0\leqslant m\leqslant L-1)$，式（5-4）相当于把式（5-2）对 f 进行了采样。若将 $\mathrm{STFT}(n, f)$ 对时间 n 采样，则可以在 $-\infty< n<+\infty$ 内重构 $z(n)$。具体地讲，利用式（5-5）可以由 $\mathrm{STFT}(n_0, f)$ 在区间 $n_0\leqslant n\leqslant n_0+L-1$ 上重构该段信号，也可以由 $\mathrm{STFT}(n_0+L, f)$ 在区间 $n_0+L\leqslant n\leqslant n_0+2L-1$ 上重构该信号。这样，由同时在频率维和时间维采样的短时傅里叶变换完全可以重构 $z(n)$。对于窗函数，$r(m)\neq 0(0\leqslant m\leqslant L-1)$，采用如下定义，可以表示得更清楚，即

$$\mathrm{STFT}(rR,\ f)=\mathrm{STFT}(rR,\ 2\pi f/N)=\sum_{m=0}^{L-1} z(m+rR)r(m)\mathrm{e}^{-\mathrm{j}m2\pi f/N} \tag{5-6}$$

式中，r、f 均为整数，$-\infty<r<+\infty$，$0\leqslant f\leqslant n-1$。

式（5-6）涉及如下整数型参数：窗的长度 L、频率维中的样本数 N 以及时间维中的采样区间 R。并不是任意选择这些参数都能完全重构信号。选择 $L\leqslant N$ 保证可以由 $\mathrm{STFT}(n,\ f)$ 来重构加窗信号段。若 $R<L$，则信号段有重叠；但若 $R>L$，则信号的一些样本用不上，这样不能由 $\mathrm{STFT}(n,\ f)$ 重构原信号。通常在离散短时傅里叶变换中，采样的3个参数满足关系式 $N\geqslant L\geqslant R$。

因此，无论获取的信号是平稳信号还是非平稳信号，都可以用短时傅里叶变换来实现，所以在故障诊断中，常采用信号的功率谱来诊断。

功率谱上的每一个峰值都反映了相应频率上的能量大小。如功率谱上的全部或某些峰值发生了变化，就可断定液压泵的内部结构发生了变化。当液压泵内部出现故障后，其与故障相关的频率分量上诊断参数的能量必将产生变化，这样便可根据功率谱上峰值点的变化进行故障的判断及故障分类。

3. 试验系统与计算机故障识别系统

轴向柱塞泵状态监测及故障诊断试验系统由轴向柱塞泵和液压马达组成无级变速检测系统，由溢流阀对被试泵加载调节输出压力，由被试泵变量机构调节被试泵的输出流量，由截止阀控制被试泵入口的吸入压力真空度。检测系统通过压力表、流量计、测速仪测定被试泵的工况，由压力传感器和加速度传感器接收被测泵的压力脉动及壳体振动情况，信号由A/D模块送入计算机，进行信号的分析与处理。

泵壳振动信号采集处理模块如图5-3所示。

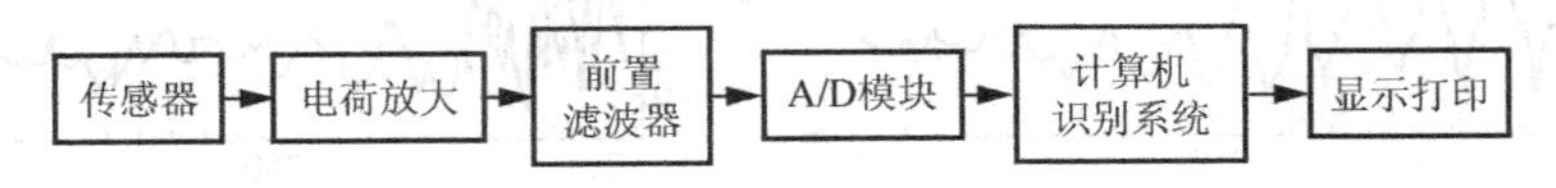

图5-3 壳泵振动信号采集处理模块

为了根据功率谱进行液压泵故障的判断及故障分类，必须建立一个完整的设备故障计算机识别系统。首先要在频域内对所获取的数据进行提取。为了提取数据的频域特征参数，必须使用处理机提取数据，再用计算机的软件模块来进行处理，因为振动信号一般为非平稳信号，因此必须在计算机处理软件模块中使用短时傅里叶变换处理方法来获取正确的振动功率谱，以便在此基础上进行功率谱的分析。

假设已知某液压柱塞泵的状态有4种：泵正常、配油盘故障、斜盘故障、配油盘和斜盘同时故障。为了建立故障的识别系统，需要确定一种低维数的、易于区分4种状态的特征量。经过分析比较后发现，根据泵壳振动信号功率谱上前6个倍频点的幅值大小能把上述4种状态较好地分开。因此，取泵壳振动的基频、二倍频、三倍频、四倍频、五倍频、六倍频上的功率值组成一个空间六维向量，该向量即可用做故障识别的特征量，每一种泵的状态都对应于这个六维向量空间上的一点。对于泵正常、配油盘故障、斜盘故障、配油盘和斜盘同时故障，每一种状态必定在这个六维向量空间中聚集在一起。所以要对一个泵进行故障诊断，就可以根据它在这个六维向量空间的位置，与这4种状态的距离来进行诊断。液压泵故障诊断的计算机识别系统流程如图5-4所示。

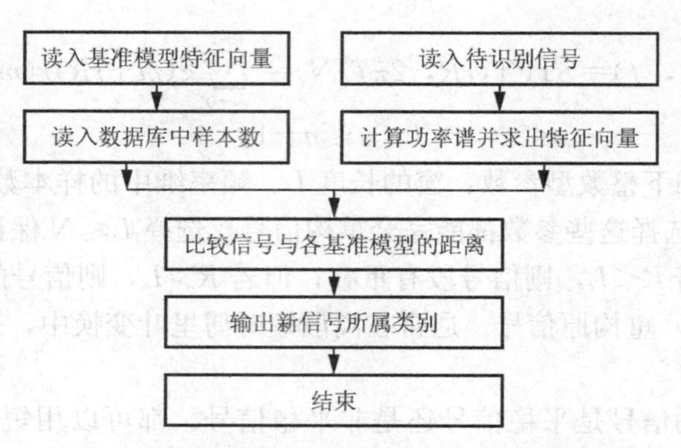

图 5-4 液压泵故障诊断的计算机识别系统流程

4. 故障诊断实例与分析

这里以 ZB 轴向柱塞泵为例，说明利用功率谱进行故障诊断的原理。选择泵壳振动为诊断参数，振动测点为泵的壳体上配油盘的侧部位置。利用加速度传感器检测泵壳上的振动信号。采用作者自行设计和开发的计算机识别系统计算并输出泵壳振动的功率谱，如图 5-5 所示。图 5-5 中给出了正常泵、配油盘故障泵、斜盘故障泵、配油盘和斜盘同时故障泵的泵壳振动功率谱。

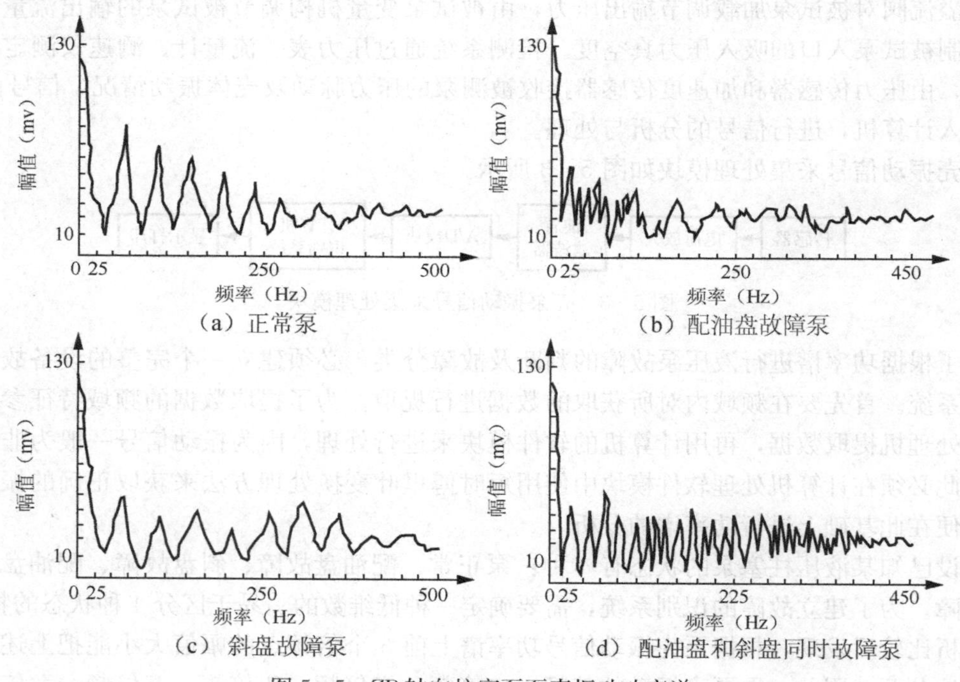

图 5-5 ZB 轴向柱塞泵泵壳振动功率谱

对图 5-5 中的功率谱分析可知，正常泵的振动能量集中在基频、二倍频、三倍频上，即功率谱的峰值为基波分量、二次谐波分量及三次谐波分量。由于轴向柱塞泵的振动与柱塞的运动直接相关，振动频率都以振动的基频为基础，并存在一定数目的谐波分量。由试验可知配油盘发生故障的泵振动能量集中在基频和四倍频上。由于配油盘发生黏铜故障是在配油盘的端面上，而缸体与配油盘端面产生面接触，其振动信号为宽带信号，因此在功率谱上表现为高次谐波，即四倍频。通过比较上述两种情况可知，泵从正常到配油盘发生故障，其振动能量发生了显著的变化，振动功率谱的峰值从基频、二倍频、三倍频变化到四倍频。斜盘故障泵的振动能量主要集中在基频上，功率谱基频上的峰值增加，而二倍频、三倍频上的峰值基本不变。这是由于斜盘的黏铜故障常常发生在一点上，即柱塞由排油到吸油的顶点，多个滑靴在斜盘上滑动，由此经过故障点而产生的冲击频率正好是基频，所以振动能量主要集中在基频上。配油盘和斜盘同时故障泵的泵壳振动能量主要集中在高频段。泵的泵壳振动是综合作用的结果，缸体一端与配油盘接触，另一端通过柱塞与斜盘接触，当配油盘和斜盘同时发生故障时，缸体两端的振动状态都发生了变化，综合作用表现为泵的泵壳高频振动。

5. 小结

振动信号是液压泵状态信息的丰富载体，完全可以利用它来实现液压泵的状态监测与故障诊断。同时，振动信号频率范围宽，能够迅速反映液压泵工作状态的瞬时变化，配上计算机振动测试系统，可以进行液压泵的实时状态监测和故障诊断。

5.2.3　基于小波包分析的液压泵状态监测

液压泵出口压力信号是一个系统常见、易于获取且富含液压泵故障特征信息的状态监测量。利用小波分析、神经网络类聚分析等可有效诊断液压泵的故障。本节采用液压泵的出口压力信号作为监测信号，利用小波包对监测信号进行多层分解，通过建立不同频率范围的特征信号与液压泵不同故障因素的对应关系，为液压泵的故障诊断与定位提供依据，以小波包各层分解系数的残差是否超限作为判据进行液压泵的故障诊断分析。

1. 傅里叶变换与小波包分解

1）傅里叶分析与小波分析

由于大多数状态监测信号都是采用数据采集系统获得的离散信号，因此，工程上常采用离散傅里叶变换和离散小波变换对信号进行分析。离散序列信号 $\{f(k)\}$，$k=0, 1, \cdots, N-1$ 的傅里叶变换及其逆变换可表示为

$$F(n)=\sum_{n=0}^{N-1} f(k)\exp\left(-i\frac{2\pi k}{N}n\right),\ n=0,\ 1,\ \cdots,\ N-1 \tag{5-7}$$

$$F(k)=\frac{1}{N}\sum_{k=0}^{N-1} F(n)\exp\left(i\frac{2\pi k}{N}n\right),\ k=0,\ 1,\ \cdots,\ N-1 \tag{5-8}$$

式中，N 为监测信号的采样长度；$F(n)$ 为信号序列；$f(k)$ 为频率 kHz 处的傅里叶系数。

由式（5-8）可以看出，傅里叶分析的本质在于将一个信号 $f(k)$ 分解为许多具有不同频率的谐波函数的线性叠加，把对原时域信号的分析转化为对其权系数（即其傅里叶变换）的研究。虽然傅里叶变换能够将信号的时域特征和频域特征联系起来，分别从信号的时域和频域分析，但却不能将二者有机结合起来。因为时域信号中不包含任何频域信息，而其傅里叶谱是信号的统计特性。虽然可以观测到信号的频率特征，具有频域局部化的功能，但无法确定某一特征频率的时间特征，不能从信号的傅里叶变换中观测到信号在任一时间点附近的形态，不具备时域分析能力。用于故障诊断时，则无法确定故障的发生时间。同时由于其频

率成分的弱化，导致无法诊断一些故障的早期征兆。

尽管加窗可以突出变换的局部特征，但由于窗口傅里叶变换是对窗口内的不同谱分量进行平均而得到的，所以只能得到信号在窗口区间内的总信息，对信号的突变不敏感；且窗口函数不可变（窗口的形状和大小是确定的），无法在时域和频域同时获得局部分析结果。缩小时窗宽度和取样步长固然可获得更多信息，但会使计算变得更加复杂。

离散序列信号 $f(k)$ 的二进小波变换可表示为

$$W_{m,n}(f)=\sum_{k=0}^{N-1} f(k)h_m(k-2^m n) \tag{5-9}$$

式中，m，$n=\pm0$，1，2，…分别称为尺度参数因子和平移参数因子；$h_m(k-2^m n)$ 为合成小波，是小波母函数 $\psi_{mn}(t)=2^{-m/2}\psi(2^{-m}t-n)$的二进离散形式。

采样序列 $f(k)$ 在尺度 m_0 进行分析时有

$$\begin{cases} f=A_{m_0}+\sum_{m=1}^{m_0} D_m \\ A_{m_0}=\sum_{n=-\infty}^{+\infty} Ca_{m_0} g_{m_0}(k-2^{m_0}n) \\ D_m=\sum_{n=-\infty}^{+\infty} Cd_m h_m(k-2^m n) \\ Ca_{m_0}=\sum_{k=0}^{N-1} f(k)g_{m_0}(k-2^{m_0}n) \\ Cd_m=\sum_{k=0}^{N-1} f(k)h_m(k-2^m n) \end{cases} \tag{5-10}$$

式中，A_{m0}是信号 $f(k)$ 在 m_0 尺度下的低频部分（相似度）；D_m是信号 $f(k)$ 在 m_0 尺度下的高频部分（细节）；Ca_{m_0} 和 Cd_m 分别表示m 尺度下的相似系数和细节系数；$g_m(k-2^{-m_0}n)$ 为合成尺度函数。$g_m(k-2^{-m_0}n)$ 相当于一个低通滤波器，而 $h_m(k-2^{-m}n)$ 为一个高通滤波器。

状态信息小波变换的结果是一系列与尺度因子 m 和平移因子 n 相关的小波系数。

小波变换是在不同频带窗口内刻画信号的时域特征，具有时频域的局部化能力，且其时间窗和频率窗可依据其变换尺度适应性改变。在故障诊断时既能提取特征信号的频率特征，又保持了诊断信息的时域特征，可用于对故障的发生时间进行准确判断。

2）小波分析与小波包分解

小波分析仅对各尺度下的低频部分进行进一步的分解，而未对高频部分进行细化分析。在液压泵的压力信号分析中，为细化不同故障对应的信号频率区间，可利用小波包分解对各尺度下的细节部分同时进行分解，以细化特征频率，便于准确判定故障的类型，提高对液压泵故障的敏感度和诊断的可靠性。

小波包分解应用一对相关联的低通滤波器和高通滤波器，将信号序列分解为某一尺度下的低频和高频两部分。然后改变尺度对已分解的低频部分和高频部分再次进行分解，获取更为细化的频率成分。这种分解可以进行多次，以达到所需要的频率分辨率。图 5-6 显示了三层小波分析与小波包分解的差异及各尺度下小波信号所观测的频段。其中，实线部分表示小波分析的信号分解，实线与虚线部分一起描述了小波包分解的过程。$Ca_{m,0}$ 和 $Cd_{m,j}$ 分别表示 m 层分解后信号的相似系数和各频段的细节系数。

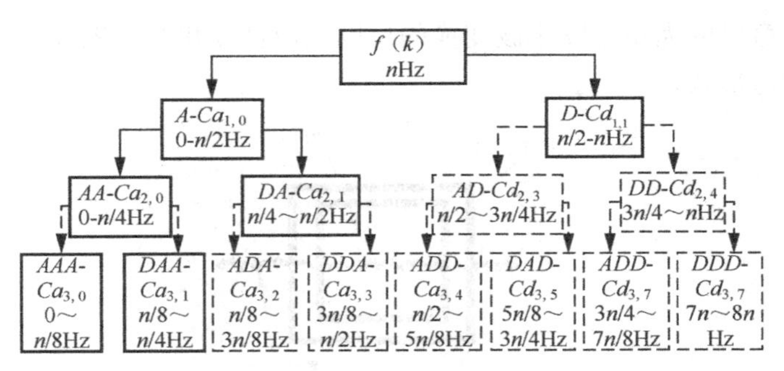

图5-6　三层小波分析与小波包分解对比

2. 液压泵小波包故障诊断方法

1）状态监测信号序列的形式

在线状态监测与故障诊断系统中，一般对于状态信号的采集是连续进行的，所得到的状态信号的离散序列理论上无限长。相对应地，为实现在线故障诊断，缩短诊断时间，希望所观测的信号序列的长度有限。同时，注意小波包是将有限长信号序列分解为多个对应在不同频段的小波包，从而监测在特定频段内的频率特征以刻画设备的健康状态。为了在分解后的频段信号中提取可靠的状态信息，每个频段内的小波信号应有足够的长度。

对于特定的故障诊断应用，应依据设备系统的所有特征频率的频率范围确定状态信息的采样周期和小波包分解的层次数。合适的分解层次应能有效地消除低频和高频噪声的影响，以增强小波包分解的特征信息敏感度。小波包分解将信号序列分解为 2^m 个频段信号，各频段的宽度为采样频率除以 2^m（m 为分解层数）。因此，信号序列的长度应能使最深层小波系数的长度为20～100。

2）滑动双窗口

对设备状态信号进行小波包分解以监测设备的运行状态时，所采集的有限长信息序列必须能完整无畸变地反映设备的所有特征信息。然而在实际操作中，一些操作程序上的误差会不可避免地混入所观察的有限长信号中。一种最常见的误差就是小波分析时的“边界效应”。由于在有限长信号序列的开始和结束处，信号存在突变，在小波变换时将产生信号畸变，这种现象称为边界效应。为克服小波分析边界效应的影响，一些方法如边界填零法、序列对称扩展法等被用于消除信号的边界畸变。然而，这些方法由于引入了人为数据，所以仍然存在信号的畸变问题。针对故障诊断信号处理的特点，提出了一种滑动双窗口的处理方法，以消除信号的边界畸变。

滑动双窗口利用一个较大的窗口（采样窗口）包含所有的数据序列，而用一个较小的窗口（观测窗口）分析状态监测信号。在实际信号分析中，采样窗口所覆盖的信号序列长度应使其最深层分解小波系数的长度为20～100。而观测窗口则依据边界畸变数据的多少确定。在采样窗口内，对信号序列进行小波包分解，基于所有数据提取不同频段的小波系数。由于状态信号的连续性，所获得的刻画特征信号的小波系数在观测窗口的边界处是完整非奇异的。因此，通过缩小分析窗口可消除人为定义的采样窗口的边界效应。一般而言，可将所获得的小波系数序列在采样窗口的起始段和结束段各去除5～10个小波系数来定义观测窗口的大小。

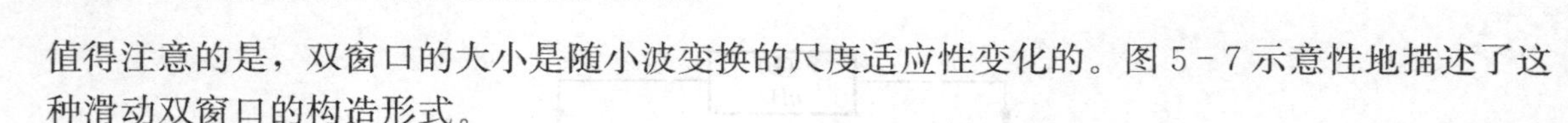

值得注意的是，双窗口的大小是随小波变换的尺度适应性变化的。图 5-7 示意性地描述了这种滑动双窗口的构造形式。

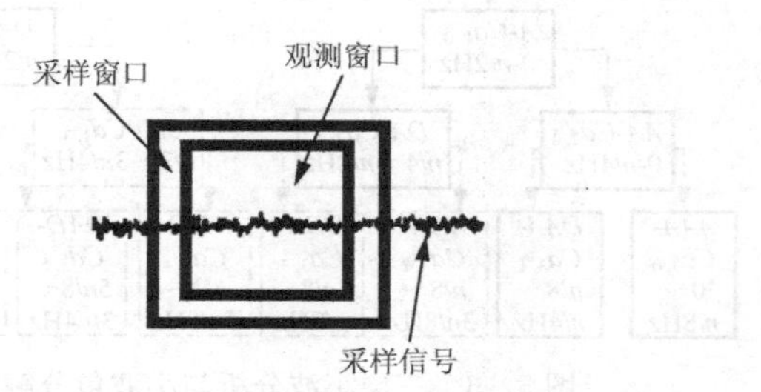

图 5-7　消除边界效应的滑动双窗口

3）残差计算与比较

在线状态监测和故障诊断的关键在于区分正常信号和故障状态时的敏感性和鲁棒性。针对液压泵的状态监测和故障诊断，提出了一种基于小波包分解的残差判别法。这种残差定义为观测信号与参考信号（正常信号）的小波系数的能量差与参考信号小波系数的能量之比，可用下式表示为

$$R_i = \frac{\sum Ce_{m,i}^2 - \sum Cr_{m,i}^2}{\sum Cr_{m,i}^2} \tag{5-11}$$

式中，R_i 为观测信号和参考信号第 i 个小波包的残差；$Ce_{m,i}$ 和 $Cr_{m,i}$ 分别表示 m 层分解后观测信号和参考信号第 i 个小波包的小波系数。

在对液压泵的状态进行监测时，需要一些已知的参考信号（通常选为健康状态信号）作为参照对象，通过与参考信号的残差计算和预定义的阈值大小，可以判别液压泵的运行健康状态。

4）小波包的选取

应用小波包分析法进行液压泵状态监测和故障诊断的前提是，在观测信号所包含的状态信号中，存在能反映液压泵健康状态，并与液压泵的结构参数相对应的特征频率。而诊断时的关键是利用小波包的时频局部化能力提取对故障敏感度高、故障特征一致性好、可靠的特征频率。基于残差阈值判据及小波包的分解特征，利用树形搜索法，通过计算观测信号在各分解层的残差，选择对故障最敏感且观测一致性好的小波包作为液压泵状态监测和故障诊断的特征小波包。

在状态监测时，特征小波包所反映的故障泵的残差应与正常泵的残差有显著的区别。在故障诊断与定位时，一种故障可能在不同的特征小波包的残差中都有所反映，而不同的故障应有不同的敏感特征小波。此时可以通过一个小波包或几个小波包的组合来判别故障的类型及产生故障的原因。

5）基于小波包残差分析的在线状态监测与故障诊断系统

基于小波包残差分析的液压泵在线状态监测与故障诊断系统如图 5-8 所示。

状态信号采集单元用于实时采集液压泵的运行状态信息。在线故障诊断时，所采集的状态信号除了能表现出液压泵状态信息外，还应使状态信号的数量尽可能少，以便进行快速诊

断。仅利用液压泵的出口压力信号作为液压泵的状态信号。因为出口压力信号含有液压泵的多种运行状态信息，如滑靴、斜盘、轴承等零件的损伤故障都会引起出口压力的波动。此外，压力信号是液压系统中最常见且便于采集，又不会对系统性能产生影响的信号。对于采集单元的基本要求是其采样频率应至少在液压泵最高特征频率的两倍以上，保证所采集到的信号不失真，能反映液压泵的运行状态。

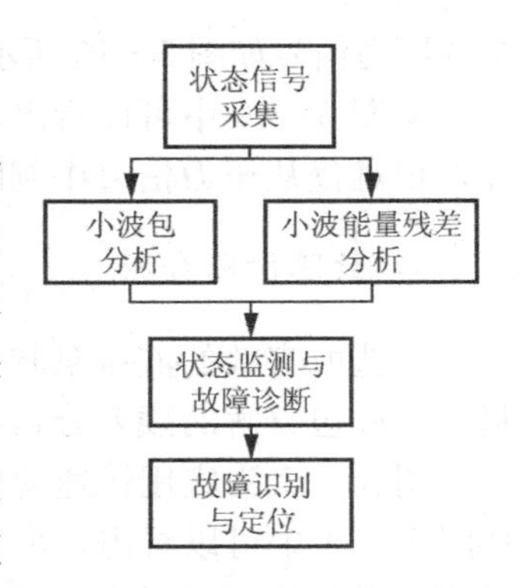

图5-8 在线状态监测与故障诊断系统

小波包分析和小波能量残差分析单元是液压泵状态监测和故障诊断系统的核心，其分析方法如前文所述。为快速实现状态监测，运行时仅利用所选择的特征小波包进行分析。对于液压泵的状态监测只利用一个小波包的小波能量残差进行健康状态判别，而利用2～3个小波包进行故障的诊断与定位。

状态监测与故障诊断、故障识别与定位单元都具有识别液压泵状态是否正常的功能，两个单元都对所选择的小波包进行小波能量残差的计算。通常，在状态监测循环中只进行状态监测与故障诊断分析，而在需要确定故障的类型时进行故障识别分析。

3. 试验结果与故障诊断分析

1）试验装置

本试验研究是在台架试验装置“液压系统试验机”上进行并完成的。液压系统试验机是一个“阀控缸式”电液控制系统，如图5-9所示。

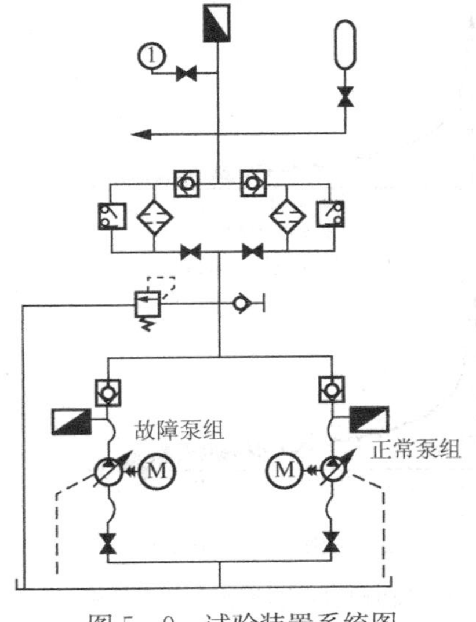

图5-9 试验装置系统图

图5-9中，左边泵组为故障泵组，右边泵组为正常泵组，泵为定量轴向柱塞泵，排量为10mL/r。试验中，分别运行两组泵，用溢流阀设定系统的工作压力为6.5MPa，泵的转速为1470r/min。利用压力传感器采集泵出口处的压力信号作为泵组运行状态的特征信号。压力传感器的量程为0～10MPa，带宽为20kHz。采集单元利用NI公司的PCI—6052E多功能卡连接压力传感器与分析计算机，采样频率为200Hz。利用VC编写数据采集程序并调用MATLAB进行小波包分析。

2）液压泵的状态信号

试验泵是一种具有7个柱塞的轴向柱塞泵。其压力脉动频率$\omega=14\pi n/60$（rad/s），与泵的转速n成正比。当泵的转速为1470r/min时，泵出口处的压力脉动频率为171.5Hz。值得注意的是，在泵的运行中，很少有两种以上的故障同时发生。一种故障在泵运转时每转所造成的压力冲击是一次，其冲击频率为$\omega=114\pi n/60$(rad/s)。因此，当泵的角速度为1470rad/s时，大部分故障的特征频率为24.5Hz。本试验系统中，采用了一个正常泵和三个具有不同故障的故障泵来验证所设计的故障诊断方法。试验时，每组分别随机进行7次诊断试验。每组用于故障分析的信号序列时间段为4s。其中的一组分别取自4个

泵的压力信号如图 5－10 所示。

从图 5－10 中可以看出，所有的压力信号都在 6.5MPa 上下波动，除去测量噪声的影响外，很难仅从压力信号中判断泵的健康状态。

3）故障诊断分析

为选取有效的液压泵状态监测与故障诊断方法，分别应用快速傅里叶法、小波分析法、基于小波包分解的残差分析法对观测到的压力信号进行分析。

图 5－11 为应用快速傅里叶法对正常泵和两个故障泵压力信号进行分析所得的频谱图。从图 5－11 中可以看出，由于傅里叶变换在频域弱化了液压泵故障特征频率的表征，利用傅里叶频谱分析难以对泵的状态进行判别。尤其是在早期故障诊断中，当故障特征信号的幅值较小时，频谱分析对于故障的敏感度较低。

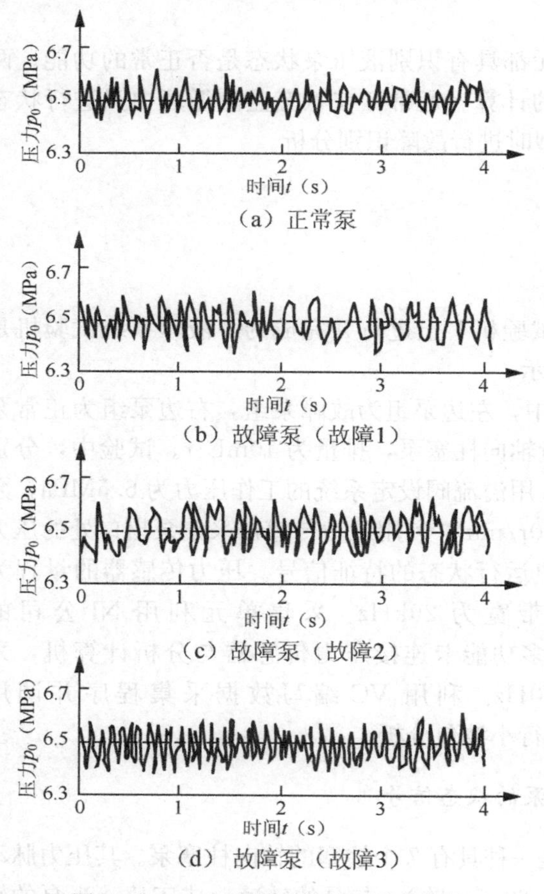

图 5－10　4 个监测泵的出口压力信号

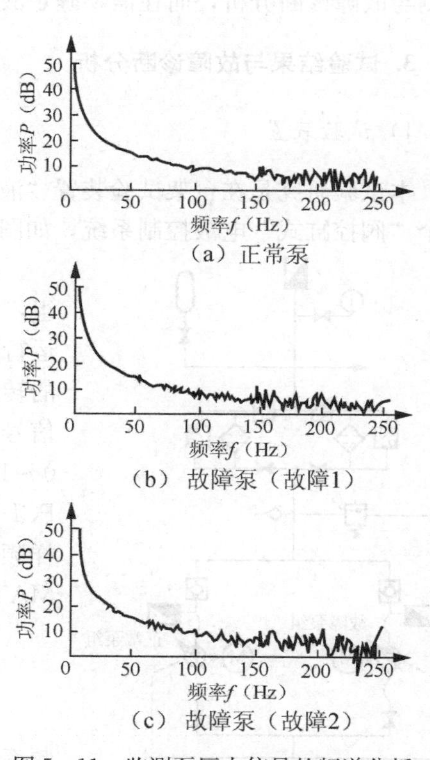

图 5－11　监测泵压力信号的频谱分析

在应用小波包分析时，从连续采集的压力信号中随机抽取时长为 4s 的信号数据段作为观测信号进行状态监测与故障诊断。首先将观测信号进行三层分解得到 8 个小波包，则每个小波包的频段宽度为 21.5Hz。

图 5－12 显示了利用 dB5 小波分别对正常泵和一个故障泵的观测信号进行三层分解后 8 个小波包的小波系数的变化情况。其中，相似小波包（$Ca_{3,0}$）描述了小波与观测信号的相似程度，而细节小波包（$Cd_{3,1}$～$Cd_{3,7}$）描述了在不同频段小波与原始信号的差异。这些细节小

波包所描述的差异往往表征液压泵的健康状态。

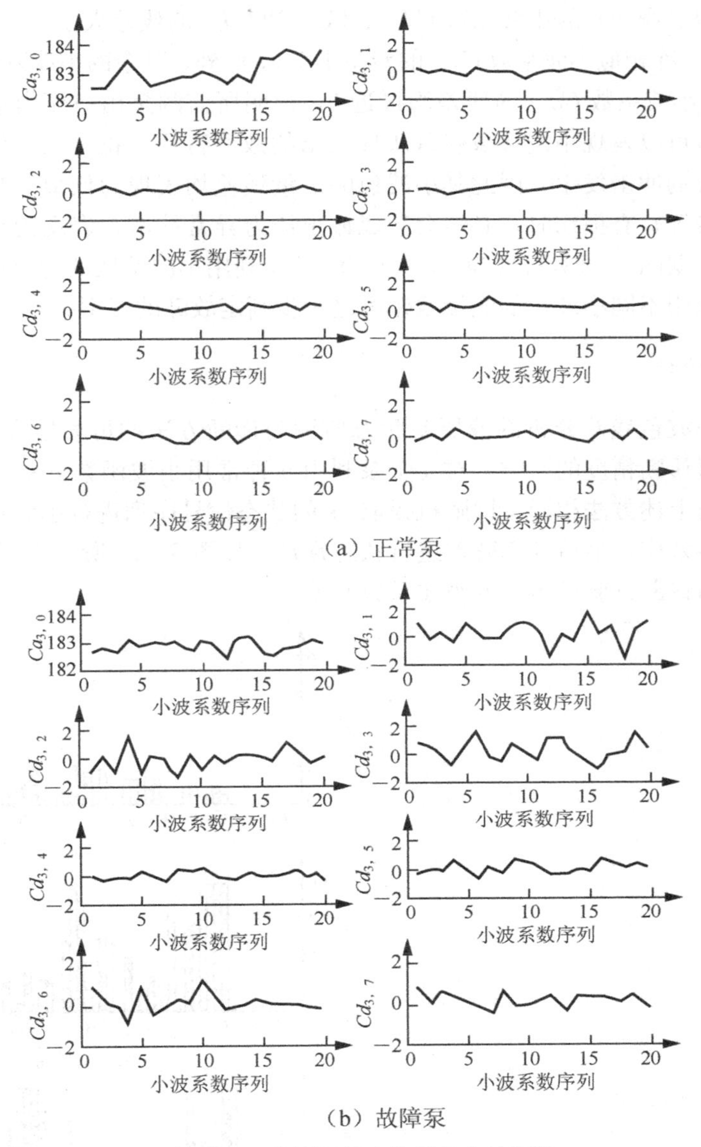

图 5-12 监测泵压力信号的小波系数

观察图 5-12 可以发现，尽管两个泵的相似小波包的小波系数（$Ca_{3,0}$）存在明显的区别，但由于其相对变化很小（小波系数的平均值为 183.5），因此其对故障的敏感度相对较低。比较 7 个细节小波包的小波系数可以发现，两个泵的小波系数 $Cd_{3,1}$、$Cd_{3,2}$、$Cd_{3,3}$ 和 $Cd_{3,6}$ 存在明显的差异。在两个故障泵的小波包分解中也可发现类似的结果。因此，可以通过对比正常泵和故障泵在这些小波包中的小波系数来判断泵的健康状态。

为保证诊断的准确性及确定诊断判据，应对小波系数进行定量化表述。利用各故障泵相对正常泵的参照小波包，计算小波系数的能量残差，可提高诊断的敏感度及诊断精度。

图 5-13 显示了 4 个监测泵状态信号（出口压力）的一组小波系数残差。分析小波系数的能量残差可以看出，正常泵的小波能量残差在所有的小波包中表现出残差值低的一致性，其残

差值均小于0.3。对故障泵1（滑靴损坏），其小波系数$Cd_{3,1}$、$Cd_{3,3}$、$Cd_{3,6}$和$Cd_{3,7}$的残差大于1；而故障泵2（斜盘烧伤）的小波系数$Cd_{3,1}$、$Cd_{3,4}$和$Cd_{3,7}$的残差大于1。同时，注意到故障泵3（配流盘损坏）除相似小波系数$Ca_{3,0}$的残差小于0.05外，其余的小波系数残差均大于0.5。

4个泵的相似小波系数$Ca_{3,0}$的残差均接近0，说明所监测泵出口压力信号本体波形的一致性。进一步分析可以发现小波系数残差所反映出的故障特征。正常泵工作时，其压力的波动均匀，没有异常的冲击发生，因此其小波包的能量残差均表现为低值。当液压泵的某个部件（如滑靴、斜盘等）有损伤时，必然会造成输出压力异常冲击，表现为在特定的频段上其小波残差较大。依据图5-13，设定状态阈值为0.5，利用小波系数的能量残差即可判断液压泵的健康状态。利用不同小波包的能量残差可进一步判定故障的类型。

4）重复试验验证

为评价基于小波包残差分析的液压泵状态监测与诊断方法的可靠性和对故障的敏感性，以及小波基函数对诊断精度的影响，对4个泵利用6种常用小波函数分别进行了7组诊断试验。试验的方法与上述方法相同，即随机提取4s的状态信号序列进行小波包分解，并应用滑动双窗口消除边界效应，最后计算残差进行状态判别。如图5-14所示为利用sym5小波对4个泵分别进行7组诊断试验所得到的小波系数残差。

图5-13　压力信号的3层小波系数残差

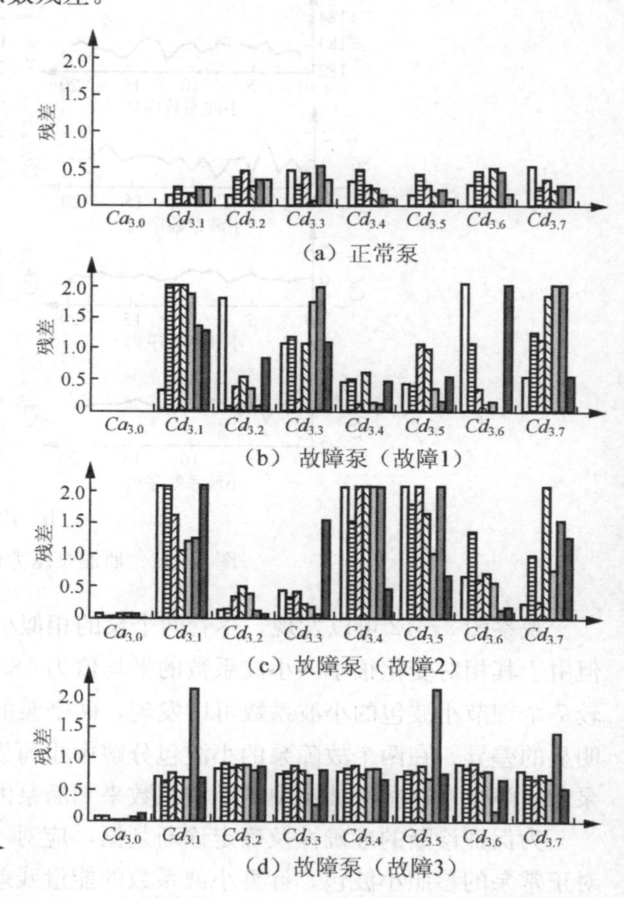

图5-14　利用sym5小波诊断得到的小波系数残差

由图5-14可以看出，利用sym5小波进行液压泵的状态监测时，只有故障泵1的一次试验未检测出泵的故障（漏诊），而其余的 27 次试验均可判断出泵的健康状态。

利用 6 种常用小波（db2、db3、db5、sym2、sym3、sym5 小波）对 4 个泵分别进行 7 组诊断试验所得到的结果参见表 5－2。

表 5－2　不同小波诊断结果对比

	正　常　泵			故障泵 1			故障泵 2			故障泵 3		
	C	M	A	C	M	A	C	M	A	C	M	A
db2	4	3	57%	5	2	71%	6	1	86%	6	1	86%
db3	6	1	86%	5	2	71%	7	0	100%	5	2	71%
db5	7	0	100%	5	2	71%	7	0	100%	7	0	100%
sym2	4	3	57%	5	2	71%	6	1	86%	6	1	86%
sym3	6	1	86%	6	1	86%	7	0	100%	5	2	71%
sym5	7	0	100%	6	1	86%	7	0	100%	6	1	86%

注：C 为诊断正确的数量，M 为漏诊的数量，A 为诊断准确率

由表 5－2 可以看出，利用 sym5 小波和 db5 小波可以获得较高的故障诊断准确率（分别大于 86%和 71%）；而利用其他几种小波时，诊断的准确率较低（最低为 57%）。

以上的分析和试验结果表明，利用泵出口处的压力信号，通过小波包分解和残差计算，可以判断液压泵的健康状态。

4. 小结

基于小波包分解和小波系数能量残差的分析方法通过随机提取液压泵状态信号序列进行小波包分解，并应用滑动双窗口消除边界效应，计算出小波系数能量残差，进行液压泵的健康状态判别。

分析和试验结果表明以下几点。

（1）利用泵出口处的压力信号可以判别泵的运行状态，并避免了采用振动信号作为特征信号时，分析结果对环境噪声敏感、振动传感器易损坏等缺点。

（2）将泵出口压力信号进行 3 层小波包分解，利用小波包的小波系数能量残差可判断液压泵是否发生了故障。在实际系统中，可在线监测压力信号小波包分解第 3 层小波系数 $Cd_{3,1}$ 的大小，并与设定的阈值（0.5）进行比较，当大于规定阈值时，即可判断泵发生了故障。

（3）利用小波包分析进行液压泵的状态监测与故障诊断时，小波基函数对于诊断的准确性和可靠性有重要影响。选择合适的小波基函数可以提高诊断系统的诊断精度。

（4）与传统的傅里叶分析方法相比，小波包分析可以更准确地刻画故障特征信号，可以更有效地进行状态监测与故障诊断。进一步的研究还可利用小波包分析法对故障的类别和原因进行定位识别。提出的方法还可为其他旋转类机械的故障诊断提供借鉴。

5.2.4　液压缸故障信号监测系统

1. 液压缸故障诊断智能系统的结构

本节以液压系统中的执行元件——单杆双作用活塞液压缸为例，进行故障诊断。根据人工智能原理可以构造出液压缸故障诊断智能系统，如图 5－15 所示。

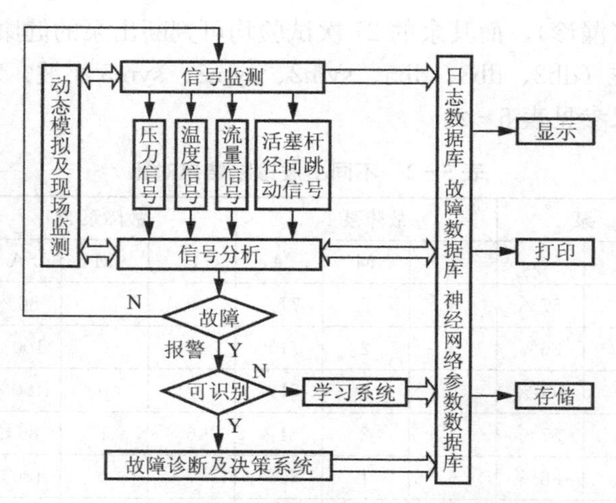

图 5－15　液压缸故障诊断智能系统结构图

整个系统包括以下 5 个模块。

① 信号监测：对各种信号进行实时监测。

② 动态模拟及现场监测：对液压缸的运动状态进行模拟及现场监测。

③ 学习系统：对未知故障信号进行学习。

④ 故障诊断及决策系统。

⑤ 数据库：完成对各种数据和参量的提取、存储、显示和打印。

本系统对液压缸的压力、温度、流量、活塞杆径向跳动进行监测。

当系统启动之后，信号监测模块以一定的时间间隔（各个参数的时间间隔不一样，可以自行设定）将测量值送入日志数据库进行存储，同时和故障数据库中的理论数据进行比较，如果有异常就发出警报，停止系统的动作。如果故障为可识别的，就由故障诊断及决策系统来判断和显示故障原因与解决办法；如果故障不可识别，就由神经网络的学习系统对新故障进行学习并将故障数据存入数据库中。

2. 信号监测系统的实现

1）*参量法在液压缸故障诊断中的应用*

同一个因素造成的故障现象是多种多样的，而同一种故障现象也可以由不同的因素引发。判断一个液压系统是否正常工作的一个有效途径是对液压元件的一些参数进行测量。正常工作时，这些参数值都在设计和设定值附近；工作中如果这些参数值偏离了预定值，则系统就会出现故障。参量法是指通过检测液压系统中的某些参数来诊断设备的工作状态，如油液温度、油液污染度、液压缸的位移等。通过对这些参数值的读取、比较，就基本上可以将系统的故障锁定在一个较小的范围内了。这就是参数法的基本思路。

参量法是最简单，也是最直观、最有效的液压故障诊断法之一。当液压系统发生故障时，必然是系统中某一元件或某些元件发生了故障，这些故障导致了回路中的一点或几点的参数偏离了正常值。由这些参数可以顺藤摸瓜，较快地找到故障的原因，大大提高了诊断速度和准确性，既不需要停机，又不损坏液压系统。这种方法几乎可以对系统中的任何部位进行检测，不仅可诊断已发生的故障，而且可进行监测、预报潜在故障。

2）信号监测参数和监测点的选择

在整个液压系统中，可供选择的参量是很多的，本系统中主要选择了压力、流量、温度和活塞杆的径向跳动。

压力和流量是比较理想的监测量。一方面，它们的测量方法简单，测量仪器轻巧；另一方面，选用压力和流量，可以快速、准确地对故障元件进行定位，对异常值的鉴定也较方便。在液压缸故障诊断中可以将压力和流量选做基本参量。液压系统中的元件和油液经过一定时间运转都会有能量损耗，特别在不正常工作、有故障存在时，异常的温升意味着故障存在，因此温度也是一个很有价值的诊断监测量。但是液压系统的温度容易受到油液本身温度（正常工作温升，如节流温升）的影响，又容易受到环境温度的影响。因此，温度只能作为液压设备故障诊断中的辅助监测量。

以压力和流量作为诊断参数的方式有两种：其一是考察液压设备中压力和流量的平均值；其二是考察压力和流量的瞬态值，即压力脉动和流量脉动。压力平均值和流量平均值只能从宏观上反映液压设备的工作状态，对故障不敏感。当压力平均值和流量平均值发生明显变化时，往往设备已经不能正常工作了。以压力平均值和流量平均值作为实际的诊断参数进行故障诊断的难点是如何建立快速测试接头，用统计方法积累故障信息，根据巡回点确定故障。这种方式对液压设备的故障报警有较大作用，是简易诊断中较为实用、可靠的一种方式。

压力脉动和流量脉动则能从微观上反映液压设备的工作状态，对故障比较敏感。类似于振动信号，压力脉动信号和流量脉动信号可以采用各种时域分析和频域分析。如图5－16（a）所示是某液压缸输出压力脉动的实测曲线。从图中可见，正常液压缸的压力脉动是周期性信号。当出现故障时，压力脉动出现很强的随机信号，并且其压力脉动幅值比正常液压缸的压力脉动幅值要大。正常液压缸与故障液压缸压力脉动之间的明显差异说明了压力脉动作为诊断参数是有效的。如图5－16（b）所示是某液压缸输出流量脉动的实测曲线。同样可见，正常液压缸与故障液压缸的流量脉动之间存在着明显的差异。这种差异的存在说明了流量脉动作为诊断参数也是有效的。

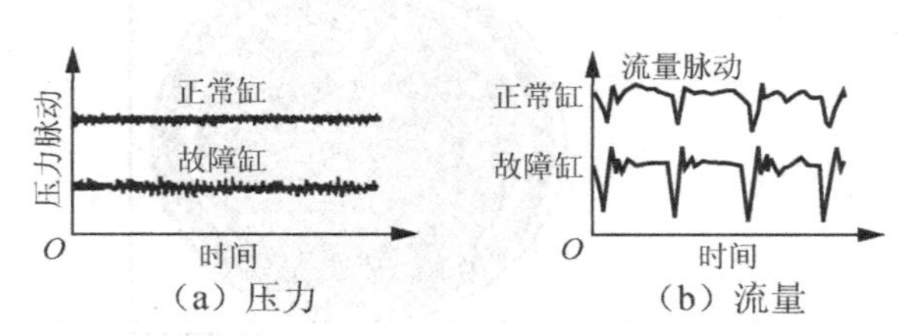

（a）压力　　（b）流量

图5－16　某液压缸的输出脉动

作为液压设备故障诊断的诊断参数，压力脉动比流量脉动具有更大的优越性，这是因为流量脉动的测试比压力脉动的测试要困难得多。众所周知，液压设备的流量脉动属于高频的非定常流量，而对高频非定常流量的测试是非常困难的。如果采用常规的动态流量计，则只能得到非常有限的流量脉动信息（可测频宽一般在50Hz之内）。目前，对流量脉动通常采用间接测试方法。而大多数间接测试方法的基本测试手段仍是对压力脉动进行测试，然后按一定的关系转化为流量脉动。因此，压力脉动比流量脉动更适合作为液压设备故障诊断的诊断参数。

因此在液压缸的故障诊断系统中，以压力、流量作为诊断的基本参数，并以温度作为一个辅助监测量。这里针对液压缸的特殊性，还对液压缸活塞杆的径向跳动进行监测，并将活塞杆的径向跳动作为另一个辅助监测量。

液压缸故障诊断智能系统的主界面及传感器的布置如图5－17所示。

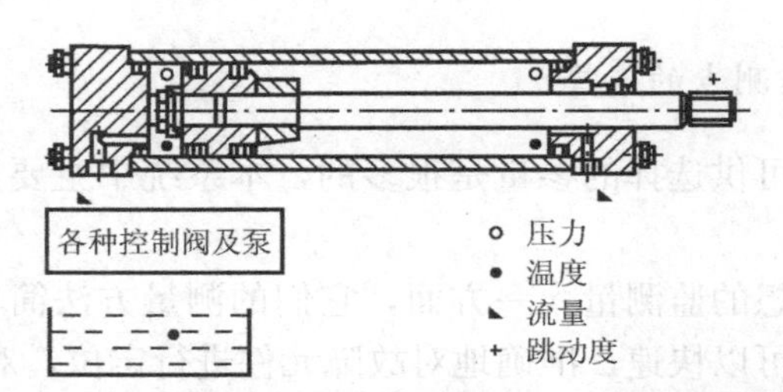

图 5-17　液压缸故障诊断智能系统主界面及传感器布置

3）传感器的选择

工况状态的检测信号是反映设备运行正常与否的信息载体。适当的检测仪器是发现故障信息的重要条件，因而也是故障诊断中不可缺少的环节。目前对于压力、流量和温度的测试仪器非常多，这里就不一一列举了。本系统按表 5-3 选择测试仪器来监测各个参量。

表 5-3　各参量测试仪器

参　量	测 试 仪 器	参　量	测 试 仪 器
压力	压电式压力传感器	温度	电阻式温度计
流量	涡轮流量计	径向跳动	电容式测位计

如图 5-18 所示为系统中各个参量的监测界面。它们在系统运行时可以随时打开或关闭，显示了当前各个参量的数值，并以系统中设定好的时间间隔刷新界面。为了掌握液压缸的以往工作情况，把握液压缸某个主要工作参数的变化，本系统对液压缸的每一个参数都做了历史记录。监测系统每隔一段时间对液压缸的工作参数做一次记录，并将记录保存在系统的数据库中，系统自行对各个参数作出边线图，以供工作人员对液压缸某种故障的发生概率和时间做出预估和判断。如图 5-19 所示为液压缸左腔压力在 1 月 1～7 号的历史记录。

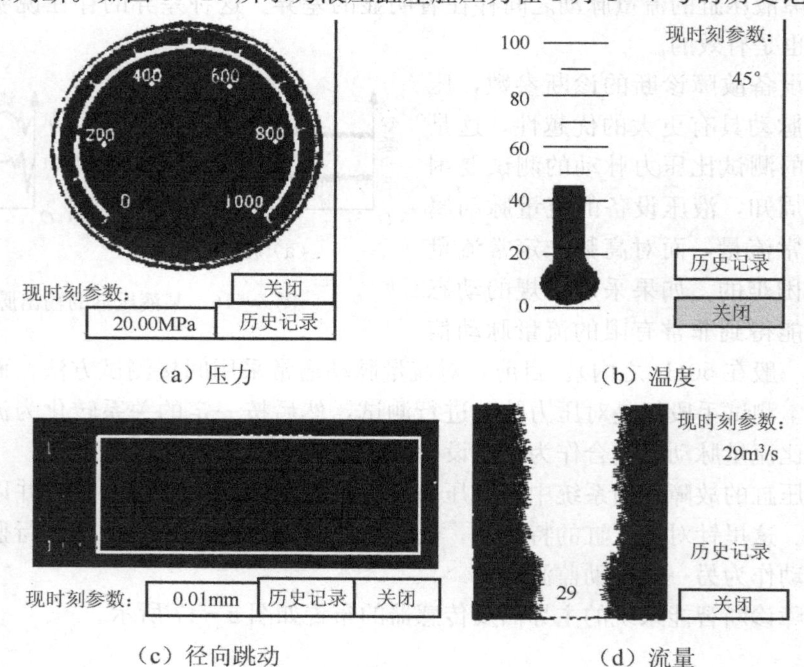

（a）压力　（b）温度

（c）径向跳动　（d）流量

图 5-18　监测界面

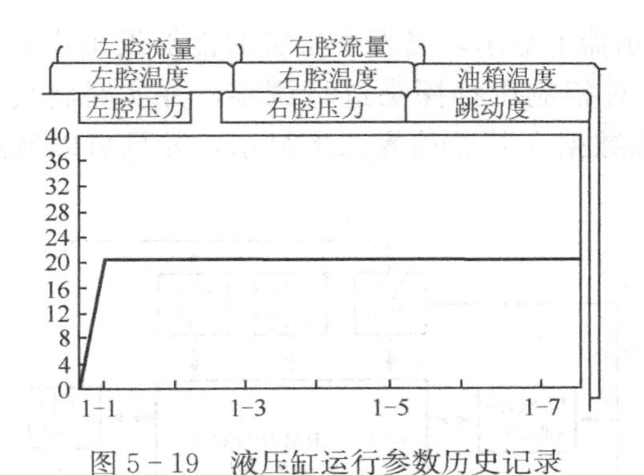

图5-19　液压缸运行参数历史记录

3. 小结

从参量法的角度对液压缸进行故障诊断是有效的，选择压力、流量两个参量作为液压缸故障诊断的基本参数也是比较合理的，它使系统对液压缸的故障能够做出及时的反应，并做出判断。同时，液压缸故障诊断智能系统对其他液压元件的故障诊断是有借鉴作用的，为以后建立较完善的液压故障诊断系统打下了基础。

5.2.5　基于*ARM*的井下绞车液压制动在线监测

1. 制动系统的失效原因

一般情况下制动系统失效是由制动力矩不足造成的。制动力矩不足一般由以下因素引起：闸瓦间隙大，摩擦系数下降，液压站工作油压不合理，正压力不足，以及制动系统及其他保护装置存在故障等。在生产过程中有必要对这些因素进行认真检查，依次排除故障。然而制动器与液压站的故障是潜在的，仅仅依靠人工检查，并不能及时准确地检测出故障问题，需要一种实时在线检测系统，即井下绞车液压制动在线监测系统。

制动系统安全制动与盘式制动器的闸瓦间隙、制动力、液压站工作油压等参数密切相关。本检测系统所要测量的一系列参数包括液压站油管油压、碟簧产生的制动正压力以及闸瓦间隙。

2. 系统组成与功能

根据绞车液压制动在线监测系统的功能特点和设计要求，系统硬件部分主要由以32位ARM7微处理器S3C44BOX为核心的嵌入式工控板、由键盘及LCD显示器构成的人机交互模块、数据采集与处理模块、电源管理模块、复位电路、系统时钟电路、JTAG调试端口、外扩存储器以及声光报警模块组成。系统硬件结构如图5-20所示。

一般情况下系统对各被测物理量进行不间断巡测。首先，系统通过各类传感器将被测物理量转化为系统能够接受的电信号。其中，盘形闸的动态工作闸间隙通过位移传感器转化为电压值进入信号放大电路，然后送入自带A/D。转换的ARM控制器；盘形闸提供给滚筒的制动力矩先通过正压力传感器将相应的力转换成电压信号，送入ADC后再通过处理器计算得到；油管油压则通过压力传感器测得。通过以上3种传感器输出的电压信号由模拟多路选择开关控制，经分频后由微控制器依次巡检。微控制器对读取的数据进行数据转化、处理、比

较和存储后，送到液晶显示器上显示，当发生报警时能够发出声光报警信号。同时，能够随时接收调零按键的信号，对相应位移探头进行调零，并实时将传感器信号发送给控制器。ARM 控制器传送的传感器数据在其监控界面上显示，并且可以通过界面按键命令对位移传感的初始状态进行控制。

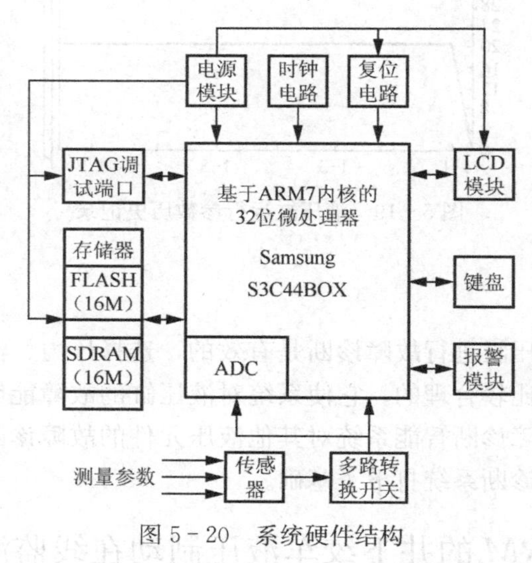

图 5－20　系统硬件结构

3. 主要模块的硬件

1）处理器

本系统选用 S3C44BOX 微处理器作为系统的主控制器。该处理器功耗低，处理速度高，性能好，价格低廉，且应用广泛，开发资源很丰富，有利于缩短开发进程，其丰富的内部配置又降低了系统的成本和复杂度。而所有这些优点都非常适合绞车的制动系统在发生超限的情况下实现声光报警检测。

2）数据采集模块

针对煤矿恶劣的环境，选用全钢结构的传感器。钢结构的传感器密封性能好，精度高，分辨率高，坚固耐用，且稳定性好，满足煤矿检测系统的要求。其中，测量油压的传感器选用 PTB705/705H 防爆型工业压力变送器，其安装时通过三通管连接到油管上。测量闸瓦间隙的传感器选用的是型号为 ORT—1—11 的电涡流传感器，其安装时通过螺栓连接到制动器上的支座上，它和滚筒之间的距离可以通过螺栓调节；而压力测定，是通过将制动器上的柱塞设计成应变式力电转换器，直接将闸的正压力变为电信号，而不改变原有的连接功能。假设本系统针对配置 8 个制动器的绞车，则共需要安装 8 个位移传感器、8 个正压力传感器和 10 个油压传感器（8 个制动器贴闸油压、2 个液压站油管油压）。因此，本系统采集的信号较多，而为了降低系统的成本，不宜采用多个 ADC，且考虑到 S3C44BOX 已具有 8 路模拟信号输入的 10 位模数转换器（ADC），最后采用的解决办法是将多个信号通过多路模拟切换电路切换、分时处理，控制每次只有一路信号送到转换器。本系统选用两个 16 选 1 数据选择、多路开关芯片 AD7506。因部分传感器输出的信号是 mV 级微弱直流信号，所以选用采样保持放大电路 LF398 作为放大电路来放大采集的信号。

3）人机交互模块

键盘接口电路板上扩展了一个3×3行列式矩阵键盘接口，共设置了上、下、左、右、确定和取消6个功能键。该键盘采用中断扫描方式进行工作。行线选用PORTG5～PORTG7输出，列线选用PORTF5～PORTF7输入。行线接上拉电阻保持高电平，并通过“与”门将输出信号与MCU的中断XINT0连接。列线接上拉电阻保持高电平。

S3C44BOX微处理器有内置的LCD控制器，可以支持液晶屏显示。所以，本系统显示元件使用的是松下公司生产的型号为EDMGRB8KJFS的彩色DSTN LCD显示屏，其屏幕尺寸为7.8英寸，分辨率为640×480像素。各接口信号分别为：VD0～7—LCD像素点数据输出端口，VCLK—像素时钟信号，VLINE—寄存器数据锁存信号，DIS-PON—显示控制信号，VFRAME—帧同步信号。

4）报警电路

系统在发生超限的情况下能够实现声光报警。声光报警模块由1个蜂鸣器和3个发光二极管组成。2个发光二极管分别与微处理器端口B的第4位、第5位直接连接，蜂鸣器与微处理器端口E的第2位直接连接，而发光二极管的另一端则与电源相连。通过发光二极管和蜂鸣器的不同组合状态表示油压、制动力矩、闸瓦间隙等参数的超限情况和故障状态，以便及时提醒工作人员做出相应处理。例如，当系统正常工作时，LED1点亮表示制动力超上限，LED2点亮表示制动力超下限，LED3点亮表示间隙超标，LED1和LED2都点亮表示油压值超上限，LED1和LED3都点亮表示油压值超下限，从而实现了光报警。声报警由蜂鸣器来实现，蜂鸣器一端经2个并联的三极管和1个电子后与微控制器的PEO口连接，这样可以使流经三极管的电流分流，从而延长了三极管的寿命。工作时，蜂鸣器在系统出现故障和参数超限时都发出蜂鸣声。

4. 系统的软件

系统软件设计采用功能模块化的思想，整个系统软件由多个功能子模块组成，每个子模块完成不同任务。绞车液压制动系统主要包括以下几个程序模块：主程序、数据采集与处理子程序、键盘控制处理子程序、LCD显示子程序、声光报警子程序等。

为了保证软件稳定运行，嵌入了成熟稳定的实时内核μC/OS—Ⅱ操作系统，增强了整个监测系统的可操作性。移植μC/OS—Ⅱ的源代码文件中有3个文件OS_CPU.H、OS_CPU_C.C、OS_CPU_A.ASM是与处理器的类型直接相关的，需要进行修改。

系统的主程序主要负责对各硬件进行初始化，进行系统自检，协调各子程序的工作顺序，是整个检测系统的框架。其主要工作流程如图5-21所示。

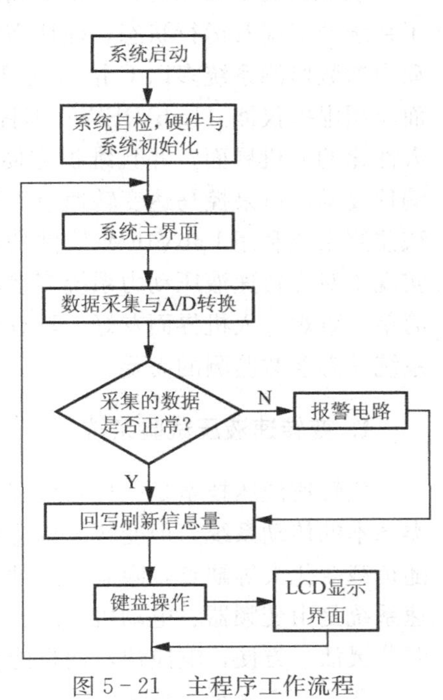

图5-21　主程序工作流程

系统的LCD设置有主界面、参数显示、历史记录、系统设置等界面，利用已设计好的键盘的上、下、左、

右、确定和取消6个功能键进行切换，便于用户操作。例如，图5-22所示为1#闸的历史记录界面，该界面显示了某个时刻1#闸的参数。而图5-23则显示了某个时刻绞车各闸的故障状态。图5-22中的左右箭头用键盘上的左右键控制，按确定键可查看下一个或上一个时刻记录的1#闸参数。图5-23中的上下箭头用于翻页，以便查看其他各闸的状态。本系统可根据用户需要，通过系统设置来设定记录时间间隔，即每隔1个时间间隔记录1次数据；而由于系统存储空间有限，每记录一定数据后，旧的数据将被删除，以便存储新的数据。

参数值	历史记录	系统设置

参数历史记录：←—— 2010-3-11 14:56 ——→

1#闸	油压	间隙	制动力
数值	0.90	1.50	5.20

图5-22 1#闸历史记录界面

参数值	历史记录	系统设置

故障状态历史记录：←—— 2010-3-11 15:28 ——→

闸号	油压	间隙	制动力	总制动力矩
5#闸	正常	正常	不足	/
7#闸	不足	正常	正常	/
8#闸	正常		正常	/
滚筒	/	/	/	不足

↑ ↓

图5-23 故障状态历史记录界面

5.3 液压系统故障在线监测

5.3.1 基于*LabVIEW*的变转速液压监测系统

液压系统中的压力、流量、油液温度、电动机及马达的转矩、转速等这些物理参数反映了系统的工况及运行状态，往往需要对这些参数进行实时监测。传统的基于PC技术的液压动力参数监测系统多以C语言为开发平台，编程复杂、费时、费事，界面难以做到人性化。而应用虚拟仪器（LabVIEW）编程技术的监测系统，编程简单、高效、直观，较易编制更具人性化的人机界面，并且维护方便，功能扩展和软件升级都容易实现。本节基于LabVIEW编程技术，以泵控马达变转速节流复合调速系统为研究对象，对其参数监测系统进行了研究。该监测系统利用LabVIEW软件的图形化软面板、丰富的数据处理库以及模块化设计思想，实现了对变转速液压动力系统多参数的实时采集、记录、分析、处理及报警。该系统编程较简单、直观，人机界面友好，具有良好的开放性和可扩展性，能更好地满足变转速液压动力系统动态参数监测的需要。

1. 变转速液压试验系统

变转速液压技术是一种新型节能技术，泵控马达变转速调速系统是变转速液压系统中一类基本的传动系统，但变转速调速系统存在响应慢、快速加速及快速减速特性差、速度刚性随负载变化大等缺点，限制了这种节能传动系统的普及及发展。泵控马达变转速节流复合调速系统是由变频器、电动机、泵、流量控制阀和马达组合而成的一种液压传动系统，该系统调节灵活、方便，响应快，而且能耗小。

图5-24是泵控马达变转速节流复合调速试验系统原理图。三相电源接入变频器1的输

入侧，变频器1将380V/50Hz的工频电源变换成特定电压信号供给异步电动机2，电动机2带动主泵3旋转，主泵3输出一定流量的压力油，压力油经单向阀4、截止阀5和比例方向阀7驱动双向定量马达8做回转运动，马达8出油口的低压油经比例方向阀再流回油箱。

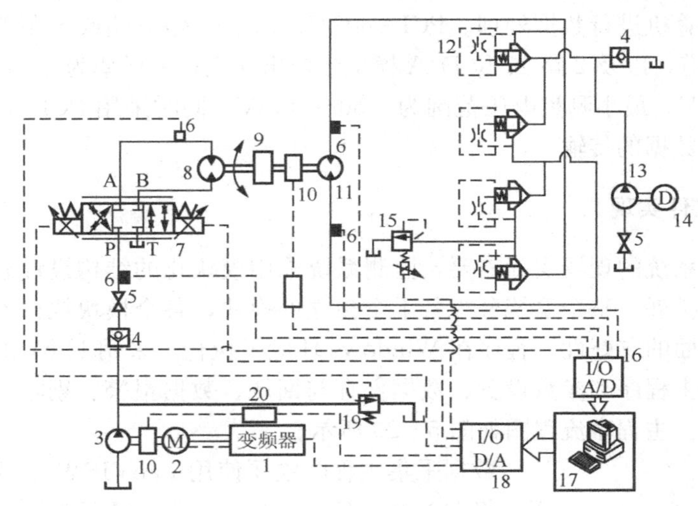

1—变频器；2—电动机；3—主泵；4—单向阀；5—截止阀；6—压力传感器；7—比例方向阀；8—马达；9—惯性轮；10—转矩转速传感器；11—柱塞泵；12—倒装阀；13—补油泵；14—电动机；15，19—比例溢流阀；16—A/D转换器；17—计算机控制系统；18—D/A转换器；20—扭矩转速测量仪

图5-24 试验系统原理

2. 监测系统组成结构

系统由相应传感器、信号调理模块、信号端子板（CB—68LP）、DAQ数据采集卡（PCI—6024E）、计算机组成，如图5-25所示。

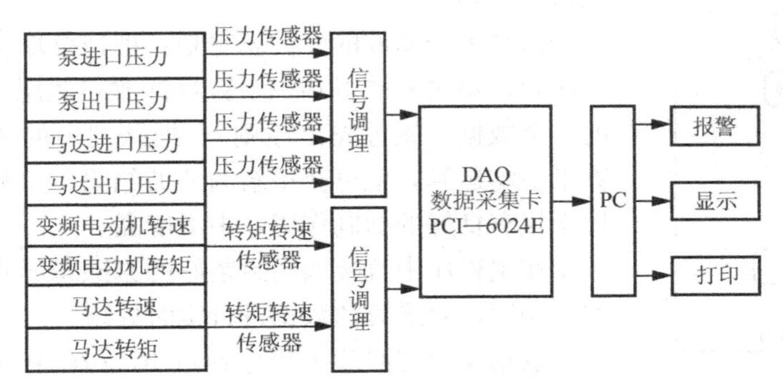

图5-25 监测系统组成

4个压力传感器分别安装在泵及马达的进出油口处，通过悬挂在充满油的腔体内的硅芯片来感受压力的变化，将电阻率的变化转换成电流（4～20mA）的变化，通过电流的变化来反应压力的变化。

2个转矩转速传感器通过配套二次仪表转矩转速仪将电动机轴和马达轴的转矩与转速转换为4～20mA电流信号。

信号调理模块主要使用电流—电压转化电路和硬件滤波电路将传感器输出信号转换成采集卡可识别的电压信号。

DAQ卡采用NI公司的PCI—6024E多功能PCI总线数据采集卡，将采集数据转换为数字信号后，送入计算机进行数据处理。PCI—6024E提供16路单端或8路差分的模拟量输入（12位分辨率）通道，以及2路12位D/A模拟量输出通道；采样率为200kS/s；最大测量电压范围为－10～10V，最小测量电压范围为－50～50mV。同时采用PCI—6024E配套的端子板CB—68LP实现数据的传输。

3. 监测系统软件实现

为了满足试验系统的现场实际需要，监测系统采用模块化的结构设计思想，以便进行设计、调试、修改和扩展。整个系统分为若干个独立的模块，各个模块执行不同的任务。兼顾系统运行效率及界面的友好性，程序在Windows环境下执行，采用LabVIEW软件编程。监测系统由数据采集主程序和参数设置、数据保存与回放、数据报警、剔除奇异点、滑动平均滤波等子程序构成。主程序流程图如图5-26所示。

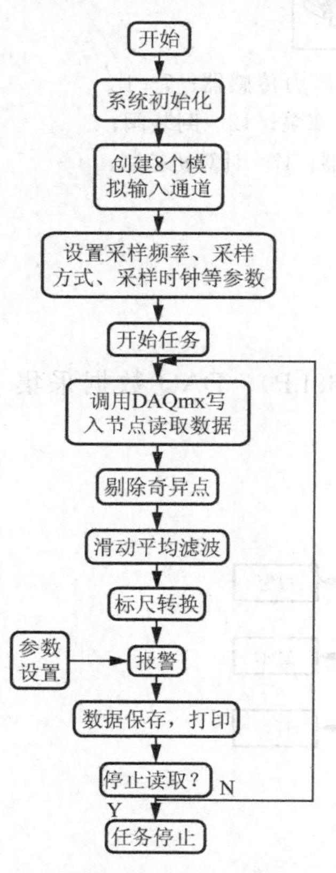

图5-26　数据采集主程序流程

数据采集主程序主要使用LabVIEW中的DAQmx节点实现，将DAQmx Create Channel（AI-Voltage-Basic）. vi（选择“Analog Input”—“Voltage”）放置在一个For Loop中，分别对输入接线配置、最大值、最小值、任务输入、物理通道和分配名称进行配置，进行多通道循环采样；在采样时钟中设置采样模式和采样速率；建立一个Stop if　TURE的While循环，调用DAQmx写入节点读取数据。

子程序模块中，剔除奇异点程序的编程思想是：计算一个数组中数据的平均值和标准偏差，将数组中的每个元素与平均值作差，若差值大于标准偏差的3倍，就将当前值替换为这个数组的平均值。

滑动平均滤波的设计思想是：把连续取4个采样值看成一个队列，每次采样得到一个新数据放在队尾，并扔掉原来队首的一个数据（先进先出原则），把队列中的4个数据进行加权算术平均运算，就可获得新的滤波结果。这种滤波方法对周期性干扰有良好的抑制作用，平滑度高。

在主程序中直接调用封装好的剔除奇异点和滑动平均滤波的子程序，对采集的数据进行实时处理。

数据保存与回放子程序通过Report Generation Toolkit中的File I/O类函数生成Word报表。数据保存完毕后，还需要能够实现数据的回放，以便以后查阅数据，进行性能核算。因此，在数据查看与打印部分主要就是加载所保存文件的路径，然后添加一个打印报表的节点，可以根据需要选择打印机和打印份数，既方便又省时。

数据报警模块主要包括参数设置部分和比较报警部分。在参数设置部分，设置系统各元件的实际参数，如泵的额定压力为31.5MPa；马达的额定压力为16MPa；变频电动机的额定转速为1450r/min，额定转矩为350N·m；摆线马达的额定转速为320r/min，额定转矩为675N·m。

参数设定完毕后，在比较报警部分调用参数设置子 VI，将实际参数与设定参数进行比较，超出则报警。

数据采集主程序的界面如图 5－27 所示。

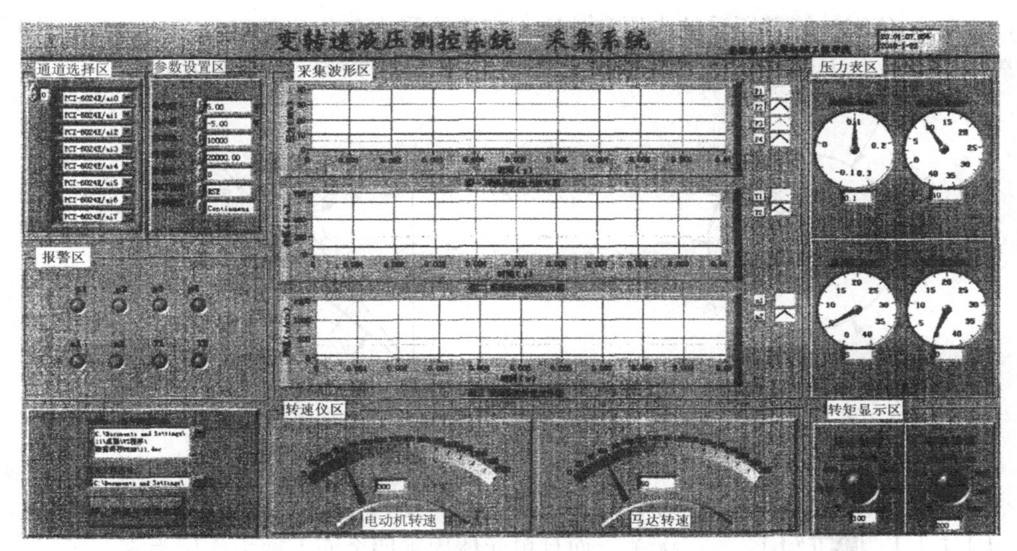

图 5－27　数据采集主程序的界面

数据采集主程序反映一个系统的整体印象，在设计时主要考虑将相似控件归类，强调关键部分以及颜色的整体协调。该界面主要包括通道选择区、参数设置区、采集波形区、压力表区、转速仪区、转矩显示区、报警区与选择控制区。在通道选择区与参数设置区主要对 DAQ 卡和采集参数进行配置；采集到的信号通过 3 个波形控件在采集波形区以曲线形式显示变化过程，同时通过相关仪表以指针和数值的形式显示实时瞬态值；运行参数若超过预先设置的安全值，报警区的 LED 就变成红色报警；选择控制区主要是生成 Word 报表时加载报表模板，指定保存文件路径，“停止采集并保存数据”按钮用于控制整个系统的运行状态。

系统的主程序是整个监测系统的灵魂。整个程序由一个顺序结构实现，首先通过 DAQmx 函数库中相关的 VI 节点采集 8 路传感器信号，在 While 循环中实现 8 路信号的提取，然后分别进行数据处理、标尺转换后传至波形控件与仪表中显示，在后面的顺序结构中生成报表等。

4. 小结

该系统已经应用于变转速液压试验系统的在线实时监测中，系统运行稳定可靠，各参数测量准确度达到 98%，符合系统实际要求，可靠性和可扩展性良好。在以后的实际应用中，只需要根据所测传感器参数的要求略加修改，增减模拟通道，即可应用于其他工业生产参数的实时监测。

5.3.2　基于电阻应变计的液压系统应变监测技术

目前用于液压系统状态监测的参数中油液压力信号是最直接、最易获得的。基于电阻应变计的液压系统应变监测技术通过粘贴在管路上的应变片（即电阻应变计）的应变反映系统油液压力变化情况。

1. 管路应变片粘贴方式

管路应变片的粘贴方式主要与液压管路的压力分布有关，如图 5－28 所示为液压管的剖面图，p_1和 p_2分别为管壁所受的内压和外压。在管路受力分析中往往只考虑内压的作用，而外压常常被忽略不计（即 $p_2=0$），其管壁单元体受力分析如图 5－29 所示。

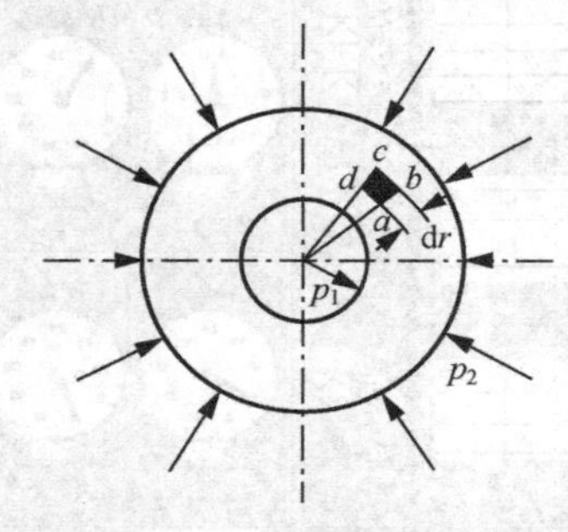

图 5－28　液压管的断面

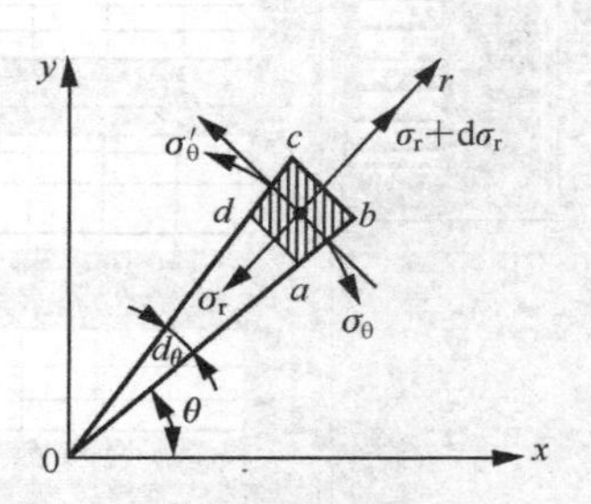

图 5－29　管壁单元体受力分析

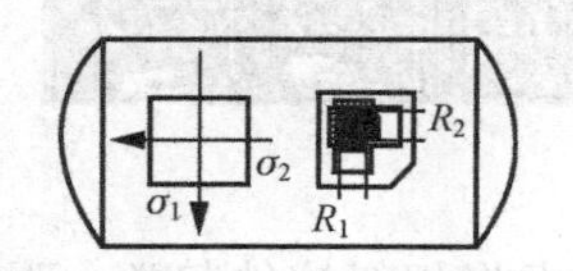

图 5－30　液压管路应变片粘贴方式

根据轴对称性，作用于单元体柱面 ad 上的径向应力 σ_r 和作用于径向面 ab 上的周向应力 σ_θ，都只是 r 的函数，与 θ 无关，而且单元体周围四个面上剪力作用为零，所以 σ_r 和 σ_θ 都是主应力。

因此，根据实际应用中主应力方向已知的平面应力测量方法，管路应变片粘贴时只需要沿主应力方向贴两个应变片，同时采取温度补偿措施即可，粘贴方式如图 5－30 所示。

2. 试验条件

液压系统在运行时，会产生多种动态信号。为了研究液压系统典型工况的特点、形成机理以及动态信号间的相互关系，按照液压系统的常见模式以及运行特点设计了如图 5－31 所示的试验系统。

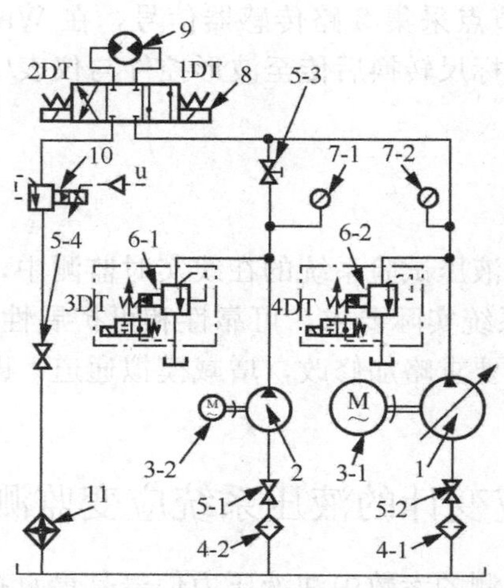

1—柱塞泵；2—齿轮泵；3—变频电动机；4—过滤器；5—截止阀；6－1，6－2—电磁溢流阀；7—压力表；8—电磁换向阀；9—马达；10—比例溢流阀；11—散热器

图 5－31　试验系统原理

试验系统采用双回路供油方式：柱塞泵 1 供油方式和齿轮泵 2 供油方式。液压泵出口压力由电磁溢流阀 6－1 和 6－2 调节，通过电磁换向阀 8 可以控制马达 9 换向，比例溢流阀 10 可以给系统模拟加载。因此，在该试验系统中可以实现或模拟液压系统工作时的多种常见工况，满足了液压系统应变监测技术的研究与应用。

根据系统油液流向，管路应变片的布置如图 5－32 所示。其中，①～⑧为工作片，⑨～▮为温度补偿片，且补偿片布置在回油管路上。

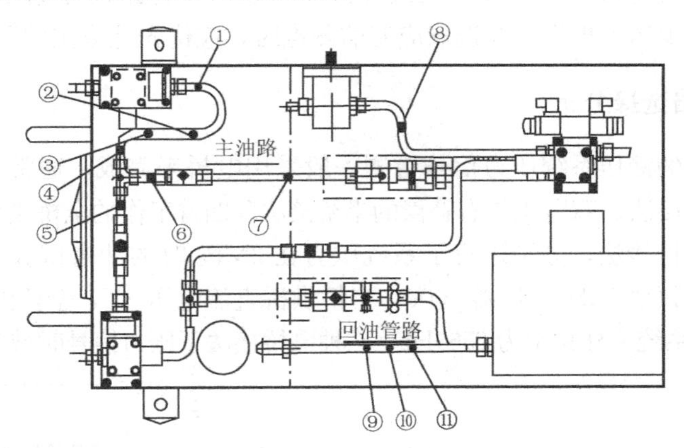

图 5－32　试验系统管路应变片布置

3. 管路对压力信号的影响分析

管路在液压系统中不仅起着连接液压泵与控制阀、控制阀与执行器的作用，还具有传递系统能量的功能。因此，当液压管路发生弯曲或改变方向时，由于油液分子间的内摩擦、油液和管壁之间的外摩擦，使得部分压力能转换为热能，致使油液压力损失。

为了分析油液通过不同弯曲管路时的压力变化，选取图 5－32 中的①②点、③④点、⑤⑥点和⑥⑦点为对象。在图 5－31 所示试验系统中构建齿轮泵工作回路，搭建基于电阻应变计的检测线路，采集系统压力在 0～12MPa 变化时，油液经过这 4 组点之间的管路时压力、压差的变化。提取每增加 1MPa 时压差信号的均值。最后将压力、压差按最小二乘法进行线性拟合，压力-压差曲线如图 5－33 所示。

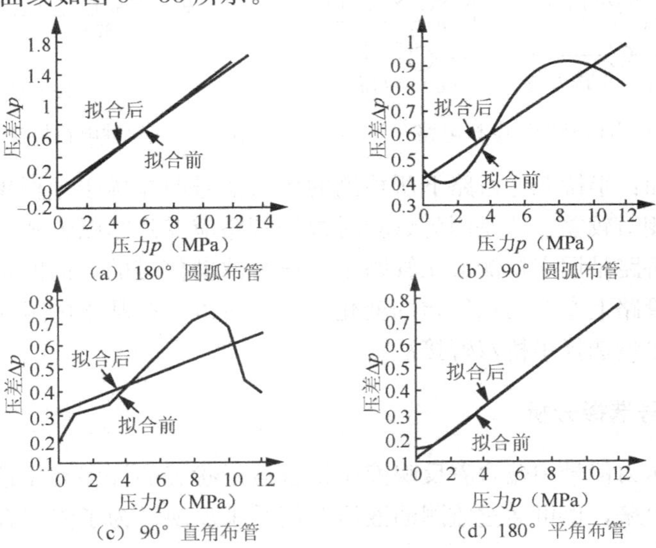

（a）180° 圆弧布管　（b）90° 圆弧布管

（c）90° 直角布管　（d）180° 平角布管

图 5－33　压力-压差曲线

当油液通过⑥⑦点之间的180°平角布管时，系统的压力-压差曲线在拟合前后变化最小，线性度最好，且随着系统压力升高线性拟合程度最优，因此管路压力损失最小；虽然油液通过①②点之间的180°圆弧布管时压差在系统压力升高过程中有些波动，但其线性拟合程度还是比较好的，管路压力损失略小于180°平角布管；很明显，当油液通过③④点之间的90°圆弧布管和⑤⑥点之间的90°直角布管时，系统的压力—压差曲线在拟合前后波动最大，线性度最差，因此管路压力损失也最大。所以，在设计液压系统时，管路设计应尽可能减少弯管数量，或增大弯曲半径以减少压力损失；在选取应变监测点时，应优先选取主油路上的测点进行监测。

4. 信号检测桥路选择分析

基于电阻应变计的液压系统压力信号检测一般采用电桥来完成。通常采用的电桥电路有单臂工作有补偿的半桥接法、双臂工作有补偿的半桥接法和四臂工作的全桥接法，如图5－34所示。

依据上述三种电桥接法，分别进行了系统压力在2MPa时的冲击试验。试验时动态电阻应变仪选择滤波器上限频率1kHz，增益1000，半桥供桥直流电压6V，全桥供桥直流电压12V，并设定数据采集与分析系统采样频率为2560Hz。三种电桥接法下压力信号时域变化如图5－35所示。

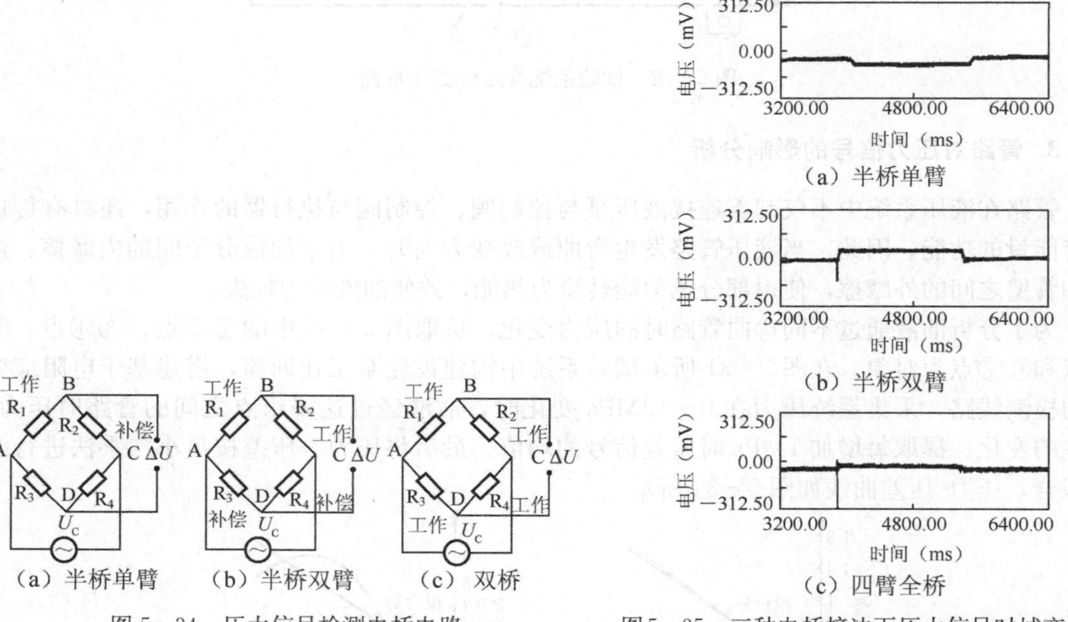

图5－34　压力信号检测电桥电路　　图5－35　三种电桥接法下压力信号时域变化图

由5－35图可知：半桥双臂桥路下所检测的压力信号明显优于半桥单臂桥路，四臂全桥桥路下的检测信号相对较差。这是因为试验时根据管路应变片粘贴方式，所构建的半桥单臂和半桥双臂有补偿桥路是用来检测液压管路单点压力波动信号的，而四臂全桥桥路下所检测的压力信号为液压管路上②③两点压差的变化信号。所以，在基于电阻应变计监测液压系统单点压力波动时应尽量选择半桥双臂接法。

5. 应变监测信号选择分析

液压系统动态压力信号中蕴含着反映液压设备运行状态的许多有用信息，通常以油液压力脉动的形式表现出来，也可通过监测油液压差信号来反映。为了弄清在工程实际中基于电阻应变计的压力、压差信号哪一种反映的系统运行状态的信息比较丰富，进行了液压管路单点压力波动和两点压差信号在液压系统正常状态下的对比分析试验。

1）单点压力波动信号检测试验

根据上述分析，试验构建齿轮泵工作回路，选取⑦⑩点搭建半桥双臂有补偿桥路，检测液压系统单点压力波动，其信号频谱如图 5－36 所示。

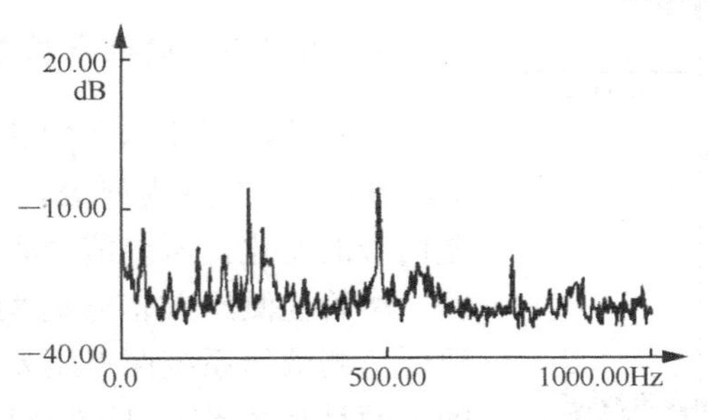

图 5－36　单点压力波动信号频谱

图 5－36 中，250Hz、500Hz、750Hz 对应频率点存在不同程度频谱分量，它们分别代表齿轮泵泵油频率（250Hz）的 1、2、3 次谐波分量；在 250Hz 泵油频率范围内包含有丰富的频率成分，其中 25Hz、75Hz、125Hz 为电动机轴频 1、3、5 次谐波分量，50Hz、100Hz、150Hz、200Hz 为电流频率 1、2、3、4 次谐波分量。

2）两点压差信号检测试验

两点压差信号检测试验分为：齿轮泵单独工作和柱塞泵单独工作。根据试验要求，基于电阻应变计的⑥⑦点之间的压差在两种回路分别工作时的频谱如图 5－37 和图 5－38 所示。

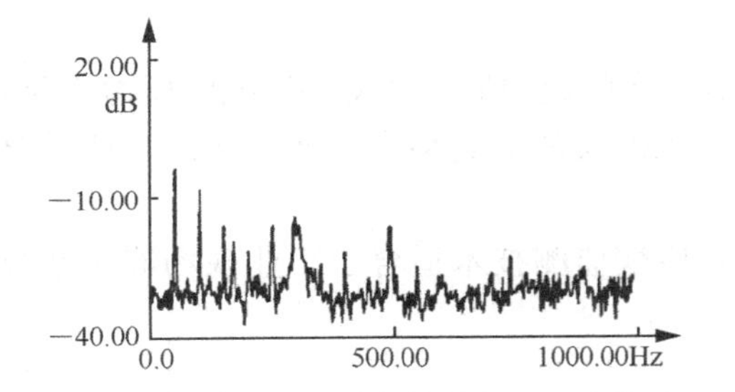

图 5－37　齿轮泵单独工作时两点压差信号频谱图

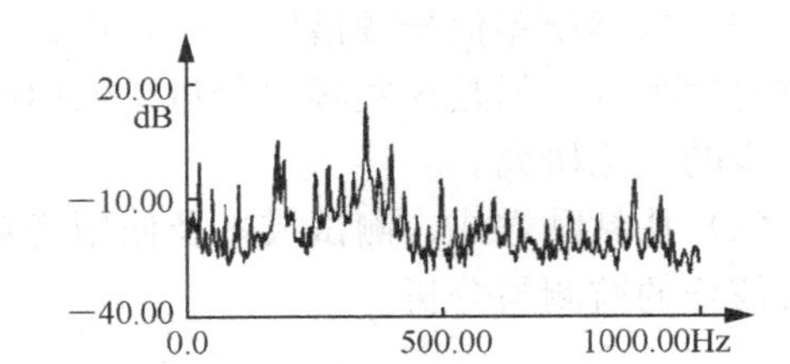

图 5－38　柱塞泵单独工作时两点压差信号频谱图

当齿轮泵单独工作时，所监测的液压系统两点压差信号与图 5－36 比较：在 250～500Hz 之间，压差信号的频谱新增了 350Hz、370Hz、400Hz、450Hz 和 467Hz 频谱分量。而且还发现：压差信号频谱在 250Hz 以内，电流频率谐波分量表现得比较突出，电动机轴频谐波分量表现得比较微弱，而且电动机轴频都以电流频率的边频形式来反映系统的压力变化。

当柱塞泵单独工作时，频谱图中 175Hz、350Hz、525Hz 均存在不同程度的频谱分量，这是因为柱塞泵驱动电动机转速 $n=1500\mathrm{r/min}$，转频 $f=25\mathrm{Hz}$，且所选柱塞泵柱塞数 $c=7$，所以 175Hz 为柱塞泵泵油频率，350Hz、525Hz 为其 2、3 倍频；在 1000Hz 频率范围之内，电动机轴频 25Hz 的 1、3、5 等次谐波分量和电流频率 50Hz 的 1、2、3 等次谐波分量均存在；柱塞泵单独工作时所监测的两点压差信号的频域信息，不但比齿轮泵单独工作时所监测的流体压力波动的频域信息和两点压差的频域信息丰富得多，而且在电动机轴频和电流频率的各个频率点上表现得都比较突出。

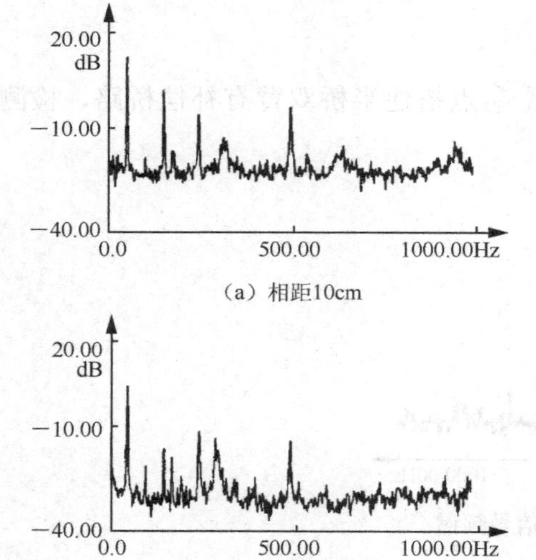

图 5－39　不同距离两点压差信号频谱图

根据以上分析，并结合图 5－38 中压力、压差信号时域波形的差异，可综合考虑在基于电阻应变计对所监测液压系统油液压力、压差信号进行频域分析时，应选择压差信号的频谱图进行分析。

3）不同距离的两点压差信号对比试验

试验选取图 5－32 中相距 10cm 的②③点和相距 22.5cm 的⑥⑦点为研究对象，监测液压管路两点压差信号的变化，压差信号频谱图如图 5－39 所示。

尽管检测压差信号时两点之间的距离有所不同，但所监测液压系统两点压差信号的频域信息却是相同的。而且还发现，不同距离两点的压差信号频谱在 250Hz 以内频率成分具有相同的变化规律：电流频率谐波分量表现得比较突出，电动机轴频谐波分量表现得比较微弱，而且电动机轴频都以电流频率的边频形式来反映系统的压力变化，并且重复性很好。

6. 小结

（1）多源压力、压差信号测试分析表明：液压系统管路设计时，应尽量减少弯管数量，或增大弯曲半径以减少压力损失；选取监测点时，应优先选取主油路上的测点进行监测。

（2）液压系统进行应变监测时，单点压力波动监测应尽量选择半桥双臂有补偿桥路，频域分析应选择压差信号进行频谱分析。

（3）虽然压差信号频谱中，电动机轴频都以电流频率的边频形式来反映系统的压力变化，且重复性很好，但是这些频率分量是如何随着系统的工况及故障类型变化而变化的，还需要进一步的理论研究。

（4）从粘贴方式、测试成本及使用稳定性来看，应变监测技术适合于工业现场液压系统压力信号的监测与分析。

5.3.3　基于多传感器信息融合的液压系统在线监测与故障诊断

液压系统的结构和功能一般都比较复杂，与其相关联的系统也比较多，依靠单一传感器很难准确反映系统的实际状态，在进行状态监测和故障诊断时必须利用大量的传感器，从多个不同的信息源获得有关系统状态的特征参数，并将这些信息进行有效的集成与融合，才能较为准确和可靠地实现系统状态的识别和故障的诊断与定位。

1. 监测与诊断特征参数的选择

尽管能反映液压系统状态的特征信息多种多样，但若信息特征选择不当，就不能有效地进行状态监测和诊断，因此测量参数的选择非常重要。作为原则，在选择状态特征信息时，要考虑以下几点。

① 由于各种不同的特征信号所容纳的信息量是大不相同的，所以应选择那些最能确切反映设备客观状态的信息作为特征。对于液压系统而言，其根源性参数主要包括压力、流量和温度。

② 优先采用那些有助于尽早发现故障的特征。利用振动信号可对液压泵早期的故障进行诊断。

③ 所选取的特征应与系统状态之间呈单值关系，切忌出现模棱两可的现象。对于液压系统而言，由于系统的非线性特性，在故障与特征之间常常会出现一对多或多对多的情况，在选择监测参数与后期诊断时需要特别注意。

④ 所选信号测量传感器的安装要求尽量不改变原有回路结构，不干扰系统的正常工作。液压系统的压力测量相对来说较为容易，一般系统设计时都会留有接口，即使没有预留接口，也可通过在管路中加入三通接头来实现，一般不会影响系统的工作。而流量信号的测取就相对困难，一方面，流量计一般都体积较大，在液压系统现有回路中难于安装；另一方面，流量计的加入也会带来系统的压力损失，影响系统的正常工作。

⑤ 所选特征应便于测量、便于分析，使整个状态监测系统费用经济合理。对于液压系统的监测与诊断，由于往往是在后期加上去的，所以要兼顾原有回路的结构特点和经济成本。以 QY40B 液压汽车起重机为例来具体说明测量参数的选取原则。QY40B 液压汽车起重机为全液压起重机，其液压系统主要包括液压泵、回转机构、伸缩机构、变幅机构和起升机构，其中液压泵为三联齿轮泵。在实际工作中，根据 QY40B 起重机液压系统的特点，选择了以下参数作为监测与诊断的测量参数。

开关量：回油滤油器堵塞指示、油箱油位过低指示、电磁阀通断信号等。

模拟量：压力（包括系统压力，各执行元件进口、出口压力）、温度（油箱液压油温度）、振动加速度（泵壳振动信号）、液压油污染度、发动机转速和工作计时等。

2. 系统结构

1）系统的总体结构

液压系统状态监测与故障诊断系统由一个中心处理单元和若干个信号采集单元组成（信号采集单元的个数视机械设备的结构而定），各单元通过 CAN 总线进行通信。信号采集单元负责各种信号的采集及某些信号（主要是振动信号和动态压力信号）的特征提取，把信号发送给中心处理单元，同时在系统初始化时对传感器进行标定、校准和故障识别。中心处理单元负责对各采集单元发送来的数据进行分析处理，判断系统所处的状态，发出局部级报警或系统级报警信号，提醒操作人员注意或采取相应措施。同时，中心处理单元还可在系统报警或用户要求时调用故障诊断模块进行故障分析和定位，给出维修措施或处理建议。系统的总体结构如图 5 - 40 所示。

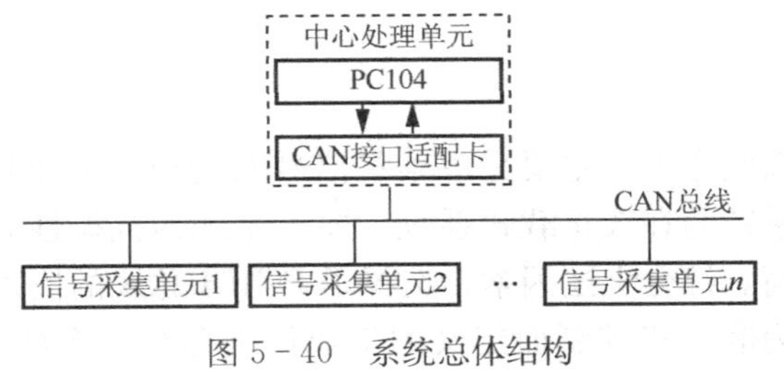

图 5 - 40 系统总体结构

2）信号采集单元

信号采集单元直接安装在机械设备各主要部位上，完成传感器的故障诊断、标定和校准、工况参数采集、信号的特征提取和CAN总线通信。信号采集单元主要由传感器、信号调理模块、A/D转换模块、DSP（或MCU）、数字量输入模块、Flash存储器和CAN总线接口模块组成，其结构如图5-41所示。信号采集单元又根据中心控制器和功能的不同，分为最小系统节点和智能节点。

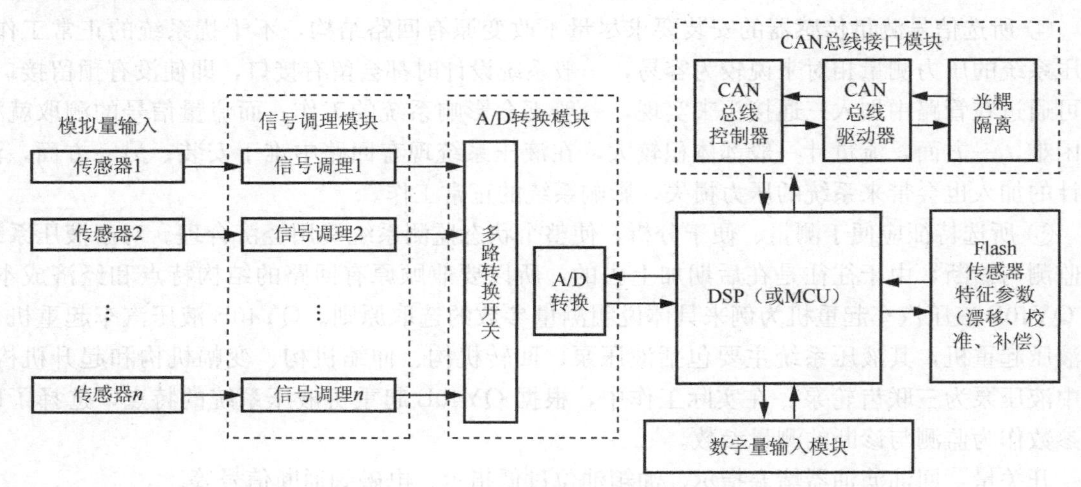

图5-41　数据采集单元的结构

（1）最小系统节点。

最小系统节点中心控制器使用AD公司的AduC812，CAN总线控制器使用Philips公司的SJA1000。系统初始化时，最小系统节点首先利用Flash存储器中传感器的校准数据，对各路传感器进行故障诊断、标定和校准，以确保各传感器能正常工作；若传感器异常，则向中心处理单元发送错误报告。在系统正常工作时，最小系统节点根据中心处理单元的命令进行信号采集，并将信号采集的结果发送给中心处理单元。

（2）智能节点。

智能节点除了完成最小系统节点的功能外，还要对采集的信号（主要是振动信号和动态压力信号）进行数字滤波和特征提取，主要是FFT变换和小波变换，这样可以减少中心处理单元的计算量，提高响应速度。智能节点的中心控制器采用TI公司的DSP芯片TMS320F2812。TMS320F2812是TI公司新推出的一款32位定点高速DSP芯片，最高速度每秒钟可执行15000万条指令，另外片上还集成了丰富的外部资源，完全满足系统对智能节点数据采集和特征提取的要求。

3）中心处理单元

中心处理单元位于驾驶室内，主要完成采集信号的处理、工作状态的判断与报警，以及故障诊断等工作。由于系统为在线车载式系统，要求系统的抗振性和可靠性好，同时对系统的性能和功能要求也较高。综合上述因素，选择了PC104总线的嵌入式PC方案。

PC104是一种专门为嵌入式控制而定义的工业控制总线，实质上是一种紧凑型IEEE—P996标准，其信号定义和PC/AT基本一致，但电气和机械规范却完全不同，是一种优化的小型、堆栈式结构的嵌入式系统，有极好的抗振性。PC104嵌入式计算机模块系列是一整套低成本、高可靠性、能迅速配置成产品的结构化模块。采用PC104总线方案，可以将主要精力放在软件和接口的设计上。

在实际应用中，选择了研华公司的PCM3350作为CPU模块板。PCM3350采用GX1-300MHz作为板上处理器，提供VGA和TFT LCD的显示支持，并集成了10/100Base-T快速以太网（Fast Ethernet）芯片，方便用户进行远程监测与诊断。同时选用PCM3730作为数字I/O板，控制报警面板上的LED指示灯和蜂鸣器，以实现系统的声光报警。另外开发了104总线CAN通信适配卡，以实现中心处理单元与各信号采集单元的数据交换。中心处理单元的结构如图5-42所示。

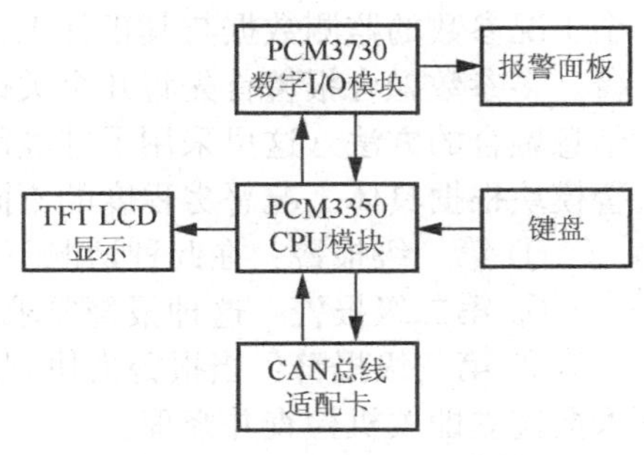

图5-42 中心处理单元结构

3. 系统的软件结构

1）整体结构

软件系统的操作平台选择Windows系统，开发工具为VC++6.0，数据库采用Access小型桌面数据库。软件采用模块化设计，主要包括中心调度模块、监测数据库、监测报警模块、故障诊断模块、CAN通信模块及网络通信模块等。软件系统的整体结构见图5-43。其中，中心调度模块是软件的核心，负责整个系统工作的调度和控制。监测数据库主要用来存放各信号采集单元采集的工况参数，通过数据库管理界面可实现对监测数据的选择、导入和导出等功能。监测报警模块根据监测数据判断工作状态，当状态异常时发出报警。故障诊断模块可根据监测数据和用户输入进行液压系统的故障诊断，给出诊断结论和维修措施等。CAN通信模块完成CAN总线通信的底层协议，并将接收到的数据送监测数据库。网络通信模块使系统可通过Internet和远程监测与故障诊断中心进行通信，并使用Socket技术将本地数据库中的数据导入远程监测与故障诊断中心数据库，实现了机械设备的远程监测与故障诊断。

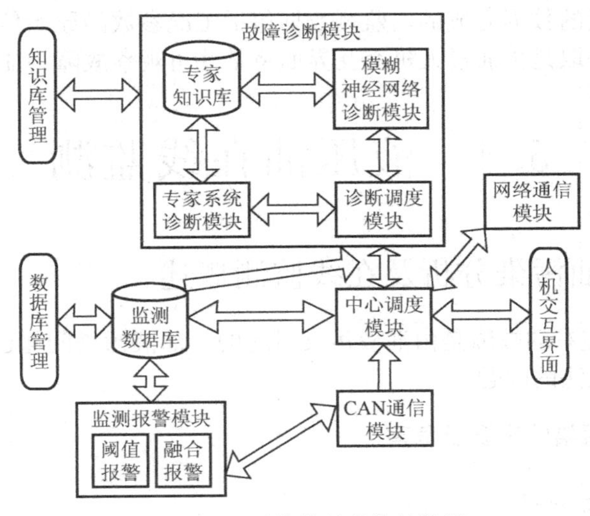

图5-43 系统软件整体结构图

2）监测报警模块

监测报警模块采用单参数阈值报警和多参数融合报警两种方式。单参数阈值报警是将单个工况参数的监测数据与其正常工作状态的标准阈值进行比较，根据差别程度的不同进行报警。多参数融合报警首先将几个关键工况参数的监测值与阈值的差值进行归一量化，然后用信息融合的方法（这里采用了神经网络）进行综合，给出系统级的状态指示。同时，监测报警模块根据具体工况恶劣程度的不同将报警分为三级，具体如下所示。

① 第一级报警：在此种情况下机器还能工作一段时间。

② 第二级报警：这种报警要求使用人员密切关注故障的发展，但不需要立即关机。

③ 第三级报警：当报警模块判断系统故障严重时，采用第三级报警。对这级报警，操作人员应立即关机检查并修理。

3）故障诊断模块

液压系统结构的复杂性使得其故障具有多层次性、模糊和不确定性等特点，很难用单一的判别方式将各种故障截然分开。因此，故障诊断模块采用了传统专家系统与神经网络相结合的诊断方式。

该系统的知识以两种方法表述，一是将专家经验形式化成规则，存储于知识库中；另一种是通过现场历史数据对网络进行训练，将难以形式化的专家经验以非线性映射的形式存储于神经网络的各节点上。诊断调度机构针对不同情况用规则和神经网络对液压系统故障进行诊断，得出相应的诊断结果。

故障诊断模块工作时，诊断调度模块将监测数据库的数据取出并进行分类，将与传统专家系统知识库中规则相匹配的部分交给传统专家系统处理，将剩余的部分交给神经网络专家系统处理。由于神经网络具有自学习的功能，诊断调度将在诊断过程中对神经网络不断归纳出的新的诊断规则进行整理，不断充实专家系统知识库的内容，因而不断扩大混合专家系统故障诊断的范围。这样既能充分发挥传统专家系统和神经网络各自的优势，又使二者相互协调工作；既扩大了混合专家系统的诊断范围，又使混合专家系统能快速诊断推理。

系统诊断信息的获取包括自动获取和人工交互获取两种途径。自动获取是通过诊断调度模块调用监测数据库里的数据完成的，监测数据包括工况参数的原始信号和经 DSP 处理后的特征数据。人工交互获取是指通过人机交互界面将某些可观察故障特征输入诊断系统。

5.4 液压油在线监测

5.4.1 液压油污染分析及在线监测概述

液压系统中 75%左右的故障是由油液污染引起的。油液污染问题已经成为国内外液压行业和各工业部门普遍关注的问题。

1. 液压系统油液污染的来源及危害

1）油液污染的来源分析

液压系统污染物，是指混杂在工作介质内对系统可靠性和元件寿命有害的各种物质。油液的污染物可概括为系统中残留的污染物、系统内部生成的污染物以及外界侵入的污染物。

（1）系统中残留的污染物。

这主要是指在液压系统安装、生产过程中，液压元件、附件、液压管路中残留的污染物，这些残留物没有进行清洗或彻底清洗，包括型砂、切屑、磨料、焊渣、锈片等污染物。可以说，液压系统尚未工作就存在原始污染物。

（2）系统内部生成的污染物。

这主要是指液压系统在工作过程中，由于元件的运动产生摩擦、磨损和密封件老化等原因，液压系统自行生成的污染物。液压系统重载工作时，污染物的生成率有明显提高。

（3）外界侵入的污染物。

液压系统和元件在运输、储存和工作过程中，外界的灰尘、沙粒等通过往复伸缩的活塞杆和流回油箱的漏油等进入液压油里。在更换和添加油液时，也常常会带入污染物。另外在检修时，稍不注意也会使灰尘、棉绒等进入液压油中。

2）油液污染的危害

油液污染物对液压系统的危害是非常严重的，它的主要存在形式有固体颗粒、水、空气以及化学污染物等。

固体颗粒与液压元件表面相互作用时，会产生摩擦和表面疲劳，加速元件磨损，并可能堵塞液压元件里的阻尼孔，或者引起阀芯憋死。当油液中的污垢堵塞过滤器的滤孔时，还会使泵吸油困难，产生气蚀、振动和噪声，从而造成液压系统事故。

水分和空气的进入可使液压油的润滑性能降低，加速氧化变质，产生气蚀。水污染将导致液压油变质，使润滑油膜变薄，降低液压油的润滑和防腐作用，造成液压泵、液压阀、液压缸和马达的过早磨损和锈蚀。液压油中的溶解空气和其他形式的气体会使油液在工作过程中产生气泡，造成油温升高，系统的工作压力下降，同时也降低系统的响应速度及稳定性，造成爬行现象。液压油形成乳化液，同样也会降低液压油的润滑和防腐作用，造成液压泵、油马达、液压缸、液压阀的过早磨损和锈蚀；同时也加速了液压油的氧化变质过程，缩短了液压油的使用寿命。

化学污染物在油液中有溶剂、表面活性化合物和油液氧化分解产物等。有的化合物与水反应生成新的酸类物质，会腐蚀金属元件，也会污染油液，使油液变质、变色、变味。油液的物理和化学性质的变化（如系统过热、过载以及液压油的泄漏引起），会使液压油失去原有的特性，导致行走液压柱塞变量泵中的伺服阀堵塞，影响泵的排量。

传递动力的液压油在经过一段时间的使用之后，污染程度会提高，从而使机械的工作性能受到严重影响。

2. 液压油的在线监测系统

1）液压油污染度的在线监测

液压油污染度的在线监测就是在工作状况下，采用相应的智能监测技术对液压油污染度进行监测。

液压油污染度的在线监测系统，主要按液压系统油液传动路径分为回路监测系统、主要元件前置监测系统、液压泵的出油口监测系统。它们的在线监测原理基本相同，主要是选择合理的监测位置和传感器，确定对比参数，实现调控措施。图 5-44 是某油液污染在线监测与处理系统原理图。

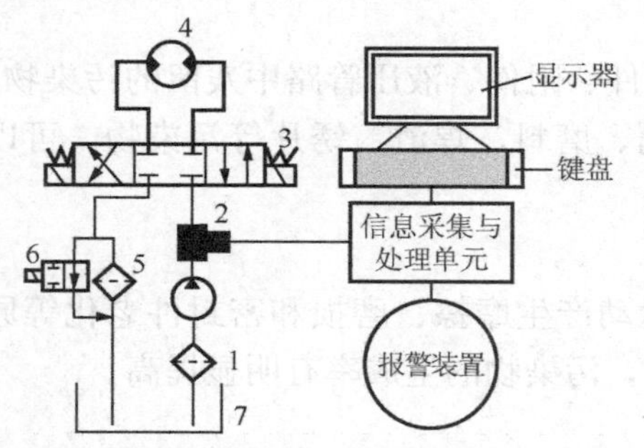

1，5—过滤器；2—光电传感器；3，6—电控液压阀；4—液压马达；7—油箱

图 5-44　油液污染在线监测与处理系统原理

该系统采用光电传感器作为监测元件，将监测元件安装在待监测油路中。将光电传感器所测得的信号传输给处理器，处理器将信号进行转化和分析，由显示器显示液压油污染度。当污染度达到一定值时，由报警装置进行分级报警并处理。

报警装置的主要功能是根据监测数据判断工作状态，当状态异常时发出报警。报警装置采用单参数阈值报警和多参数融合报警两种形式。单参数阈值报警是将单个工况参数的监测数据与其正常工作状态的标准值进行比较，根据差别的大小进行报警；多参数融合报警，首先将几个关键工况参数的监测值与阈值差值进行统一量化，然后用信息融合的办法（这种采用神经网络）进行综合，给出系统级的状态指示。

该系统可实现油污自动处理。根据在线监测到的油液污染程度，信息采集与处理单元给出相应指令，控制电控液压阀 6 的开启，使过滤器 5 适时开启，对油液进行清洁处理。

采用液压油污染度在线监测，可随时监测液压油在使用过程中的品质，显示污染等级及相应的原因。当污染度达到相应的级别时，报警装置会进行分级报警，以确保液压油性能及品质良好。

2）液压油油温的自动监控原理

大型液压传动系统热平衡温度，一般为 60～80℃。保持该温度范围，对液压系统的正常工作和元件使用寿命起到非常重要的作用。现设计一种油温自动监控系统，确保液压传动系统在正常温度范围内工作，如图 5-45 所示。

在液压油循环冷却散热装置前，安装 2 个自动电控油阀 A 和 B。油温传感器在线监测油温，此传感器安装在油路中，直接检测液压油的实际温度，并将温度反馈给 CPU 智能处理单元。CPU 智能处理单元将检测到的实际温度与设定温度（即理论设计温度）进行比较，再相应调整 A 阀、B 阀的开度。当油温正常时，B 阀工作，A 阀关闭；当油温较高时，适当开启 A 阀，B 阀适当关闭。设计时要注意开启、关闭 A 阀、B 阀时，控制流量平衡，防止液压系统产生背压。如果油液循环全部经散热装置，油液温度还是较高，则打大冷却介质电控阀 C 或 C 阀全开，加大冷却介质循环流量，以保证正常油液工作温度。

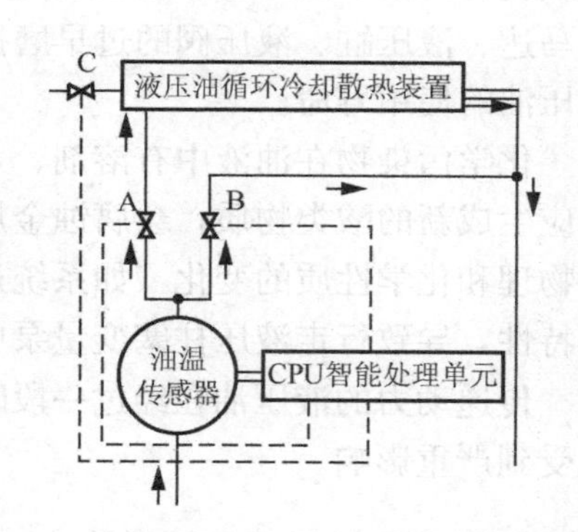

A，B—电控油阀；C—冷却介质电控阀

图 5-45　油温自动监控系统原理

3. 传感器信号处理电路的原理

这主要包括在线传感器、信号采集单元和中心处理单元。根据所选择的监测参数选择和安装传感器，在液压系统上加装接口。信号采集单元负责传感器信号的调理、采集及提出。

由图5-44、图5-45所示的工作原理可知，传感器是实现在线监测和控制的首要环节，起着准确检测工况的作用。传感器主要接收被测对象的各种非电信号，并将其转化为电信号，即传感器→运算放大电路→A/D计算机。但此信号一般比较微弱，需要经过放大处理，提高信噪比，抑制零漂，增强抗干扰能力，以满足数据采集板的要求。

5.4.2 基于恒功率淤积法的液压油污染度在线监测

1. 理论分析

1）淤积法测量原理

以滤膜为传感元件的淤积法，不受气泡、油液颜色、水分、颗粒成分等的影响，适应能力比较强，准确率比较高。使用此方法研制的检测设备体积小、质量轻，可实现快速在线监测。当污染油液流经滤膜时，固体颗粒不断地沉积在滤膜上，通过滤膜的流量逐渐减小，直至滤膜完全堵塞。油液的污染度越大，固体颗粒的浓度越高，通过滤膜的油液就越少。测出通过滤膜的油液体积，便可计算出油液的污染度，即

$$C=W/V$$

式中，C为油液污染度；W为与滤膜相关的系数；V为通过滤膜的油液体积。

这就是用淤积法对液压油污染度进行测量的基本原理。用滤膜作为传感元件时，传统的淤积法测量可分为恒压差测量和恒流量测量两种，本节提出一种新颖的恒功率测量。

2）恒功率淤积法测量原理

液压油通过滤膜时，由于滤膜对油液的阻力而产生一定的压力损失，这样在滤膜前后产生一定的压差，如果忽略活塞和活塞杆与液压缸之间的黏性摩擦力，忽略活塞和活塞杆的惯性力，则根据流体力学可知：

$$\Delta p(t)=\frac{\delta\eta Q(t)}{\alpha A(t)} \tag{5-12}$$

$$P=\Delta p(t)\times Q(t) \tag{5-13}$$

式中，$\Delta p(t)$ 为滤膜前后的压差；δ为滤膜厚度；η为流体动力黏度；$Q(t)$ 为油液的瞬时流量；α为滤膜的透气性；$A(t)$ 为滤网的瞬时有效过滤面积；P为油液所获得的功率。

由式（5-12）和式（5-13）可得

$$\Delta p(t)=\sqrt{\frac{\delta\eta P}{\alpha A(t)}}\text{或}Q(t)=\sqrt{\frac{\alpha A(t)P}{\delta\eta}} \tag{5-14}$$

当油液所获得的功率P与待测油液的种类一定时，对于某一特定滤膜，则P、δ为常数，并假设滤膜的透气性α也为常数。当油液温度一定时，η也为一定值，由式（5-14）可知：当获得功率为P的污染油液通过滤膜时，随着通过滤膜的油液体积增加，滤膜逐渐堵塞，其有效过滤面积逐渐减小，导致滤膜前后的压差逐渐增大，通过滤膜的流量逐渐减小。

实际上，滤膜的透气性α是一个变量，现场油液温度也不是一个定值，但这并不影响测试的准确性。可以对不同温度、不同种类的污染油液做大量实验，当获得功率为P的污染油液通过滤膜的体积相同时，测出对应于不同污染等级的油液，滤膜前后的压差或通过滤膜的瞬时流量，利用多项式曲线拟合，得出多项式数学模型函数。测试时，使获得功率为P的污染油液通过一定有效过滤面积的特制滤膜，当通过滤膜的油液体积相同时，测量滤膜前后的

压差或通过滤膜的瞬时流量，利用多项式数学模型函数，就可以确定油液的污染度等级。这就是恒功率淤积法测量液压油污染度的原理。

2. 在线监测系统

1）硬件

此液压油污染度在线监测系统是基于恒功率淤积法测量原理而设计的，其工作原理是：以阀用直流电磁铁作为产生动力的元件，采用表面型滤膜截留液压油中的污染物，使特制滤膜前后产生一定的压差，通过测量从电磁铁开始通电到某一给定时间内通过特制滤膜的油液所产生的压差，并利用实验所建立的数学模型函数，确定液压油污染度。

液压油污染度在线监测系统硬件结构如图 5-46 所示，主要由微型计算机、压差传感器、温度传感器、数据采集与控制板、直流电磁铁等组成。其中，数据采集与控制板采用 PCI—1710HG；压差传感器选用 E—ATR—5，测量精度为±0.1%；直流电磁铁选用 MFZ—TYC，额定行程为 7mm，最大行程为 10mm，额定吸力为 70N。

在线监测装置如图 5-47 所示，主要由阀用直流电磁铁、特制液压缸、旋转测头、滤膜组件、单向阀等组成。在线监测装置各部件都是自行设计制造的，特制液压缸内径为 70mm（活塞套壁厚 5mm）；活塞外径为 70mm，内径为 60mm，活塞杆外径为 10mm；旋转测头的直径为 32mm，其中间有一通孔，在装有滤膜的一侧直径为 12mm，在另一侧直径为 10mm；特殊加工的滤膜直径为 12mm，7000 个直径为 10μm 的微孔均匀分布在以滤膜中心为圆心、直径为 10mm 的圆内，其边缘起压紧滤膜的作用。

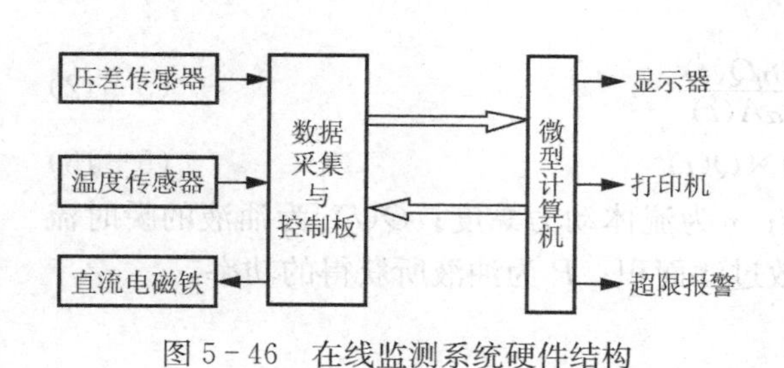

图 5-46 在线监测系统硬件结构

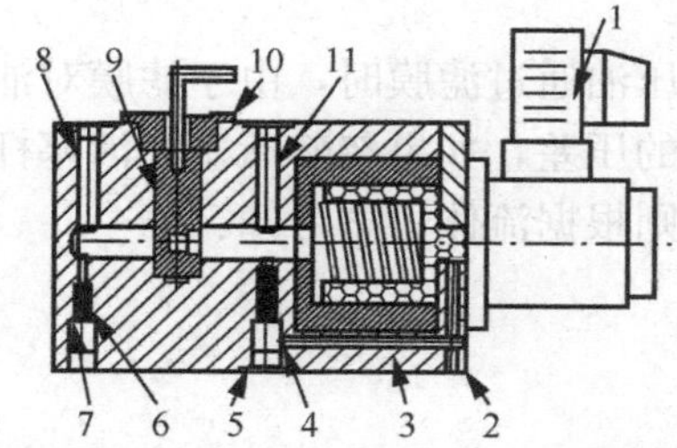

1—阀用直流电磁铁；2—活塞组件；3—特制液压缸；4，6—单向阀；5—进油口；7—出油口；8，11—压力传感器；9—滤膜组件；10—旋转测头

图 5-47 在线监测装置装配

2）软件设计

为了实现对液压油污染度的在线监测，而且尽量使界面简单友好、画面生动直观、操作方便灵活，在线监测系统应用程序采用了国产工业组态控制软件 MCGS 进行编制。应用程序直接使用了 MCGS 自带的设备驱动构件，驱动 PCI—1710HG 数据采集与控制板来完成数据的采集与输出等功能。

在线监测系统应用程序实现的主要功能如下：

① 能实时监测液压系统中油液的污染程度，给出相应的 ISO 和 NAS 油液清洁度等级。

② 能实时显示或回放压差曲线，存储采集到的压差数据，随时调用和打印压差数据及处理后的结果，实现污染度超限报警，具有较强的现场抗干扰性。

③ 可对多个测点同时进行油液污染度在线监测，实现对整个系统的集中污染控制。

3. 实验

（1）标定实验。实验条件如下。

① 环境温度：20℃±5℃，防尘，防止强磁场干扰。

② 工作介质：利用 PARKER PIE—3000 油液颗粒计数器，总共配制和检验得到 5 种 NAS 等级分别为 NAS8、NAS9、NAS10、NAS11、NAS12 的油样。

③ 油液污染在线监测系统：连接正确的硬件系统，已安装 PCI—1710HG 数据采集与控制板驱动的 Windows 系统，以及基于 MCGS 的在线监测系统应用程序。

标定实验步骤如下。

① 取某污染度等级标准油样 25mL，倒入清洗好的取样容器中，接入监测系统。

② 在应用程序标定实验面板上设置设备名、通道号、I/O 基地址、采样周期、采样数据以及存盘属性等参数。

③ 控制电磁铁和旋转测头使液压缸压油，同时开始采集数据，并处理数据获得压差最大值。

④ 控制电磁铁和旋转测头使液压缸压油，实现滤膜的反向冲洗。

标定实验分别对 5 种 NAS 污染度等级的油样进行 10 次实验，利用监测系统应用程序，采集到各种油样的压差数据，处理后显示为滤波后压差曲线，如图 5-48 所示。根据应用程序编制的算法，对采集到的压差数据进行处理后，得到每次实验的压差最大值，最后取 10 次实验所得到的压差最大值的平均值，5 种 NAS 污染度等级油样的最大压差平均值见表 5-4。根据表 5-4 中的最大压差平均值，利用多项式曲线拟合，可以确定系统的污染度数学模型函数为

$$y_{NAS}=-262.29+1306.46x_P-2108.52x_P^2+1142.62x_P^3$$

式中，x_P 为滤膜前后的最大压差平均值；y_{NAS} 为液压油的污染度。

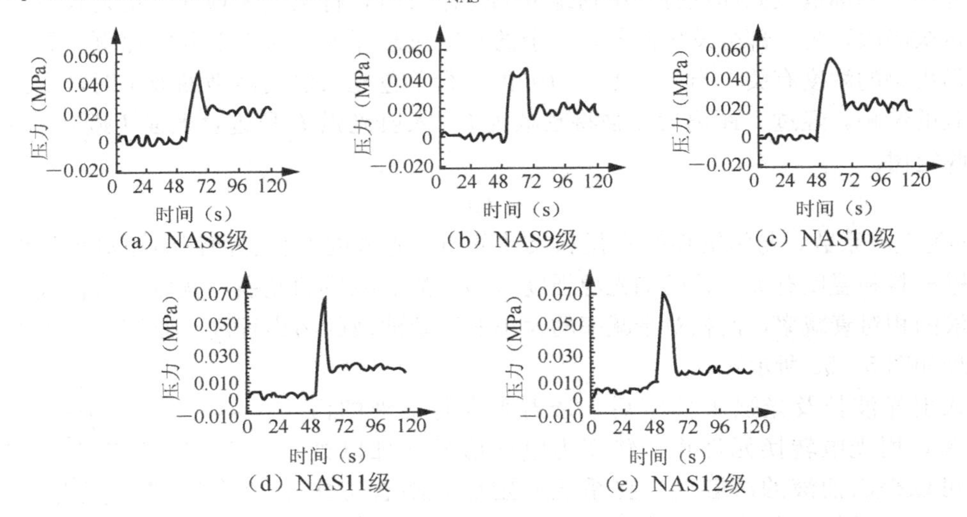

图 5-48 5 种 NAS 污染度等级油样的滤波后压差曲线

表 5-4 5 种 NAS 污染度等级油样的最大压差平均值

污染度等级	NAS8	NAS9	NAS10	NAS11	NAS12
最大压差平均值（MPa）	0.04736	0.04757	0.05331	0.06582	0.07010

(2) 监测实验。

以标定实验建立的系统数学模型函数为依据，对一种实际液压系统油液进行污染度鉴定。在系统应用程序中设定警报限值为NAS9级，应用程序利用采集到的数据，处理得到压差最大值。多次重复实验后，计算得到压差最大值的平均值为0.05853。以此压差最大值的平均值为参数，应用程序自动调用系统的数学模型函数，计算得到液压油污染度为NAS10级，并将此监测结果显示在应用程序面板上。由于监测值超过警报限值，报警灯闪烁，警报声鸣响，并弹出警报提示窗口，提示换油操作。实际液压系统的油液压差曲线如图5-49所示。

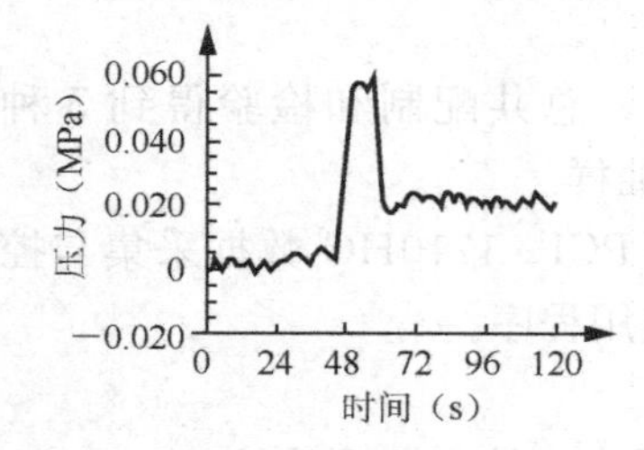

图5-49　实际液压系统的油液压差曲线

利用PARKER PIE—3000油液颗粒计数器对此实际液压系统油液进行检测，所得结果为NAS11，与监测系统显示结果一致。这一事实表明了标定实验建立的数学模型函数正确有效，所设计的污染度在线监测系统准确可靠。

5.4.3　遮光式液压系统污染度在线监测技术

现阶段油液污染度检测的主要手段有铁谱法、光谱法、称重法、显微镜比较法、颗粒计数法等。其中前4种方法，其设备无论是台式还是便携式，都是人工取样的离线检测，虽然准确度比较高，但成本高、周期长且受人为因素和环境因素的影响大。颗粒计数法虽然能够实现在线测量，但多数颗粒计数器还是出自像美国HIAC这样的国外品牌，价格昂贵。为此根据Beer-Lambert吸收定律，设计了遮光式液压系统污染度在线监测系统。

1. 监测系统工作原理

当光照射到油液及固体颗粒污染物组成的悬浮液时，将出现夫琅和费衍射现象。光的一部分能量被吸收，另一部分发生散射，其余的则穿过悬浮液，这三部分的比例与悬浮液中固体颗粒污染物的浓度有关。当一束光强为I_0的平行单色光入射到污染油液中时，受到颗粒散射和吸收的影响，经过L距离后光强将衰减为I。入射光强I_0和透射光强I遵守Beer-Lambert吸收定律：

$$I = I_0 e^{-\tau L}$$

式中，τ为衰减系数，与污染物的直径和尺寸分布、光源的波长、油液的相对折射率及被测油液管壁材料和温度有关。若已知光源强度与测得的衰减后的光强，就可以求得入射光通过被测油液的相对衰减率，而相对衰减率的大小能反映油液的污染程度。监测系统光电传感器工作原理如图5-50所示。

当入射光波长及光强I_0确定后，透射光强与油液的污染度有关，用光电转换元件将I转变为电压信号并加以处理，便可以得出油液的污染度。在系统调定后，随着工作油液污染度的增加，其饱和透光率越来越小，一定的电压值范围将对应某一污染度范围。对各种污染度等级的标准液压油分别进行实验，可得出液压油污染度与饱和透光率的对应关系。

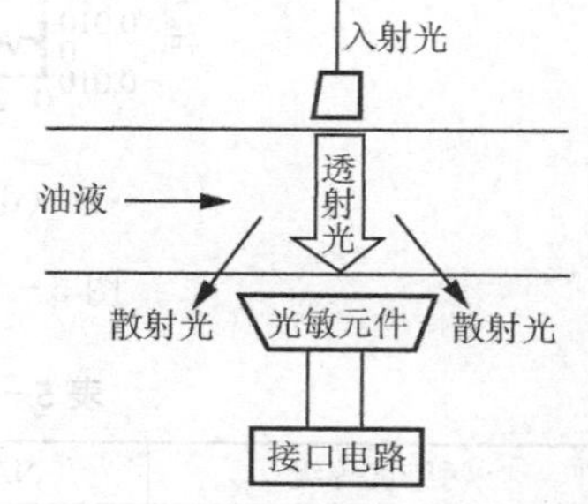

图5-50　光电传感器工作原理

2. 监测系统

不论设备的大小和复杂程度如何，液压系统均可从机能上分成泵站及压力控制回路、系统控制回路和执行机构控制回路三部分。从理论上讲，监测装置可安装在任一回路。考虑到油液取样的代表性及降低在线监测对液压系统的影响，将监测装置并联在泵站及压力控制回路中泵的出口。为了控制通过监测装置的油液的流速及流量，在装置的入口串接了调速阀，确保通过监测装置的油液流动处于层流状态。此外为了消除温度对悬浮液透光率及系统的影响，在监测系统中加设了温度传感器，以便根据温度值对测量结果进行修正。监测系统组成框图如图5-51所示（实线表示液压油路，虚线表示信号电路）。选取常用牌号油液，然后按ISO 4406标准配置各污染度等级的标准油样，对各污染度等级悬浮液在室温下进行光电传感实验，得出油液透光率与污染度等级关系曲线，从而确定油液污染度等级与光电传感器输出电压的关系，把此关系固化在系统ROM中。当液压系统运行时，泵排出的油液一部分通过监测系统；当油液污染度发生变化时，光电传感器的输出也随之变化。采样某时刻光电传感器和温度传感器的输出，经过A/D转换后变为数字信号，送入微控制器，经过数字滤波和温度修正后，通过查表便可确定油液的污染度等级，并通过LED显示。此外当油液污染度接近允许的最大值时，系统将会发出报警信号，提醒操作人员停机待修或处理。键盘用来选择油液品种、系统初始化等。系统主程序流程如图5-52所示。

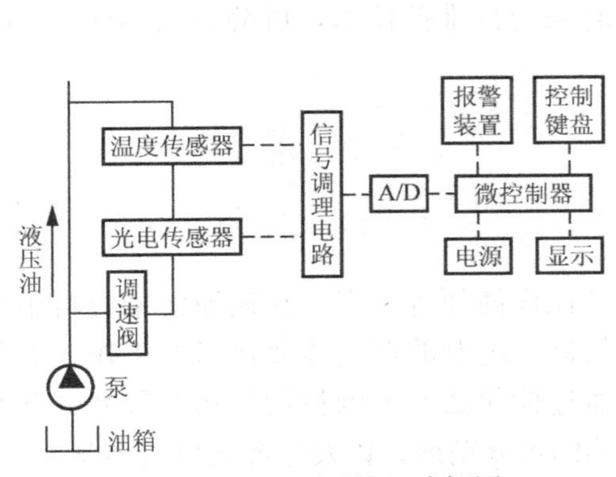

图5-51 监测系统组成框图

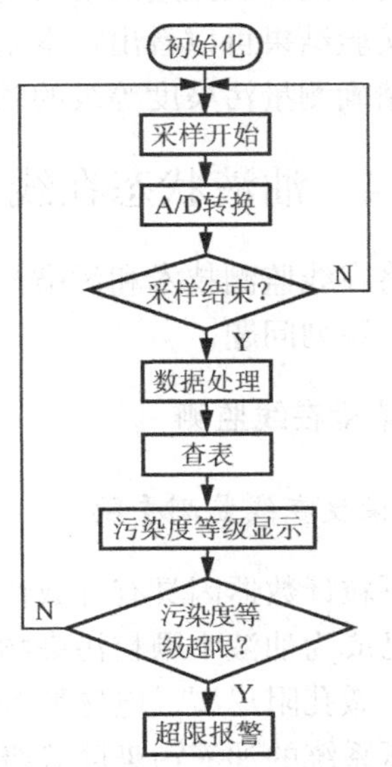

图5-52 监测系统主程序流程

3. 实验结果

实验以添加了不同含量ACFTD粉尘的30号液压油来模拟液压系统中不同污染度等级的悬浮液压油，室温为25℃，被测液压系统油压为14MPa。调节调速阀，控制通过监测装置的油液流速分别为2mL/s、4mL/s、8mL/s。系统设定经过精过滤的新油的透光率为1，所得透光率及对应的污染度等级参见表5-5，其中参考值是用爱迪泰克新技术有限公司生产的dCA便携式油液监测器在相同温度下离线测量的结果。

表 5-5　透光率及对应的污染度等级

编号	液压油(mL)	粉尘(mg)	2mL/s		4mL/s		8mL/s		参考值
			透光率	污染度等级	透光率	污染度等级	透光率	污染度等级	
01	100	0	1	14/11	1	14/11	1	14/11	14/11
02	100	50	0.968	14/11	0.968	14/11	0.960	14/11	14/11
03	100	100	0.942	15/12	0.940	15/12	0.938	15/12	15/12
04	100	150	0.910	15/12	0.900	15/12	0.902	15/12	15/12
05	100	200	0.872	15/12	0.871	15/12	0.864	15/12	15/12
06	100	250	0.851	16/13	0.849	15/12	0.848	16/13	16/13
07	100	300	0.818	17/14	0.813	16/13	0.800	17/14	16/13
08	100	350	0.787	17/14	0.780	17/14	0.782	17/14	16/13
09	100	400	0.746	17/14	0.740	17/14	0.737	18/15	17/14
10	100	450	0.714	18/15	0.712	18/15	0.700	19/16	17/14

由表 5-5 中的数据可知，本系统在线检测结果与 dCA 检测结果基本一致，只是随着被测油液中添加颗粒物的增多，流速为 8mL/s 的测量结果略大于离线测量结果。这是由于仪器标定条件的不同以及流速的增大使系统油液流动状态发生变化，气泡增多，对透光率产生了影响。从实验结果可以看出，本系统用于监测液压系统油液污染度等级以实现按质换油等不需要非常精确测量污染度等级的领域，是可以满足要求的。

5.4.4　油液状态在线监测与自维护技术

一种将在线监测技术和污染控制技术结合起来的自维护技术，可解决现场油液污染给系统带来的一系列问题。

1. 污染度在线监测

1）*污染度在线监测手段*

自动颗粒计数器因具有计数快、准确度高和操作简便等优点，在油液污染分析中应用日益广泛，已成为油液中颗粒污染物分析的主要仪器。现有的在线监测技术按工作原理分主要有遮光型、微孔阻尼型、电磁型等几种类型，通过检测油液中颗粒污染物的尺寸分布和浓度来确定液压系统的油液污染度等级，评定过滤器的过滤精度，以及检测元件的清洁度等。

遮光型颗粒计数器的工作原理是：当油液流经具有狭窄通道的传感器时，磨粒的遮光作用使光电元件接收的光量减弱，使其输出电压产生脉冲信号。由于被遮挡的光量与磨粒的投影面积成正比，故输出脉冲电压的幅值直接反映磨粒的大小，因而可测出磨粒的分布。利用这种原理研制的颗粒计数器具有反应迅速、精度高、污染度测量范围广的优点。

微孔阻尼型颗粒计数器的工作原理是：当油液样品流经一精确标定过的滤网时，大于网眼的颗粒都沉积下来，由于微孔的阻挡作用，流量便会降低，最后小颗粒填充在大颗粒的周围，从而进一步阻滞了液流，结果形成一条流量随时间而变化的曲线。利用专门的数学程序可把该曲线转换为颗粒大小分布曲线。利用这种原理研制的颗粒计数器最大的优势在于不受水分、气泡和油液变色的影响，稳定性能好。

电磁型颗粒计数器的工作原理是：利用传感器产生梯度的磁场分布，大小颗粒层积在不同的区域，通过计数获得油液中颗粒的分布情况，进而判定油液的污染度状况。利用这种原理研制的颗粒计数器能较好地反映油液中铁磁性颗粒的含量，不足之处在于无法确定非铁磁性颗粒的数量和分布状况。

为验证现有颗粒计数器的精度，选择了其中一种遮光型颗粒计数器进行实验，对不同污染度等级的油液进行测试，然后将结果与实验室离线颗粒计数器测量结果进行对比。如图 5-53 和图 5-54 所示，分别对两种仪器的大颗粒结果和小颗粒结果进行了对比，通过换算后两者的油液污染度等级十分接近。当污染度达到 NAS12 级以上时，会产生 1～2 级的误差，小于这个等级则完全吻合。产生误差的原因是两者分别采用了 ISO 4406 和 ISO 11943 两种不同的污染度评定国际标准，另外仪器本身也有一定的系统误差。

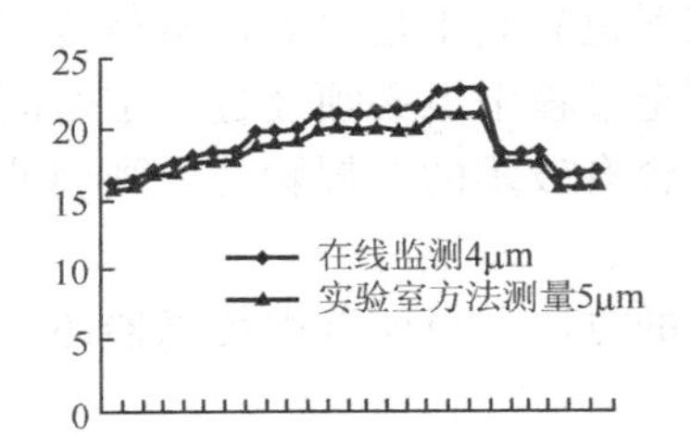

图 5-53　两仪器小颗粒检测的 ISO 污染度等级对比

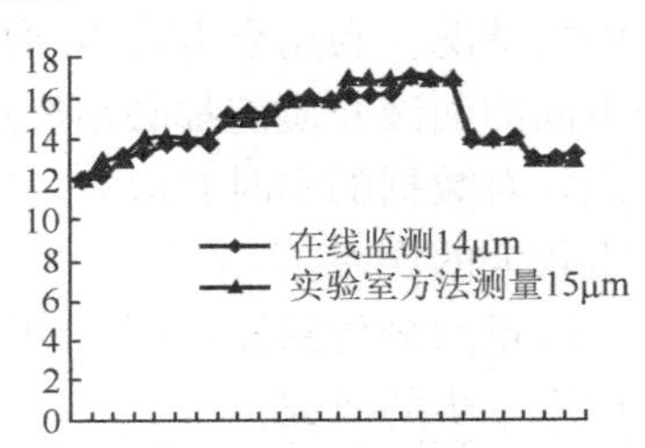

图 5-54　两仪器大颗粒检测的 ISO 污染度等级对比

实验结果表明，在线遮光型颗粒计数器在油液污染度处于正常工作范围时，检测精度高，误差小；当污染度超过 NAS12 级时，由于大小颗粒的交叉重叠，光束照射到油液时反馈的信号量比实际值偏小，所以会产生 1～2 级的误差。一般系统正常工作情况下，油液在出现较严重的污染之前已经采取了一定控制措施，不会达到很高的污染度等级。因此，该型颗粒计数器能够满足在线监测的要求，对于正常工况或稍稍偏离正常工况的油液而言，其影响并不明显。

2）污染度代表性油样的获取

除了污染度在线监测传感器的精度外，如何获取污染度具有代表性的油样也是决定油液污染度监测的关键所在。不同液压设备具有不同的特点，取样点的选择也不尽相同。以船用液压系统为例，减摇鳍系统、舵机系统油箱回油过滤器前的油样对整个系统油液总体污染度水平具有较好的代表性；但考虑所选择的取样点是否满足颗粒计数器的流量和压力要求，也可以选择在压力管路或泵出口处。取样点不能位于精密过滤器的下游，否则监测到的污染度水平与实际工况下的污染度水平有较大的误差。

由于目前污染度在线监测传感器多依赖进口，其价格较高，成为该技术广泛应用的障碍，因而一般只用于监测关键的液压设备或者故障多发设备。为了达到充分利用在线油液状态监测用传感器的目的，还可以同时选择多个监测点和传感器相连，用电磁阀对油路进行控制，自动控制阀件的开启和闭合，从而间歇式在线监测系统不同部位的油液污染状况，实现全面监测。

2. 微量水分在线监测

油液中含有水分是引起液压系统故障的另一个主要因素。水分能导致油液的乳化，乳化液产生的泡沫不但会影响液压系统的建立，还会引起液压冲击，导致系统失效，其危害性不言而喻。

国内外现有的微量水分传感器主要利用介电常数来测量油中的微量水分，其原理是：油和水的介电常数不同，油的介电常数范围为1.7～2.3，而水的介电常数为80。单位体积的水反映的介电常数比油大得多，所以油中水含量的变化会直接导致介电常数的变化。比较有代表性的产品有瑞典EESIFLO公司生产的EASZ—1型、德国GFS公司的NP330—F型等。国内研究单位也开发出了同样原理的传感器，只是在测量精度上还有待进一步提升。

微量水分传感器的核心部件是对湿度非常敏感的电子元件，元件由两层导电层和一层吸湿敏感层组成，传感器的导电能力与水含量相关，在应用到实际工况前因为每种油液的介电常数不同，需要通过卡尔·费休方法进行校准，其测量范围在$10 \sim 20000 \times 10^{-6}$，能适应各种压力范围的情况。利用介电常数原理研制的水分传感器也有其不足之处，该类传感器每应用到一种不同的油液介质前都必须经过校准，在水分测定过程中也必须经过一定时间才能达到稳定状态，对数据的实时获取有一定影响。若油液中含有较多的金属颗粒，则会使传感器的测量产生较大的误差。

此外，微量水分传感器也可以利用红外光谱、化学的方法，目前这类传感器还处于研发阶段，有待进一步的研究。

综上所述，现有的微量水分传感器已经能够比较精确地反映油中微量水分的含量，为解决系统中微量水分在线监测提供了有力的支持。

3. 自维护装置

自维护装置通过自动采集和识别在线污染度信号，并根据信号实时控制体外循环装置的方式，将污染度监测手段和污染度控制技术结合起来，形成从油液状态在线监测到污染控制的闭环系统。这套装置主要用做一种设备维护手段，同时作为一种故障诊断的辅助手段。

自维护装置主要由三部分组成：系统油液状态在线监测传感器、PLC控制系统、系统体外循环装置，如图5-55所示。

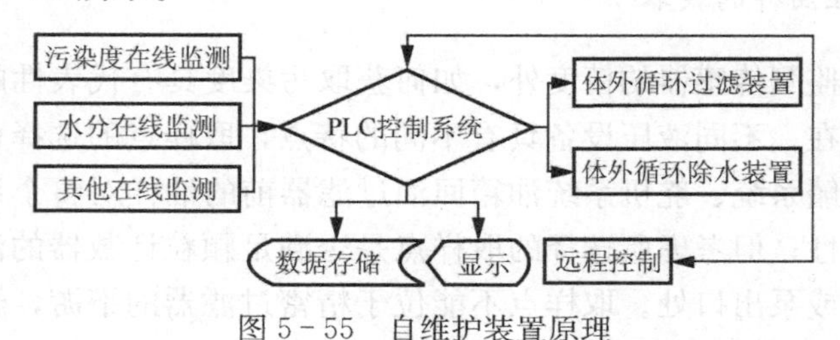

图5-55　自维护装置原理

系统油液状态在线监测传感器采集污染度、水分和其他监测参数，如压力、温度和铁磁性颗粒等。

PLC控制系统的主要功能是对油液污染度传感器采集到的污染度信号进行处理，运用逻辑关系和经验值判断油液的污染度是否超出使用范围，以及控制整个体外循环过滤装置的启停，保证油液在安全水平运行。

体外循环过滤装置采用模块设计，主要包括污染度控制和水分控制。污染度控制采用集成高精度过滤器，其过滤精度等级高于液压系统要求一个等级以上，这样可以有效发挥旁路循环的功效。其中过滤器前后的压差信号也能及时反馈到电控系统，当压差超过预先设定值时，表明滤器的滤芯已经达到使用寿命，电控系统要及时实现电磁阀的换向，并启动报警系统，提示操作人员更换滤芯。除水装置也能根据获得的实时水分信号对油液进行处理，及时解决冷却水渗漏到液压系统引起油液乳化和燃油进水后对柴油机引起的损害等问题。

5.4.5　液压油的综合监测

1. 现行诊断方法的不足

现在从事机械故障诊断的人员以机械专业为主，对机械设备故障诊断的方法也以机械诊断方法为主，即使考虑液压油，也多把注意力集中在油中磨粒的监测。这些监测方法，必然有一些不足。首先是重“诊断”、轻“预测”，及时性差。大多数诊断仅起“证明”作用，即从液压油中磨粒情况“推测”设备“已”发生了什么故障，而并未“预测”到设备“将”发生什么故障。在采用单一的光谱或铁谱技术的监测实例中，当监测装置发出警告时，拆机后发现不同程度的故障“已”发生，如拉缸、断环、断齿、烧瓦等。其次是因果颠倒，多走弯路。实际操作中很多例子是先做铁谱或光谱，发现问题后再做油的理化分析，或所有方法都做，再找原因去排除。最后是，警告不准确，对故障发生原因的指导不够，无法指导以后的整改措施。

对机械设备状态的监测，必须考虑到其工作的特点，如移动、冲击、振动、粉尘、淋水、防爆、空间小、维护难等因素的影响，所以使用的监测方法和仪器都必须与这些特点相适应。而从液压油着手，采用几种监测方法结合来做机械设备的故障诊断，一是液压油本身的质量、使用中的变化、油中异物等都会造成故障，在变质到某种程度前或异物含量低于某值时未引发故障，但若发展下去必定会发生故障，根据这些数值的大小在发生故障前做出警报，因而预测期长；二是液压油中携带的异物，如机械杂质、水分、污物等反映了机械内部的状况，指示故障原因较明确，易于确定需要采取的预防措施。

2. 几种监测方法的结合及合理配置

1）工作流程

在基于液压油的几种监测方法中，理化分析、光谱和铁谱等多种监测方法的合理结合很重要。故障的发生是设备本身的质量，包括设计、材料、冷热加工，以及操作、管理、工况条件、液压油质量的综合结果，相互影响，情况复杂，只有把几种方法结合起来，合理配置，利用各自的诊断优势，从不同角度分析，互相补充，才能提高诊断的质量。国外的经验表明，应建立液压油监测中心，长期坚持对设备的工况监测，同时不断积累数据和经验，并借助计算机予以完善和规范化，逐步形成一套工况监测的计算机专家系统，如图5-56所示为液压油监测的工作流程。

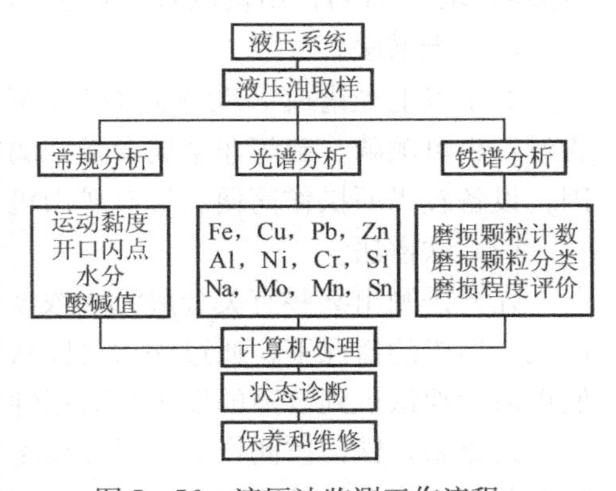

图5-56　液压油监测工作流程

2）液压油理化分析

液压油的主要理化指标即常规指标，包括黏度、酸值、水分、机械杂质、不溶物、闪点等。

这些指标的变化，一方面表示油的降解，油降解到一定程度会引发故障；另一方面反映矿山机械运转状态，如泄漏等因素本身就是故障或将引发故障，若不及时处理就会造成更大故障，因此原则上超标就应立即停机、拆检或换油。液压油常规指标的变化与故障的关系参见表 5－6。

表 5－6　液压油常规指标的变化与故障的关系

项　目	上升趋势	下降趋势	规　律
黏度	操作温度过高	液压元件运动副间隙过大	
酸值	换油期过长，工况苛刻		一般为上升
闪点	设备温度高	液压元件运动副间隙过大	
残炭分子	外来污染大，油过滤器失效		一般为上升
不溶物	换油期过长，工况苛刻		一般为上升
水分	操作温度过低，泄漏		一般为上升

从液压油的一些常规指标的变化能了解液压油降解后的外在情况，而油降解的化学成分要通过红外光谱分析，它可以监测出油氧化后的醇、醛、酮、酸等含氧化合物及硝化物等官能团的量，从而得知油的降解程度。此外，它还能监测出油中某些添加剂和污染物的含量。红外光谱仪是一种应用广泛的分析仪器，分析液压油有一套专业软件，如美国 PE 公司的软件。这个工作先要作出参比油和在用油的谱图，除去相同的吸收峰，得出差值，找出差值的基线，就可以定量在用油中各降解产物和污染物读数。

以上分析项目的仪器较便宜，设置容易，操作费用低，技术难度不高，省时省事，而且均有标准方法，分析结果都有明确通用的数值。

3）以光谱为主，与铁谱结合做液压油磨损颗粒分析

设备磨损下来的金属颗粒被流动的液压油携带出来，可以从液压油中磨粒的数量和大小推测磨损程度，从磨粒的形态推测磨损发生的类型，从磨粒的合金成分推测发生磨损的部位。原理上，液压油理化分析是从故障的“原因”进行故障诊断，颗粒分析是从故障的“后果”进行故障诊断。针对矿山机械的故障特点，可以以光谱为主，与铁谱结合做液压油磨损颗粒分析。

（1）光谱法。

原子发射光谱或 X 荧光光谱、等粒子光谱等，可同时测出几十种金属元素在液压油中的含量，也可测磷、硫等非金属含量，属定量测量，可以反映故障发生前夕或初期的后果和原因，设备较贵而操作简便。针对矿山机械故障的特点，建议采用发射光谱法。

（2）铁谱法。

在光谱测出某些有关金属元素浓度达到一定值后，按需要或抽检做铁谱是必要的。在不停机、拆机的情况下，通过铁谱可以从更深层次了解设备内部发生的摩擦、磨损情况，使人们更清楚地认识到故障的发生和磨损性质，是光谱法的必要补充。

近年来，铁谱监测作为对机械设备的工况监测技术已取得了较好的效果。用于铁谱监测的有关仪器，如旋转式铁谱仪及颗粒定量仪均已在煤炭系统研制成功并投入了使用。

铁谱技术分析故障的关键是，将液压油内铁磁性金属磨屑颗粒与油液、煤尘、粉尘等杂质分开，并按一定的规则沉积到玻璃基片上制成谱片，然后对磨屑进行显微观察，进行定性和定量铁谱分析，诊断出机械运动副间或液压系统的故障，以便采取措施、消除隐患，保证设备安全运行。

对油磨屑的铁谱分析总体工作步骤是：首先从机械设备采集具有代表性的油样，再监测油样中的磨屑颗粒的数量和粒度的分布，继而诊断出设备属于正常磨损还是异常磨损；若属于异常磨损，就应诊断出被磨损的零件和磨损类型，如磨料磨损、疲劳剥落等，在此基础上预测出被磨损件的剩余寿命和发展情况，最后拿出处理方案和措施。

定性铁谱是通过对谱片上的磨屑进行显微观察，以磨屑的形状、大小和颜色来判断磨损的形式、严重程度和磨屑的材质；定量铁谱则是靠颗粒定量仪和加装在铁谱显微镜上的光密度测定仪，对谱片的大小颗粒数量比例的分析和谱片上不同位置磨屑沉积的光密度的分析来实现，或者测定磨屑覆盖面积的百分比，由此计算出磨损烈度指数。磨损烈度指数通过大小磨屑比例变化反映磨损的烈度，它是反映磨损状况的重要指标。颗粒定量仪的读数反映了油内铁磁性颗粒的总含量。

经验表明，对机械设备进行的铁谱监测，必须强调将定性铁谱与定量铁谱相结合，这是因为一些机械的漏油比较严重，国产密封件质量难以在短期内解决，加之液压元件的热处理不过关，因而造成液压油随漏随添的现状。在这种情况下，定量铁谱及磨屑总量都不能真实反映机械的实际工况，只能起到监测的辅助参考作用。而此时依靠定性铁谱却可以识别磨屑情况，得出比较准确的判断，这个结论在多次实际监测结果中已得到证实。

铁谱技术分析机械设备故障的关键是通过观察、统计，制成实用图谱。

（3）光谱与铁谱预测的一致性问题。

在正常情况下，光谱中磨损颗粒浓度与铁谱结果有大约一致的关系。实践证明，在正常磨损期，大磨粒与小磨粒的变化速率保持一致，当一种方法预测有故障时，拆机后均得到证实。也就是说，作为磨粒浓度测定，在大多数情况下不必二者都做，仅做其一即可，即首选油样均匀、操作简单、易于定量的光谱法。铁谱与光谱预测也有不一致的情况，这里面有仪器本身性能的局限性和取样的代表性问题，同时也反映了故障的复杂性和经验统计归纳的重要性。也就是说，不同的磨粒分析仪器从不同方面监测磨粒情况，互相代替不了。

（4）观察液压油的油温、油压和油耗。

液压油的油温、油压和油耗如果高于或低于规定值，则预示有故障发生的可能性，应及时检查和排除。

3. 需要注意的几个问题

机械设备故障诊断是设备管理中一项十分重要的工作，常用的多是机械方面的方法，如振动、温升等，与液压油有关的也仅是对其携带的磨粒的监测。以液压油的变化作为主体，将几种监测方法进行有机结合、合理配置的诊断思路还是新课题，因而需要做的工作还很多，在这方面还应注意以下几个问题。

（1）保证取得需要的液压油油样。通过液压油分析做诊断就要取油样，这是一项简单的工作，但同时又是一项极重要的工作。获取的油样无代表性，从其分析数据得出的结论只会起误导作用。同时，油样分析费钱费时，必须合理安排取样周期，以尽量减少分析工作量；还要合理选择取样位置和取样时间等，以反映实际情况。

（2）了解故障发生前后油样和设备的变化情况。这个工作对找出真正的原因帮助很大，如故障前有无同类故障记录、中途加油有无问题、加新油前系统的清洁程序等。

（3）警告指标的确定是关键。警告指标与故障息息相关，有些资料给出了一些参数，但是针对机械设备的具体故障特点，必须通过长期的监测分析，取得并制定判别依据，进行警告指标的重新确定工作。

（4）着力寻找故障主体或原发性故障。有的故障主体很明显，有的很模糊，如有些看起来是机械问题引起的故障有可能含有液压油质量的原因，有些看起来是由液压油质量造成的故障也可能含有机械原因，应仔细分析，避免习惯思维的误区，切勿从表面现象匆匆下结论。

（5）注重两个"加强"。一是加强与其他机械诊断方法配合的研究，提高诊断的预知性、准确性和及时性；二是加强机械行业与液压油行业的交流，发展基于液压油的故障诊断新技术。

5.5 液压设备在线监测典型实例

5.5.1 挖掘机状态监测与故障诊断系统

1. 整体方案

1）方案选择

液压挖掘机的状态监测与故障诊断系统是一个集信号采集、工况分析、状态显示以及故障诊断于一体的多任务信息处理系统。为了解决状态监测和故障诊断中多任务与实时性的矛盾，整个系统由状态监测与故障诊断两个子系统组成，其中前一个子系统完成液压挖掘机状态实时监测功能，后一个子系统完成液压挖掘机故障诊断功能。

系统结构的实现有两种形式。

（1）上、下位机组成的系统。

这类系统往往由机上和机下两部分组成，安装于挖掘机上的部分进行工况监测、数据记录和状态显示，而诊断计算机则置于控制室。当需要对挖掘机上的部分进行检查时，插入手持式终端，读取现场采集的全部工况数据并存储；然后取下手持式终端，在控制室中将数据输入诊断计算机中，就可以诊断液压系统、动力系统、机构和装置系统、附属系统等各部分的故障，同时也能诊断自身的故障。采用这种方式可以让多台挖掘机共享一套诊断计算机终端，节省费用，也便于维护、备件管理及打印报表等。

（2）随机安装的系统。

这类系统采用彩色液晶显示器，能动态反映主机系统的参数变化，部分关键参数用曲线实时跟踪指示；还能利用经验知识，综合利用实时数据，进行故障的推理，从而找出故障点。有的还可以进行作业量统计。这类系统通常具有黑匣子的功能，即记录故障过去的发展状况，便于区别是机器本身的故障还是操作人员违反操作规程引起的损坏，并对不合理的操作予以提示。

上述两种形式是目前大多数液压挖掘机状态监测与故障诊断系统所采用的，但国内成功的应用实例仍然很少。在线诊断的实现受制于被诊断系统的构造、运行方式和工作场所等多方面因素，因此本系统结构采用第一种形式，完成液压挖掘机运行状态的在线监测和离线故障诊断功能，该形式的缺点是信息数量有限。

2）系统模型的构建

液压挖掘机工作时产生噪声、振动、污染、高温，且存在着不稳定因素，所以本系统工作环境恶劣。为完成预定功能，系统对参数采集精度、运行的稳定性和可靠性等要求都较高，但控制方面没有什么要求。因此，下位机只要采用高性能的单片机，并配以相应的数据处理和抗干扰技术，就能满足系统实时性要求；上位机则采用普通的 PC。上、下位机之间采用 RS-232 串口通信，由下位机保存液压挖掘机约 4h 的工况数据，然后插入掌上电脑读取该数据，再传送给上位机。系统的模型如图 5-57 所示。

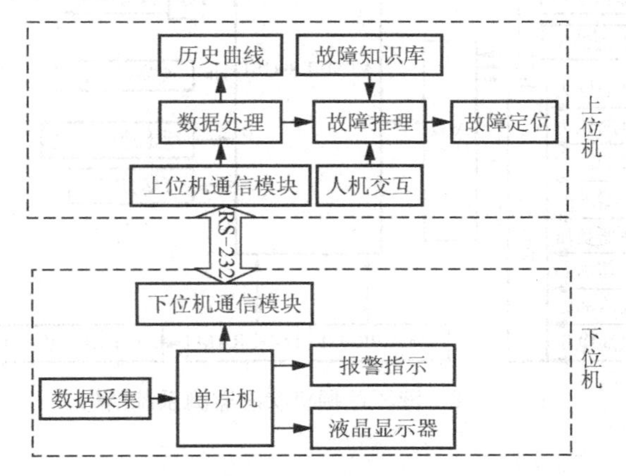

图 5-57　液压挖掘机状态监测与故障诊断系统模型

2. 状态监测系统

1）系统功能分析

本系统以 SWE4.2 液压挖掘机为监测对象，选取发动机转速、燃油油位、机油压力、主泵 1 和 2 的压力、液压油温度、液压油油位、冷却水温度、冷却水水位、滤清器差压、空滤器负压、蓄电池电压、启动开关和行走速度开关共 14 项参数为检测项目，通过对这些参数的自动监测和工况分析，为液压挖掘机的运行状态趋势分析和故障诊断打下基础。系统的主要功能如下。

（1）数据采集功能。自动采集液压挖掘机 14 项运行工况参数，包括发动机转速、燃油油位、机油压力等。

（2）数据处理和存储功能。自动进行采集数据的处理，包括清除误差、曲线拟合等，并生成数据文件存储起来供二次处理使用。

（3）显示功能。通过液晶显示器显示当前的运行状态。

（4）报警功能。设备故障或运行参数超限时均能发出报警，可根据异常情况的严重程度进行三级报警，并记录报警信息。

（5）曲线绘制和打印功能。能够自动绘制特性曲线，并做出趋势分析。

（6）通信功能。通过 RS-232 串口向上位机传送所采集的数据信息。

系统单片机选用 ATMEL89C51，同时扩充 64K EPROM 用于存储报警限值和相应的检测程序，扩充带掉电保护的 64K RAM 用于存储液压挖掘机的 4h 工况数据。系统的结构如图 5-58 所示。

系统测试原理如下：将传感器检测到的发动机转速、发动机油压、冷却液温度、液压油油位、行走速度开关等参数值送入微机，进行分析计算，并将实测值与内置的标准值比较，判断液压挖掘机运行状态是否良好；对异常征兆用发光二极管、闪光报警灯和报警喇叭进行三级报警；同时将相关数值保存下来，传送到上位机进行曲线绘制、趋势分析和打印输出。

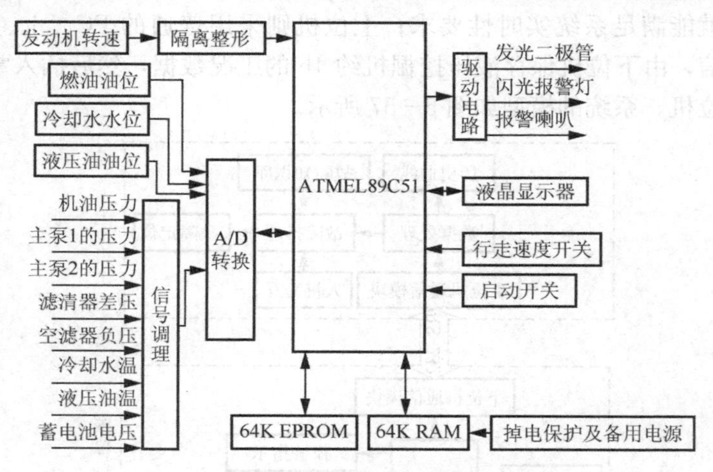

图 5－58　液压挖掘机状态监测系统结构

2）系统硬件设计

系统硬件按功能的不同划分为主处理器模块、信号处理模块、电源模块、通信模块、状态与报警模块 5 个部分。

（1）主处理器模块。

系统采用 ATMEL89C51 微处理器，扩充带掉电保护的 64K RAM 用于存储液压挖掘机的 4h 工况数据。该模块由 EPROM、RAM、I/O、掉电保护以及液晶显示驱动组成。

（2）信号处理模块。

① 输入信号处理电路。

输入信号处理电路是微处理器与外界联系的通道。输入信号处理电路的第一部分用于接收数字信号，数字信号来自启动开关等；输入信号处理电路的第二部分用于接收和转换各种传感器输入的模拟信号；输入信号处理电路的第三部分用于与其他计算机控制系统进行通信联系，信号形式为脉冲数字信号；输入信号处理电路的第四部分用于接收诊断触发信号，也是脉冲数字信号。其中，模拟信号输入通道的任务是将传感器产生的模拟信号转换为数字信号后输入微处理器。模拟信号输入通道主要由信号处理装置、多路选择开关、采样保持器和模数（A/D）转换器组成。信号处理装置包括标度变换、电平转换和信号滤波等。

在本监测系统中，发动机试验过程中的机油压力经转换成电压信号并放大后，送入 A/D 板的输入端进行采集；反映温度量的热电阻信号经过热电阻调理板后，再经隔离放大板，送到 A/D 板的输入端进行数据采集。系统采用的 A/D 和 D/A 都为 12bit，因此系统的检测、控制精度均能满足试验的要求。对于发动机的转速，不能由 A/D 转换直接得到。霍尔传感器测得的转速信号经隔离整形后接到单片机的输入端口，利用外部脉冲计数中断来计算发动机的转速。

尽管监测系统中的启动开关信号是数字信号，但是这些信号并不能直接由微处理器进行处理，还需要数字信号输入通道进行电平转换和抗干扰等处理。只有将输入的数字信号转换为 TTL 电平，才能被微处理器接收。

② 输出信号处理电路。

该电路的作用是在微处理器和显示器以及报警电路之间建立联系。由于微处理器产生的控制信号都是数字信号，因此输出信号处理电路为数字信号输出通道。数字信号输出通道的作用是将微处理器产生的数字控制信号传输给数字信号控制的报警电路。

（3）电源模块。

系统各种传感器、信号处理电路、单片机主机及外围芯片、通信电路等都需要合适的电源才能正常工作，它们所需电压并不相同。对系统电源模块的要求为：处于恶劣环境中仍能正常工作，能适应较宽的供电电压变化范围，能防止从电源地线引入的干扰，采用高可靠性元件，功率及电压裕度也较大。

（4）通信模块。

使用RS-232串口通信。该模块的功能是处理主机和单片机之间的通信，主机给下位机发送指令，下位机给主机发送监测数据。该模块传送的信息包括：

① 命令信息，上位机的控制指令发送到下位机；

② 数据信息，单片下位机检测到的状态信息发送到上位PC中，以便主机进行监控和进一步的数据分析处理。

（5）状态与报警模块。

为了将程度不同的紧急状况传递给司机，系统根据检测的参数性质采用三级报警的方法。

① 第一级报警：通过装置上相应的二极管发光实现。它只是提醒司机注意，在这种情况下机器还能工作一段时间，如燃油液位超过低限等。

② 第二级报警：通过总报警灯和故障项发光二极管同时发光报警。这种报警要求司机密切关注故障的发展，但不需要立即关机。这类故障多属高温问题，如液压系统油温过高、发动机温度过高等。

③ 第三级报警：通过报警喇叭、总报警灯和故障项发光二极管同时动作来报警。第三级报警内容包括发动机油压过低、液压油位过低、无冷却液等。对第三级报警，司机应立即关机检查并修理。

3）系统软件

系统软件的要求如下。

（1）软件结构清晰、简洁，流程合理。

（2）各功能实现模块化、子程序化，这样既便于调试，又便于移植和修改。

（3）具有自诊断功能，在系统工作前先运行自诊断程序。

（4）采用软件抗干扰措施，提高系统的可靠性。

如图5-59所示为A/D采样模块流程，如图5-60所示为检测参数模块流程。

3. 故障诊断系统

提取下位机各检测项的数据，进行曲线绘制和趋势分析，同时对时域信号进行FFT变换，利用频谱分析的方法，对液压挖掘机系统进行故障检测和诊断。

系统收集、整理液压挖掘机的故障知识，构建完整的故障知识库，将专家知识、检测系统传来的信息以及人机交互的信息进行融合分析，通过一定的推理机制进行故障定位，并提出维修方案。

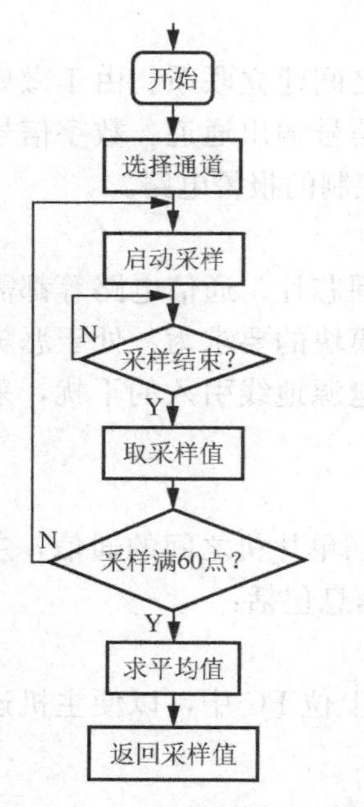

图 5-59　A/D 采样模块流程图

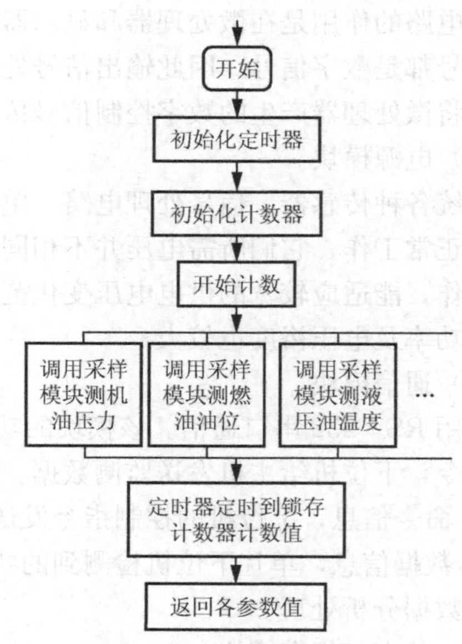

图 5-60　检测参数模块流程图

5.5.2　冶金设备电液伺服系统在线状态监测系统

1. 热轧精轧机组 AGC 电液伺服系统状态监测内容

AGC 液压压下设备的基本功能是控制热轧板材的轧制厚度。对于冶金轧钢设备，AGC 压下电液伺服系统是热轧工艺的核心环节之一，其性能及控制精度直接影响到设备产能的发挥和热轧板带的产品质量。在研究热轧精轧机 AGC 系统的功能、设备构成的基础上，通过在线采集相关设备的运行状态信息，借助信息分析处理技术，实现在线实时监测，是热轧精轧机组 AGC 电液伺服系统状态监测的主要研究内容。

1）热轧精轧机组 *AGC* 压下控制系统

某热轧精轧机组 AGC 压下控制系统共有 7 台机架，轧钢过程中 7 台机架组成一个完整的控制系统，但每台机架控制原理及下作方式一致，即采用电液伺服阀直接控制辊缝。因此，通过研究单机架的工作模式，即可掌握 AGC 整套控制体系。以其中一台机架为例，其工作原理如下：在轧机操作侧和传动侧的牌坊上，各有一个压下油缸，两侧各有一个既有联系、又能独立工作的控制系统。在系统中由测位信号、测力信号和测厚信号组成三个反馈回路，与主回路组成闭环控制系统。热轧精轧机组 AGC 压下控制系统工作原理图和系统框图分别如图 5-61 和图 5-62 所示。

2）设备状态特征量

参数测量方法是液压设备状态监测中最常用的手段，其应用效果主要由选定的测量参数决定。利用参数测量方法诊断液压系统故障，要根据设备的工作原理及各检测点的位置和标准值，编制诊断的逻辑程序对关键的测点进行检测。通过比较分析实测值与标准值来确定设

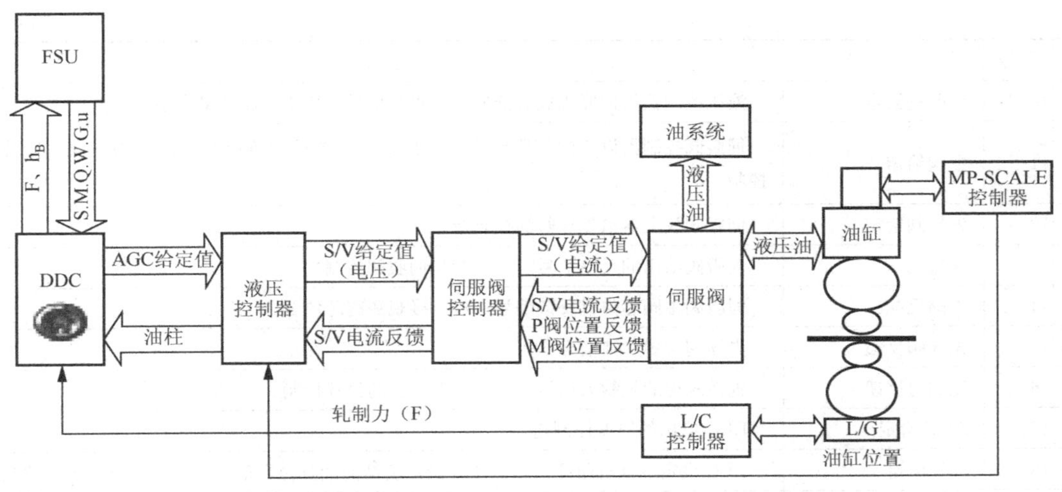

图5-61 热轧精轧机组AGC压下控制系统工作原理图

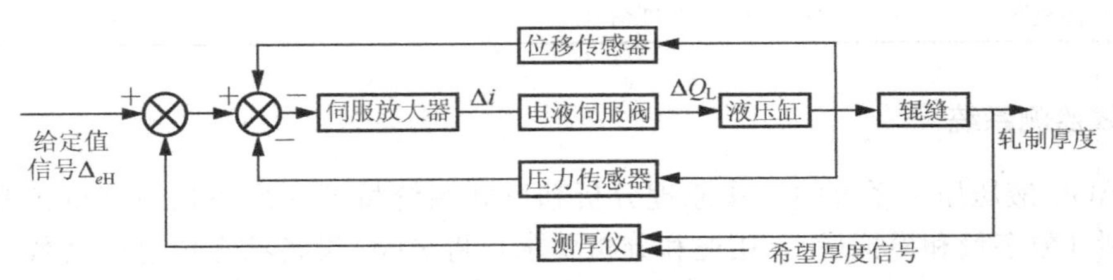

图5-62 AGC压下控制系统框图

备故障部位及原因。AGC系统单台机架原有的控制及监测信号有上百种之多，其中有众多的中间过程控制信号，对系统的状态监测与分析没有实际意义，另有部分信号可以覆盖其他信息。通过研究AGC系统的组成及控制原理，分析并设计了系统特征的最小状态信息集合，参见表5-7。

表5-7 AGC状态特征量信息表

序号	名称	说明
1	油液温度	监测系统温度，还提供判断系统冷却器和加热器是否正常工作的信息
2	油箱液位	液位异常可反映系统的工作介质或冷却水的泄漏情况
3	滤油器堵塞信号	由原系统滤油器压差继电器发讯，判断滤油器及工作介质的状态
4	循环泵压力	正常工作时，此压力是相对稳定的，当循环泵发生异常时，压力信号有变化
5	系统压力	压力的稳定是液压AGC系统正常工作的保证，其幅值和频率是判断系统是否存在失压、管路谐振、电气操作失误等故障的重要依据
6	系统压力报警信号	当系统压力出现异常时，由DDC系统报警
7	伺服阀前压力	通过监测阀前压力，不仅可以监测油缸和电液伺服阀的运行状态（与阀后压力及控制信号结合），同时，与系统压力相结合，还可迅速判断是否存在阀前管道破裂而产生失压等故障
8	油缸压力	轧制过程中轧制力的大小及变化。与油缸位移、阀前压力及控制信号结合，可判断电液伺服阀的运行状态
9	油缸背压	此压力的主要作用是为抬辊或换辊时提供动力，在轧制过程中需要保持压力恒定

续表

序号	名称	说明
10	伺服阀给定	液压控制器给伺服阀放大器发出的指令信号，用于控制流量大小
11	主阀给定	伺服阀控制器设定的伺服阀主阀芯位置，与主阀位置反馈共同作用构成主阀位置控制
12	先导阀给定	伺服阀放大器给先导阀的控制指令
13	阀输出	伺服阀给出的反馈信号，直接参与伺服阀控制
14	主阀反馈	伺服阀主阀芯位置反馈信号，可直接观测阀芯位置
15	先导阀反馈	先导阀位置反馈信号
16	轧制力反馈	辊系测得的轧制力信号，补偿压下油缸的位置控制
17	AGC 给定	DDC 给出的厚度控制指令
18	油柱给定	DDC 设定的油缸位置，与液压控制器反馈的油缸位置信号构成油缸位置闭环控制
19	油柱反馈	油缸实际位置反馈信号，与 DDC 设定的油缸位置构成油缸位置闭环控制
20	故障检测	AGC 设备自诊断信息

2. 在线监测系统

通过 AGC 液压压下系统的工作原理分析和反映系统特征的最小状态信息集合研究，根据信号类别（数字量和模拟量）、用途和分析要求，将 AGC 设备状态信息分为数字量（如继电器报警等）、动态模拟量（如轧制力、压力和位移量等）和稳态模拟量（如温度、液位等）信号，采用不同的处理方案以提高监测效率和降低在线监测系统的开发成本。状态信息数据集中存储在一台服务器中，并与信号采集站（上位机）、客户端（下位机）通过 TCP/IP 构成 C/S 架构的在线监测局域网，如图 5－63 所示。通过路由接口与主干网连接，可实现远程访问。

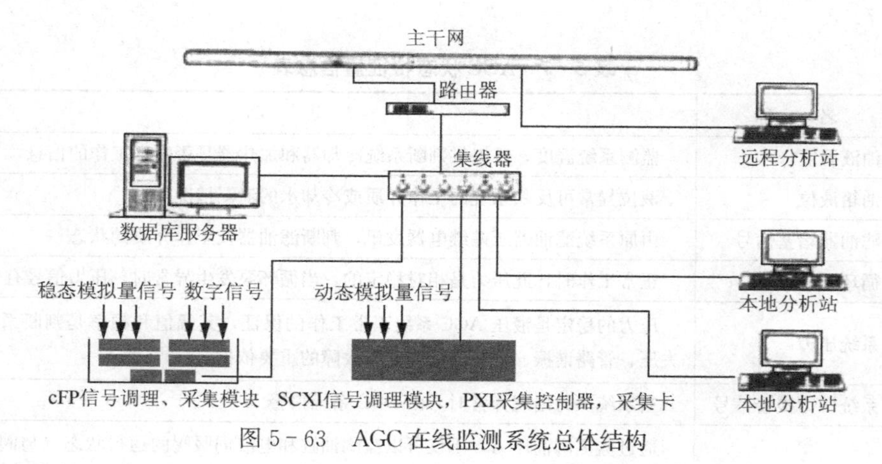

图 5－63　AGC 在线监测系统总体结构

（1）硬件配置

信号采集系统的硬件采用在测量及自动化领域国际知名的美国 National Instruments 公司基于 LabVIEW 开发平台的虚拟仪器技术产品。动态模拟量信号采集选用 PXI/SCXI 总线的硬件平台，如图 5－64 所示。稳态模拟量、数字量信号采用 cFP 的工业化控制模块采集，如图 5－65 所示。为避免监测系统对原 AGC 控制系统信号的干扰，所有参与控制的信号采样前加装信号隔离的调理模块。

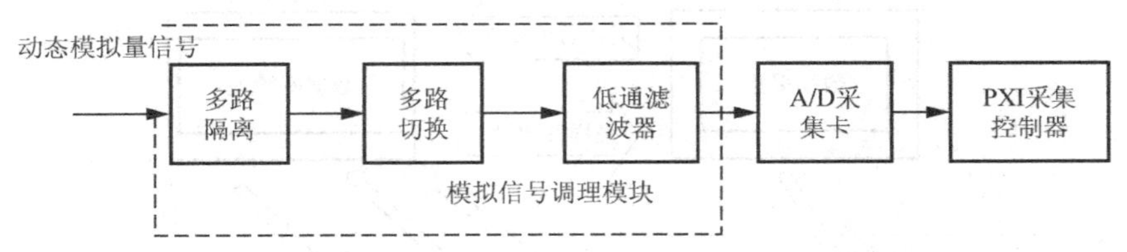

图5-64 动态模拟量信号采集流程图

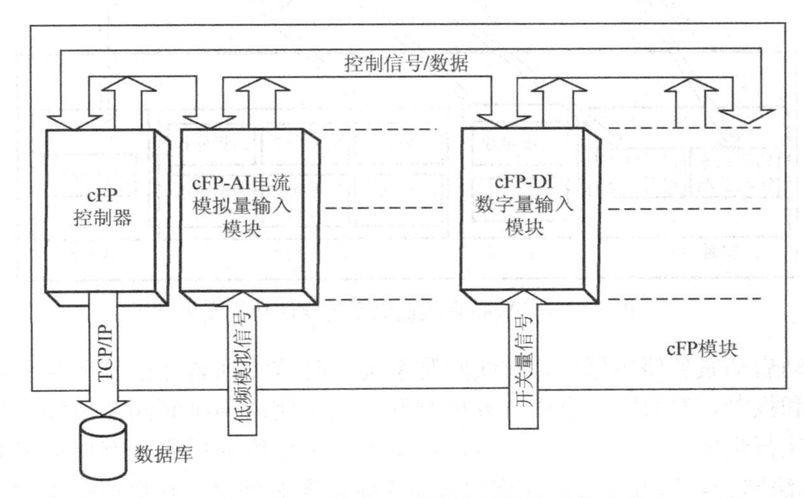

图5-65 稳态模拟量和数字量信号采集流程

(2) 监测系统软件

基于虚拟仪器技术的AGC监测分析系统开发的关键在于软件的设计与开发。所有的信号采集控制、数据处理都由软件控制，实时性和准确性要求较高。同时，数据库应有良好的兼容性。该在线监测系统客户端的监测分析软件（下位机软件）开发采用Windows 2000和Visual Basic的应用程序开发平台，数据库系统开发采用SQL Server 2000，PXI/SCXI和cFP控制器的信号采集控制和数据处理及分析等功能（上位机软件）采用NI的LabVIEW平台开发。

在线监测系统数据分析软件由系统设置、实时监测、数据分析及故障分析等模块构成，如图5-66所示。

系统设置模块的主要功能如下。

① 工况参数设置包括带钢基本信息、工艺参数、报警值设定等。

② 数据库管理包括用户设置、取值字典维护及常用的备份、导入等功能。

③ 采样控制设置包括各测点采样频率和采样时序、触发逻辑组态、滤波参数等设定。

实时监测模块提供状态信息的显示及异常状态的报警功能。数据分析模块可查阅历史信息并对信号进行频谱、功率谱等处理和分析。故障分析模块通过总结典型故障案例，提取故障判别方法和维修对策，以人机对话方式提示故障原因及处置方法。

3. 在线监测系统在故障诊断中的应用

基于虚拟仪器技术的在线监测系统实现了AGC液压压下系统的实时状态监测，以及液压缸、伺服阀、液压泵等机械部件和控制系统的故障的快速诊断。以某次故障为例，AGC液

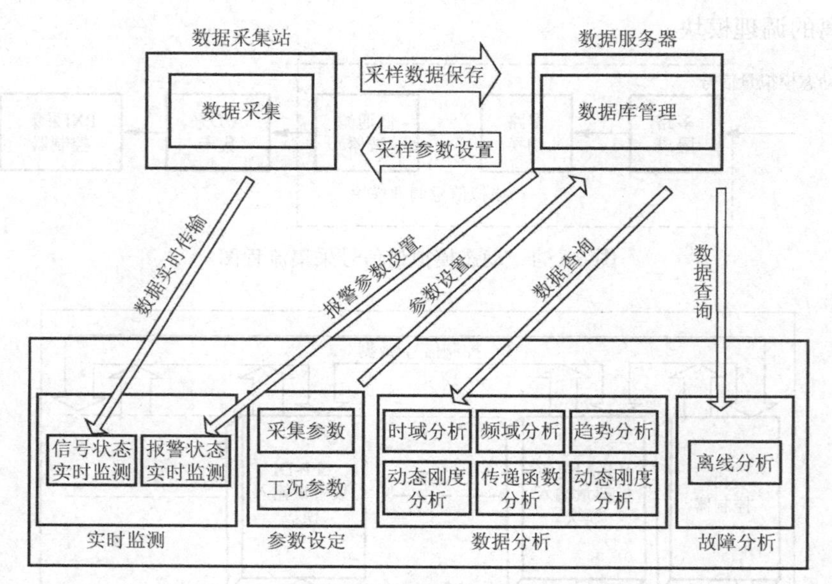

图 5-66　AGC在线监测系统软件功能模块

压压下系统自动启动紧急停机保护，在线监测系统实时监测到紧停信号后对所有设备状态信息进行了保存和报警，对故障信息进行分析时发现工作侧的伺服阀阀芯位移信号有异常，阀芯无法在一侧执行到位，如图 5-67 所示，初步判定工作侧的伺服阀有单边卡堵故障，两侧AGC液压缸无法同步，造成位置差而产生拧制系统报警和停机。在更换伺服阀备件后快速恢复了生产。下线后的伺服阀经离线解体检修确认了阀芯卡死的故障。

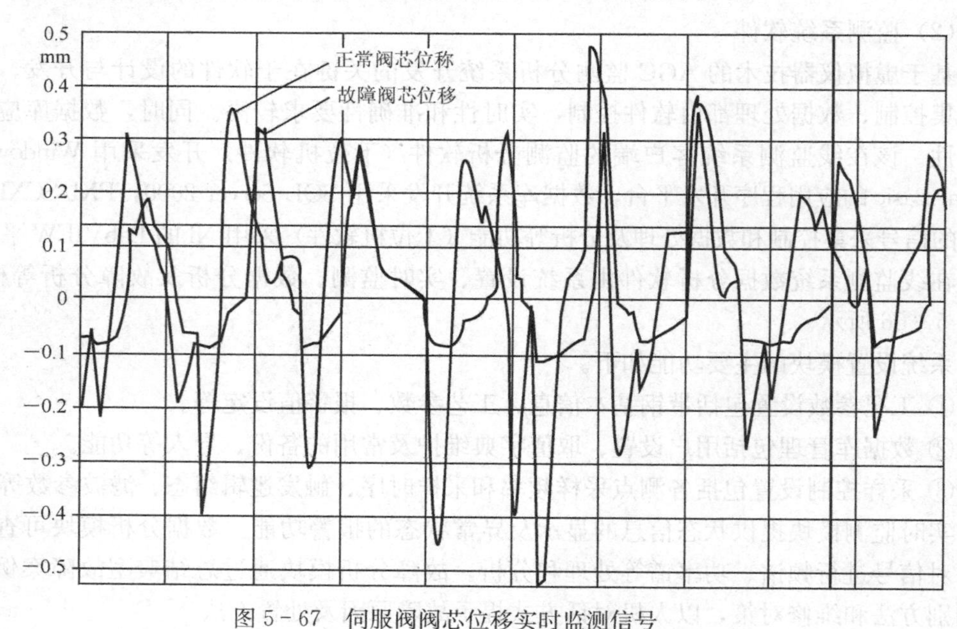

图 5-67　伺服阀阀芯位移实时监测信号

5.5.3　煤矿防爆液压绞车状态监测与故障诊断系统

目前防爆液压绞车普遍采用手动调速，缺少液压状态监测及动态速度—位置图。手动调速方式完全依赖于司机的自身经验，操作随意性大，导致绞车运行不平稳，超速现象时有发生，严重影响了煤矿的安全生产。煤矿井下恶劣的工作环境和液压绞车复杂的工况，造成其液压系统故障频繁。现场人员对液压故障的规律缺乏认识，难以预防各种随机因素引起的故障和把握故障状态，造成液压系统故障诊断不准、故障排除时间长，严重影响井下提升作业效率。

1. 系统功能需求

影响液压绞车安全运行的因素很多，其中以液压系统的工作状态最为关键，同时其故障也最难判断，因此监测系统的主要任务是监测绞车液压系统的状态，并结合故障智能诊断技术，诊断液压系统的故障。

（1）状态监测系统的功能应主要涵盖以下内容。

① 实时监测液压系统的主要状态参数，如绞车滚筒的转速、主要液压回路的压力、闸瓦位移、油温等。

② 监测控制信号，包括减速点信号、制动信号、开车信号、提升信号和下放信号等。

③ 监测参数的数据处理和在线显示。

④ 状态数据的记录和存储，为液压绞车运行状态库的建立提供信息。

⑤ 当系统运行出现故障、参数超出正常区间时，提供声光报警。

⑥ 记录运行管理信息，如操作人员、运行操作时间等信息。

（2）故障诊断系统的功能应主要包括以下内容。

① 根据监测系统每天记录的液压系统状态信息，形成液压绞车运行历史状态库。

② 利用历史状态库，分析提升绞车液压系统的工作状况，为液压系统的检修维护提供决策信息。

③ 通过记录和分析液压系统的工作状况和常见故障，诊断故障的类型和可能的故障位置。

2. 状态监测与故障诊断系统总体结构

根据系统功能需求，并结合绞车的运行工况、监测技术、故障诊断技术和通信技术等，液压绞车状态监测与故障诊断系统采用图 5－68 所示的结构。系统由本地监测系统、数据通信和远程诊断系统三部分组成。

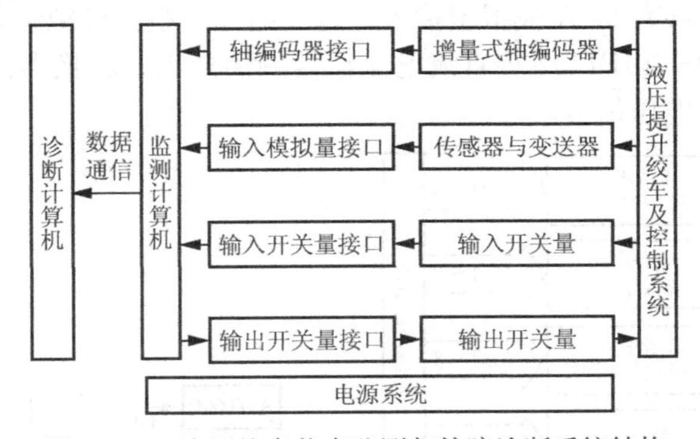

图 5－68　液压绞车状态监测与故障诊断系统结构

监测计算机用于工况数据采集、处理、分析、显示和传输，出现故障时报警并记录故障数据。增量式轴编码器用于将提升绞车速度和位置转换为脉冲电信号，完成速度和位置的测量。传感器与变送器完成压力、温度等物理量信号的传感与变送。输入模拟量接口则完成与监测计算机的连接。输入开关量及接口完成位置校正、设备启停等开关状态信号的变换与变送，以及与监测计算机的连接。输出开关量及接口完成报警器、后备减速等开关输出信号的变换与变送，以及与监测计算机的连接。电源系统为本地监测系统提供所需的各种交直流稳压电源。

诊断计算机、专用诊断软件和数据通信等构成远程诊断系统，实现对液压绞车的远程故障诊断。其中，基于专家系统和实例推理的故障智能诊断系统是核心，可实现绞车正常状态和故障状态记录与分析。

3. 硬件系统

为了实现对液压绞车运行状态参数的全面监测，并利于工人操作，监测系统硬件设计主要包括监测计算机及人机接口设计、模拟量输入接口设计、开关量输入/输出接口设计及电源系统设计。其中最重要的是监测计算机及人机接口设计、模拟量输入接口设计。

1）监测计算机及人机接口设计

考虑煤矿井下条件及多路模拟量和开关量监测的需要，一般 PLC 难以满足要求，而工控机也存在系统复杂、散热困难等问题，监测计算机选择嵌入式微型计算机 PC104 系列的 SCM—7020，并配备了两个扩展模块 ADT600，构成一个高性能的数据采集与控制系统。

人机接口包括键盘、状态选择和显示器，如图 5－69 所示。键盘由“ESC”、“↑↓”、“←→”和“OK”共 4 个按键组成。状态选择包括检修与运行、提物与提人 4 个输入开关量。

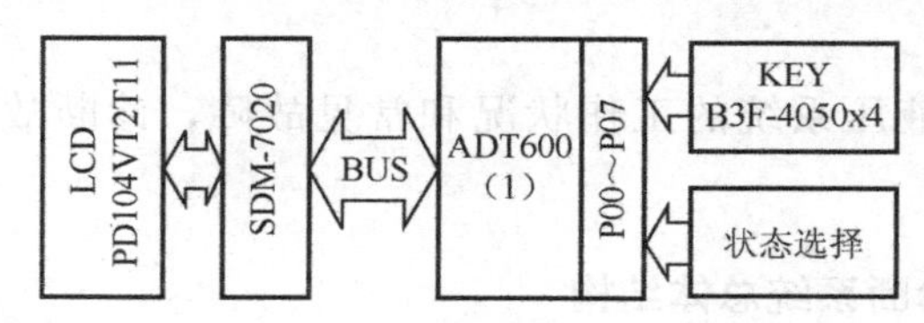

图 5－69　人机接口结构

2）模拟量输入接口设计

如图 5－70 所示，共有 32 路模拟量输入，每 8 路为一组。模拟量转换原理如图 5－71 所示。电气隔离采用 ISO—A4P1297 型直流电流信号隔离放大、转换器。它将输入的直流电流信号按比例转换成直流电压信号。

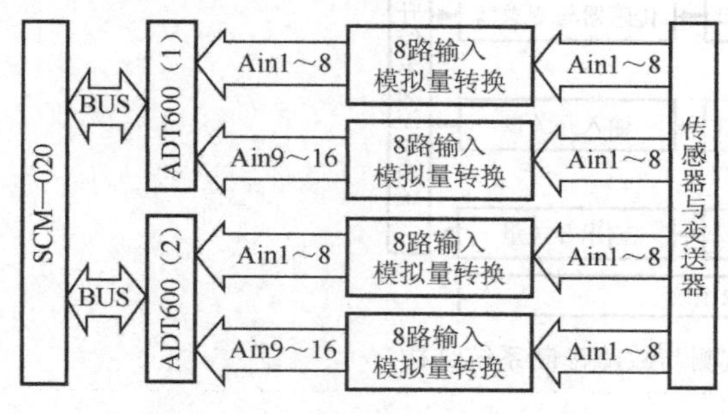

图 5－70　模拟量输入接口结构

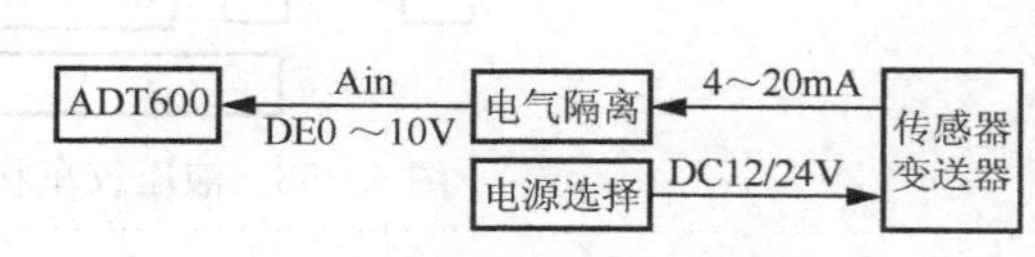

图 5－71　模拟量转换原理

4. 监测系统软件

监测软件系统基于PC104，在PC104 BISO和DOS 6.22下运行，利用C语言和汇编语言开发，可实现数据采集与处理、故障判别与报警、状态与参数显示、系统设置和人机接口等功能。监测软件主要包括系统调度程序、窗口管理与界面显示、参数设置、数据采集与处理、故障判别、数据文件管理等几部分。

软件系统功能主要包括：

① 行程、速度和加速度计算与曲线显示。

② 闸瓦位移测量与磨损补偿校正。

③ 减速提示。

④ 压力、温度显示。

⑤ 报警提示，对超速、过卷进行画面和声音报警提示。

⑥ 操作状态显示，运行时直接显示“提人”、“提物”。

⑦ 参数设置，分别设置提人、提物时上下停车点位置、上下校正点位置、上下减速点位置等，设置最大限制速度。

⑧ 保存数据，保存一个月内每天最后一钩的运行数据，包括位置、速度、加速度、压力、报警信息、运行状态等所有显示数据，采样间隔为0.1s，保存操作错误信息（200K字节）。

⑨ 运行状态数据和故障。

⑩ 操作错误记录查询，查询近期操作错误信息。

防爆液压绞车液压状态监测系统在某矿斜井的JTY1.6/1.5B型液压绞车上进行了工业性试验。系统主界面如图5-72所示。

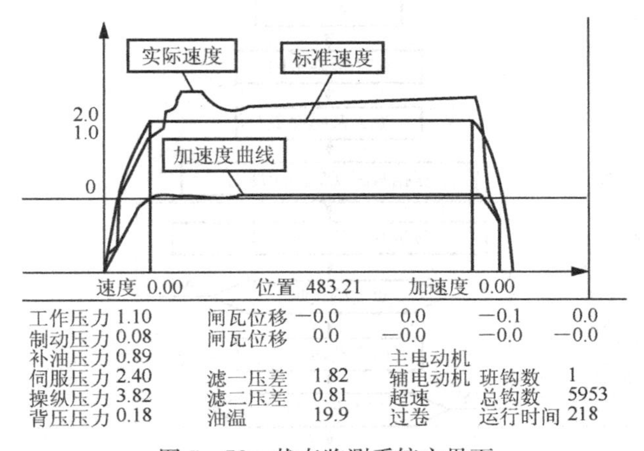

图5-72 状态监测系统主界面

根据参考速度—位移曲线的变化，司机手动操作液压绞车，监测得到的实际速度—位移曲线与参考曲线基本相符，避免了超速现象，加速度变化也较平稳，同时系统可监测到绞车的各主要参数，保障了绞车的安全运行，提高了生产效率。

5. 液压故障诊断系统

液压系统的故障诊断和排除需要应用大量独特的专家实践经验和诊断策略。故障的外在表现往往与多种潜在故障有关，且症状与原因之间也存在各种各样的重叠和交叉，给故障诊

断带来不便。在分析了绞车液压系统和液压元件故障模式及故障机理的基础上，建立了液压绞车的液压故障诊断专家系统。

故障诊断专家系统的基本结构如图 5-73 所示。其设计思想是将液压故障知识和控制推理策略分开，形成一个故障诊断知识库。同时将监测系统采集到的运行数据保存到数据库，形成历史运行状态库。系统在控制推理策略的引导下，利用已存储的故障知识分析和处理问题。

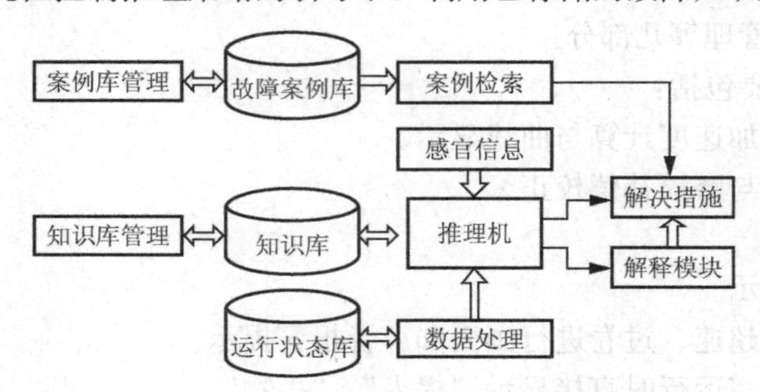

图 5-73　液压故障诊断专家系统的基本结构

推理机是以知识库中已有的知识推出新的事实的计算机，是专家系统的核心，其主要任务就是在问题求解过程中适时地决定知识的选择和运用。具体的推理流程如图 5-74 所示。首先分析所采集的状态数据，以提取故障特征值；然后根据故障特征值初步判定液压系统中哪些回路出现异常，明确故障诊断范围；接下来按一定的故障诊断策略确定故障诊断顺序；最后，系统根据具体的故障范围调用故障诊断模块进行故障诊断。

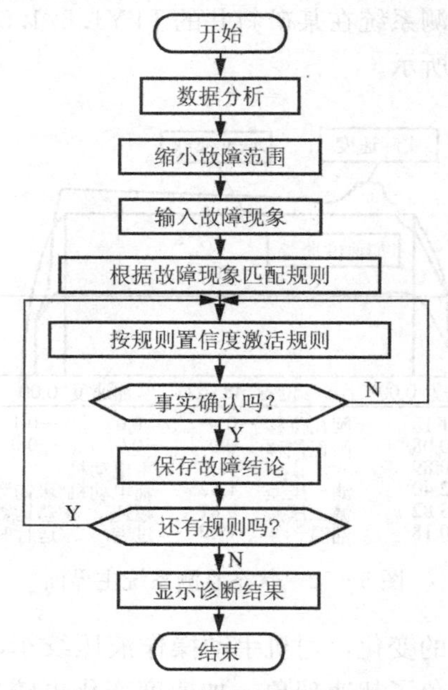

图 5-74　诊断推理流程图

在 Windows XP 平台下，运用 VB 6.0，结合数据库技术，开发了液压绞车故障诊断专家系统。该系统主要由人机接口模块、知识库管理模块、案例库管理模块、数据分析模块、故障诊断模块、用户管理模块和系统帮助模块 7 个部分组成。通过分析状态监测信号并提取特征数据，技术人员可以有效把握系统运行状态和趋势，通过人机交互进行故障诊断，为现场排除液压故障提供有力依据和参照。

思考题

5-1　液压系统在线监测的途径有哪些？

5-2　液压在线监测系统由哪些部分组成？

5-3　怎样在线监测液压油？

5-4　挖掘机、冶金设备、煤矿防爆液压绞车在线监测系统各有什么特点？

第 6 章　液压系统故障远程诊断与监测

6.1　概　　述

6.1.1　设备远程诊断与监测的概念

远程诊断系统是一个分布式控制系统，它基于监测设备、计算机网络及软件，实现对监测信息的处理、传输、存储、查询、显示和交互，以达到诊断专家无须到现场就可以完成对远距离发生的故障的诊断，并可以实现异地专家的实时协同诊断，其研究内容包括远程监测（Remote Monitoring）、远程诊断（Remote Diagnosis）、协同诊断（Consultation of Specialists）等几个主要部分。

设备的远程诊断系统是计算机科学、通信技术与故障诊断技术相结合的一种新的设备故障诊断模式。远程诊断系统的诊断对象是工业现场的生产设备。网上传输的是设备运行的状态信息及故障诊断所需的信息。

以下三个主要因素激发了基于 Internet 的设备远程监测与故障诊断系统的研究、开发和应用。

1. 增加了专家数量

进行诊断时，诊断者都需要根据设备当时的实际情况、现场的基本参数、使用实时数据进行分析和判断。但企业内部专业技术人员比较少，设备出现故障时专家又由于地域原因不能及时到位，往往会因为时间的延误造成巨大的经济损失。而采取远程诊断这种经济、简便的方法，通过计算机把现场数据及时送到专家手中，就可以像专家在现场一样准确、及时地做出判断，并采取有效措施解决问题。远程诊断系统通过网络沟通了管理部门、运行现场、诊断专家、设备制造厂之间的信息，积累和综合了各方面的经验知识，提高了故障诊断的准确率。

2. 在保证诊断性能的同时降低了系统成本

利用网络，可以缩短收集故障信息的时间，提高故障诊断的效率，降低维修难度与成本，减少意外停机时间，避免漏诊和误诊，大幅提高可靠性和平稳性。远程诊断综合了单机在线监测与故障诊断方式和分布式在线监测与故障诊断方式的优点，对每个机组分别配置一个数采监测系统，多个数采监测系统共享一个诊断系统。这样，既保证了监测的实时性（即使在诊断时也能保证不中断监测），又节约了监测诊断系统的成本。

3. 实现了诊断知识的共享，避免了知识的重复获取

在全球企业中，具有相似设备的企业经常分布在不同地区，它们完全可以使用相同的基于知识的诊断系统。在工作过程中，在一个企业中发现的新规则可能对于另一个企业完全是未知的，这将导致同样的知识获取过程要在许多不同的地区重复，时间被浪费了。而基于Internet的设备远程监测与故障诊断系统可以使不同的监测诊断现场与同一个诊断中心建立联系，所有的诊断信息都可由网络获得，使不同企业的用户共享同样的诊断知识，通过Internet可以搜集尽可能多的知识，只要获取诊断知识一次便可以使所有的企业都使用它。因此，它是一个完全开放的系统。利用诊断网络可在更高层次优化诊断维修系统，合理配置和调用各类资源；可以实现设备的异地协同诊断，使多个诊断系统服务于同一个设备以及多台设备共享同一个诊断系统，以弥补单个系统领域知识的不足，提高故障诊断的可靠性和智能化水平。

6.1.2 远程诊断系统的组成

大型机电设备的结构变得越来越复杂，其功能分布和地域分布具有分散性。远程诊断系统通过工业局域网把分布的各个局部现场独立完成特定功能的本地计算机连接起来，从而实现资源共享、协同工作和分散监测，再基于Internet计算机网络系统实现远程操作、管理和诊断。远程诊断系统的控制面向多元化，对象面向分散化，其分散式控制系统由现场设备、接口与计算机设备以及通信设备组成。

1. 系统构成

为实现设备的远程诊断，系统必须具备的功能如图6-1所示。

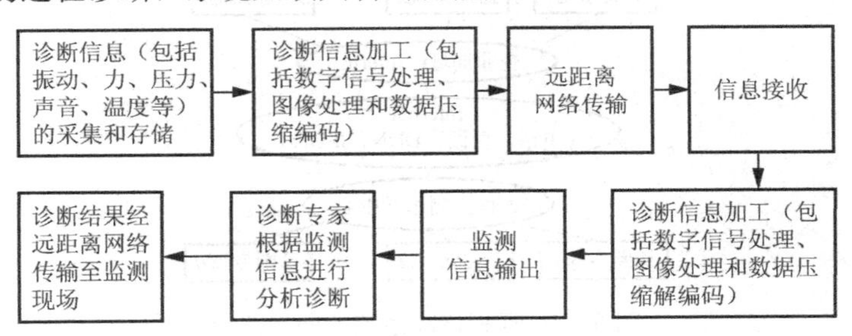

图6-1 设备远程诊断系统功能

诊断系统由硬件、软件和诊断人员组成。

2. 远程诊断系统的硬件

远程诊断系统的硬件指故障检测手段，通常是完成诊断信息的采集、处理、分析和判断的仪器装备。

远程诊断系统中监测部分的硬件包括各种测量传感器、测量仪、带通滤波器、放大器、模数转换器、计算机、显示记录装置、分析仪、打印机、报警器等。

信息处理部分的硬件有编/解码器、摄像机、显示器、扬声器、话筒、音频合成器及录制设备。

传输部分的硬件包括组成传输通道和现场监测系统的信息转换接口，其中有切换、放大、调制解调接口、图像处理等设备。传输通道包括切换设备及电缆、光纤、微波、卫星等。

另外还有网络管理部分的设备，将系统与上述硬件组合在一起的部分也是必不可少的。

3. 远程诊断系统的软件

远程诊断系统的软件包括状态监测与信号分析软件、信息处理软件系统、多点控制单元，以及协同诊断正常进行所需要的网络管理软件与数据库等。

4. 远程诊断系统的诊断人员

诊断人员包括机器日常运行操作人员、维修人员和专业诊断人员。由于移动的是数据而不是人，所以远程专业诊断人员选择范围更大，诊断时间更少，诊断结果更可靠。诊断系统中的人员可根据诊断任务的复杂程度和现场条件，进行合理搭配。

6.1.3 远程诊断系统的网络体系和运行模式

1. 远程诊断系统的网络体系

如图 6－2 所示为远程诊断系统的网络体系。现场监测是这一系统的起点，它完成对设备的实时监测和监测信息的采集、存储及处理，监测信息经处理后变成可以进行远距离网络传输的形式。远程监测诊断中心为某一领域或单位的故障诊断专家组成的虚拟诊断中心，它对异地传输来的监测信息进行处理、分析，综合各专家意见，得出诊断结果并给出对策，通过网络反馈至现场指导问题的解决。诊断专家可以是人，也可以是故障诊断专家系统。

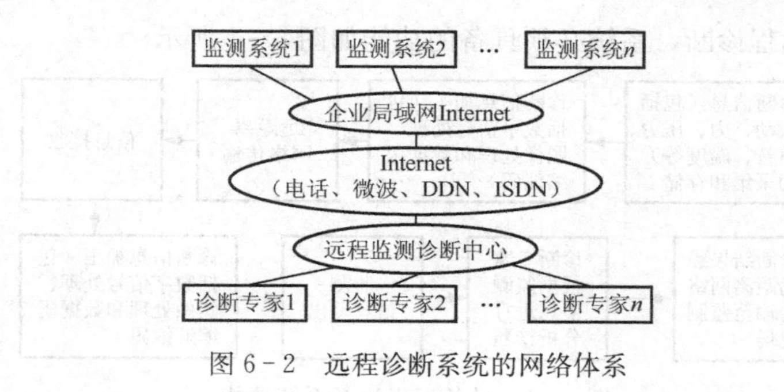

图 6－2　远程诊断系统的网络体系

2. 远程诊断系统的运行模式

远程诊断系统的运行模式一般分为两种：实时诊断和电子信函诊断。

① 实时诊断：专家通过视频会议系统与其他专家及现场监测人员一起进行实时讨论，根据需要实时监测，然后给出诊断意见。

② 电子信函诊断：会诊时，专家以现场监测系统传输过来的信息为依据进行分析判断，然后以电子信函的形式将诊断结果反馈至监测现场。

6.1.4 远程智能故障诊断系统关键技术

1. 分布处理技术

通过 Internet 架构远程诊断系统，以达到资源共建共享、协同服务、分散监测、集中管理与诊断的目的。基于 CORBA（Common Object Request Broker Architecture）规范的分布式系统具有良好的可扩展性、可移植性、跨平台分布性，以及良好的容错能力、实时性和可靠性，集各种操作系统平台和各种开发语言的优点于一身。EJB(Enterprise Java Beans) 技术定义一组可重用的组件 Enterprise Beans，利用它可以像搭积木一样建立分布式应用程序，实现信号处理的各种功能，如 FFT 频谱分析、小波变换、时序建模等。

仅仅依靠一种诊断方法或单一研究群体已经很难满足故障诊断的要求，多 Agent 技术的应用为故障诊断的发展提供了可能。基于多 Agent 技术的故障诊断系统实现了多诊断方法、跨地域异构系统之间的诊断集成，还可以实现诊断信息的交换和共享，为诊断精度的提高提供了一条有效途径。

移动 Agent 技术是继 CORBA、EJB 后分布处理的关键技术。移动 Agent 技术通过将服务请求 Agent 动态地移动到服务器端执行，使得此 Agent 较少依赖网络传输这一环节而直接面对要访问的服务器资源，从而避免了大量数据的网络传输，降低了系统对于网络带宽的依赖。另外，可以创建多个 Agent，形成并行求解的能力。此外，移动 Agent 还具有自治性和智能路由等特性。

2. 数据库技术

Web 数据库，即将 Web 服务器与连接数据库功能融合起来。在这种环境下，用户通过浏览器访问操纵（检索、插入、修改等）数据库更方便、更快、效率更高。融合的主要方法有下列几种。

(1) Web 应用编程接口，即 Web API(Application Programming Interface)。它是利用 Web 服务器的 CGI(Common Gateway Interface) 机制而配备的与特定数据库相连的程序库。这种方式非常便于将原有的数据库与 Web 服务器集成起来。

(2) 通过使用开放数据库连接（Open Database Connectivity，ODC)，API 在 SOL 服务器和 Internet 间检索和传递信息。

(3) JDC（Java Database Connectivity）技术，是针对 Java 环境的数据库 API，其功能类似于 ODC，其应用的最大优点就是平台和环境的无关性。JDC 使应用程序可通过不同的驱动程序及新的 Java API 对象和方法连接各种数据库。它还提供了操作数据库中的对象信息的各种对象和方法。

3. 虚拟现实技术

虚拟现实技术可以帮助人类诊断专家通过其高度逼真的人机界面，有效地进行故障诊断，有利于远程异地专家会诊的实现和提高故障诊断的可靠性。现在应用较广的是基于 LabVIEW 等组态软件的网络功能，使用浏览器、Data Socket 技术或底层传输协议编程进行网络监控。另外，为了减少网上图像数据的传输量，提高数据传输速率，利用 VRML（Virtual Reality Modeling Language）技术，制作设备仿真的三维图形，并利用它的动画及交互功能使三维程序能够根据人和传输信号的控制，产生相应的运动变化，从而虚拟出现场的工作流程和工作状态。

4. 信息处理技术

信息处理技术是设备故障诊断技术的关键，也是理论研究的热点之一。滤波技术、频谱分析技术是传统的信号分析方法。近年来出现的自适应滤波技术、小波分析技术等，大大丰富了信息处理的内容。以频谱分析为例，小波分析、局域波分析、基于分形几何的分析法、基于模糊技术的方法这4种是近几年才发展起来的，都是对设备故障诊断技术的重大推动。

5. 信息融合技术

应用信息融合技术可实现故障的综合诊断，信息融合的基本功能是相关、估计和识别。目前信息融合的主要算法有：基于物理模型的识别方法、基于特征的推理技术和基于认知模型的识别方法。基于物理模型的识别方法有模拟、估计、Kalman、最小方差和最小平方法等。基于特征的推理技术通过把数据投影到一个已经说明的实体来完成分类和辨识。其中，参数化方法有经典推理、Bayes推理、D-S证据推理等；信息论方法有参数化模板、人工神经网络、聚类算法、投影方法、优化图解、模式识别、相关性度量、熵度量等。基于认知模型的识别方法是对于人脑的自动决策过程的模拟，目前主要有逻辑模板、基于知识的专家系统和模糊集合理论等。

6.1.5 国内外研究历史、现状及发展动态

远程诊断最早用于医学领域。20世纪50年代末，美国学者Wittson首先将双向电视系统用于医疗，是最初的远程诊断。工业领域远程诊断工作起步较晚。1997年1月，美国斯坦福大学和麻省理工学院联合主办了首届基于因特网的工业远程诊断讨论会，讨论了远程诊断系统连接开放式体系、诊断信息规程、传输协议以及对用户的合法限制等。20世纪末，许多大公司在产品中加入了因特网功能，如BENTLY公司的计算机在线设备运行状态监测系统Data Manager 2000、National Instruments公司的LabVIEW等。进入21世纪，信息与通信技术的全球化快速发展，有力推动了机械设备智能化远程协同诊断维护技术的进步。近年来，美国南部电力公司、Iniand钢铁公司等都发展了各自的状态监测诊断网络，即远程诊断系统。

国际上，Hedjazi Djalal等开发了一个柔性、互动、互相支持的远程维护系统，具有诊断、维修和控制等功能。各学科专家可协同诊断设备某一个故障。Tousi M. M. 等提出一种无人驾驶机队远程混合故障诊断模式，用于协同检测机队故障。该系统包括低层（代理层）和高层（机队层）故障诊断单元。高层确定故障位置，低层对故障分类。Tsai Y. T. 开发了一种基于案例推理（CBR）的注塑机故障诊断系统。网络化的诊断系统采用故障树分析方法（FTA）和信息流分析技术确定故障和显示症状，通过案例相似度计算故障与症状之间的相关性。Önder Uluyol探索了汽轮机故障诊断的神经网络的方法。Micaela Caser Magro等应用粗糙集理论进行故障诊断与预测维修。Ali Kamrani研究了基于遗传算法的机械故障诊断的方法。Klaus Julisch与Jung Yoon Hwang等提出将聚类方法应用于事件序列进行系统故障源分析的方法。Azadeh A. 开发了泵故障诊断模糊推理新型系统。

在国内，张永超与魏秋月等通过对液压温度、油压和流量3种信号进行采集、控制和远程发送接收，为液压系统远程在线监测提供了方法。贺湘宇与何清华提出了基于灰色理论针对液压系统多网络模型的故障诊断方法。王学孔、陈章位与陈家焱研究了轧机液压设备远程监测与故障诊断技术，对监测与诊断系统的结构以及实现过程中的B/S模式、网络诊断技术等关键技术进行了详细的分析。黎洪生、刘苏敏与李震宇设计了抽油机远程控制及故障诊断系统，采用无线网络通信技术和分级神经网络算法对抽油机各种电动机参数进行实时采集，判断抽油机工作状态，及时给出预警信息。李盘靖面向e维护模式下复杂装备诊断问题，以柔性制造系统（FMS）为对象，对远程协同故障诊断进行了研究，主要包括远程协同诊断体

系结构、关键支撑技术、系统实现及工程应用等多个方面。吴宗彦对基于网格的远程故障诊断系统的理论、系统架构、资源建模、任务管理与资源调度、知识获取与表达方法等问题进行研究。张铮以粗糙集理论为基础，对复杂设备的故障信息系统，特别是不完备、不协调决策信息系统的属性约简、规则获取及规则发现进行了理论研究。

液压系统诊断与监测技术开发的方向是远程、协同、柔性、互动、实用。

国内外的研究现状表明，远程智能故障诊断的研究还处于初级阶段。未来的研究工作应围绕以下几个问题展开。

（1）建立通用的分布式诊断分析、数据测试、共享软件等一系列标准方面的研究。

（2）数据仓库技术和数据挖掘技术的深入研究。

（3）基于虚拟专用网技术（Virtual Private Network，VPN）的智能故障诊断技术的研究。

（4）分布式设备故障的共性、诊断对象的封装、诊断任务的分解以及诊断 Agent 的智能分配的研究。

（5）高效的粗糙集信息处理方法及并行结构体系的研究。

（6）片上系统（System on Chip，SoC）技术与多 Agent 系统（Multi-Agent System，MAS）的融合技术研究。

（7）嵌入式诊断 Agent 技术的研究。

（8）数据的压缩与解压缩技术，保证数据传输安全以及基于 Web 的分布式数据库的设计与实现方面的研究。

（9）智能支持与决策系统的研究。

（10）基于人工免疫原理的故障诊断与维护的研究。

6.2 液压故障远程智能诊断

远程设备故障智能诊断需要结合 Internet 技术、通信技术与机械设备故障诊断技术、人工智能技术。

6.2.1 概述

远程诊断技术可充分利用各方资源，以更高的速度建立起更加精准、更加完备、更具活力的智能诊断系统。

1. 液压故障远程智能诊断方法

1）基于神经网络的诊断方法

人工神经网络（ANN）基于数值和算法，并且具有联想、容错、记忆、自适应、自学习和处理复杂多模式等优点；不足之处是不能解释自身的推理规则，对未训练过的新颖故障不能给出正确的诊断结论。ANN 应用于故障诊断主要有三个方面：信号预处理，如特征提取等；模式识别；知识处理，如专家系统中的知识获取、表示与利用。常用神经网络的结构有 ART（自适应共振理论模型）、BAM（双向联想记忆）、HNN（Hopfield 神经网络）、BCM（Boltzman-Cauchy 机）、CNN（细胞神经网络）、RBF（径向基函数网络模型）、MLP（多层

传感器)、BP（误差反向传播模型）、FNN（模糊神经网络）等。同时神经网络多与其他方法相结合用于设备的智能故障诊断，如与专家系统、小波分析、模糊逻辑、知识发现等相结合。

2）基于模糊推理及模糊数学的诊断方法

将模糊数学作为实现不精确推理和模糊性决策的重要工具，并利用知识库和参数数据库进行诊断系统的设计。该方法的优点是：在设备故障的综合性方面，其概括能力更强、更切合判断逻辑；模糊理论是建立在可能性基础上的，对于异常状态的可能性进行评估并制定对策，给出属于各种故障的置信度，更利于进行现场诊断；在减少监测仪器的同时，充分利用设备说明书中的故障对策表进行诊断，有助于提高诊断的准确性。

3）基于遗传算法的诊断方法

基于遗传算法的智能故障诊断的主要思想是利用遗传算法的寻优特性，搜索故障判别的最佳特征参数的组合方式，采用树状结构对原始特征参数进行再组织，以产生最佳特征参数组合，利用特征参数的不同最佳组合进行设备故障的准确识别，其识别精度有了很大的提高。其基本点是将信号特征参数的公式转化为遗传算法的遗传子，采用树图来表示特征参数，得到优化的故障特征参数表达式。

4）基于诊断 *Agent* 的诊断方法

Agent 有 4 个最基本的特性：反应性、自治性、面向目标性和针对环境性。诊断 Agent 在诊断功能上是一个相对独立的实体，能够独立地完成相应的诊断。诊断 Agent，拥有自己的用户接口界面、与被诊断对象适应的数据采集器、诊断知识库等功能模块。

以基于 BDI（Belief，Desire，Intension）的诊断 Agent 为例，其体系结构如图 6－3 所示。具体诊断时，用户通过用户接口，向 Agent 提出诊断请求，同时将观察到的故障现象以及利用传感器测得的参数提交到初始数据库，形成 Agent 启动的初始证据。Agent 在推理机的作用下，不断查阅知识库，获得最终的结论。

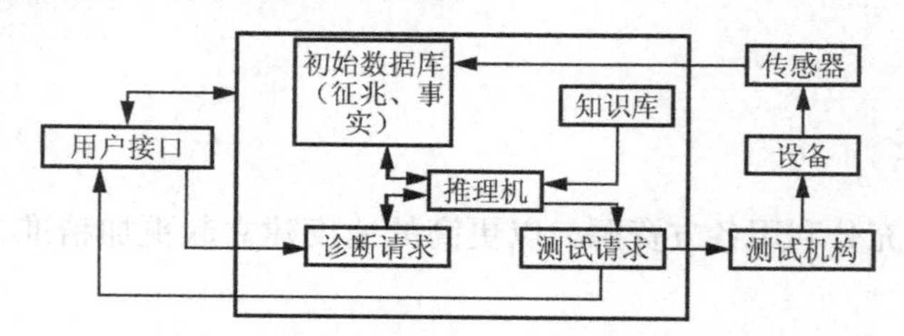

图 6－3　基于 BDI 的诊断 Agent 的体系结构

Agent 还可以根据自身及环境变化提出测试请求，测量后获得新的证据。另外，各诊断 Agent 与管理 Agent、仲裁 Agent 等组成多 Agent 智能诊断系统。这种以被诊设备结构为参照建立的多 Agent 诊断系统，具有结构清晰、中心控制相对简单（只需要完成必要的协调任务）、易于实现、结构可随设备动态调整等优点。缺点是 Agent 一旦设计完成，其诊断功能就固定了，不便于动态引入新的诊断方法。

2. 网络背景下液压系统故障诊断知识获取问题

在智能诊断中，诊断知识（各类规则、判据、算法等）的获取一直是个瓶颈。诊断专家知识最初来源于人工诊断的积累。单台液压设备本身故障次数有限，维修人员及诊断活动少；不同阶段和不同环境下设备故障的因果关系也不同。这导致知识库建立困难，诊断知识难以符合实际，诊断误差大。

智能诊断系统不可能一开始就建立起包括所需全部知识的数据库，只能在使用过程中，逐步追加不断出现的新的故障案例及数据。智能诊断知识要在实际故障诊断中通过学习机制改进与优化，逐步接近实际。单台设备故障次数有限，仅通过其本身案例进行学习和知识积累，这个过程一定很长。

上述问题是智能诊断技术实用性差、难以推广应用的重要原因。

在远程协同诊断的条件下，可较方便地从其他智能诊断分支或节点获得知识，可以同时收集多个同类或近似装备（液压系统或元件）的故障诊断知识，及时更新和完善装备故障诊断知识库，以有效提高其诊断智能与诊断能力。无论是初始构建知识体系，还是知识的修正，可供参考、借鉴的数据、案例等都大大增加，有利于归纳出新的知识，由此克服知识获取的瓶颈。

网络背景下多途径知识获取与学习机制有：①基于设备自身故障及诊断活动的学习与参考借鉴类似设备故障及诊断活动的学习相结合；②协同诊断层设立案例归纳和典型化机制，将不同设备发生的同类故障及诊断维修活动概括为典型案例，典型案例作为新知识又不断地补充到各智能诊断体知识库。通过这些措施实现液压系统故障知识库的快速构建与持续优化。

3. 液压系统多方诊断协调管理问题

所谓协同，就是协调两个或以上不同资源或者个体，使它们协同一致地完成某一目标的过程。协同的结果是系统的有序和优化。协同诊断就是多个诊断智能体或专家通过协调和协作完成设备故障诊断任务，从而达到增强诊断功效和提高诊断精度的目的。协同诊断包括诊断任务分解、各诊断方诊断结论的信息融合等内容。

对于系统诊断任务分解，一般按对象结构分解，也可按技术方法分解。装备中多种故障类型的并存、不同诊断对象的多种诊断方法的并存、各协作方故障诊断系统的共存等，需要一个集成各种诊断方法的平台。对于多诊断智能体返回的诊断结果引发的冲突与合作关系，则需要做决策融合。

液压系统远程协同诊断涉及多方，可分成三类：①用户方，包括设备（诊断对象）使用维修方、单位（基地）维修管理方、同类设备使用维修方；②供货及售后服务方，包括设备供货方、各类液压元件供货方；③专项服务方，包括振动测试诊断服务方、油液测试诊断服务方、业内专家等。

各方在故障诊断中不是简单组合，而是共同构成一个协调一致的有机的整体。这要求整体诊断协调管理系统具有以下作用：①确定各方职责，根据具体情形合理分配各方任务；②综合各方诊断出的结论，进行进一步的诊断，得出更加明确具体的结论；③当不同诊断方得出相互矛盾的结论时，对其评判并做出正确的选择；④将诊断的结论与故障实际情况进行比较，根据误差对整体诊断管理系统本身进行改进；⑤对各方诊断结论误差进行评判，根据误差对相关诊断系统进行改进，同时通过归纳学习实现新知识的获取。

根据整体优化的原则，基于多 Agent 技术的液压系统故障远程协同诊断协调管理问题，重点是任务分配与各方诊断结论的信息融合问题。构建以单位（基地）维修管理方为中心的远程协同诊断系统，有序整合所辖各液压系统用户方、各供货及售后服务方、各专项技术服

务方的资源，可达到大幅提升诊断能力的目的。系统由多个诊断 Agent 和控制 Agent 组成，每一个诊断 Agent 具有各自的诊断方法和知识体系。控制 Agent 协调控制各个诊断 Agent 的行为和诊断 Agent 之间的通信协调，还负责各诊断 Agent 诊断结论的融合处理。

6.2.2 *Agent* 技术在远程故障诊断中的应用

1. 诊断维护 Agent 模型

诊断维护 Agent 在整个故障诊断系统之中处于重要的核心地位，将慎思 Agent 和反应 Agent 相融合，引入基于目标 Agent 的思想，构成混合 Agent 以进行故障诊断与维护。慎思 Agent 的符号算法一般是按理想的、可证明的结果设计的，经常导致高复杂度，同时其规划优化对于非故障情况下设备的预防监测有很大的优势。在动态环境下，对于故障诊断在一定准确度的前提下要求快速反应，比规划优化更重要，因而反应 Agent 更适合于进行紧急故障诊断。因此，将两者结合的混合结构更适合于设备的状态监测与故障诊断维护，如图 6-4 所示。

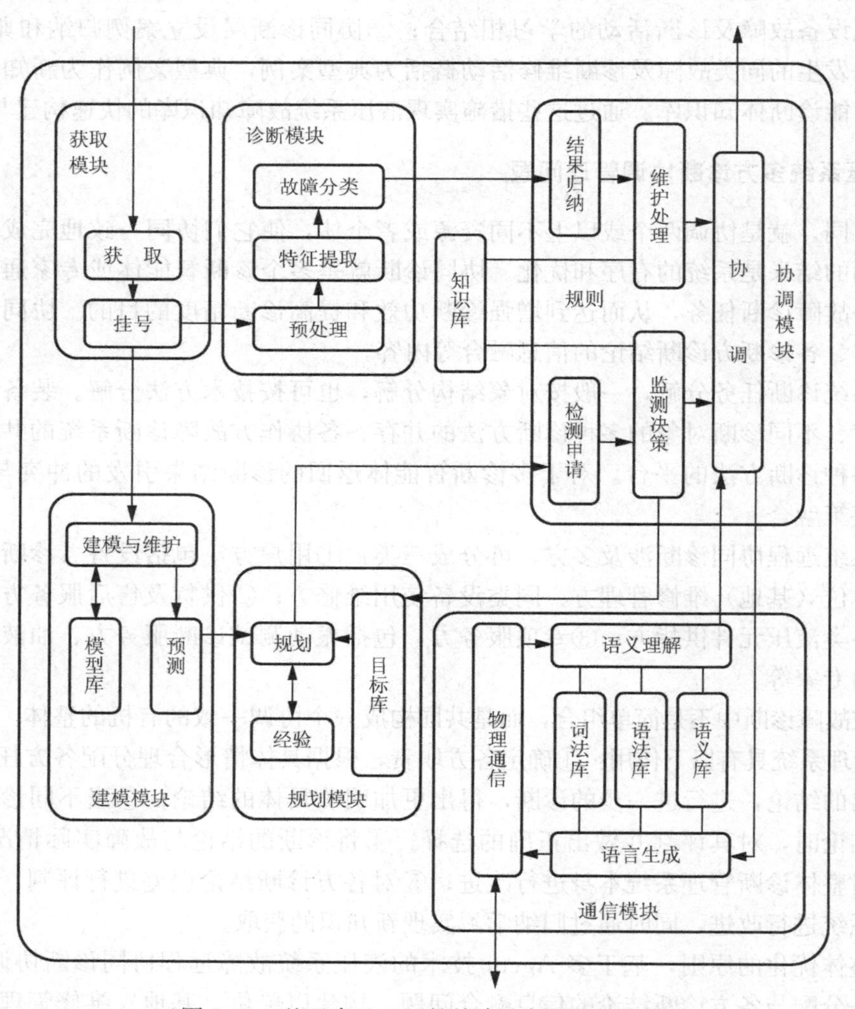

图 6-4 基于多 Agent 的故障诊断系统结构图

根据诊断维护 Agent 各部分的功能，可将其分为获取模块、诊断模块、协调模块、通信模块、规划模块、建模模块和知识库等，具体模块功能如下。

(1) 获取模块：对数据处理 Agent 提供的信息进行提取，并且分情况对其进行处理。

(2) 诊断模块：对非正常信号进行预处理，产生时、频域特征参数，对其进行特征提取，进而采用支持向量分类机对故障进行识别，并确定其置信度。

(3) 协调模块：根据知识库的监测规则，产生监测目标序列；根据知识库的故障与维护知识，确定维护行为序列；协调各模块工作，进行冲突检查和消解；及时对目标库和知识库进行更新与维护。

(4) 通信模块：根据语义库、语法库和词法库对通信语言进行理解和生成，以便与其他 Agent 进行交互与协作。

(5) 规划模块：对提供的可能故障及其置信度，根据经验库和目标库规则生成近期的监测目标参数序列，并给其赋予优先级。

(6) 建模模块：通过学习，维护和更新 Agent 对设备建立的模型，并且对当前的信息和模型进行近期预测，提供给规划模块。

2. 远程智能故障诊断的应用

液压泵是液压系统的心脏，当柱塞泵发生故障时，其振动信号往往出现相应的时频特性的变化，及时准确地予以捕捉分析，是及时发现故障，从而采取相应对策，避免出现重大损失的先决条件。

1) 模拟故障

轴向柱塞泵是大型机械设备液压系统的主要动力源，而空吸与松靴是该类泵的两种主要故障。齿轮泵与叶片泵的故障诊断已获得初步成绩，而柱塞泵的故障诊断仍无较好效果。轴向柱塞泵的振动源由机械振动与流体引起的振动两部分组成。机械振动主要由柱塞缸体旋转带动大轴承产生。流体振动一部分为缸体的柱塞腔从低压区到高压区，又从高压区到低压区时产生的冲击而引起的周期性振动。该冲击振动基频为柱塞数与转速的乘积，频率主要在0～2000Hz范围内。流体振动的另一部分是泵在吸油时，由于困油或吸空产生空穴现象，空穴产生的气泡在高压腔被压破而产生的高频振动，频率可高达 20000Hz。这两部分流体振动传导到轴向柱塞泵壳体。当有脱靴或松靴故障时，液压泵振动信号的时域波形和频谱均有明显的变化，峰值较大。当松靴故障发生时，被试泵的总能量增加，其故障谱的特征为 0～1000Hz 频段出现特征谱峰。在工作压力为 2MPa 时，松靴故障状态下该频段能量是正常状态下的 3 倍。

模拟单柱塞脱靴故障，将主溢流阀压力调为 2MPa，电动机调至额定转速 1500rpm，对系统中液压泵泵壳的振动信号进行了采集，在采样频率为 1000Hz 的情况下，数据点数为 1000 点，采样时间为 0.1s。

2) 数据采集

首先对数据采集片进行通道设置，通过 LabVIEW 提供的测量和自动化资源管理器 (Measurement & Automation Explorer，MAX) 实现。将 PCI—6024E 数据采集片插入计算机主板的 PCI 插槽，则在 MAX 窗口的装置与接口 (Devices and Interfaces) 目录下自动显示 PCI—6024E。双击该设备，弹出一个窗口，其中给出了定义的设备号和序列号。现将设备号设置为1，在数据邻居（Data Neighborhood）目录下，新建虚拟通道。LabVIEW将一条实际存在的物理通道和用户需要的特性设置结合在一起，即组成一条虚拟通道。LabVIEW系统根据用户对虚拟通道属性的设定，将采集到的信号自动转换为指定单位和范围内的数字，在VI中直接使用的为转换后的数字。

然后设置加速度信号的虚拟通道属性，选择通道类型为模拟输入（AI），通道名为a，信号类型为电压，使用单位为V，显示范围为－10～＋10V，显示范围对应的物理值范围为－10～＋10V，显示方式为无比例显示。设备为Dev1：PCI—6024E。通道号为0（ACHO），对应端子板上号码为33，模拟输入模型选为单端参比（Referenced Single Ended）。信号地线接到AIGND，端子板上号码为32。开始采集原始振荡信号，即获得原始信号，如图6-5所示。

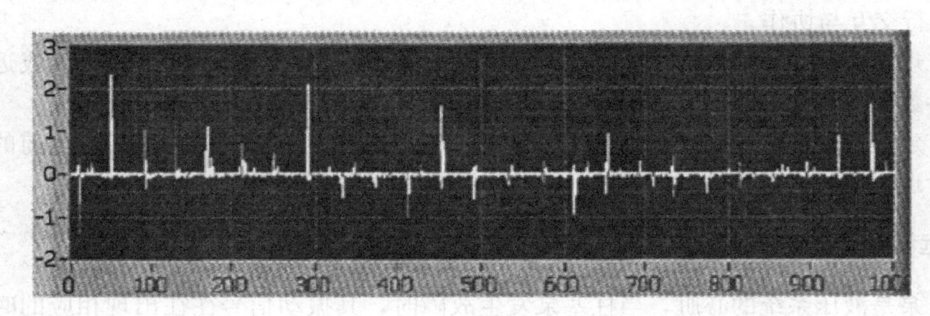

图6-5　原始信号

3）信号除噪处理

一般情况下，根据非平稳振动信号时频域的变化特性，可以得到确定小波基所遵循的4个条件：具有紧支集，连续可微，有N阶消失矩，具有对称性。Daubechies小波基系列是典型的具有紧支撑性的小波基，其他几大类，如双正交Biorthogonal小波基系列、Coiflets小波基系列、Symlets小波基系列都是由Daubechies小波基系列推广、引用得到的。因此，以Daubechies小波基系列作为除噪的小波基。选择db5进行6层小波包分解，对采集到的原始信号进行除噪处理，从而获得除噪后的信号，如图6-6所示。

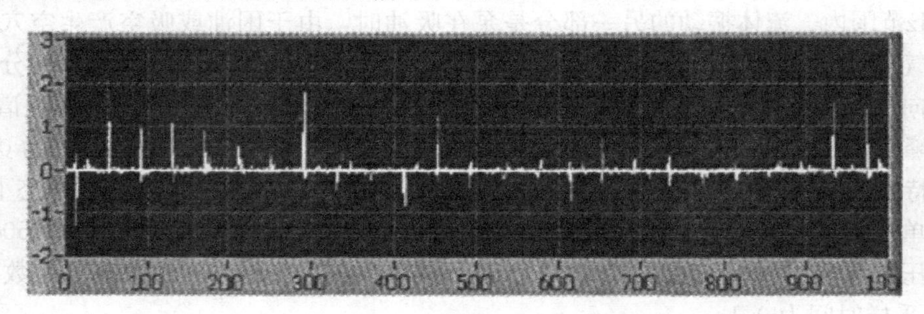

图6-6　故障状态除噪后信号

4）故障特征提取

由于是在采样频率为1000Hz的情况下进行的数据采集，当采用db5小波进行6层分解时，可以获得各层高频细节（d1～d6）及低频逼近（a6）所对应的频带，参见表6-1。将此应用软件界面中的特征提取设置为“ON”，在“特征显示”窗口显示相应的特征向量，如图6-7所示，其分别对应的是 d1、d2、d3、d4、d5、d6、a6 能量占总能量的百分比，以便用于后续的远程诊断。

表 6-1　分解系数对应的频带

系数	频带（Hz）	系数	频带（Hz）
d1	250～500	d5	15.63～31.25
d2	125～250	d6	7.81～15.63
d3	62.5～125	a6	0～7.81
d4	31.25～62.5		

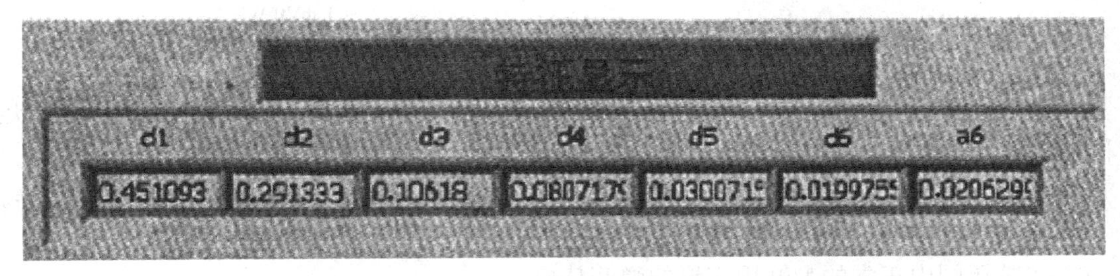

图 6-7　故障信号特征显示

5）故障诊断结果

运用基于 SVM 的诊断 Agent 进行远程智能故障诊断的过程如下：登录远程诊断中心网站，并选择远程诊断功能，或直接登录远程诊断功能网页，填写已有用户名 ODBC 及密码为空，输入设备名称为 mcy14b，采样频率为 1000Hz，特征向量为 [0.451　0.291　0.106　0.081　0.030　0.020　0.021]，然后开始诊断，系统调用 diagnosis.jsp 进行数据库访问、诊断计算及决策，完成远程故障诊断，并获得故障诊断结果为“您好，设备当前运行不正常，为脱靴故障”。

6.2.3　基于虚拟仪器的液压元件远程故障诊断

将虚拟仪器和网络技术结合起来，使虚拟仪器拓展到网络测控应用环境中去，对于丰富测控手段、提高测控效率、充分合理地利用有效资源都有着很好的作用。以 LabVIEW 软件为开发平台，选择系统所需要的传感器、数据采集卡，构建了一个液压系统的远程诊断系统。该系统不仅结构简单，而且可以快速、准确地获取各种液压元件的振动位移信号，实现对测量数据的管理、分析以及远程诊断。由于一般情况下，振动信号都会受到噪声的干扰，影响数据的分析，所以采用可以抑制噪声干扰的高阶累积量建立时间序列自回归模型（Autoregressive，AR），进行双谱分析，提取双谱特性，从而提出一种切实可行的液压元件远程故障诊断方法。

1. 系统方案

采用 NI 公司的虚拟仪器来构建液压元件的远程测控系统。硬件有计算机、PS—3030D 直流电源（固纬电子有限公司）、ST—1—03 型非接触式电涡流位移传感器（北京昆仑海岸公司）、数据采集卡 PCI—6014 以及接线端子 8LP（NI 公司），实验对象是液压系统中的液压元件。

如图 6-8 所示为远程诊断系统的原理图。

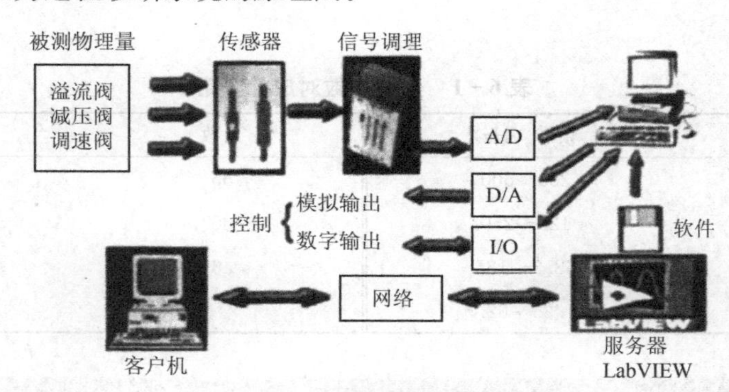

图 6-8　远程诊断系统原理图

在实验过程中，为溢流阀、调速阀、减压阀分别设置了不同的故障，并采集了正常状态下和故障状态下的振动数据。其中故障分别如下：

① 将溢流阀主阀芯的阻尼孔穿上一根细导线，导线横截面积略小于阻尼孔横截面积的一半。

② 将调速阀内的圆柱体铁芯拿出，并将正常的弹簧用变形的弹簧替换。

③ 将减压阀内正常的弹簧用变形的弹簧替换。

2. 基于 LabVIEW 的远程通信

LabVIEW 考虑了数据的网络化要求，不仅包括了传统的网络化通信技术，还提供了专门为测试技术实时传送而设计的 Datesocket 技术及相应的组件。使用 LabVIEW 的 Web 服务器可以在网络上发布程序的前面板的图像和 HTML 文本以提供本地和远程计算机浏览，对程序进行远程控制。

使用 Web 服务器在网络上发布 vibration. vi 程序，实现了远程通信功能，其详细过程如下。

1) *Web Server* 设置

在程序中，选择菜单命令 Tools Options 进行相关的 Web Server 设置，具体选项如下。

(1) Web Server Confincuration——Web 服务器的设置，选择 Enable Web Server，启动 Web 服务器。

(2) Web Server Browser Access——浏览器访问的设置，在对话框右侧的列表中填写所要添加计算机的 IP（添加 210. 34. 250. 240）地址和计算机名。

(3) Web Server Visible VIs—程序可见设置，在对话框右上方添加程序名，然后单击 Add 来添加想发布的 VI 程序（本实验添加 vibration. vi），填写 * 号表示发布所有计算机内存中的 VI 程序。

2) *HTML* 文件的发布

(1) 创建 HTML 文件的方法。

通过 Tools Web Publishing Tool 菜单打开网页对话框。在 Document Title 中填写文件标题，Header 中填写头文件，Footer 中填写文件尾，VI Name 中填写程序名（注意必须是英文程序名），然后单击 Save to Disk 按钮，弹出 Document URL 对话框，选择 Connect 完成 HTML 文件的创建。

（2）浏览 HTML 文件。

浏览 HTML 文件时，需要发布程序的计算机运行 Web 服务器，并且将发布的程序设为可见。浏览者必须安装 LabVIEW 程序。查看 Web 网页需要有正确格式的 URL。例如，http://210.34.250.168/vibration.htm 表示发布网页计算机的 IP 为 210.34.250.168，HTML 保存的文件为 vibration.htm。一个程序可以发布多个不同的网页，各个计算机可以同时浏览同一个网页。

（3）HTML 文件的远程控制程序。

通过远程控制的菜单进行控制权的切换。在控制菜单中选择 Request Control of VI 选项，就可以获取控制权；同样选择 Release Control of VI 选项，就可以返回控制权。如图 6-9 所示，就是一个成功链接 IP 为 210.34.250.168 的计算机所发布的 vibration.vi 程序图。

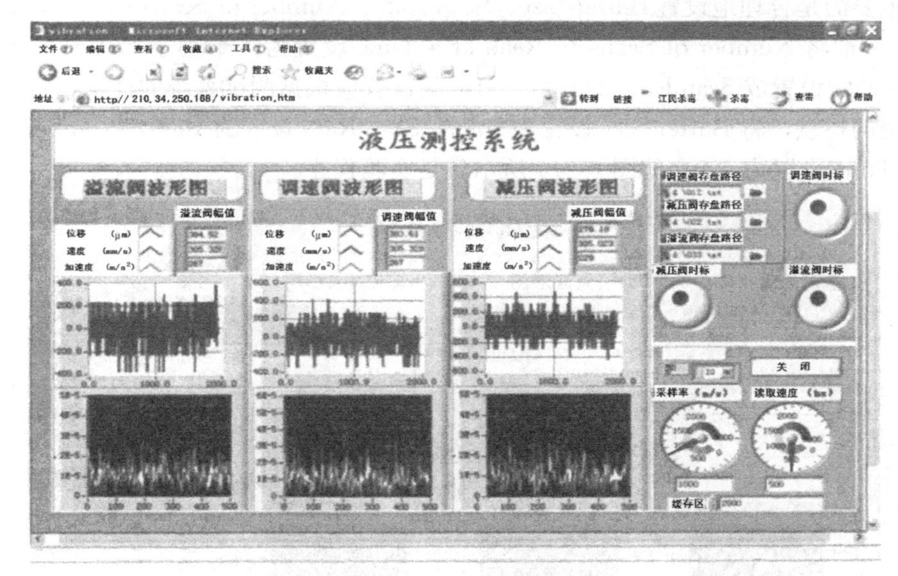

图 6-9 远程链接图

3）前面板远程链接

通过前面板远程链接的方法可以监测远程计算机的一个程序前面板，甚至完全控制一个程序的运行。进行前面板远程链接的方法是在任何一个程序中选择 Operate—Connect to Remote Panel 命令，弹出对话框，填写正确的 IP 地址和 VI Name 之后选择 Connect 就可以实现前面板的远程链接。前面板链接对话框如图 6-10 所示。

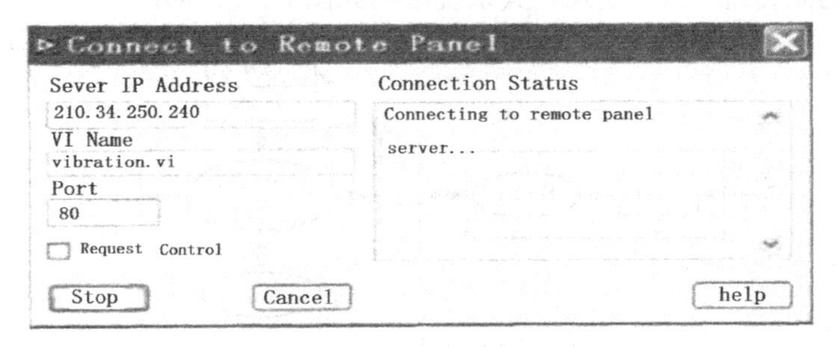

图 6-10 前面板链接对话框

3. LabVIEW 编程及数据采集

1）LabVIEW 编程

本实验的编程步骤如下。

（1）选择 AI Continuous Scan VI 来进行连续的数据采集。使用 AI Continuous Scan VI 不仅可以配置硬件信息，具有较高的开放性和开发效率，且使 VI 程序更加简洁直观。

（2）建立一个单边 Fourier 变换子 VI。在实现单通数据连续采集信号之后，对采样信号进行滤波，然后进行单边 Fourier 变换求出信号的频谱。

（3）采用 Write Characters To File VI 对采集的信号进行存盘。对于一个连续的数据采集过程，最重要的是合理地设置 Buffer Size、Scan Rate、Number of Scans to Read at a Time 这 3 个参数。一般将 Number of Scans to Read at a Time 设置为一个小于 Buffer Size 的值，而 Buffer Size 通常设置成 Scan Rate 的两倍。具体的设置应根据测试系统的情况而定。本实验根据测试系统的特点，将 Buffer Size 设置为 2000，Scan Rate 设置为 1000，Number of Scans to Read at a Time 设置为 500。如图 6 - 11 所示就是实验程序。

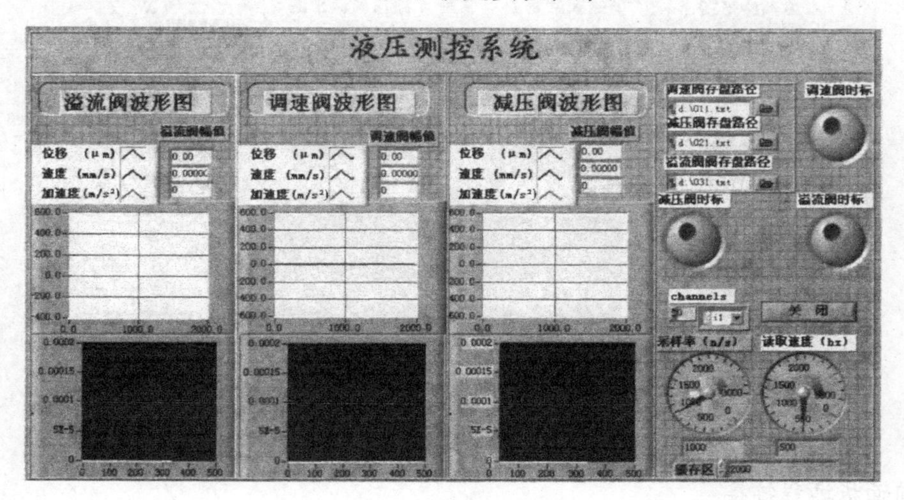

图 6 - 11　实验程序

2）数据采集

数据采集就是将电压、电流、温度、压力等物理信号转化为数字量并传递到计算机的过程。本实验采用的是传统 DAQ 模式，其系统结构如图 6 - 12 所示。

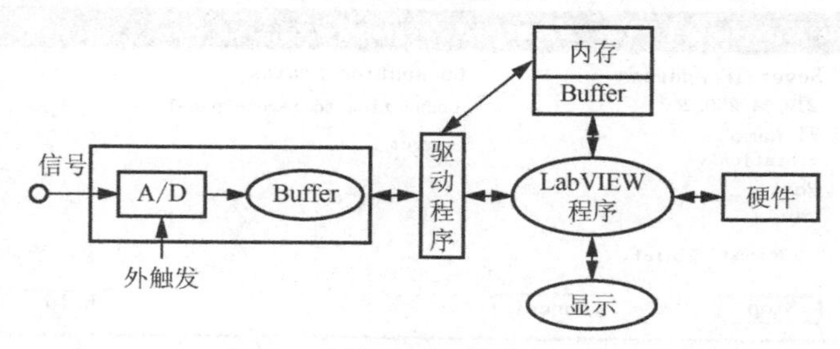

图 6 - 12　DAQ 系统结构图

基于虚拟仪器的测试系统，其典型的硬件结构为：传感器→信号调理器→数据采集设备→计算机。实验首先采用非接触式电涡流位移传感器获取液压元件的振动信号，通过电荷放大器和 PS—3030D 直流电源对传感器所取得的电信号进行调理，然后以差分的形式将信号接入接线端子，最后通过数据采集卡将信号传入计算机，实现数据的自动采集过程。

为了消除液压阀受到的高斯白噪声的干扰，采用高阶累积量来建立信号的自回归模型，进行双谱分析。

4. AR 双谱

在通常情况下，液压阀阀体工作时的振动信号 $x(t)$ 受到零均值的白噪声 $a(t)$ 的干扰。$x(t)$ 的三阶累积量函数为

$$C(m, n)=E\{x(t)x(t+m)x(t+n)\} \tag{6-1}$$

式中，m 和 n 为滞后量。

考虑到：

$$E\{a(t)a(t+m)\}=\sigma_0^2\delta(m) \tag{6-2}$$

$$E\{a(t)a(t+m)a(t+n)\}=\gamma\delta(m, n) \tag{6-3}$$

$$E\{x(t-m)a(t)\}=0, \ m>p \tag{6-4}$$

在式（6-2）至式（6-4）中，$\delta(m)$、$\delta(m, n)$ 分别表示一维和二维的脉冲函数，σ_0^2 为白噪声 $a(t)$ 的方差，γ 为白噪声的偏度，p 为自回归模型阶数。对于稳定的物理过程，可以用三阶累积量函数 C 建立自回归系数为 α 的 AR(p) 模型：

$$C(-m, -n)+\sum_{i=1}^{p}\alpha_i C(i-m, i-n)=\gamma\delta(m, n), \ m, n\geqslant 0 \tag{6-5}$$

让 m 和 n 从 0 变到 p，并令 $m=n$，就可以得到（$p+1$）个方程，将它写成矩阵形式，即

$$\boldsymbol{CA}=\boldsymbol{B} \tag{6-6}$$

其中，

$$\boldsymbol{C}=\begin{bmatrix} C(0, 0) & C(1, 1) & \cdots & C(p, p) \\ C(-1, -1) & C(0, 0) & \cdots & C(p-1, p-1) \\ C(-2, -2) & C(-1, -1) & \cdots & C(p-2, p-2) \\ \vdots & \vdots & \ddots & \vdots \\ C(-p, -p) & C(1-p, 1-p) & \cdots & C(0, 0) \end{bmatrix} \tag{6-7}$$

$$\boldsymbol{A}=[1, \alpha_1, \alpha_2, \cdots, \alpha_p]^{\mathrm{T}} \tag{6-8}$$

$$\boldsymbol{B}=[\gamma, 0, 0, \cdots, 0]^{\mathrm{T}} \tag{6-9}$$

式（6-6）可以利用（$2p+1$）个切片 $C(m, n)$ 解出系数向量 A 和 γ。

$x(t)$ 的双谱为三阶累积量的二次 Fourier 变换，即

$$B(\omega_1, \omega_2)=\sum_{m=-\infty}^{\infty}\sum_{n=-\infty}^{\infty}R(m, n)\mathrm{e}^{-\mathrm{j}(\omega_1 m+\omega_2 n)} \tag{6-10}$$

而 AR 双谱 $S^{\mathrm{AR}}(\omega_1, \omega_2)$ 可以表达为

$$S^{\mathrm{AR}}(\omega_1, \omega_2)=\gamma H(\omega_1)H(\omega_2)H^*(\omega_1+\omega_2) \tag{6-11}$$

式中，H 为系统的传递函数，$H^*(\omega_1+\omega_2)$ 为 $H(\omega_1+\omega_2)$ 的共轭复数。

双谱是一个复数，因此可以得出双谱的幅值谱和相位谱，即

$$S^{\mathrm{AR}}(\omega_1, \omega_2)=|S^{\mathrm{AR}}(\omega_1, \omega_2)|\mathrm{e}^{\varphi(\omega_1, \omega_2)} \tag{6-12}$$

如果 $x(k)$ 为一零均值高斯随机过程，则对于所有的 m、n 都有

$$C(m, n)=E\{x(k)x(k+m)x(k+n)\}=0 \tag{6-13}$$

从式（6-13）可以看出，双谱能抑制高斯信号。

5. 实验结果分析

进行AR双谱分析前，要滤去确定性信号，进行数据预处理。这里采用中数法，滤去低频的确定性信号，获得零均值的有色噪声。如图6-13所示显示了一组故障状态和正常状态的阀体振动位移信号采样数据以及滤波后的有色噪声数据。

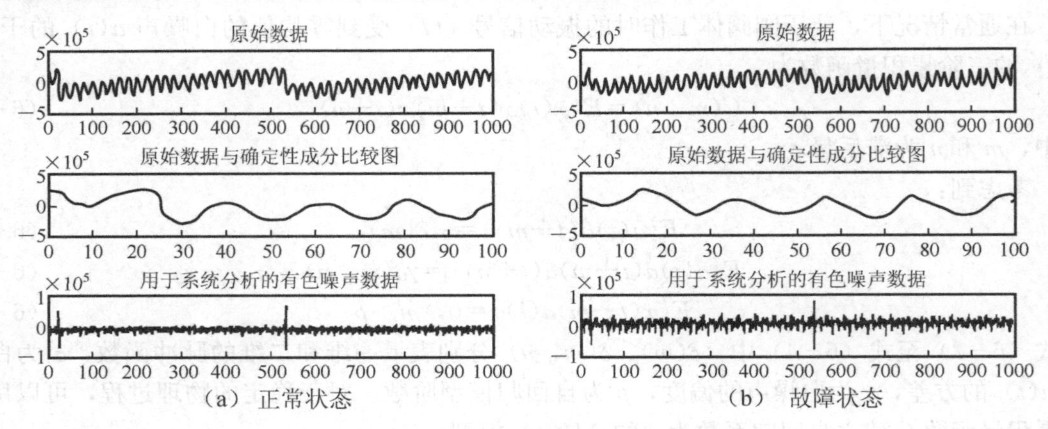

图6-13　原始数据和处理后的数据

双谱估计分为经典法和参数模型法两种，这里采用测试获取的液压元件振动信号建立AR模型，进行双谱分析。图6-14至图6-17分别是溢流阀、减压阀和调速阀在正常状态下和故障状态下的双谱图及双谱等高线。

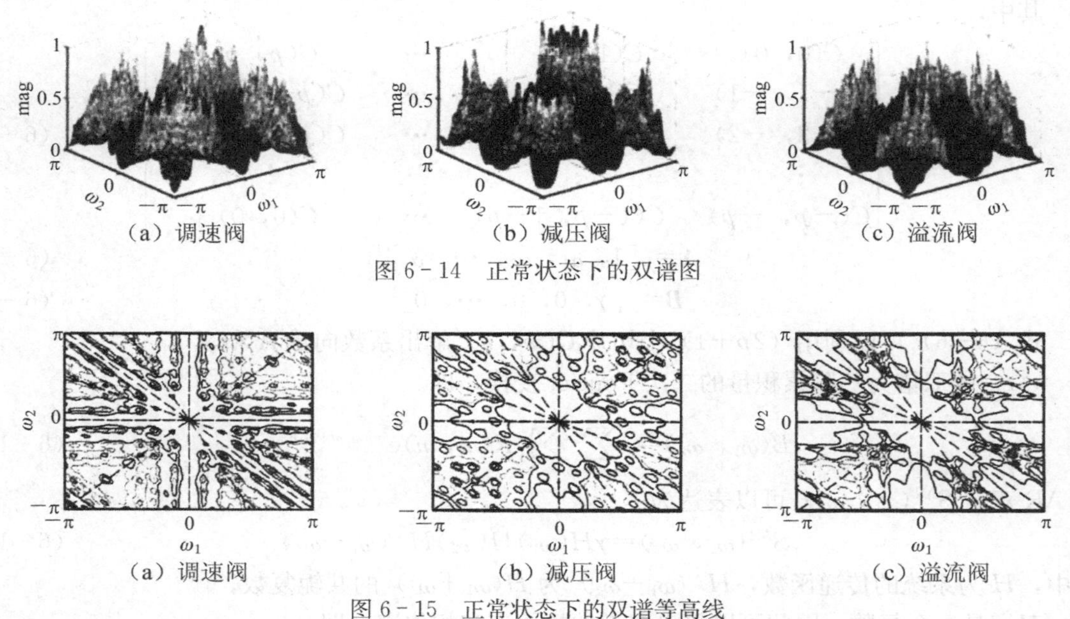

图6-14　正常状态下的双谱图

（a）调速阀　（b）减压阀　（c）溢流阀

图6-15　正常状态下的双谱等高线

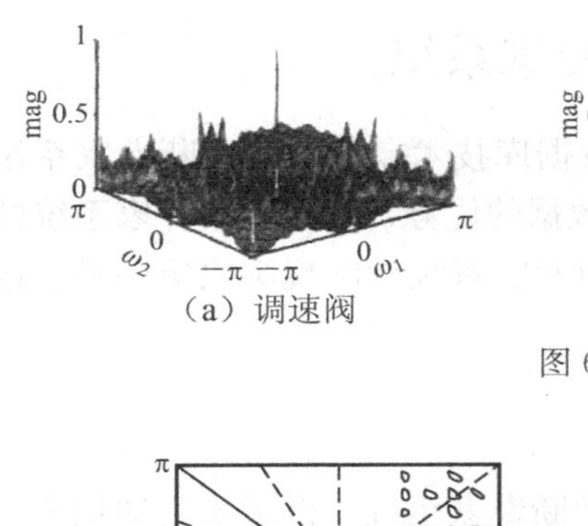

（a）调速阀

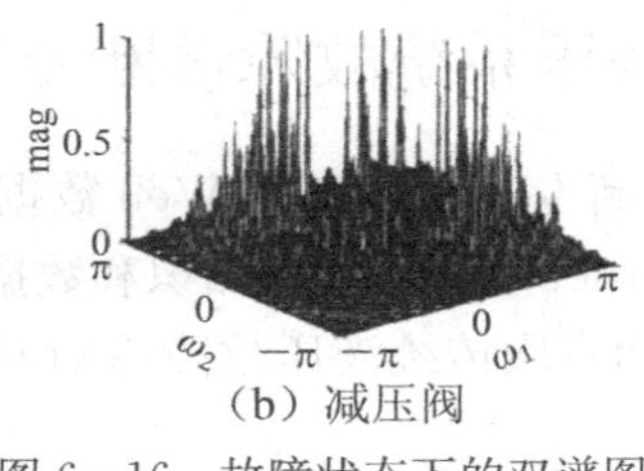

（b）减压阀

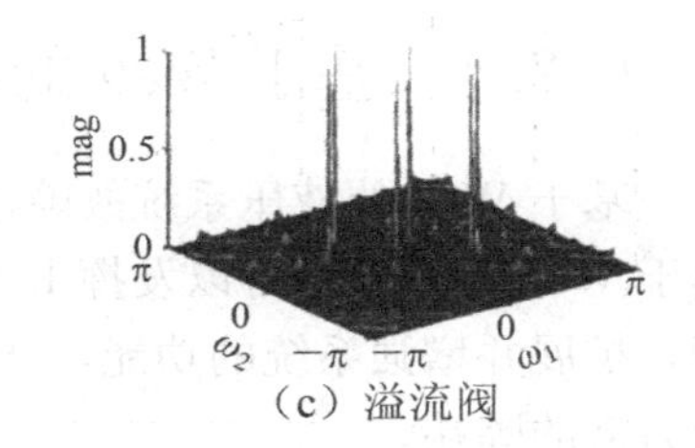

（c）溢流阀

图 6 - 16　故障状态下的双谱图

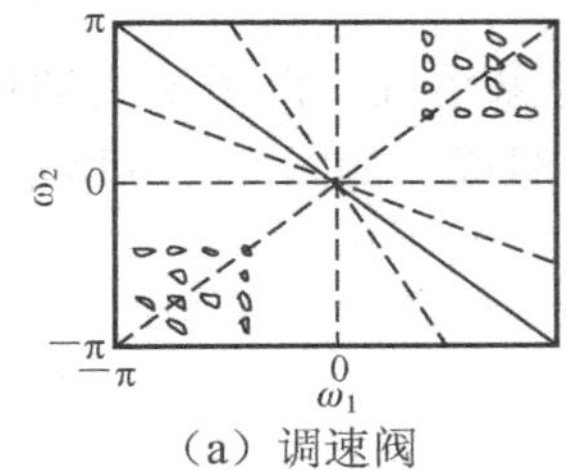

（a）调速阀

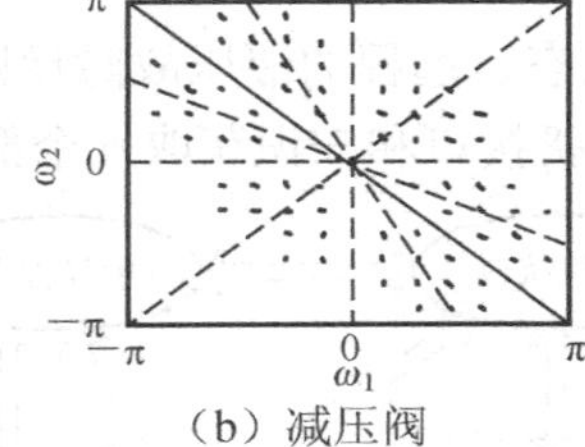

（b）减压阀

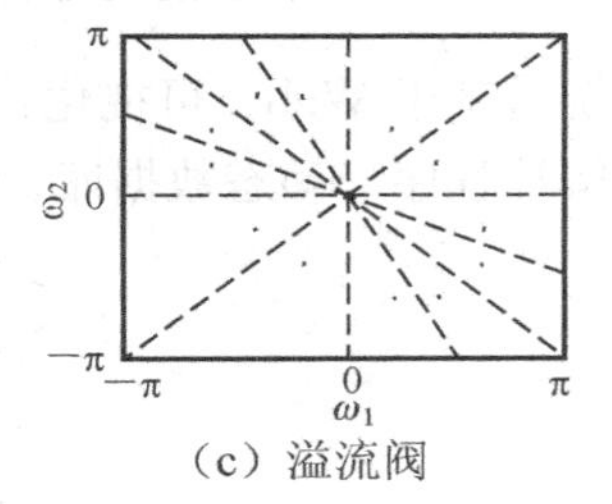

（c）溢流阀

图 6 - 17　故障状态下的双谱等高线

从图 6 - 14 至图 6 - 17 中可以明显地看到，无论是在正常状态下还是在故障状态下，振动信号的双谱都存在明显的谱峰，但是又有着明显的区别。

（1）正常状态下的双谱图底部都比较粗大，分布比较均匀；而在有故障的情况下，波峰相对来说比较发散，只在几处有几个明显的波峰。两种情况下的谱峰位置不同，这是由于频率成分以及各频率分量之间发生平方相位耦合的情况不同而反映出来的必然结果。

（2）从双谱等高线来看，无论正常还是故障状态下，都是一个对称的图形，这是由双谱的对称性所决定的。但正常状态下和故障状态下的等高线图有着很明显的区别：在正常的情况下，等高线图所覆盖的频率范围大；而在故障的情况下，等高线图所覆盖的频率范围比较小，有的甚至只出现在频率点上。所以，利用液压元件阀体振动信号的双谱完全可以实现对调速阀的远程故障诊断。

6. 小结

（1）利用 PCI 虚拟仪器测控系统及 Web 网络模式构建的液压元件远程测控平台，具有实用性、通用性和可扩展性。

（2）采用以 LabVIEW 为核心的虚拟仪器网络测控方案，并利用 LabVIEW 网络通信技术，对振动测试程序进行调试，结果表明所有的程序运行正常，实现了数据的远程通信。

（3）通过对正常和故障情况下的液压元件振动信号双谱进行分析和比较，可以得出：无论正常还是故障的情况下，液压元件的双谱在 $[-\pi, \pi]$ 之间都存在着明显的谱峰，表现出明显的非高斯非线性结构，因此采用高阶谱技术对液压阀振动信号进行分析是正确的和适当的。

（4）在正常和故障的情况下振动信号的双谱又存在很大的差异。在正常的状态下，双谱谱峰比较均匀地覆盖整个区域；而在故障状态下，谱峰只出现在几个频段，这是某些频率发生平方相位耦合而引起的。因此，可以将液压阀阀体振动信号的双谱特征作为液压阀故障诊断的依据。

6.2.4 基于*Web*的液压系统故障诊断专家系统

基于Web的液压系统故障诊断专家系统利用Web数据库技术，将故障诊断专家系统构建于Web环境中，可以发挥Internet收集、共享知识和数据的优势，改善诊断专家系统的性能，扩展并增强系统的功能，从而克服传统液压故障诊断专家系统诊断规则收集困难、诊断能力低的弊端。

1. 故障诊断专家系统的总体状况

系统是基于Web、可视化、动态、远程的液压故障诊断专家系统。该系统由知识库、推理机、解释程序、动态数据库、人机接口和知识获取6个部分组成，如图6-18所示。

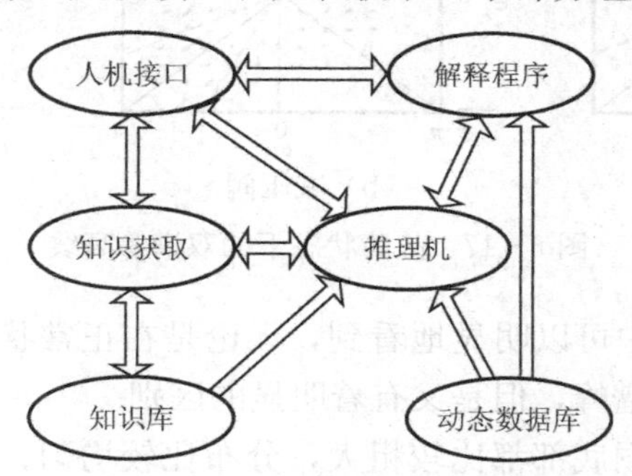

图6-18 专家系统的整体结构

动态数据库用于存放提取的过程特征数据以及诊断过程的记录信息，如历史数据表、临时数据表、短期趋势数据表、测点信息表等。知识库用于存放故障诊断的故障树、诊断规则库、故障原因、检测提示以及故障对策。推理机实施对问题的整个求解过程的控制，它根据数据库中的当前信息，将规则库中的规则拿来匹配，然后利用适当的控制算法推算出结论。解释程序对整个故障诊断过程做出合理解释。知识获取可以使专家系统通过人机接口直接建立和修改故障诊断规则、补充和完善整个故障诊断系统。人机接口使故障诊断专家系统通过窗口、菜单、图形可以进行形象的故障诊断。其中，知识库和动态数据库都存储在Web上的数据服务器端。采用三层B/S结构模式，用户通过浏览器请求访问服务器上的专家系统程序记忆动态数据库服务器端的数据。

2. 系统知识库

知识库的主体是故障事实和故障规则。故障事实可看做短期信息，这种信息在与用户互相作用时可能会发生改变；而故障规则是长期信息，能引导专家系统由已知的或新产生的事实推导出假设。专家系统的性能取决于知识库的质量，知识获取过程的方法和可靠性也与知识库密切相关。知识库不同于常规的数据库，数据库中的信息具有一定的历史性，而知识库中的信息则既有过去的又有现在的。相比之下，知识库中的事实是动态的，知识库中包含规则，却总是在力图填充缺少的信息。

1）诊断故障树

诊断故障树也即故障事实库。它是以部件为依据，通过分层列出部件的故障事实而形成的一种部件故障现象的树形结构。本系统按照机组主要构成部件进行分割，如摊铺机可划分为输料系统、行走系统、液压系统、分料系统、液压缸控制系统、自动找平系统、振捣系统。对细分的构件系统分别形成各自的故障树结构。

2）诊断规则库

专家系统中知识表示的方式是产生式规则（Production Rules）。产生式规则是前因后果式表达模型，由两个部分组成，前一部分称为条件，如状态、前提、原因等；后一部分则称为结论，如活动、后果等。前一部分语句用 if（如果）做前缀，后一部分语句用 then（则）做前缀，因此典型的产生式规则的格式如下：

```
if[premises]
then[action(s)]
```

举一条发动机诊断领域产生式规则的实例：

```
if [消耗过大，而且发动机冒黑烟，而且排气管发出爆破声]
then [发动机点火提前时间小]
```

规则的条件部分是本系统在向用户提交问题时的提问部分，它存储在知识数据库中。同一规则可能有好几个条件，而这些条件之间在专家系统内部处理时采取的逻辑关系是“与”的关系。例如，上例中把条件分解为三个部分：消耗过大，发动机冒黑烟，排气管发出爆破声。只有这三个条件同时存在，导致的结果才是发动机点火提前时间小。

每条单一规则的叙述是根据故障树的节点层次来产生的，即每一故障树节点都必须在规则库中有相应的规则与之对应。故规则并不唯一，但树节点是具有唯一性的。因为同样的节点可能会有多个规则与之对应；鉴于计算机程序的需要，每条规则都有相应的自然数序号与之对应。下面以某摊铺机的行走系统为例做简要阐述。如图 6－19 所示是行走系统的故障树结构，根节点以统一的工作异常为基本故障。这样做是为了保证在故障诊断过程中，总有一个诊断对象“压入”专家系统的问题堆栈中。每个树节点后面的数字即是规则条件的号码。

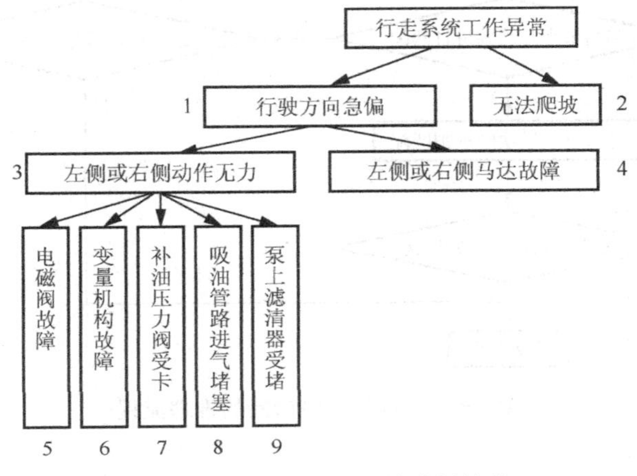

图 6－19　行走系统的故障树结构

与图 6－19 中故障树节点对应的规则条件如下。

规则 1 条件：马达速度出现急剧变化。

规则 2 条件：补油压力不在 2.5～2.8MPa 之间。

规则 3 条件：输入电信号不在 0～5V 之间。

规则 4 条件：两侧马达速度差异达 3 倍。

规则 5 条件：电磁阀有动作。

规则 6 条件：电磁阀无动作。

规则 7 条件：补油压力无或在 1MPa 以下。

规则 8 条件：泵和管路有发热、振动或异响。

规则 9 条件：补油压力远远超过 2.8MPa。

3. 系统推理机

本系统根据专家系统原理，以系统提出问题、用户做出选择的形式进行诊断。

本系统按照专家系统逻辑推理机制，采用正向推理方式和深度优先的搜索方式。深度优先搜索就是按照深度越大、优先级别越高的原则在树形中搜索终止节点，基本思想是：从初始故障树节点开始，在其子节点中选择一个节点进行考察，若该节点有一条以上规则满足，并且向下搜索系统满足条件，则再在该子节点的子节点中选择一个进行节点考察，一直如此向下搜索。直到到达某个子节点，该子节点中的任一规则都不满足或向下搜索系统不满足条件，才选择其兄弟节点进行考察。部件故障诊断的推理流程如图 6－20 所示。

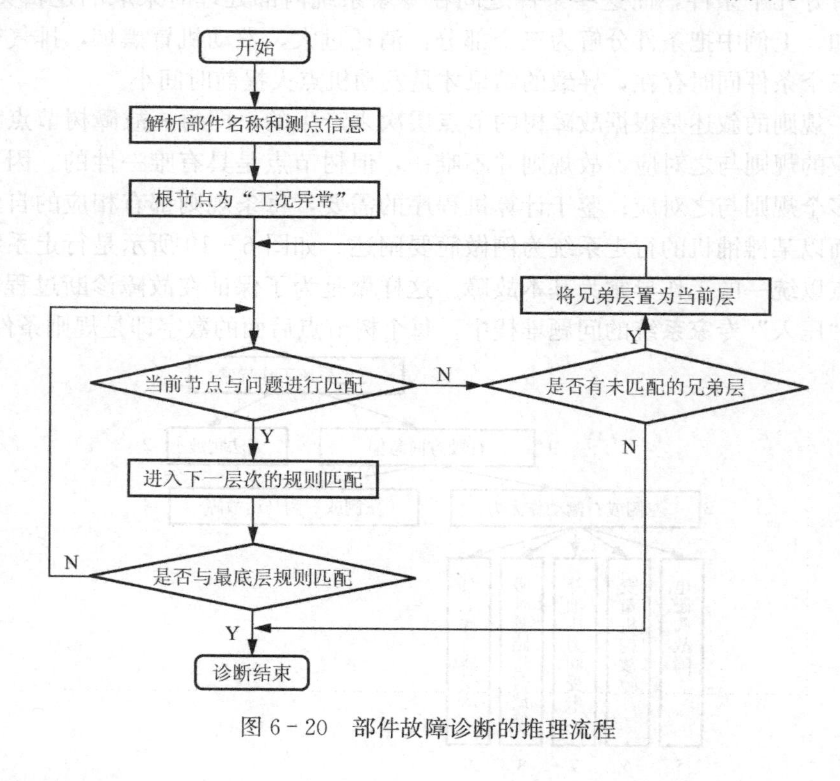

图 6－20　部件故障诊断的推理流程

4. 系统知识获取

知识获取部分包括故障树和规则库两部分知识的添加、删除和修改。本系统采用面向领域专家的一种直观的知识获取技术，在开发环境中建立了专门的编辑和输入系统，它使领域专家可以直接和液压工况故障诊断系统的知识库打交道。随着实际应用的增加，该系统能够不断地积累故障诊断的知识和经验，扩充和完善知识库，从而在故障诊断的过程中不断提高系统应用的准确性。

6.2.5　基于 *GPRS* 技术的摊铺机远程故障诊断系统

1. 概述

基于 GPRS 技术的远程故障诊断系统是在现有的设备状态检测和故障诊断技术的基础上，将计算机科学、网络通信技术和故障诊断技术相结合的一种设备诊断技术。该远程故障诊断系统用于摊铺机，主要由远程控制器、GPRS 模块和技术控制中心这 3 个部分组成。其总体结构如图 6－21 所示。

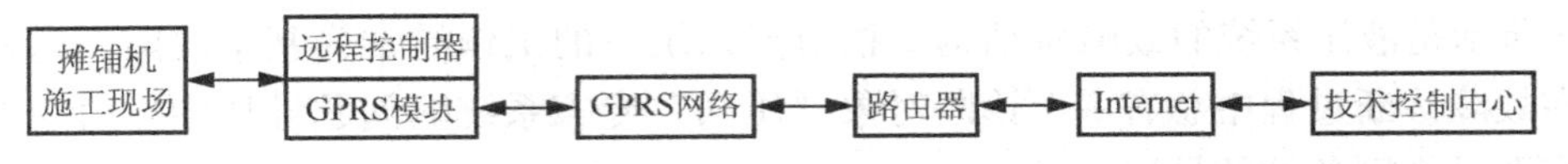

图 6－21　基于 GPRS 技术的远程故障诊断系统总体结构图

基于 GPRS 技术的远程故障诊断系统是通过 GPRS 无线技术将现场远程控制器和远程技术控制中心联系起来，实现即时反应、资源共享、远程诊断的一个系统。其工作原理是：运行现场的控制器，根据设备运行特点，利用传感器在线获取摊铺机设备运行的振动、温度等状态信息；同时对采集回来的信号进行实时处理，显示各种信号的数值和图表，判断设备是否正常运行；一旦出现异常情况，即发出报警信号通知远程控制器，并把各项数据分组后通过 GPRS 模块传入 GPRS 网络，再由 GPRS 网络通过路由器接入 Internet 传到技术控制中心；技术控制中心对收到的数据进行分析，并调用相应的知识库、数据库及其他的诊断资源，或者由诊断专家诊断得出诊断结果，然后通过 Internet 和 GPRS 网络返回到摊铺机施工现场；施工现场根据诊断结果做出相应的处理，使故障得到解除。

2. 系统主要部分

1）嵌入式 *GPRS* 无线通信模块

GPRS 是一种基于 GSM 的新型移动分组数据承载业务，允许业务用户在端到端分组转移模式下发送和接收数据，不需要利用电路交换模式的网络资源。普通的 GPRS 模块在使用时有些局限性，它没有内嵌 TCP/IP 协议栈，需要用户提供 TCP/IP 的支持，也就是说需要在使用 GPRS 模块的上位机单片机系统中嵌入 TCP/IP。如果使用嵌入式 GPRS 无线通信模块，内置协议处理协议栈，则简化了接口设计，实现了数据在用户终端和服务器之间的透明传输，用户可以方便地使用 GPRS 技术实现远程数据传输。

本系统采用深圳市宏电技术开发有限公司开发的 H7118GPRS 无线 DDN，使用嵌入式硬件和软件系统，内置了协议处理操作系统和应用软件，数据中心支持动态 IP 地址和域名解析。

2）故障诊断专家系统模块

现有的专家系统工具软件有很多，技术控制中心部分的实现采用技术工程语言 CLIPS 进行开发。CLIPS 系统有很好的程序兼容性，目前可与 C、C++、Pascal、Ada 等语言程序兼容，对 VB 也有很好的兼容性。专家系统的总体结构如图 6-22 所示。

(1) 知识库。

① 知识获取。

本系统的知识来源有：原理性知识——摊铺机的工作原理和设计结构参数；经验知识——现场摊铺机维护人员的维修经验；现场知识——现场实测的相关数据。CLIPS 具有一定的知识编辑能力，所以允许直接以接近自然语言的方式将专业知识输入计算机，属于半自动知识获取方式。

② 知识表示。

本系统采用的是产生式规则，也称 if-then 规则。整理出知识后，根据 CLIPS 的语法，把知识逐条翻译成规则。按照摊铺机主要构成部件，可分为输料系统、行走系统、液压系统、分料系统、液压缸控制系统、自动找平系统、振捣系统，分别形成各自的故障树结构。如图 6-23 所示是液压系统的故障树结构，根节点以统一的工作异常为基本故障。这样做是为了保证在故障诊断过程中总有一个诊断对象“压入”专家系统的问题堆栈中。每个树节点后面的数字即是规则条件的号码。

规则 1 条件：先导压力降至 0.5MPa 以下，主泵压力上升至 5MPa。

规则 2 条件：先导泵吸油不足。

规则 3 条件：液压阀卡死在常开位置。

规则 4 条件：两行走驱动马达泄漏量过大。

规则 5 条件：主泵内泄漏量过大。

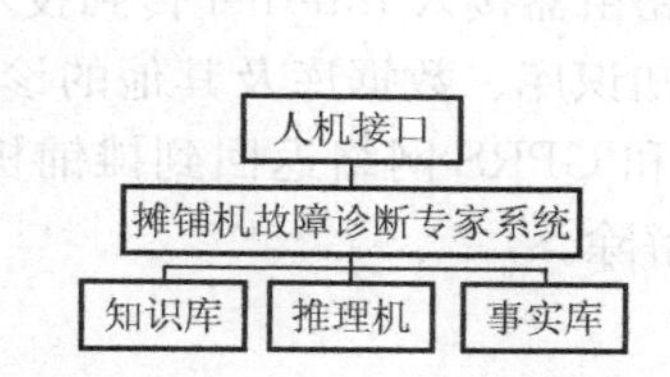

图 6-22　故障诊断专家系统总体结构框图

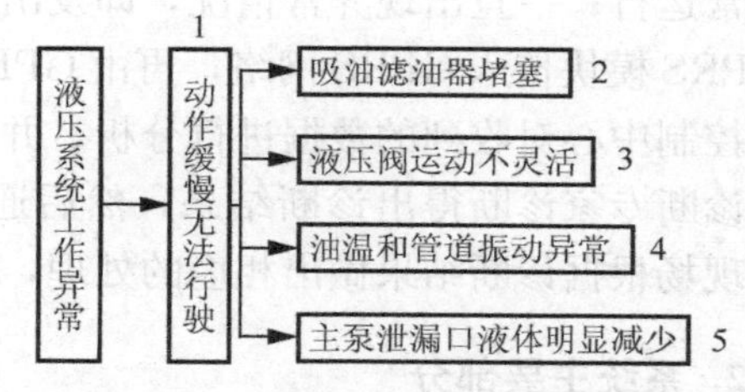

图 6-23　液压系统的故障树结构

CLIPS 规则形式表示如下：

```
CLIPS> (question A is“吸油滤油器是否堵塞?”)
   (rule(if A is yes)
         (then(printout t“先导泵吸油不足” crlf)))
```

③ 知识库的创建。

用 defrule 命令定义初始规则，按照产生式规则：if 某个事件发生＋约束条件＋必要的容错规则，then 导致某个行动可以被激活。例如：

```
CLIPS> (defrule rule-satisfied
   (declare(salience 20))
   (variable? variable? value)
   ? f< - (rule(if? Variable ?? value)
                             (then? goal?? goal-value))
                             = >
```

```
            (retract? f)
            (assert(variable? goal? goal-value)))
```

再定义功能 function：ask-question 和 yes-or-no-p，就使程序具有容错功能并将使用者的回答转化为程序可以接受的形式。

```
CLIPS> (defunction ask-question(? question $? allowed-values)
            (printout t? question)
            (bind? Answer (read))
            (if(lexemep? answer)
                 then(bind? answer (lowcase? answer)))
            (while(not(member? answer? allowed-values)) do
            (printout t? question)
            (bind? answer (read))
            (if(lexemep? answer)
              then(bind? answer(lowcase? answer))))
              ? answer)
CLIPS> (defunction yes-or-no-p(? question)
        (bind? response (ask-question? question yes no y n))
        (if(or(eq? response yes)(eq? response y))
           then TRUE
           else FALSE))
```

（2）推理机。

推理机是专家系统的执行机构，系统设计成正向推理形式。用 CLIPS 建立的产生式系统，不必编写专门的推理机程序，只需要按语言的规则语法建立规则库，再给出初始事实和推理目标即可。系统把当前数据库和规则的条件部分相比较，如果两者完全匹配，则将此规则记入 Agenda 中等待执行。如果有多个规则被激活，则可以根据优先次序执行，优先级大小可以预先设定，如：

```
(def rule test -1)
    (defclare (salience 99))
    (fire test -1)
    = >
    (printout t“rule rest -1 firing.”crlf)
```

（3）诊断程序的执行。

用 load 命令将原程序导入 CLIPS 系统中，再用 reset 命令将初始事实载入程序，纳入 Agenda的规则在 run 的作用下，将规则的右部（RHS）执行，逐步得出诊断结果。CLIPS 系统以外部函数形式调用设备的参数数据而无须人工输入。

3. 系统实验结果

本系统采用 H7118GPRS 无线 DDN 和 CLIPS 语言开发的专家系统。现场终端检测到故障信息，内部 IP 地址则连接上数据中心，数据中心接收到终端的 ID 号码、移动输出 IP、移动输出端口等信息。无线终端连接上网络后，将及时地发送故障信息，数据中心通过 TCP/UDP 的方式进行接收。为了确保无线终端随时在线而不被移动网络踢下，终端每隔 40s 就发送一个确认包，以确保连接。数据中心接收到故障信息之后，经过专家系统诊断得出诊断内容。

以冷却水温度过高为例，现场终端将检测到的故障内容发送到数据中心；数据中心接收到该故障内容后，经过诊断得出诊断内容。经过多次实验，系统均能准确诊断出结果，如故障内容为夹层部分堵塞，则诊断为冷却水水位低；如故障内容为冷却水压力过低，则诊断为冷却水中断；如故障内容为恒温器损坏，则诊断为冷却水中有燃气。多次实验表明系统具有较高的诊断率。

6.2.6 基于 *GPRS* 的叉车远程故障诊断系统

1. 物料搬运设备——叉车的故障诊断现状

随着电子控制技术在叉车上的广泛应用，叉车上的电子控制单元及电子元器件越来越多，叉车的电子化程度也越来越高，电控系统更是日趋复杂，这就给叉车的维修带来了越来越多的困难，对维修技术人员的要求越来越高，对叉车进行故障检测和维护所需设备的要求也越来越先进。面对日趋复杂的电控系统，除了实力比较强大的叉车厂家有专门的培训之外，其他大部分的维修人员在未经系统培训的情况下存在无法充分利用复杂的检测设备的问题；而国外的设备基本上都是英文操作界面，并且使用了大量极其专业的英文缩写词，维修人员理解起来比较困难。他们遇到困难的时候，只能电话咨询第三方技术人员，经过电话沟通，可能解决问题，找到故障原因；也可能经过长时间的沟通之后，仍没办法解决问题，导致第三方技术人员必须也到达故障现场。这样，不仅提高了服务成本，更给客户带来了不好的印象，甚至给客户带来较大的经济损失，可能造成客户流失，那么势必影响到叉车厂家的市场竞争力。因此，面对疑难故障，维修人员常常无法快速、经济地利用各方面的技术力量予以解决。而架设基于 GPRS 的远程故障诊断系统，可以很好地为现场维修人员及时提供第三方的技术支持，这不仅为企业节约了维修服务成本，提高了服务效率，避免给客户造成经济损失，也有利于通过“传、帮、带”培养新的维修技术人员。

2. GPRS 网络技术

通用分组无线业务(General Packet Radio Service，GPRS) 是一种基于全球移动通信(Global System for Mobile Communications，GSM) 系统的无线分组交换技术，提供端到端的、广域的无线 IP 连接。与采用电路交换的 GSM 相比，GPRS 具有明显的优势：通过使用多个 GSM 时隙，支持的传输速率最高将达到 160kbps，速率的高低取决于移动运营商的网络设置，根据中国移动的网络情况，目前可提供 20～40kbps 的稳定数据传输；不同的网络用户共享一组 GPRS 信道，但只有当某一个用户需要发送或接收数据时才会占用信道资源；GPRS 能够随时为用户提供透明的 IP 通道，可直接访问 Internet；采用信道复用技术，使每一个 GPRS 用户实现永远在线；在进行数据传输时可同时进行语音通话；按流量计费，价格合理。GPRS 的这些特点使它一出现，就受到了广泛的关注，目前已在很多领域得到了很好的应用。

3. 基于 GPRS 的远程故障诊断系统结构

基于 GPRS 的远程故障诊断系统要实现的主要功能是，把现场故障叉车的故障代码和状态信息等通过 GPRS 网络发送到异地连网的诊断专家系统，异地的技术人员通过专家系统查看故障叉车的相关信息，如果需要进行参数修改或电气元件中位标定，可以直接通过网络设置。系统的网络结构如图 6－24 所示。利用 GPRS 来搭建远程故障诊断系统，其优点在于：GPRS 覆盖面广，几乎没有死角；无线上网，适合车辆移动的特点；安装维护方便。

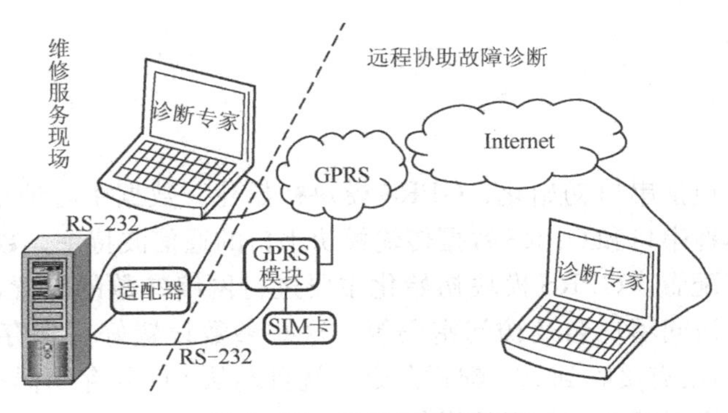

图 6－24　系统的网络结构

4. GPRS 数据传输模块的硬件组成

基于 GPRS 的数据传输模块要实现 GPRS 无线网络的接入、串口数据的接收和发送、短信的收发等控制功能，主要由微控制器（MCU）、SDRAM & Flash 模块、RS－232 收发器、GPRS 模块、电源模块、时钟模块、状态指示灯等硬件构成，如图 6－25 所示。

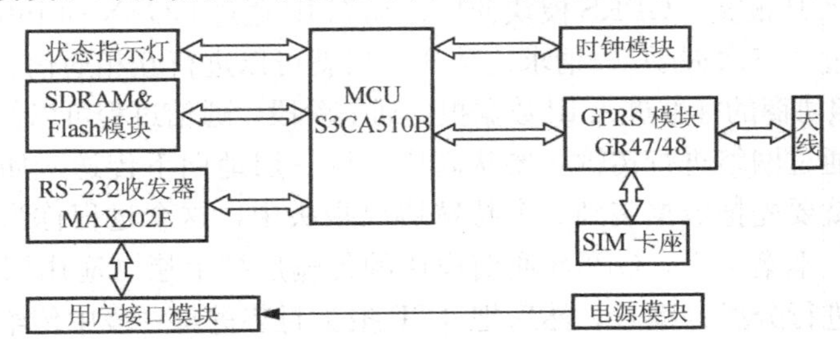

图 6－25　GPRS 数据传输模块硬件组成

（1）GPRS 模块。

GPRS 模块主要用来建立无线 GPRS 信道，并接收和发出数据。互联网上的信息包传输全部基于 IP，GPRS 网络中也采取了 IP 进行传输。在传输前，为了能直接到达指定目的地，数据包必须根据 TCP/IP 进行封装。通常情况下，根据 TCP/IP 协议栈的信息的打包功能并不是 GPRS 模块必需的功能部分。因此，在通过 GPRS 模块发送数据前，TCP/IP 协议栈必须事先被开发。市场上，只有很少的 GPRS 模块具有内嵌式 TCP/IP 协议栈，数据可以通过模块直接被发送。为了缩短应用开发周期，可以选用内嵌 TCP/IP 的 GPRS 模块，如索尼爱立信 GR47/48 模块，它们分别支持双频 GSM 宽带 900MHz/1800MHz 和 850MHz/1900MHz，它们都可通过 SMS、短消息服务、CSD、HSCSD 或 GPRS 来发送或接收数据，并可处理语音及传真，其 TCP/IP 协议栈亦可通过 AT 命令或嵌入式应用进行访问。

（2）微控制器。

微控制器的主要任务是初始化无线 GPRS 模块和交互 TCP/IP 数据包，控制数据的接收和发送。考虑到以后诸如语音通话、视频传输等功能上的扩展，本案例中采用适合做嵌入式应

用的Samsung公司生产的S3CA510B芯片。这是一款性价比较高的微控制器，内含一个由ARM公司设计的16/32位ARM7TDMI RISC处理器。ARM7TDMI低功耗、高性能的16/32核，适合用于工业控制、移动电话、嵌入式应用等。

5. 系统的实现

1）初始化部分

初始化部分主要包括串口初始化、GPRS模块初始化、数据中心地址和端口的设置。串口初始化要分别对本地串口和GPRS数据传输模块串口的通信波特率、数据位数、奇偶校验、停止位、流控等进行配置。GPRS模块初始化主要进行网络参数的设置，包括APN（Access Point Name）、APN访问用户名及访问密码等。这些参数设置好后保存在Flash存储器里。系统上电后，在3s内没有接收到AT配置命令，就自动从Flash存储器里取出预先设置好的参数，进行串口及GPRS模块的初始化操作。

2）系统的工作流程

系统上电后，首先进行初始化操作，然后自动拨号，与ISP建立物理连接；GPRS附着成功后，就开始由GGSN发送LCPREQ帧，强迫进入协议协商阶段；然后GGSN发送LCP设置帧，随后以PAP验证模式就用户名和密码进行验证；验证成功后，GGSN会发送一个含有动态IP信息的IPCP报文；GPRS模块使用该动态IP通过GGSN向Internet中的数据中心发送连接请求，经过“三次握手”，请求连接成功后就可以进行互相通信。至此，通信链路已经创建，就可以按照协商的标准进入IP数据报的通信阶段，通信过程可以使用API的Socket套接字实现。数据要通过网络进行传输，要从高层一层一层地向下传送，如果一台主机要传送数据到别的主机，就要先把数据装到一个特殊协议报头中，这个过程称为封装。解封装就是上述过程的逆过程。本案例中，GPRS通信模块的传输层把上层（应用层）传来的数据根据本层段大小的要求进行分段并编号，然后把TCP报头封装进每一段中传给下层；网络层再把自己的IP报头封装进去，然后传给下面的数据链路层；数据链路层把上层传来的数据封装成帧传给物理层；物理层把数据信号转化成比特流，通过网络介质上传给远端的诊断专家系统，如图6-26所示。诊断专家系统接收到用户终端传来的信息后，它的处理过程与数据发送端相反，称为解封装或拆封。

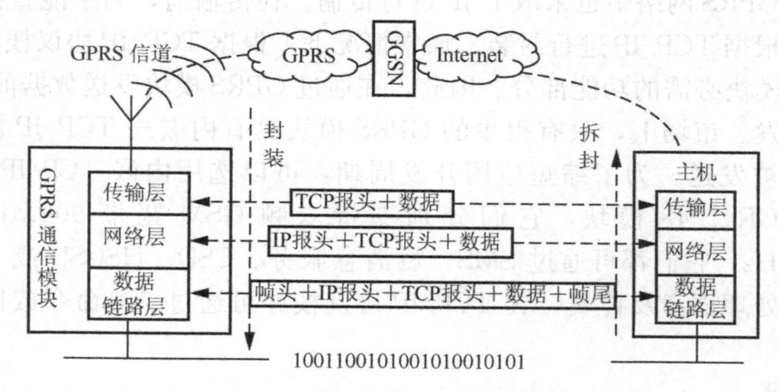

图6-26　网络分层结构与信息流动

6. 系统在物料搬运设备远程故障协作诊断中的应用

本案例中叉车和诊断专家系统都具有可移动性，GPRS的入网方式正适合这样的应用。系统中的服务端要求拥有一个固定的IP或域名。因此，结合诊断专家的移动性，采用动态域名的方式解决此问题。在网上申请一个免费的动态域名，移动专家每次接入Internet获得一个动态IP，域名服务器会把申请的域名与当前获得的动态IP进行绑定。这样GPRS模块每次与设定的域名连接成功后，诊断专家系统就可以读取远端故障车辆的故障代码等信息；必要的时候，也可以直接进行参数修改、电子元件的中位标定等操作。

该案例中还可以赋予GPRS数据传输模块更强大的功能，如短信报警。事先把负责人的手机号码以及售后服务人员的手机号码存储在SIM卡中，然后在程序中设定：当叉车出现故障时，自动发送包含故障代码的短信给相关人员。如果把该模块固定在叉车上，可以实时监控叉车状态，可以做到车辆的预保养。目前，机电设备预保养在工业控制领域是一个新的研究课题。在设备还没有出现重大故障的时候就对它进行检修保养，可以避免因故障而带来重大经济损失。

6.2.7　高速铁路运架提设备远程智能故障诊断

高铁运架提设备主要包括900t运梁车、900t提梁机和900t架桥机。这些设备都采用液压传动，多系露天作业，受风雨、日晒、大气、粉尘影响，工作环境恶劣，故障频繁；加之施工生产的特性决定了它们工作在各工地上，分散性大，流动性强，给故障的及时排除带来了很大困难。为了保持处于异地的施工设备良好的技术状态，建立远程智能故障诊断及维护系统，将异地的信息技术协调起来进行实时诊断和维护是很有必要的。

1. 高铁运架提设备远程智能故障诊断系统的总体结构

根据高铁运架提设备对服务、信息化管理以及产品安全可管理性等的要求，高铁运架提设备远程智能故障诊断体系采用了基于GPS/GPRS技术、InternetB/S技术以及车载计算机控制技术的远程智能故障诊断系统，在诊断方法上采用基于信号和基于知识的故障诊断方法。其远程智能故障诊断系统的总体结构分为3个部分：设备监控层、网络传输通道和远程智能诊断服务中心。

设备监控层，包括车载控制系统、车载终端，位于运架提设备上，负责运输车日常状态检测、智能控制等任务。设备监控层包括状态检测和GPRS/GPS数据采集传输终端，状态信号的获取主要依靠传感器或其他监测手段进行故障信号的检测。当传感器出现故障时，故障信息通过接收车载计算机数据获得，并在客户端出现提示。GPRS/GPS数据采集传输终端的核心模块包括主控芯片和GPRS/GPS模块。

网络传输通道，包括GPS/GPRS卫星、远程网络和网络协议、Internet网络服务器等。

远程智能诊断服务中心系统设在设备制造或研究中心，它主要包括知识库、数据库、推理机、解释器及知识维护管理模块等。当用户建立好知识库与数据库后，系统启动推理机，读取故障信息，利用知识库中的知识推理得出诊断结论，并将诊断信息存入动态数据库。服务器端选用Windows 2000 Server系统作为工作平台，采用IIS(Internet Information Service) 5.0搭建Web服务器，客户端基于Windows系统安装Internet浏览器，以B/S为系统结构模型，并运用ASP+SQL Server 2000网络编程技术以及HTML、Java Script语言等来完成远程故障诊断网站的建立。远程智能故障诊断系统的结构如图6-27所示。

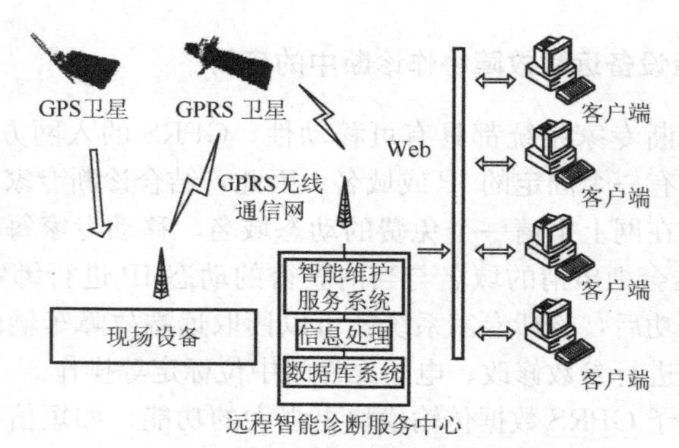

图 6－27　远程智能故障诊断系统结构图

2. 系统功能

高速铁路运架提设备远程智能故障诊断系统实现的功能包括 GPS 定位、远程状态监控、数据统计分析、远程控制、远程故障智能诊断、远程维护。下面分层说明各个部分的功能。

1）设备监控层

(1) 状态监测。

状态监测主要测取与设备运行有关的状态信号。状态信号是故障信息的唯一载体，也是诊断的唯一依据。因此，在状态监测中及时、准确地获取状态信号是十分重要的。状态信号的获取主要依靠传感器或其他监测手段进行故障信号的检测。检测中主要有以下几个过程：①信号测取，主要是通过电量或传感器组成的探测头直接感知被测对象参数的变化；②中间变换，主要完成由探测头取得信号的变换和传输；③数据采集，就是把中间变换的连续信号进行离散化处理。数据是诊断的基础，能否采集到足够多的客观反映设备运行状态的信息，是诊断成败的关键。

高铁运架提设备状态监测的主要内容如下所述。

① 发动机：转速、冷却水温度、冷却水液位、机油压力、机油温度、燃油油量、系统电压、发动机故障代码、发动机工作小时数、发动机启动次数、油耗等。

② 液压系统：主泵出口压力、变幅阀出口压力、回转泵出口压力、伸缩缸压力、悬挂系统压力、转向系统压力、辅助系统压力、交流液压信号的提取、主卷阀出口压力、副卷阀出口压力、主卷制动压力、副卷制动压力、液压油温等。

③ 机械系统：车架、转向、悬挂系统扭矩、受力变形等。

④工作状态信息：车体水平度、风速、回转角度、配重质量、允许载荷、实际载荷、载荷百分比等。

(2) GPRS/GPS 数据采集传输终端。

被监测的设备端安装有 GPRS/GPS 数据采集传输终端。工作时，由传感器采集的性能数据传给该终端，该终端可将采集到的数据通过 GPRS/GPS 传递到远程服务器。

2）网络传输通道

网络传输通道主要通过 GPS/GPRS 卫星、Internet 网络服务器等实现。GPS 是一个高精度、全天候和全球性的无线电导航、定位和定时的多功能系统，GPS由3个部分构成：地面控制部分、空间卫星和用户GPS接收机，依靠GPS/GPRS卫星与服务器实现数据通信和转化。GPRS作为GSM中现有电路交换系统与短信息服务的补充，提供给移动用户高速公共移动通信网络和互联网服务。

3）远程智能诊断服务中心

远程智能诊断服务中心可提供广域范围内的共享诊断资源平台，为客户提供共享资源和多种智能诊断与维护手段，并可与客户进行交互。中心的核心资源是知识库、数据库。它们一方面向客户提供诊断与维护服务；另一方面又通过诊断专家从客户端获得资料加以精炼、提取，以丰富自身的诊断智能和提高远程服务能力。主要功能介绍如下。

（1）创建集团用户、监控设备和设备用户：集团用户信息包括用户的车型、需求、车辆的软件工作等；监控设备信息包括制造单位、设备名称、设备类型、生产日期等；设备用户信息包括用户名、用户权限分配等。

（2）装备运行状态监测：在对远程装备进行诊断维护时，根据采集来的信息进行状态监测，包括设备监控层采集的数据信息、设备位置查询、历史运动轨迹、设置设备工作区域等。

（3）知识库、数据库的管理与更新：中心对客户提供诊断和维护服务时会产生新知识，需要处理并规范化以补充系统知识库；同时还可以获取中心技术讨论板块的诊断知识，更新当前知识库；中心诊断支持能力的增强，取决于以上两库的丰富程度和有效的检索提取手段。

（4）远程监测与分析：可直接对设备进行监测，并对原始信号进行分析处理，从而进行故障诊断。

（5）智能诊断：利用诊断中心的各种智能诊断手段对装备当前状态进行智能诊断，得出装备当前可能出现的故障或故障区域，以便为用户提供诊断维护策略。

（6）诊断任务管理：对新的诊断任务、正在进行的诊断任务、已完成的诊断任务进行管理。

（7）在线辅助诊断：用户使用此功能可进行信号分析、运行趋势预报等，并可使用中心的各种智能诊断工具，如专家系统等。

（8）协作管理：对诊断过程中可能涉及的协作问题进行管理，如多位专家之间协同诊断会议等。

（9）设备运行趋势分析报告、诊断报告的生成，诊断结果规范化处理，以及处理结果的存储、显示。

6.3　液压系统远程在线状态监测

6.3.1　概述

液压系统状态监测的主要参数有温度、油压、流量、振动、功率等。通过对液压系统信号的采集，在线监测液压系统的即时状态，并通过数传模块将监测到的信息向远程发送，为液压系统的远程在线状态监测提供了一种行之有效的方法。该方法的应用完善了液压系统远程在线状态监测的手段，有力地提高了液压系统的智能化监测水平。

远程监测技术可以弥补传统故障诊断的一些不足，利用网络进行状态监测和诊断不受人

力、技术和地域的限制，在时间和空间上做到及时到位，同时它能够实现资源信息的最大限度共享。构造于网络之上的故障诊断系统知识库中的知识来源广泛，并且可以不断得到充实，知识库的丰富将进一步增强其诊断能力。基于网络的设备状态监测与诊断系统将管理部门、监测现场、诊断专家、设备厂商联系起来，形成一个真正开放的系统。

移动式设备常在野外作业，相比室内固定设备，故障诊断与监测的难度要大一些。将无线传感器网络技术应用于监测系统的数据传输和分布式信息处理，不但可以省去大量电缆连接，简化系统，便于携带与安装，还可以通过节点间的数据融合提高测试的效率，满足野外现场或战场条件下对复杂装备实施快速抢修的需要。

6.3.2　方坯连铸机结晶器液压振动的远程监测

结晶器振动的目的是，防止铸坯在凝固过程中与铜板黏结而发生黏挂拉裂或拉漏事故，以保证拉坯顺利进行。使用正确的振动方式可以避免铸坯表面的缺陷和深振痕的形成，改善铸坯表面质量。液压振动技术能够实现在线调节振幅、频率以及负滑脱因数，使振动负滑脱率、负滑动时间保持在最佳范围内，既可实现铸坯振痕深度最小，又可保证足够的负滑脱率，从而实现安全浇注。液压非正弦振动方式具有控制精度高、性能稳定可靠、铸坯振痕较少、保证铸坯表面质量等特点，液压驱动式结晶器在提高生产效率和产品质量方面具有很大的优势。由于液压伺服系统对环境的要求较高，电液伺服振动系统又工作在结晶器附近，温度高，粉尘多，空间狭小，技术人员难以近距离检查测试，所以相对于传统的机械振动系统而言，存在故障隐蔽性强、故障恢复时间长、故障损失大等缺点，这对生产有一定影响，因此需要建立结晶器液压振动系统状态监测与故障诊断系统。

1. 结晶器液压振动控制

某公司的炼钢厂结晶器液压振动控制系统由 DYNAFLEX 振动 PC、PLC、主控制器（MCU）、从控制器（铸流控制器 SC）、液压伺服系统等组成。利用 DYNAFLEX 振动 PC 设置振动参数，以一定的时间循环由振动 PC 送到主控制器（MCU），主控制器再将这些参数分配给从控制器（铸流控制器 SC），从控制器定时传送给伺服单元，驱动伺服油缸运动。液压缸的行程通过位移传感器反馈到 PLC 放大板，与从控制器输出指令信号比较得到误差信号，然后由 PLC 放大板上的电流负反馈放大器进行功率放大后驱动电液比例伺服阀控缸构成闭环控制系统。

1）*液压振动控制原理*

液压站的信号由主控室内的计算机通过 PLC 系统控制。为了保证振动伺服阀的正常工作，在液压站内设置了高压回路及回油回路二级过滤，保证液压系统油液污染颗粒大小。液压振动的核心控制装置为振动伺服阀。振动伺服阀灵敏度极高，液压站提供动力如有波动，伺服阀的动作就会失真，造成振动时运动不平稳和振动波形失真。为了使液压站的动力不波动，在液压系统中设有蓄能器，每台伺服油缸旁都有一组蓄能器，这样从高压泵输出的波动油液经过蓄能器稳定后，最终向伺服阀提供压力稳定的油液，同时在回油回路中也设置了稳定油液压力的蓄能器。由于整个系统的压力稳定，伺服阀的动作不失真，根据液体的不可压缩性可知，振动液压缸工作时就能平稳运动，振动波形也不失真。结晶器液压振动原理示意图如图 6-28 所示。

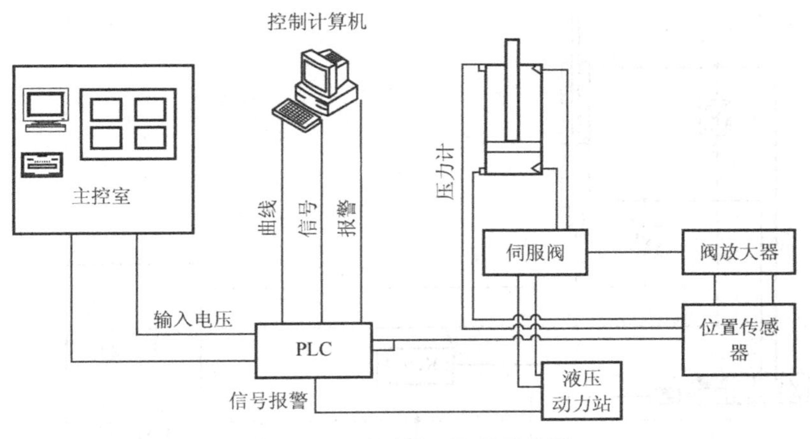

图 6 - 28　液压振动原理示意图

2）液压振动的形成

当拉矫机开始启动时，由一级 PLC 送出一组数字量和一组模拟量。数字量为结晶器信号传给铸流控制器的 DI_0。模拟量是 4～20mA 的电信号为浇铸速度传给铸流控制器的 AI_0。从 DYNAFLEX—B 计算机输入的振动参数 C1～C6 及其他信息，以大约 5 秒钟的周期被重复不断地从 DYNAFLEX—B 结晶器振动计算机通过 RS - 232/RS422 通信模块传送到主控制器，主控制器又通过 RS485 串行总线传送给铸流控制器。铸流控制器根据实际拉速信号和 C1～C6 计算出振幅、振频及非正弦度的设定值，以及从 SK20.4 传送来的油缸位置传感器反馈信号，通过运算以 1ms 为传送周期，送出一个 0～10V 的电压到电压转换器，转成－10～10V 的电压送到 PLC，PLC 通过内部运算放大输出 0～10V 的电压控制比例阀线圈，最终形成结晶器振动油缸的振频及振幅，并加以控制。

2. 结晶器振动远程监控系统开发

1）监控系统的构成

以振动伺服油缸、伺服阀、阀信号放大器、信号转换器、多种传感器以及硬件设备构建了液压伺服振动监测系统。整个监控系统的流程图如图 6 - 29 所示。

图 6 - 29 中的虚线部分为在原系统上增加的设备。信号类型选取原则是原系统信号电压采样，新增设备信号电流传输电压采样，所有信号都经过光电隔离后通过数据采集卡，进入故障诊断计算机，使工作现场与故障诊断系统可靠隔离，互不影响，保障正常生产。对于原系统上的信号（BOSCH PLC 放大板输入信号、阀芯位移信号、液压缸位移信号），从电压点引出到隔离器转换为适于数据采集卡量程的范围，再通过数据采集存于诊断数据库。为提高故障诊断准确性，在原系统液压缸的二腔增设了压力传感器，对工作压力进行采样分析，现场压力信号转换为电流传输到电控室，通过隔离器转换为适于数据采集卡量程的范围，再通过数据采集保存于诊断数据库。

2）监控系统的硬件

监控部分主要完成对伺服元件的多个电量信号（其中包括位移、压力等）的监测及控制任务。

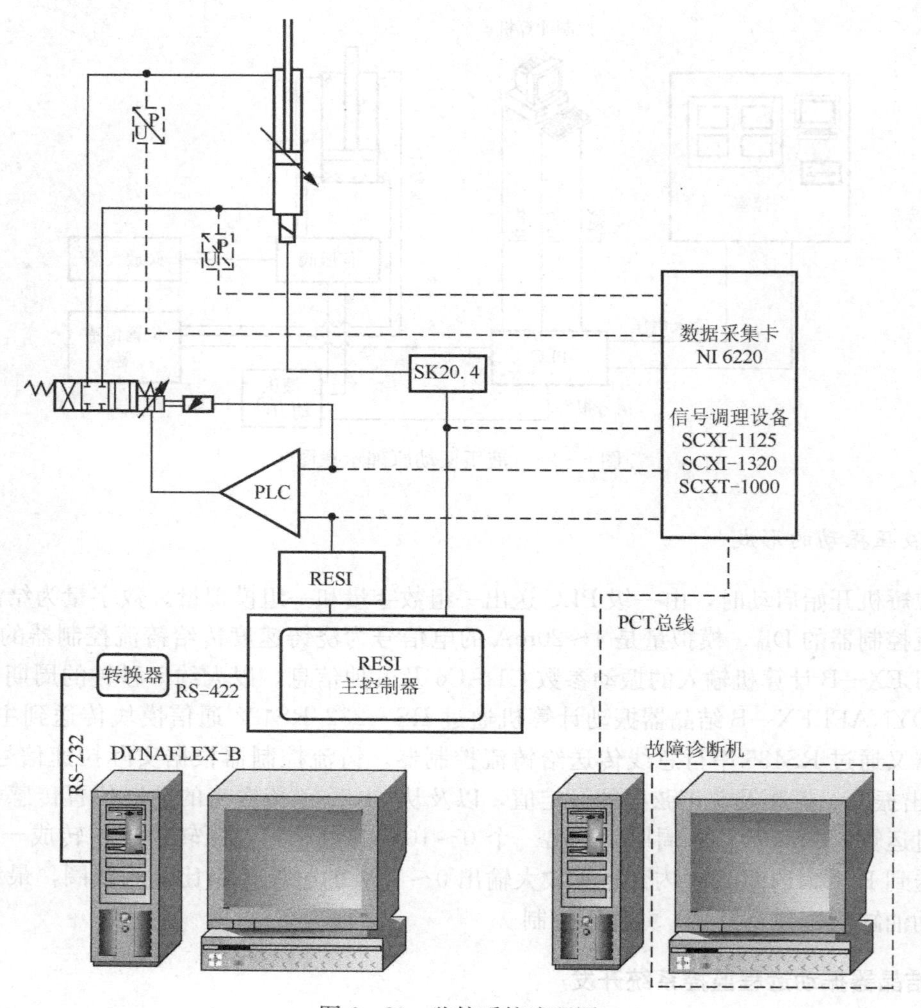

图 6－29　监控系统流程图

对以上多路信号完成信号分析处理前，要对采集来的各路原始信号进行信号调理，包括对信号进行必要的消噪以及放大处理。

在对国内外相关监控设备进行调研后，选择 NI 的 SCXI 信号调理系统作为监测系统的信号调理装置，具体设备有 SCXI—1125、SCXI—1320、SCXI—1000 等。SCXI—1000 是牢固的低噪声机箱，可插入 4 块 SCXI 板卡，从而可以方便快捷地组装，并为以后的系统功能扩展留有后备的插槽。SCXI—1125 模块可以为每路模拟输入通道提供 $300V_{rms}$ 的工作隔离和低通滤波。SCXI—1320 模块本身自带温度传感器，为使用热电偶测量提供参考温度。调理完毕的信号经安装有 NI 6220 板卡的计算机进入监控系统中实现对各信号的分析处理，可以对当天的监测结果出具监测报告，并对故障数据进行自动保存且发出警报。

3）监控系统的实现

在监控系统应用过程中，从各类传感器的标定，到数据的采集、保存、分析和显示，LabVIEW 的子 VI 的功能块形式发挥了很大的作用。LabVIEW 程序修改方便，可维护性强，可以方便地根据监控要求调整数据采集和分析的程序。本监控系统的研究目标如下。

（1）实现 8 个/流信号（伺服阀、伺服油缸等）实时采集、处理、显示和存储功能。

（2）当在线监测系统中某个特征量超过设定报警阈值时，可实时报警，报警事件自动存入数据库。

（3）将监测系统融入远程网络，现场数据传递时间不超过 25ms。

随着环境恶劣程度的提高和要求的不断变化，常规的测控系统很难满足上述要求，而远程虚拟监测系统很好地满足了上述要求。它在相应的硬件基础上，将系统功能划分为相应的功能模块并分解到不同的子模块上，不同任务只要通过灵活改变系统软件模块即可实现，通过网络把各模块连接起来并在各模块间传输数据，以实现远程监测。

在远程客户端上能完成对被监测对象的基本监测任务，读取相关的数据，选择设定信号进行分析，完成必要的信号处理工作。

4）监控系统运行效果分析

工业现场使用的系统中的液压缸工作状况监测信号十分有限，实时信号多为数字式，缺乏直观性。结合液压缸工作中压力、位移信号及阀芯给定信号对其工作状况的影响，决定将上述信号都实时显示并进行必要的分析处理。通过本监控系统的使用，使对结晶器振动油缸状态的实时在线监测效果得到明显提高，状态表达方式由单一的数据显示变为直观易懂的图形画面，并伴随有多种分析方式对特定信号进行处理，使相关人员对设备的运行状态能够较好掌握。

通过结晶器液压振动监控系统可以掌握振动伺服油缸运行情况，通过运行曲线的变化指导检修人员及时更换油缸，做到预知维修，减少和避免设备故障的停机时间，有效地对结晶器液压振动设备运行进行了控制和诊断。

6.3.3 轧机液压设备远程监测系统

液压伺服系统具有功率大、响应快、精度高的特点，已广泛应用于冶金机械领域。在热轧轧机上以 AGC（自动辊缝控制）和 CVC（可变凸度控制）为代表，结合精确的数学模型和计算机控制理论的应用，使产品质量稳步提高。轧机液压系统是一个结构复杂且精度高的机电液综合系统，其结构和工作原理均比较复杂，其可能的故障源既有结构性的又有参数性的。系统具有机电液耦合、时变性和非线性等特性。除了饱和、死区、滞环、变增益、摩擦、游隙等典型非线性外，还有控制阀的流量—压力特性这种高度非线性因素，同时液压系统受温度与负载等因素的影响，工作点会发生漂移。这些状况给轧机液压系统故障诊断增加了很多困难。轧机液压伺服系统对整个轧钢系统来说作用是显而易见的，一旦发生重大故障将会造成巨大的损失。如何在最短的时间内，集中该领域专家和技术人员提供技术支持，进行设备故障诊断是一个重大的问题。

设备远程状态监测与故障诊断是解决这个问题的一项关键技术。本例以某钢厂的热轧轧机液压系统为对象，建立一个基于网络的分布式多层次监测与故障诊断系统。

1. 系统功能与总体结构

1）系统功能

基于网络的轧机液压设备远程监测与故障诊断系统主要由数据采集部分、数据处理部分、远程监测与故障诊断分析部分、状态监测与故障诊断的结果输出部分组成。

数据采集部分完成传感器信号的实时采集与预处理，具有采集控制功能，可设定采样通道、采样频率、采样样本等数据采集参量，选择合适的数据滤波方法进行降噪处理，采集的数据保存在数据库中，以便今后的分析处理。在进行数据采集过程中，可实时显示原始波形与滤波后的波形，以便了解现场状况。

数据处理部分实现了多种信号分析算法，经傅里叶变换处理可进行幅值谱、功率谱、倒频谱、细化谱、相关分析、包络分析、共振解调等多种频谱分析。

远程监测与故障诊断分析部分可进行稳态分析、暂态分析和趋势分析，并利用人工神经网络、信息融合技术、主成分分析、支持向量机等智能信息处理技术，对设备故障进行诊断分析。

根据状态监测与故障诊断的结果将设备工作状态分为三类：正常状态、报警状态和紧急停机状态。在正常状态下，所采集的监测数据作为日常数据保存；当被监测的参量值超过预先设定的报警阈值时，进入超限报警状态，所采集的监测数据作为报警数据保存；而当被监测参量值超过预先设定的紧急停机阈值或诊断出设备有严重故障必须立即停机时，系统进入紧急停机状态，发出停机指令，并记录停机过程中的监测数据，用于分析故障原因。

2）系统结构

系统采用基于标准 TCP/IP 的 3 层 B/S 模式。3 层结构体系包括用户服务、业务服务和数据服务，分别对应客户服务器、Web 服务器和数据服务器。在 3 层结构的 Web 技术中，Web 浏览器是 3 层结构中的第一层，利用 Web 浏览器作为客户端，使用户面对一个统一的应用界面。Web 服务器既充当客户浏览器的“代理”，又是数据服务器的客户机，它将不同来源、不同格式的信息汇集成统一界面，提供给客户端浏览器。

轧机液压设备远程状态监测与故障诊断系统主要由现场监测站（Local Monitoring Unit，LMU）、现场监测中心（Local Monitoring Center，LMC）以及远程诊断中心（Remote Diagnosis Center，RDC）组成。其中，远程诊断中心有一个，现场监测站和现场监测中心可以扩展多个。现场监测站由网络化的、基于 CAN 总线和 DSP 处理器的高性能数据采集器所构成，主要负责对轧机液压设备进行数据采集、预处理、数据传输以及实时报警监控等；现场监测中心主要负责对现场监测站的控制及管理，同时负责对传送至服务器的采集数据进行汇总分类、加工处理、分析处理、特征提取以及常规故障诊断等，主要包括轧机液压设备状态监测、轧机液压设备管理、用户管理等子系统；远程诊断中心在高性能服务器的支撑下担负整个系统的控制协调任务，并负责专家会诊环境管理、数据库管理、诊断专家系统管理与维护以及信息发布等工作，主要包括用户管理、知识库管理、方法库管理、专家会诊平台管理等子系统。从数据传输角度看，这三大部分通过数据库桥梁紧密相连，构成一个有机整体。系统结构示意图如图 6－30 所示。

2. 系统实现

1）构建硬件系统

在这个液压设备状态监测与故障诊断系统中，现场监测站是起点，且其和现场监测中心处于同一个局域网内，相互之间的数据传输是通过 CAN 总线来实现的，两者通过 Internet 与远程诊断中心相连。现场监测站负责轧机液压设备状态信息的采集、处理与上传，因此要配备检测轧机液压设备状态的传感器（如压力传感器、流量传感器、温度传感器、振动传感器

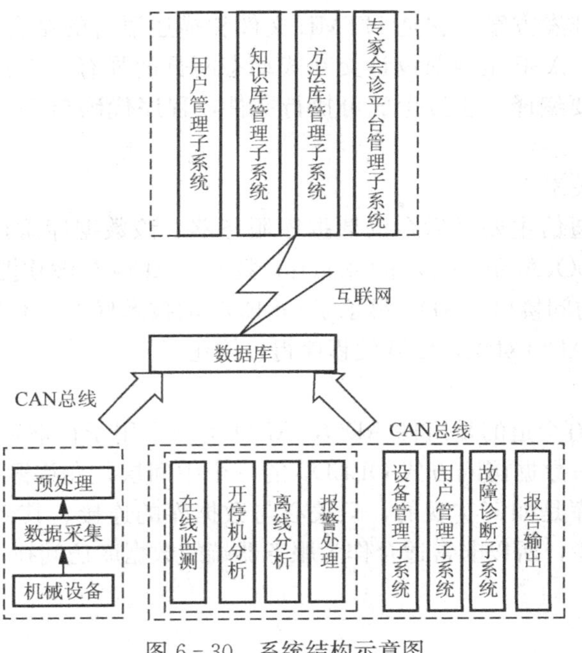

图 6-30 系统结构示意图

等)、数据采集仪器、主控机、报警器等。为了能详细记录轧机液压设备运行的每个细节，保证对轧机液压设备的实时监测和整个系统运行正常，采集系统必须做到高速、高精度、实时和稳定。考虑以上几点要求，现场的数据采集子系统由基于 CAN 总线的受 DSP 器件支撑的多通道数据采集、预处理装置和高性能管理控制工作站组成，如图 6-31 所示。多通道数据采集与预处理装置可以实现快变（振动）信号 1 通道至 10 通道灵活组织采样，慢变（温度、压力、流量）信号 11 通道至 30 通道的灵活组织采样。快变（振动）信号 10 个通道完全同步采样，采样频率最高达 128kHz。由于现场监测中心和远程诊断中心要进行大量数据分析处理、数据库管理以及网络发布，所以要配备高性能计算服务器、数据库服务器和网络服务器，有时甚至可能要配备高性能图形服务器。为了使现场监测站、现场监测中心以及远程诊断中心三大子系统有机地连接成一个整体，在硬件上还需要传输介质。现场监测站和现场监测中心数据传输的硬件载体是交换机、电缆或光纤，现场监测站、现场监测中心与远程诊断中心则借助 Internet 来实现数据交换。

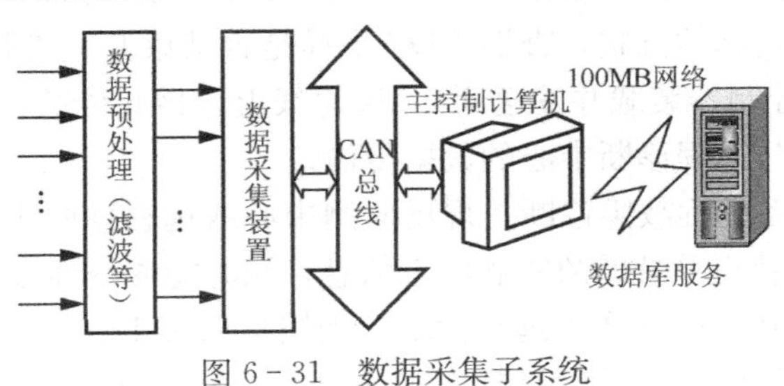

图 6-31 数据采集子系统

2）软件技术应用

(1) ASP 技术。

ASP(Active Server Page)，即活动服务器网页，是继微软公司在 IIS 2.0 中推出 IDC 之

后的新一代动态网页开发方案。它是 HTML 文件和描述语言的结合，是与程序语言无关的某种语言执行的环境。ASP 是当前设计交互式动态网页的强有力工具，具有以下几个优点：与浏览器无关，不需要编译、连接生成可执行文件，程序代码与 HTML 整合，保护程序的源代码。

（2）网络数据库技术。

该系统各模块间通信主要靠后台的数据库服务器。该数据库采用 SQL 2000 技术创建，数据库的访问采用 ADO（ActiveX Data Objects）技术。ADO 是微软提供的站点数据库访问技术，基于 OLEDB 的访问接口。ADO 继承了 OLEDB 的技术优点，并且 ADO 对 OLEDB 的接口做了封装，定义了 ADO 对象，使开发程序得以简化。

（3）ADO 技术。

ASP 中与数据库打交道的是组件 ADO，ADO 是一个用于存取数据源的 COM 组件。它提供了编程语言和统一数据访问方式 OLEDB 的一个中间层，允许开发人员编写访问数据的代码而不用关心数据库是如何实现的，只关心与数据库的连接。其主要优点是易用、高速、占用内存和磁盘空间少，所以非常适合作为服务器端的数据库访问技术。

3）软件功能实现

（1）现场监测站和现场监测中心实时数据传输。

由于基于 CAN 总线的数据通信具有突出的可靠性、实时性和灵活性，所以轧机液压设备远程状态监测与故障诊断系统的现场监测站和现场监测中心之间的数据传输使用了 CAN 总线技术。基于 DSP 芯片的采集器带有标准的 CAN 控制器，可以很方便地组成现场级设备网。采集器上的 CAN 控制器完全支持 CAN2.0B 协议，其数据帧有标准帧和扩展帧两种不同的帧格式，前者有 11 位标识符，后者有 29 位标识符。由于在实际控制中 DSP 控制器的上传数据仅为 32 位数据（包括控制器标志符等信息），因此该系统数据格式采用标准帧格式。在实际调试中发现下层的控制器向上位机传递的数据量远大于上位机下传的数据量，在数据编码时将控制信息、采样数据编号信息和控制量、采集量均加载在数据字节里。由此 CAN 总线通信协议的形式为“ID 号＋数据＋校验”。其中，ID 号为各 DSP 采集器编号，采用 11 位标识符的前 4 位。为了保证通信的可靠性，在数据接收后，都由一个返回帧来表示确认，其校验位（占一个字节）为发送端的固定代码。CAN 通信系统软件设计中，对于接收采用中断的方式，要求系统对于接收到的数据必须马上处理，以提高系统的实时响应特性。DSP 上传实时采集数据采用定时查询的方式，查询 ADC 采样是否结束并且进行了相应的数据处理后，立即将数据通过 CAN 控制器装载并发送到 CAN 总线上，借此传送到现场监测中心。

（2）现场监测中心与远程诊断中心的数据传输。

要实现轧机液压设备远程故障诊断，现场监测中心或远程诊断中心的专家必须能够通过 Internet（或 Intranet）获得系统的故障和状态信息，同时能够查询数据库中的数据。

在该系统中采用了 B/S 模式实现远程诊断。当用户通过 Internet 浏览器访问该专家系统主页时，输入故障特征等信息，提交请求 ASP 主页后，Web 服务器响应调用 ASP 引擎来执行 ASP 文件，并解释其中的脚本语言，通过 ADO 连接数据库，由数据库访问组件 ADO 完成数据库操作，然后专家系统的后台程序就开始以一种推理方式在故障特征知识库中搜索与用户请求的故障特征信息相符合的故障原因以及专家的意见和建议，最后由 ASP 生成包含有数据查询结果的 HTML 主页返回用户端显示，从而实现远程诊断。其诊断流程如图 6－32 所示。

系统的推理机是由专家系统的后台程序来完成的，其对故障查询的正向推理过程如图6-33所示。后台程序采用ASP编写，当用户使用浏览器请求ASP主页时，Web服务器响应调用ASP引擎来执行ASP文件，并解释其中的脚本语言，通过ADO连接数据库，采用一种推理机制搜索故障特征数据库，由数据库访问组件ADO完成数据库操作，最后ASP生成包含有数据查询结果的HTML主页返回用户端显示。

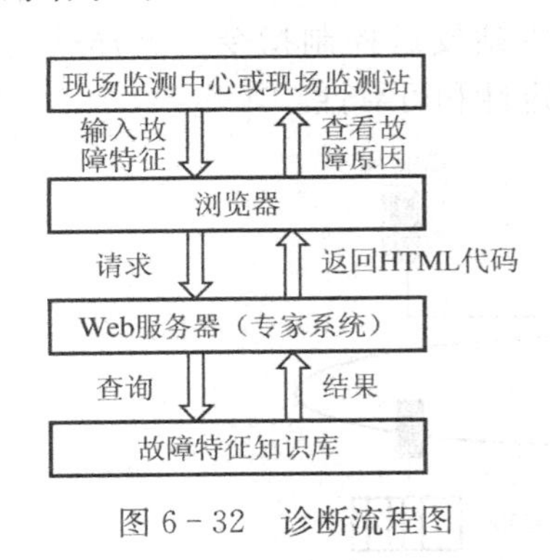

图6-32　诊断流程图

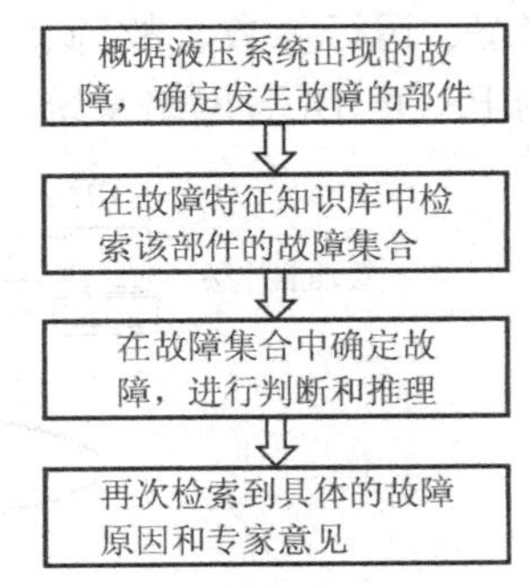

图6-33　故障查询推理过程图

4）系统应用

在上述研究基础上，开发了基于网络的轧机液压状态监测与故障诊断系统。该系统采用IIS+ASP实现网站发布，利用VC开发COM/DCOM及ActiveX控件，并利用SQL Server作为数据库管理和服务工具。

该系统实现后，首先在液压试验台上进行模拟在线监测及故障诊断试运行。结果显示，系统运行稳定，并且成功地对系统过热、噪声过大、系统压力不足等常见的液压系统故障进行了诊断。另外，该系统在某钢厂的轧机液压系统上进行了实际运行测试，效果良好。

3. 小结

基于实时数据采集、CAN总线、数据库服务和Internet解决了轧机液压系统实时监控及故障诊断问题。该系统由现场监测站、现场监测中心和远程诊断中心3个部分组成，基于B/S模式实现，采用COM/DCOM/ActiveX/ASP技术完成监测、分析、诊断及管理等系统各部分功能开发。此结构提高了远程故障诊断的准确性，并最终达到提高企业效率的目的。

6.3.4　液压支架远程智能监控系统

当前大多液压支架仍沿用人工值守的方式来管理。支架的运行参数从自动记录仪上读取，支架的动作由操作阀完成，不能保证支护效率与安全。

采用自动化远程监控技术，实现了液压支架的远程监控，引发了顶板支护由机械化向自动化的变革，提高了液压支架控制系统的可靠性与稳定性，与高效采煤机相配合加快了工作面推进速度。

1. 系统结构

液压支架控制系统的结构如图6-34所示，系统由数据采集层、设备控制层和管理监控层构成。数据采集层的传感器实时采集液压支架参数并将其值转换为标准电流信号。从站ET200M接收标准电流信号与电磁阀信号，将其处理为RS485信号。采用PROFIBUS—DP总线技术——一种令牌方式与主从轮询相结合的存取控制方式，实现了从站ET200M和主站PLC300之间的通信。在设备控制层中通过在主站PLC300上扩展工业以太网模块CP343—1，将来自主站数据采集系统的信息传给上位机，并执行上位机的控制指令。管理监控层实时显示液压支架状态、运行参数、故障信息，同时给控制主站发送控制指令。这样就构成了以PLC为核心的PROFIBUS网络系统，提高了系统的稳定性和可靠性。

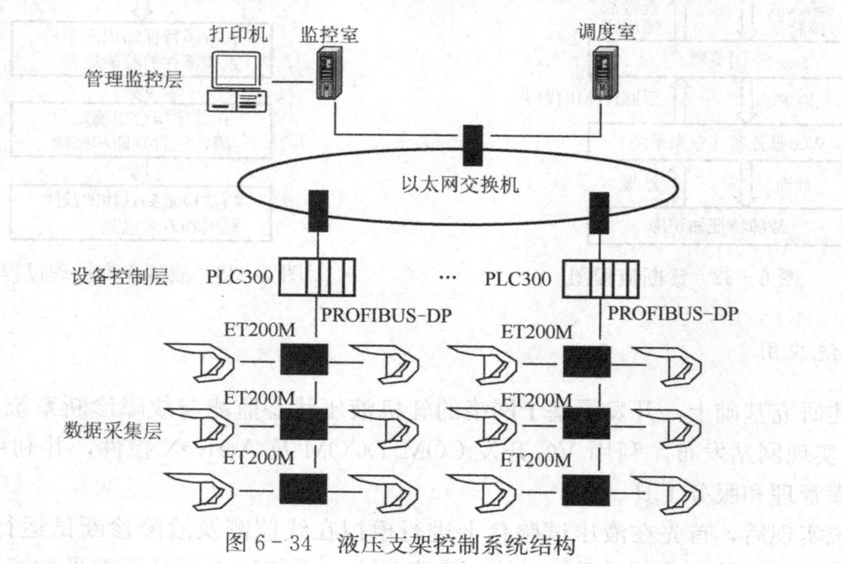

图 6 - 34　液压支架控制系统结构

2. 控制方式

系统采用3种控制方式。

1）自动控制方式

PLC根据事先设定的工作时间、工作压力和位移值，采用时间与传感器反馈量相结合的方式。先判断反馈量是否达到预设值。如果达到就执行下一动作；没有达到预设值或者未检测到，而定时时间已到，也执行下一动作。系统自主决策控制液压支架电液控制阀的启停，液压支架就可按预定的程序自动实现降柱、移架、升柱、推溜等动作，从而实现无人值守运行。

2）远程控制方式

地面监控中心根据实时变化的信息与安全生产需要，在上位机上将控制指令传给主站PLC300，电磁阀线圈得电后将电信号转换为液压信号，控制各油缸的动作，从而实现远程控制井下液压支架。

3）就地控制方式

操作相应的手动阀来控制液压支架的动作，每个动作的间隔时间由操作人员根据自己的经验与现场情况自行掌握。

3. 监控软件

随着工业自动化水平的提高，监控方案可以灵活地组合。目前国内监控系统典型的集成方案为 SIMANTIC S7 和 WinCC 的结构。WinCC 价格比较昂贵，且不能与其他数据库进行交互，会增加系统的扩展费用。因此，在保证系统稳定性、可靠性和经济性的前提下，SIMANTIC S7—300 和 Force Control 成为本系统的首选方案。运用 OPC 接 VI 技术，在监控计算机的 PCI 插槽上安装通信卡 CP5613，实现 Force Control 和 PLC300 之间的数据传输。

监控软件主要由安全管理、监控界面、专家报表、事件记录、报警界面和趋势曲线组成，可以方便、快速地监控各台液压支架。

(1) 安全管理：基于力控组态软件的安全保护机制，设计了董事长、总工程师、科长、班长和操作工 5 个不同级别的用户，对其设置不同的安全区，限制了对重要生产数据的查看与修改。

(2) 监控界面：如图 6-35 所示，操作人员点击界面上的降柱、停降柱、伸柱、停伸柱等按钮，PLC 接收到信号后控制电磁阀的启停，从而使液压支架动作；显示并保存当前采高、支架承压、左右立柱压力、下缩量和倾角，为井下支护状况分析、周期来压预报等提供一定的数据依据：推溜位移使输送机磨损降至最低限度，确保输送机和液压支架之间的相互协调；平衡千斤顶压力保持液压支架对顶板的良好接触姿态，有助于维持直接顶的稳定；也可以根据实际工况，实现紧急停止、恢复启动、调试、故障清除和运行模式等控制操作。

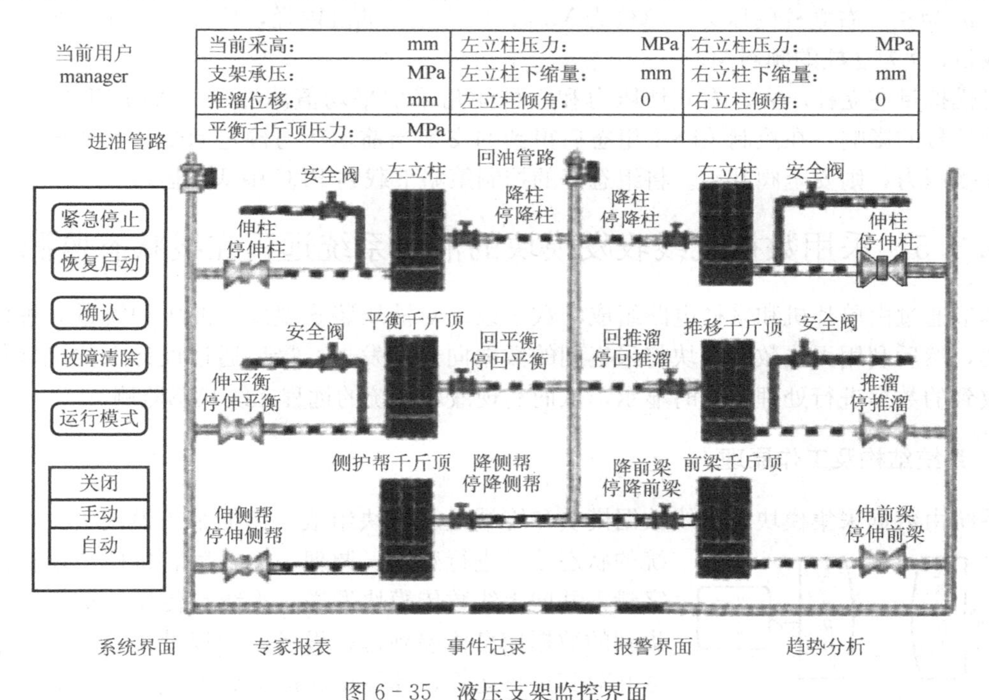

图 6-35　液压支架监控界面

(3) 专家报表：该专家报表界面将液压支架支护过程中各参数以直观的表格形式反映。井下液压支架具有十分庞大的数据，该专家报表界面设计了查询功能，输入查询条件，力控访问数据库便将符合条件的信息显示在报表中，为生产提供有效的分析手段。

(4) 报警界面：系统运行过程中，出现承压超限、压力过大等故障时，就显示报警的详细信息并发出报警提示音，将报警信息保存在实时数据库中，并可以使用报警查询组件显示在异地窗口上，作为事故分析、历史报警信息查询的重要依据。同时支持 GSM 报警，开发了“报警短信发送精灵”的功能，通过移动网络将报警信息发送到管理者的手机上。

(5) 趋势曲线：描绘了液压支架承压、平衡千斤顶压力和推溜位移随时间变化的曲线图，用户可以自主选择一段时间内或者放大任意倍数的曲线。

4. 控制策略

PLC 具有现成的控制算法，但其算法种类偏少，执行运算速度不高，不能应付复杂的算法，而且在运算中需要占用 PLC 宝贵的 CPU 资源。采用力控策略控制器提供的丰富算法与图形化编程语言，结合 PC 强大的计算能力，弥补 PLC 的不足，优化了整个控制系统。

在矿压监测中，液压支架承受的压力是一个关键的参数。通过液压支架左右立柱下腔所受的压力与立柱的当前倾角，得到液压支架当前承压，超过其安全阀设定压力，安全阀就会开启。一旦压力超过液压支架设计时所能承受的最大压力，就产生报警。

液压支架承受顶板的压力为

$$p=\frac{\pi D^2\sum_{i=1}^{z}p_{ai}}{4\times10}\sin\theta$$

式中，p_{ai} 为左、右立柱的压力，单位为 MPa；D 为立柱油缸内径，单位为 cm；z 为液压支架立柱数目；θ 为立柱的倾斜角。

对模拟量左立柱压力、右立柱压力和立柱倾角采取平均值滤波法（AVEFLT），尽量减轻干扰信号的影响。在控制策略中组态后得到的支架当前承压与额定承受压力相比较，大于额定承受压力，则安全阀开启。将组态好的控制策略下载到 PLC 中即可运行。

6.3.5 采用数据无线收发模块的液压系统远程在线状态监测

本节通过由单片机和采样电路组成的数采系统对液压装置温度、油压和流量 3 种信号进行采集，然后利用无线数传模块将采集到的数据向远程发送，最后通过设计上位机软件将远程接收到的数据进行处理并实时显示，从而实现液压系统的远程在线状态监测。

1. 系统结构及工作原理

系统由数据采集模块、无线数据模块和终端显示模块组成。数据采集模块负责对液压系统的状态信号进行感知、调理，经采集后将模拟量转换成数字量，并向无线数传模块发送。无线数传模块负责将本地收集到的数据信息传递到远程设备。远程设备控制接收来的数据并对其进行运算，计算出相应的状态监测量，如液压系统功率，并在终端机上显示。系统结构如图 6－36 所示。

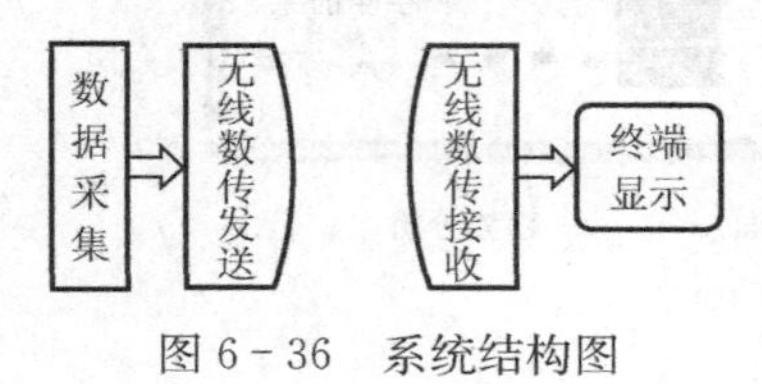

图 6－36　系统结构图

2. 系统硬件

本系统的上述几大模块构成了系统运行的硬件基础。数据采集模块由传感器、信号调理电路、多路转换和信号保持电路、模数转换电路构成。随着芯片集成度的逐步提高，许多模数转换芯片都集成了多路转换和信号保持电路，如 TLC1543 是一种集成多路转换的 11 通道 10 位 SPI 模数转换器件。其片内有 14 通道多路器，可选择 11 个输入中的任何 1 个或 3 个内部自测试电压中的 1 个，采样保持自动进行。单片机是模数转换的核心，负责接收从 A/D 采样器 TLC1543 采样到的信号，并将其向无线数传模块发送。本系统采用具有在线编程（ISP）功能的某公司 51 系列芯片 AT89S52。该单片机在用户板上即可下载和烧录用户程序，而无须将单片机从生产好的产品上取下。未定型的程序还可以边生产边完善，加快了产品的开发速度，减少了新产品因软件缺陷带来的风险。数据采集模块的结构框图如图 6－37 所示。

无线数传模块主要负责和数据采集模块、远程终端的通信以及数据远程传递等。其结构框图如图 6－38 所示。无线数传模块具有良好的外部接口和丰富的数据传输率供用户选择。鉴于串口通信的易实现和简便结构，本系统无线数传模块与数据采集系统和远程终端的通信均采用串口通信方式。本系统中，远程终端除了与远程无线接收端之间进行数据传送、终端显示外，还负责对采集到的数据进行运算处理。

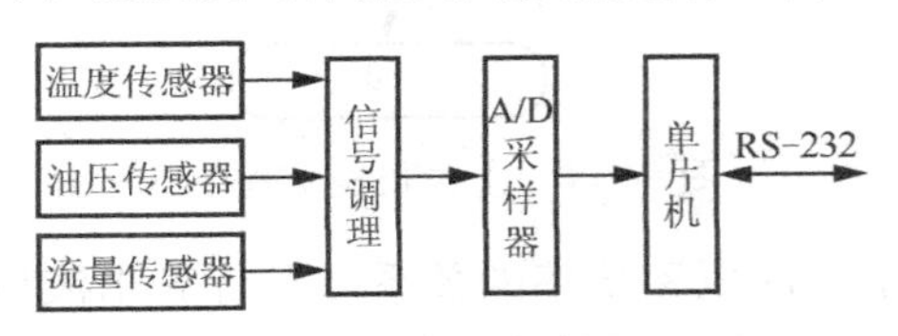

图 6－37　数据采集模块结构框图

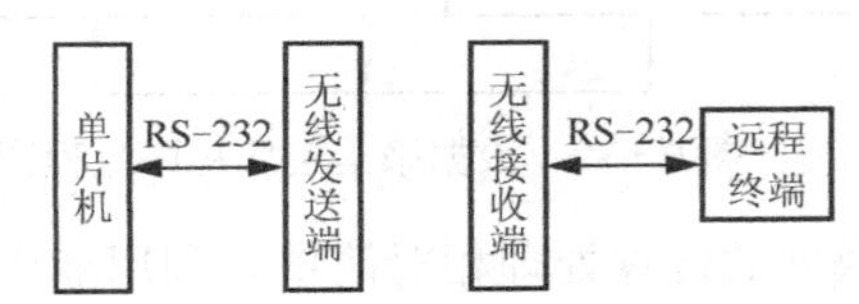

图 6－38　无线数传模块结构框图

3. 数据采集系统软件

由于本系统中单片机要对液压系统的监测信号温度、油压和流量按照一定的格式进行数据采集，因而需要对单片机进行软件编程，从而达到人为控制的目的。

数据采集模块程序设计要实现 3 种功能。

① 按照一定的时间间隔从调理后的传感器信号处获取数据。

② 对数据正确性进行判断。

③ 将有用数据向无线数传模块发送端进行发送。

TLC1543 与 AT89S52 的接口程序应完全按照 TLC1543 的工作时序编写，硬件连接图略。本程序中，转换子程序可以一次完成温度、油压和流量 3 个通道的采样。由于转换完成的数据为 10 位，本程序中将数据的高位字节存放在 2EH 单元中，低位字节存放在 2FH 单元中。指派 R4、R3 寄存器分别存放 TLC1543 的通道地址和共采样的通道数目，R1、R2 寄存器存放 A/D 转换结果。系统使用的晶振为 22.1184MHz。其程序流程如图 6－39 所示。

4. 上位机软件

上位机系统实现的功能主要是与无线数传模块通信，并把接收到的数据进行运算后以曲线和数值的形式即时显示出来。

上位机通信程序采用 Visual Basic 语言编写。Visual Basic 6.0 提供一个用于实现串口通信的 ActiveX 控件——Microsoft Comm Control 6.0，简称 MSComm 控件。该控件通过串行端口传输和接收数据，为应用程序提供串行通信功能，利用它可以创建高效实用的通信程序。MSComm 控件通信的流程如图 6－40 所示。编写程序时，只要按照图 6－40 所示的流程图进行编写就可以实现通信功能。

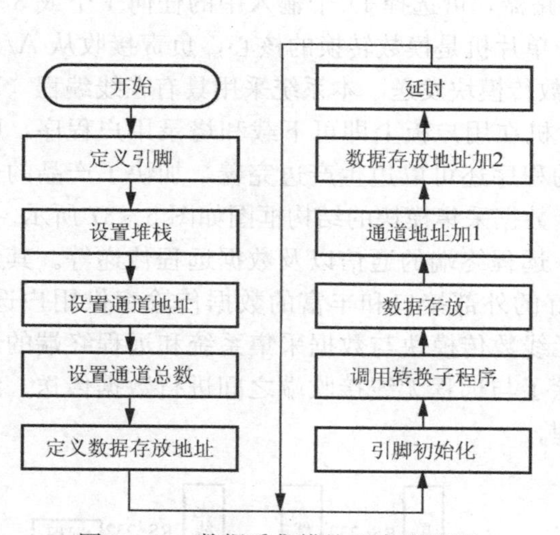

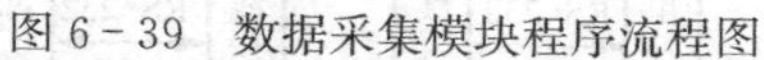
图 6－39　数据采集模块程序流程图

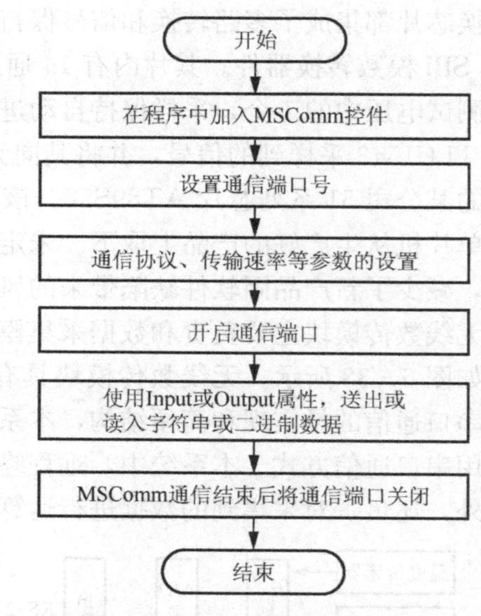

图 6－40　上位机通信程序流程图

数据的运算处理相对简单，利用液压系统流量、油压和功率的关系即可计算出液压系统的功率，从而实现温度、流量、油压和功率 4 个参数的液压系统在线即时监测。

6.3.6　盾构机远程在线监测

地铁盾构机是用于挖掘地铁隧道的典型的机电液一体化设备，其施工环境异常恶劣，设备故障率高。研究开发盾构施工远程智能诊断技术具有很强的现实意义。

1. 系统原理以及总体结构

根据盾构机的工作环境特点，系统将传感器采集到的盾构机状态信号通过硬件驱动接口，进行适当处理、转换并传送给机载控制系统的状态信息数据库存储，然后以图表的形式实时地显示在机载监控中心的屏幕上，供现场人员参考。与此同时，机载监控系统中的盾构状态信息以及故障数据通过 GPRS 或有线光纤同步更新远程监控中心的数据库中的数据，使远程监控中心能实时了解所有盾构机目前的运行状态，查询其状态参数、历史记录以及故障的原因。系统整体设计如图 6－41 所示。

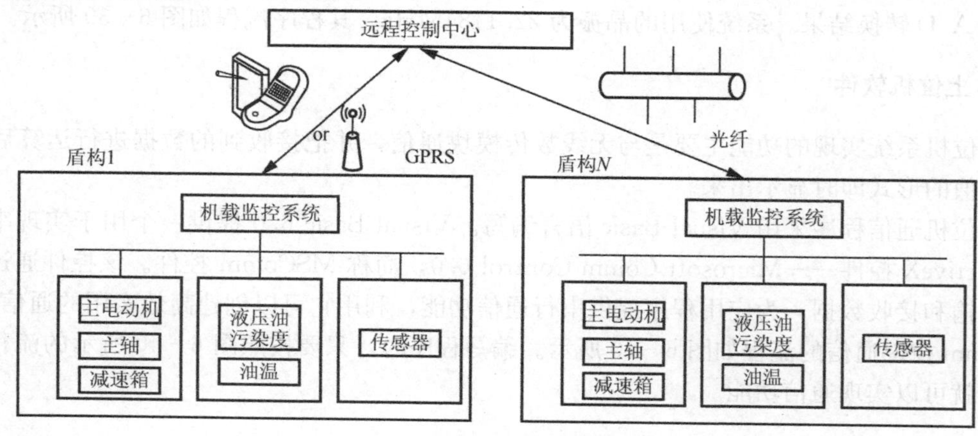

图 6－41　系统整体设计

2. 数据采集与传输系统

对盾构公司提供的近 20 年盾构故障的历史记录进行分析，并综合考虑盾构机中各部件对盾构施工影响的严重程度和维护成本，考虑就几个关键部位进行状态信息的采集。选择刀盘驱动系统、液压系统和电控系统这三个部分作为研究对象，实现数据采集和在线监测。

1）*刀盘驱动系统*

刀盘驱动系统监测部件包括主轴承、减速箱和主电动机。针对主轴承，分析实际施工情况并考虑轴承失效原因（潮湿环境、泥沙进入轴承、润滑油系统污染、侧载、锈蚀），选择监测主轴承运行状态的振动参数，拟在主轴承水平、垂直和轴向共三个方向上各安装专业的低频加速度传感器，以提取特征参数。上位机屏幕显示轴承的振动频谱图，分析主轴承的故障及趋势。

对于减速箱，只要正确分析设备振动的频谱图就可以及时发现故障。减速箱常见故障为异常声音和异常温升，这些均能引起异常振动。

盾构电动机常见故障可以分为两类：机械故障和电气故障。常用解决办法是监测振动信号，即在主电动机的驱动端和非驱动端各安装一个加速度传感器，将信号通过电缆传送到上位机，以分析故障变化趋势。一般变频器都具有过流、过载保护和过热报警的功能，而且盾构机的主电动机装有编码器和温度传感器等其他监测部件，所以对于预警，原有监测传感器也能起到一定的作用。

2）*液压系统*

液压系统是盾构监测系统中的重点监测部分，主要关心液压油污染问题和油温。

盾构液压油污染主要由泥土或金属颗粒物引起，采用油液颗粒自动监测仪来测液压油的污染度。仪器经 RS－232 总线与上位机通信，如图 6－42 所示。监测仪自带程序对污染度超标的油液进行报警提示并显示污染度等级，另外上位机显示油液污染度变化趋势并预警，以保证液压系统工作可靠。

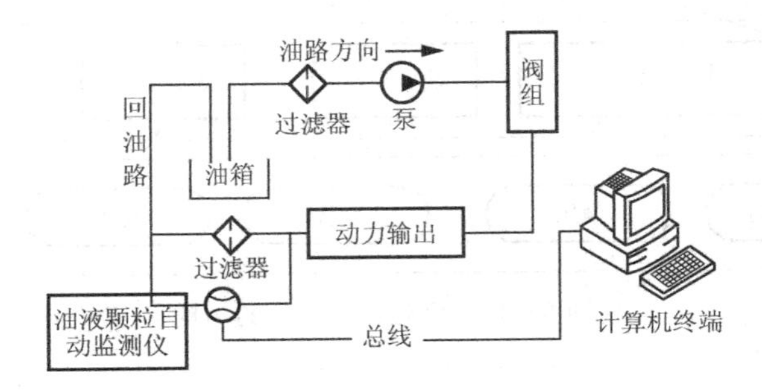

图 6－42　油液颗粒自动监测仪

液压系统输入功率往往要大于输出功率，损失的能量全部转变为热量，被油液和液压元器件吸收，导致油温上升。所以，在泵和主油路内安装专业测量流体温度的传感器，油温过高时报警。

3）*电控系统*

电控系统故障有两种情况：一是传感器已经损坏，无法读数，或者传感器所输出的数值

基本不变；二是传感器由于各种原因，如老化、环境恶劣等，使传感器传递数值偏离正常范围，无法作为参考值。针对这两种故障形式，拟建立传感器标准数值范围作为蓝本用于对照，编写程序以查询方式检查各传感器传输数值是否跟蓝本有出入。考虑到干扰因素，将规定以一定的出错次数作为程序判断该传感器发生故障的条件。

3. 机载控制系统

机载控制系统包含嵌入式盾构施工状态信息监测单元、完整的采集数据库单元以及数据库管理单元。传输系统模块采集并处理盾构机各采集点的实时状态参数，并将这些参数传给机载控制中心的状态信息数据库并存储。计算机数据库管理软件通过调用这些数据来完成盾构机的实时状态的显示和查询，以及现场人员对盾构机的故障诊断和检索等功能。这样机载控制系统就可以图示设备当前状态，并且能在设备发生故障时报警或发生故障之前预警。通过对机载控制中心的状态信息数据库中数据的调用，工作人员可以随时查询本机状态、预警等信息。

除了盾构机实时状态的显示、查询和预警以外，机载控制系统还包括由数据挖掘技术实现的盾构历史工况故障数据辅助知识库和专家系统。程序可以根据用户提供的故障现象，根据故障树分析法给出每层故障原因，即中间事件；用户可以依据这些中间事件，层层检索直至找到底层事件，即故障最可能的原因；程序也可以根据用户需要显示底层事件并推荐专家的解决办法。

整个机载控制中心的结构如图 6－43 所示。

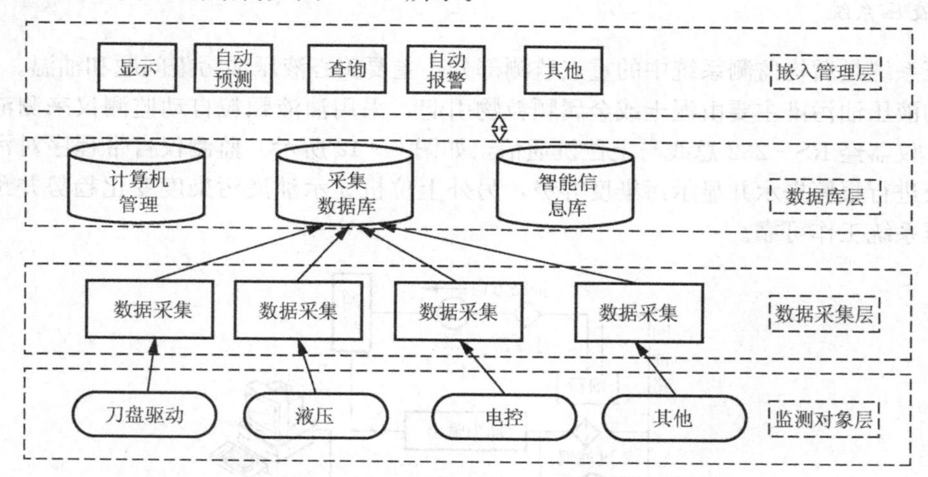

图 6－43　机载控制中心的结构

4. 远程监控系统

远程监控中心的主要功能是监控、预警、故障诊断及远程诊断等。如图 6－44 所示，远程监控中心通过有效可靠的通信手段，有选择地实时收集远程各台设备施工中的盾构状态数据，分析和确定各台设备的当前工作状态，根据内嵌的专家系统对收集的数据实现远程诊断管理，包括进行整合分析、判断、统计以及变化趋势分析，如有问题则及时分析和诊断，并为施工中的盾构机提供远程报警、故障定位、故障解决方案查询等功能。远程监控中心的软件系统还提供了完善的盾构机工作状况统计功能和详细查询功能，并能根据所收集到的数据，估计指定盾构设备中所监测的关键部件的使用寿命，在适当时间给出预警信息。

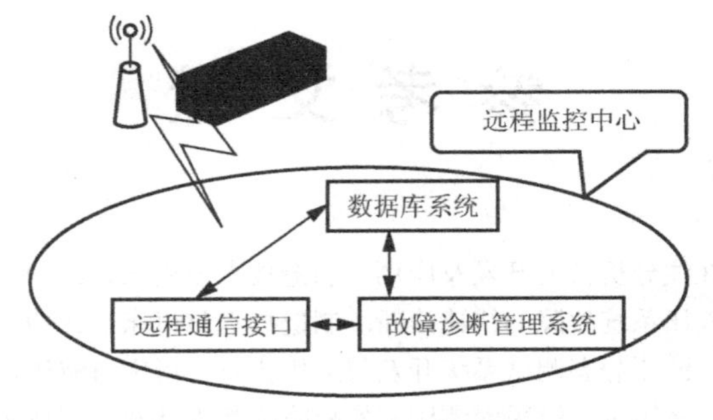

图 6－44　远程监控系统

现有的“盾构施工信息传输平台”支持盾构施工远程及智能诊断系统。整合企业乃至行业专家资源，为今后“多点分散”的盾构施工提供远程维护支撑，为各类盾构中的各关键部件实现在线监测及远程诊断提供可扩展的系统平台。

5. 盾构施工故障智能诊断系统

针对盾构故障诊断的特点，故障诊断系统通过将专家系统的“自动推理功能”，即专家系统基于规则的反向推理与贝叶斯方法相结合的方法来实现。由贝叶斯方法推理出底层故障中后验概率较大的故障原因，由专家系统基于规则的反向推理方法推理出上面几层故障症状并给出合理的解释。

结合对盾构机工况的研究，在故障分析中引入故障树分析法，建立盾构故障分析树，如图 6－45 所示。它能直观地反映故障与其产生原因之间的逻辑关系，是故障分析和专家系统知识库之间的纽带。在盾构机运行期间，同时还存在着因故障与征兆的不确定性而难以用常规的二值逻辑关系来描述的运行状态，此类问题可以由贝叶斯方法有效解决。

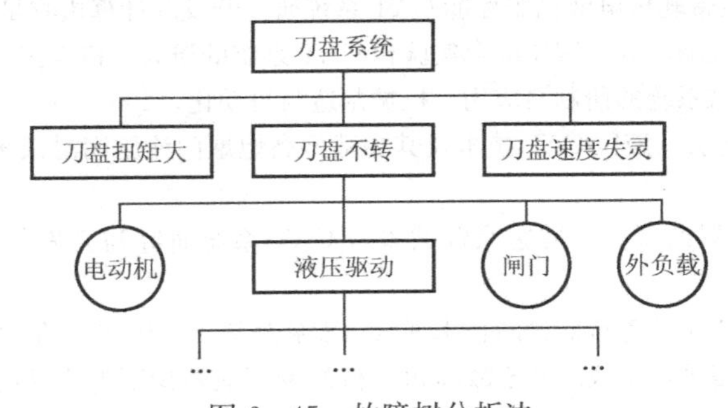

图 6－45　故障树分析法

思考题

6－1　远程监测与诊断技术有哪些优点？

6－2　什么情况适合采用远程监测与诊断技术？

6－3　什么是远程智能故障诊断系统关键技术？

6－4　有线远程诊断与监测系统有什么特点？

6－5　无线远程诊断与监测系统有什么特点？

参考文献

[1] 陈勇. 便携式液压系统在线分析仪的开发及应用. 制造技术与机床，2009 (12).

[2] 陈勇，夏晶晶. 折弯机液压系统故障的快速诊断. 制造技术与机床，2009 (9).

[3] 杨成刚，郭锐，纪宗艳. 液压静态测试系统开发与应用研究. 机床与液压，2011 (2).

[4] 何富连，韩红强，李擎，张军辉. 综采面液压支架故障诊断机理及检测技术研究. 矿业工程研究，2010 (3).

[5] 王定来，孙娇阳，陈容新. 液压缸回缩量智能测量器. 起重运输机械，2009 (2).

[6] 熊逸群，彭继文，王敏. 推土机提铲冲击现象测试及解决措施. 工程机械，2006 (8).

[7] 晁智强，韩寿松，江鹏程. 某两栖装甲装备液压系统不解体状态检测与故障诊断. 中国工程机械学报，2008 (3).

[8] 崔玲玲. 液压泵的计算机辅助测试系统设计. 仪器仪表用户，2010 (2).

[9] 沈培辉，陈淑梅. 计算机智能控制方法在液压测试系统中的应用. 机床与液压，2009 (9).

[10] 刘汉斌，徐兵，刘伟，张军辉. 基于CAT技术的液压泵性能测试系统. 轻工机械，2010 (5).

[11] 李思谦. 浅谈工程机械液压阀计算机辅助测试. 工程机械，2001 (11).

[12] 谭兴强，曾保国. 伺服阀试验台计算机辅助测试系统的研制. 液压与气动，2009 (2).

[13] 于良振，王明琳，方锦辉. 大流量电液比例插装阀液压测试试验台的设计. 液压气动与密封，2010 (9).

[14] 陈新元. 基于WinCC的液压缸CAT系统研制. 机床与液压，2004 (4).

[15] 傅连东，朱学彪，李金良，等. 伺服缸测试系统的设计. 液压与气动，2006 (1).

[16] 王向周，张朝霞. 电调制液压四通方向流量控制阀特性CAT系统. 专用汽车，2010 (2).

[17] 董玉祥. 基于VI的板带轧机电液伺服性能CAT系统研究开发. 计算机测量与控制，2010 (18).

[18] 李建永，姜生元，韩宝琦，等. 液压综合实验台CAT系统的研究. 机电产品开发与创新，2003 (3).

[19] 张金庆. 一种液压测试系统的研制与应用. 机械制造与自动化，2009 (4).

[20] 李献锋，房立清，张志会. 液压CAT技术及其在某型高炮炮闩液压润滑系统测试中的应用. 机床与液压，2010 (10).

[21] 章宏义. 基于虚拟仪器的泵——马达综合试验台CAT系统研究与开发. 广东工业大学硕士学位论文，2012.

[22] 范士娟，杨超. 液压系统故障智能诊断技术现状与发展趋势. 液压与气动，2010 (3).

[23] 吴定海，张培林，傅建平，王成. 基于故障树分析的液压故障诊断专家系统研究. 液压与气动，2007 (7).

[24] 安晨亮. 故障树原理在故障诊断系统中的应用. 导弹与航天运载技术，2009 (1).

[25] 王可，夏立群. 基于模糊逻辑的作动器故障诊断方法研究. 机床与液压，2010 (15).

[26] 周朝霞，谭业发，涂建刚，等. 多Agent故障诊断系统的模糊综合评判. 机床与液压，2008 (5).

[27] 张艳丽，高佩川，袁勤. 数控加工中心液压系统模糊故障树分析. 机床与液压，2010 (17).

[28] 杜尊峰，余建星，傅明炀，等. 自升式平台液压升降系统的状态模糊综合评判研究. 海洋技术，2010 (9).

[29] 陈章位，王学孔. 闪光焊机液压伺服系统故障诊断的研究. 控制工程，2011 (1).

[30] 曹凤才，岳凤英. 基于BP神经网络的液压系统故障诊断研究. 中北大学学报（自然科学版），2010 (6).

[31] 周勇，胡诚．基于遗传神经网络的液压厚度自动控制系统故障诊断研究．液压与气动，2006（4）．
[32] 司癸卯，王安麟，査志峰，等．基于模糊神经网络的摊铺机智能故障诊断系统．长安大学学报（自然科学版），2007（3）．
[33] 赵丙文，李锐．基于规则的轴向柱塞泵故障诊断专家系统设计与应用．机械工程师，2010（10）．
[34] 郑军华，马莉．基于CBR技术的液压泵故障诊断专家系统．液压与气动，2009（6）．
[35] 彭熙伟，杨会菊．液压泵效率特性建模的神经网络方法．机械工程学报，2009（8）．
[36] 刘治国，蔡增杰，穆志韬，张世录．基于CLIPS的飞机液压系统故障诊断专家系统构建研究．海军航空工程学院学报，2011（1）．
[37] 盛虹伟．8MN快锻液压机故障诊断技术．石油化工设备，2011（2）．
[38] 姜小菁．基于CBR的液压系统故障诊断技术研究．金陵科技学院学报2005，21（2）．
[39] 余世林，王静．基于事例推理的船艇液压系统故障诊断专家系统．机床与液压，2007（6）．
[40] 邓乐．多传感器信息融合技术与液压系统状态监测、故障诊断．机床与液压，2004（2）．
[41] 吴胜强，姜万录．基于证据理论多源多特征融合的柱塞泵故障诊断方法．中国工程机械学报，2010（1）．
[42] 潘兵，熊静琪．多传感器信息融合在液压系统智能故障诊断中的应用．机床与液压，2006（5）．
[43] 毋文峰，王汉功，陈小虎．基于容积效率的液压齿轮泵状态监测与故障诊断．机床与液压，2007（2）．
[44] 杜巧连，张克华．基于自身振动信号的液压泵状态监测及故障诊断．农业工程学报，2007（4）．
[45] 郑军华，邢西哲，傅强．液压缸故障诊断信号监测系统的研究．液压与气动，2004（10）．
[46] 宦宇越，张晓光．基于ARM的井下绞车液压制动在线监测系统设计．煤矿机械．2010（10）．
[47] 李敏哲，杨军社，陈海霞．基于电阻应变计的液压系统应变监测技术研究．液压与气动，2010（12）．
[48] 高英杰，孔祥东，ZHANG Qin．基于小波包分析的液压泵状态监测方法．机械工程学报，2009（8）．
[49] 王海军，张齐生，董彩云．液压油污染度在线监测系统研制及实验研究．液压与气压，2009（2）．
[50] 曹鹏举，李纯仁．液压系统污染度在线监测系统设计．空军雷达学院学报，2009（3）．
[51] 赵进刚，陈怀松，刘晓锋，等．油液状态在线监测与自维护技术的研究．液压与气动，2011（3）．
[52] 刘峰，钟云峰．虚拟仪器技术在电液伺服系统在线状态监测中的应用．计算机测量与控制，2008（11）．
[53] 冀捍文．防爆液压绞车状态监测与故障诊断系统设计．煤炭工程，2011（1）．
[54] 彭天好，胡佑兰，朱刘英．基于LabVIEW的变转速液压监测系统设计．机床与液压，2010（13）．
[55] 潘伟，王汉功．基于多传感器信息融合的工程机械液压系统在线状态监测与故障诊断．工程机械，2004（7）．
[56] 胡元哲．液压油的几种监测方法在矿山机械状态监测和故障诊断中的应用．机床与液压，2006（10）．
[57] 吴烨，黄志雄，何清华．液压挖掘机的状态监测与故障诊断系统设计．机床与液压，2005（1）．
[58] 党燕．Agent技术及在远程故障诊断中的应用研究．荆楚理工学院学报，2009（7）．
[59] 杨伟，李奕，罗辉．方坯连铸机结晶器液压振动远程监测的应用及研究．第15届全国炼钢学术会议论文集，2008．
[60] 秦双迎，黄宜坚．基于虚拟仪器的液压元件远程故障诊断．机床与液压，2008（6）．
[61] 罗成名，张权．液压支架远程智能监控系统的设计．煤矿机械，2010（4）．
[62] 王学孔，陈章位，陈家焱．轧机液压设备远程监测与故障诊断系统研究．机床与液压，2010（9）．
[63] 张欢，邓志良，刘利．基于GPRS技术的远程故障诊断系统设计．江苏科技大学学报（自然科学版），2006（12）．
[64] 雷凤，江景宏．基于GPRS的叉车远程故障诊断系统的应用研究．科技信息，2009（24）．
[65] 马哲一，赵静一，李鹏飞，等．高速铁路运架提设备远程智能故障诊断技术研究．液压与气动，2008（10）．
[66] 姜华，贾民平，许飞云．基于Web的液压系统故障诊断专家系统的开发．工程机械，2004（3）．

[67] 刘翥寰，牛占文，王勇. 智能化工程机械机群远程故障诊断中心系统. 起重运输机械，2006 (4).
[68] 张永超，魏秋月. 液压系统远程在线状态监测. 液压与气动，2010 (1).
[69] 孙涌，芮延年，崔志明. 远程实时装载机液压系统故障监测的分析与研究. 中国制造业信息化，2007 (5).
[70] 赵炯，郑晟，唐强，等. 盾构机远程在线监测与诊断设计及研究. 机电一体化，2010 (10).
[71] 张永超，魏秋月，魏展鹏，等. 液压系统功率远程在线监测. 机床与液压，2010 (10).
[72] 蔡伟，肖永超，黄先祥. 基于无线传感器网络的大型武器装备液压系统状态监测研究. 液压与气动，2009 (9).